教育部高等学校电子信息类专业教学指导委员会规划教材

高等学校电子信息类专业系列教材·新形态教材

数学物理方法

使用MATLAB建模与仿真

（第2版）

李月娥 马阿宁 彭宏 编著

清华大学出版社

北京

内 容 简 介

本书在作者多年教学经验的基础上编写而成。全书突出物理背景与物理意义，同时密切结合实例，注重编程可操作性及与后续专业应用课程的联系，内容包括复变函数、留数定理、傅里叶级数等重要的基础知识，以及数学物理定解问题和行波法、分离变量法、保角变换法、有限差分法、有限元法等定解问题求解方法，为后续专业课程的学习提供基础的数学处理工具。书中附有大量的应用实例，且重要知识点均附有MATLAB编程代码。每章后附有习题，书末附有答案。

本书可作为物理类专业及部分工科专业本科生的教材，也可供相关专业的研究生、教师和科研人员参考。

图书在版编目（CIP）数据

数学物理方法：使用 MATLAB 建模与仿真/李月娥，马阿宁，彭宏编著. -- 2 版. -- 北京：清华大学出版社，2025.7. --（高等学校电子信息类专业系列教材）. -- ISBN 978-7-302-69696-4

Ⅰ. O411.1

中国国家版本馆 CIP 数据核字第 20252PN783 号

责任编辑：崔　彤
封面设计：李召霞
责任校对：王勤勤
责任印制：杨　艳

出版发行：清华大学出版社
　　　　　网　　　址：https://www.tup.com.cn，https://www.wqxuetang.com
　　　　　地　　　址：北京清华大学学研大厦 A 座　　　邮　　编：100084
　　　　　社 总 机：010-83470000　　　　　　　　　邮　　购：010-62786544
　　　　　投稿与读者服务：010-62776969，c-service@tup.tsinghua.edu.cn
　　　　　质量反馈：010-62772015，zhiliang@tup.tsinghua.edu.cn
　　　　　课件下载：https://www.tup.com.cn，010-83470236
印 装 者：三河市少明印务有限公司
经　　销：全国新华书店
开　　本：185mm×260mm　　印　张：22.25　　　　字　　数：501 千字
版　　次：2022 年 9 月第 1 版　2025 年 8 月第 2 版　　印　　次：2025 年 8 月第 1 次印刷
印　　数：1~1500
定　　价：69.00 元

产品编号：107929-01

本书是在第 1 版基础上修改的第 2 版,本版根据教学实践和电子信息类专业本科生学习和应用中对数学物理知识的需要,在便于本科生基础数学知识与后期课程的结合,帮助本科生参与相关创新实践项目、学习机器学习算法等方面做了一些扩充和修改。

全书的内容分三篇:

第一篇　复变函数论;

第二篇　数学物理方程及求解方法;

第三篇　线性空间与线性算子。

第一篇复变函数论部分包括第 1~4 章,内容包括解析函数的概念和性质、幂级数、留数定理以及解析函数在平面场问题求解中的应用等。这部分完善了第 1 版中的插图,并增加了关于无穷远点奇点和留数的讨论,方便进阶学习。

第二篇数学物理方程及求解方法部分包括第 5~10 章,内容包括数学物理定解问题的建立及行波法、分离变量法、保角变换法及数值解法等数学物理定解问题求解方法。这部分更新了第 1 版中 5.5 节基于 MATLAB 的傅里叶级数可视化,7.6 节基于 MATLAB 的数学物理方程数值求解,以及 10.2 节有限差分法。

为适应人工智能渗透到几乎所有领域的现状,第 2 版扩充了第三篇线性空间与线性算子内容,便于高年级本科生开展与人工智能相关的创新实践。这部分介绍向量、向量空间以及向量分析的基本概念,三种常用空间曲线坐标系中的向量分析,以及内积空间、希尔伯特空间、线性算符等知识点,并以梯度下降法优化算法、马尔可夫链等为例讲述其应用。

本书适用于 54 学时的教学,可以根据学生的基础作相应内容的取舍,其中部分内容也可供研究生自学和应用参考。

本书虽然经过多次修改和讲授,但不足之处在所难免,请读者不吝指正。

编　者

2025 年 5 月

第1版前言
PREFACE

本书在兰州大学信息科学与工程学院电子信息类专业"数学物理方法"课程所用的讲义基础上编写而成,由复变函数论和数学物理方程两大部分组成。其中复变函数论部分主要讲解解析函数的微分、积分、幂级数展开、留数定理、保角变换的概念及几何意义,以及解析函数在平面场问题求解中的应用等内容;数学物理方程部分则以数学物理定解问题的求解为主线讲解,主要讲解行波法、分离变量法、保角变换法三种解析方法,最后结合 MATLAB 编程和简单的工程应用实例介绍有限差分法和有限元法两种数值计算方法。

数学物理方法在物理学和电子信息、通信、自动化等很多工程技术领域中有广泛而重要的应用。本书在讲解基本数学理论的基础上,紧密结合物理类、电气信息类等专业知识,增加复变函数基础知识在工程实际问题中的应用实例,增加 MATLAB 实践编程案例,提高学生利用数学方法解决工程实际问题的能力,从而增强"工程数学"课程的实用性。此外,本书中重要的定理及术语采用中英文双语,以满足部分院校双语教学需求。在编写时我们注意了以下几点。

(1)结合 MATLAB 代码完成复变函数重要性质的可视化,并引入系统稳态响应求解、平面静电场求解及保角变换法等更多的复变函数应用实例。

(2)复变函数的积分、幂级数、留数定理及傅里叶级数展开部分均加入了 MATLAB 实用编程。运用 MATLAB 实现行波法达朗贝尔公式的可视化,有助于学生理解达朗贝尔公式解的物理意义及端点反射的物理图像。

(3)单独编写傅里叶级数一章,介绍分离变量法中傅里叶级数的应用。在讲解经典的分离变量法和保角变换法时结合 MATLAB PDE tool 完成数值求解,给读者展现形象的物理图像。

(4)重要定理和术语由中英文双语配合,服务双语教学。

(5)紧密结合工程实践和科技前沿内容,特殊函数部分辅以阶跃光纤及表面等离激元光波导的应用分析实例,供感兴趣的读者阅读。

本书由数学物理方法课题组李月娥、马阿宁、彭宏编写。李月娥负责第 1~3 章、第 6 章和第 8~10 章的编写,以及 MATLAB 代码的编写和全书的统校工作;马阿宁编写第 4 章和第 7 章;彭宏编写第 5 章。兰州大学信息科学与工程学院硕士研究生席杨、段志珍、路阳、吴振业、朱良欣、栾云贺、黄浩峰、田欣怡等对书中的公式录入和部分绘图提供了很大帮助；兰州大学教务处对教材的编写给予了资金支持(兰州大学教材建设基金资助)。在此对他们表示衷心的感谢！

受水平、时间及篇幅限制，书中难免存在疏漏之处，恳请广大读者批评指正。我们将对这套教材不断更新，以保持其先进性和适用性。热忱欢迎全国同行和关注"数学物理方法"课程教学及发展前景的广大有识之士对我们的工作提出宝贵意见和建议。

编　者

2022 年 8 月

目 录
CONTENTS

第一篇　复变函数论

第一篇 复变函数论

　　复变函数是以复数为自变量和因变量的函数,与之相关的理论称为复变函数论。它以其完美的理论和精湛的技巧成为数学的一个重要组成部分,在数学许多分支、物理以及工程技术学科中有着广泛的应用。欧拉、达朗贝尔、柯西、黎曼、维尔斯特拉斯等著名科学家都作出了卓越贡献。

　　复变函数论部分包括解析函数的微分、积分,复变函数的幂级数展开,幂级数收敛,留数定理及在实变函数积分求解中的应用,保角变换的概念及几何意义,解析函数在平面场问题求解中的应用等内容。

复变函数与解析函数

本章介绍复数的表示方法及基本运算,建立复变函数的基本概念,并在此基础上引入在物理学相关学科中有着广泛应用的一类复变函数,即解析函数。后续章节中还将介绍复变函数的积分、级数、留数、保角变换等重要内容,以及引入 MATLAB 编程实现复变函数的可视化,计算复变函数积分、留数等。

学习目标:

- 掌握复数的基本运算;
- 掌握复变函数和区域的相关概念;
- 掌握解析函数的性质及应用;
- 运用 MATLAB 完成复数运算及复变函数可视化。

1.1 复数及其基本运算(complex numbers and operations)

本节介绍复数的几种表示形式:代数表示、几何表示、三角形式及指数形式。这几种表示形式在不同的复数应用中各有其优势,比如指数形式方便了复数的乘积、乘方及开方的计算。

复数与
复数运算

1.1.1 复数的基本概念(concepts of complex numbers)

复数 定义一对有序实数(ordered pairs)为**复数**,记为

$$z = x + \mathrm{i}y \tag{1.1.1}$$

或

$$z = (x, y) \tag{1.1.2}$$

式中,i 称为虚单位,满足 $\mathrm{i}^2 = -1$;x 和 y 都是实数,分别称为复数 z 的实部(real part)和虚部(imaginary part),记为

$$x = \mathrm{Re}z, \quad y = \mathrm{Im}z$$

实数相当于复数的虚部等于 0 的情况,是复数的子集。实部为 0 的复数称为纯虚数,两个复数相等,是指它们的实部和虚部分别相等,即当且仅当

$$x_1 = x_2, \quad y_1 = y_2$$

时有

$$x_1 + \mathrm{i}y_1 = x_2 + \mathrm{i}y_2$$

$x - \mathrm{i}y$ 与 $x + \mathrm{i}y$ 互为共轭复数,复数 z 的共轭复数表示为 $\bar{z}$ 或 z^*,且有 $\bar{\bar{z}} = z$。

复数的无序性　实数可以比较大小,是有序的。尽管复数的实部和虚部均为实数,但是由于复数的实部和虚部通过虚单位联系起来,不能比较大小,因此复数是无序的。但复数的模为实数,可以比较大小。

复平面(**complex plane**)　如果把 x 和 y 当作平面上点的坐标,复数 z 就跟平面上的点一一对应起来,这个平面叫作复平面或 z 平面,x 轴称为实轴,y 轴称为虚轴,如图 1.1 所示。

(a) 有序实数对、复平面上的点和复数一一对应　　(b) 复平面上的点和复数的对应

图 1.1　复数和复平面上点的对应

无穷远点　在复变函数论中,无穷大也理解为复平面上的一个点,称为无穷远点,记为 ∞,其模大于任何正数,辐角无意义。为更直观地表示无穷远点,引入复球面的概念。如图 1.2 所示,把一个直径为 1 的球放在复平面上,使其南极 S 与复平面相切于原点 $(0,0)$,连接复平面上一点 A 与球北极 N,AN 与球面相交于 A',当 A 点在复平面上移动时,A' 点

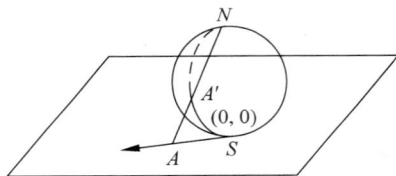

图 1.2　测地投影

在球面上移动。也就是说,复平面上每个有限远点都有球面上的点(除 N 外)与之一一对应。例如,复数 0 映射到南极 S,复平面的单位圆周映射到赤道,单位圆外部的点映射到北半球,单位圆内部的点映射到南半球。这样的对应关系称为测地投影。让 A 以任意方式无限远离原点 O,则得到 ∞ 点在复球面上的对应点北极 N。这样,整个球面就把无限远点也包含在内了,该球面称为复球面。

为了研究无穷远点的性质,可做变换 $z=\dfrac{1}{t}$,把 $z=\infty$ 变为 $t=0$,原函数变为 t 的函数,然后研究该函数在 $t=0$ 的性质即可。该问题将在第 3 章奇点的性质部分进一步讲解。

1.1.2　复数的表示方法(algebraic and geometric structure of complex numbers)

笛卡儿坐标系提供了一种将复数表示为 xOy 平面上点的简便方法,即 $z=x+\mathrm{i}y$ 对应 $z=(x,y)$ 的点,称为复数的直角坐标表示或代数表示(algebraic structure)。复平面上的点也可用一个矢量,即从原点出发指向点 $z=(x,y)$ 的有向线段 $\overrightarrow{OP}$ 来表示,称为复数的几何表示(geometric structure)。如图 1.3 所示,矢量 $\boldsymbol{r}$ 或 $\overrightarrow{OP}$ 代表复数 $z=x+\mathrm{i}y$,复数 z 与复平面上的矢量构成一一对应关系,复数的加减与矢量的加减一致,如图 1.4 所示。

图 1.3　复数的几何表示

图 1.4　复数的加减运算

若引入极坐标变量 (ρ,φ) 代替直角坐标 (x,y)，即 $x=\rho\cos\varphi$，$y=\rho\sin\varphi$，则复数 z 表示为

$$z=\rho\cos\varphi+\mathrm{i}\rho\sin\varphi \tag{1.1.3}$$

或写为

$$z=\rho\mathrm{e}^{\mathrm{i}\varphi} \tag{1.1.4}$$

式(1.1.3)和式(1.1.4)分别称为复数 z 的三角表示式(polar form)和指数表示式(exponential form)，式中的 ρ 为向量 $\overrightarrow{OP}$ 的长度，称为复数 z 的模(modulus)，记为

$$\rho=|z|=\sqrt{x^2+y^2} \tag{1.1.5}$$

φ 为向量 $\overrightarrow{OP}$ 和 x 轴正半轴的夹角，称为复数 z 的辐角(argument)，记为

$$\varphi=\arg z \tag{1.1.6}$$

如图 1.1(b)所示。需要说明的是，任一不为 0 的复数 z 有无穷多个辐角，如果 φ_0 是其中一个辐角，则 $\varphi=\varphi_0+2k\pi(k=0,\pm1,\pm2,\pm3,\cdots)$ 也是其辐角。用 $\arg z$ 来表示在 2π 范围内变化的一个特定值，称之为主值辐角(principal argument)，通常取

$$-\pi<\arg z\leqslant\pi$$

即

$$\arg z=\arg z+2k\pi,\quad k=0,\pm1,\pm2,\pm3,\cdots \tag{1.1.7}$$

另外，有两个特殊点需要说明：复数 0 的模为 0，辐角无意义；无穷远点的模为无穷，辐角无意义。当 $\rho=1$ 时，$z=x+\mathrm{i}y=\mathrm{e}^{\mathrm{i}\varphi}$ 称为单位复数。

例 1.1　已知空间矢量 $\boldsymbol{E}$ 对应的复数 $z=-1+\mathrm{i}$，求其大小和方向。

解：大小为 $|z|=\sqrt{2}$；因为 $\arg z=+\dfrac{3}{4}\pi$，该矢量方向为原点出发沿第二象限的角平分线。

1.1.3　复数的基本运算(operation of complex numbers)

实数是复数的特例，因此在规定复数的运算规则时，既应使其应用于实数时能够和实数运算的结果相符合，又应使复数的算术运算能够满足实数运算的一般规律，如加法交换律、加法结合律、乘法交换律及乘法分配律等。基本运算规则如下。

加减法(sum and subtraction)：两复数 $z_1=x_1+\mathrm{i}y_1$ 和 $z_2=x_2+\mathrm{i}y_2$ 相加减，其实部和虚部分别相加减，即

$$z_1\pm z_2=(x_1\pm x_2)+\mathrm{i}(y_1\pm y_2) \tag{1.1.8}$$

乘法（product）：按照多项式的乘法规则计算两复数 $z_1=x_1+iy_1$ 和 $z_2=x_2+iy_2$ 乘积，即

$$z_1 z_2 = (x_1 x_2 - y_1 y_2) + i(x_1 y_2 + y_1 x_2) \tag{1.1.9}$$

注意，这里用到 $i^2=-1$。

除法（division）：两复数 $z_1=x_1+iy_1$ 和 $z_2=x_2+iy_2$ 相除，其中 $z_2 \neq 0$，有

$$\frac{z_1}{z_2} = \frac{x_1+iy_1}{x_2+iy_2} = \frac{x_1+iy_1}{x_2+iy_2} \cdot \frac{x_2-iy_2}{x_2-iy_2} = \frac{x_1 x_2 + y_1 y_2}{x_2^2 + y_2^2} + i\frac{x_2 y_1 - x_1 y_2}{x_2^2 + y_2^2} \tag{1.1.10}$$

$$x_2^2 + y_2^2 \neq 0$$

利用复数的指数形式进行乘除法运算比较简单，即

$$z_1 z_2 = \rho_1 \rho_2 e^{i(\varphi_1+\varphi_2)}$$

$$\frac{z_1}{z_2} = \frac{\rho_1}{\rho_2} e^{i(\varphi_1-\varphi_2)}, \quad z_2 \neq 0$$

复数的乘方（power）：复数的乘方运算需要用指数形式，即

$$z^n = \rho^n e^{in\varphi} = \rho^n(\cos n\varphi + i\sin n\varphi) \tag{1.1.11}$$

由式(1.1.11)可得

$$(\cos n\varphi + i\sin n\varphi) = e^{in\varphi} = (e^{i\varphi})^n = (\cos\varphi + i\sin\varphi)^n \tag{1.1.12}$$

式(1.1.12)在三角函数的运算中很有用，见例1.2。

例1.2 求以下表达式的值。

(1) $\cos\varphi + \cos 2\varphi + \cos 3\varphi + \cdots + \cos n\varphi$；

(2) $\cos 4\varphi, \sin 4\varphi$。

解：(1) 引入复数表达式

$$S = e^{i\varphi} + e^{i2\varphi} + \cdots + e^{in\varphi}$$

显然，S 的实部即为所求。数列 $e^{i\varphi}, e^{i2\varphi}, \cdots, e^{in\varphi}$ 为等比数列，其和容易由等比数列求和公式得到，即

$$S = \frac{e^{i\varphi}(1-e^{in\varphi})}{1-e^{i\varphi}}$$

整理有

$$S = \frac{e^{i\varphi} \cdot e^{i\frac{n}{2}\varphi}(e^{-i\frac{n}{2}\varphi} - e^{i\frac{n}{2}\varphi})}{e^{i\frac{\varphi}{2}}(e^{-i\frac{\varphi}{2}} - e^{i\frac{\varphi}{2}})} = \frac{e^{i\frac{1+n}{2}\varphi}\dfrac{(e^{-i\frac{n}{2}\varphi} - e^{i\frac{n}{2}\varphi})}{2i}}{\dfrac{(e^{-i\frac{\varphi}{2}} - e^{i\frac{\varphi}{2}})}{2i}}$$

$$= e^{i\frac{1+n}{2}\varphi}\frac{\sin\dfrac{n\varphi}{2}}{\sin\dfrac{\varphi}{2}} = \frac{\sin\dfrac{n\varphi}{2}}{\sin\dfrac{\varphi}{2}}\left(\cos\frac{1+n}{2}\varphi + i\sin\frac{1+n}{2}\varphi\right)$$

因此有

$$\cos\varphi + \cos 2\varphi + \cdots + \cos n\varphi = \frac{\sin\dfrac{n\varphi}{2}\cos\dfrac{1+n}{2}\varphi}{\sin\dfrac{\varphi}{2}}$$

实际上，同时也可得

$$\sin\varphi + \sin2\varphi + \cdots + \sin n\varphi = \frac{\sin\dfrac{n\varphi}{2}\sin\dfrac{1+n}{2}\varphi}{\sin\dfrac{\varphi}{2}}$$

这里注意计算技巧，应用欧拉公式可以事半功倍。

（2）本小题可运用三角函数的倍角公式完成，运用式(1.1.12)有

$$(\cos\varphi + i\sin\varphi)^4 = (\cos4\varphi + i\sin4\varphi)$$

等式左边展开得到实部和虚部，即分别为 $\cos4\varphi$ 和 $\sin4\varphi$ 的展开式

$$\cos4\varphi = \cos^4\varphi + \sin^4\varphi - 6\cos^2\varphi\sin^2\varphi$$

$$\sin4\varphi = 4\cos^3\varphi\sin\varphi - 4\cos\varphi\sin^3\varphi$$

复数的开方（root）：非 0 复数 z 的整数 n 次根式为

$$\sqrt[n]{z} = \sqrt[n]{\rho}\,e^{i\frac{\varphi+2k\pi}{n}} = \sqrt[n]{\rho}\left[\cos\left(\frac{\varphi+2k\pi}{n}\right) + i\sin\left(\frac{\varphi+2k\pi}{n}\right)\right], \quad k=0,1,2,\cdots,n-1$$

$$(1.1.13)$$

不难验证，当 k 取其他整数时，$\sqrt[n]{z}$ 的值重复出现。也就是说，一个复数 z 的 n 次开方，总共有 n 个不同的值。

例 1.3　解方程 $z^4 + 1 = 0$。

解：$z^4 = -1$，将 -1 写为模和辐角的形式，即 $-1 = 1e^{i(2k\pi+\pi)}$，则有

$$z_k = \sqrt[4]{1}\,e^{i\frac{2k\pi+\pi}{4}}, \quad k=0,1,2,3$$

方程的解有 4 个，分别为

$$z_1 = e^{i\frac{\pi}{4}}, \quad z_2 = e^{i\frac{3\pi}{4}}, \quad z_3 = e^{i\frac{5\pi}{4}}, \quad z_4 = e^{i\frac{7\pi}{4}}$$

例 1.4　求 1 的 n 次方根，并讨论根在复平面单位圆周上的位置。

解：设方根为 w_k，因为 1 的模为 1，主值辐角为 0，即 $1 = 1e^{i(0+2k\pi)}$，因此有

$$w_k = \sqrt[n]{1} = e^{i\frac{2k\pi}{n}}, \quad k=0,1,2,\cdots,n-1$$

当 $n=2$ 时，

$$w_0 = 1, \quad w_1 = -1$$

w_0 和 w_1 对应单位圆与实轴的两个交点。

当 $n=3$ 时，

$$w_0 = 1, \quad w_1 = e^{i\frac{2\pi}{3}}, \quad w_2 = e^{i\frac{4\pi}{3}}$$

三个根位于单位圆 $|z|=1$ 的内接正三角形的顶点。

以此类推，可以得到以下结论：当 $n\geqslant3$ 时，各根分别位于单位圆 $|z|=1$ 的内接正多边形的顶点，其中一个顶点对应着主根 $w_0=1,k=0$，图 1.5 所示为 $n=3$、4 和 6 时根的位置分布情况。

例 1.5　试分析不等式 $0 < \arg\dfrac{z-i}{z+i} < \dfrac{\pi}{4}$ 所确定的点集是什么图形。

解：根据辐角定义，由 $z = x + iy$ 得

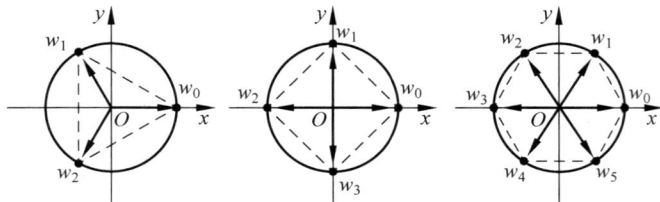

图 1.5　$n=3$、4 和 6 时根的位置分布

$$\frac{z-\mathrm{i}}{z+\mathrm{i}}=\frac{x+\mathrm{i}y-\mathrm{i}}{x+\mathrm{i}y+\mathrm{i}}=\frac{x^2+y^2-1}{x^2+(y+1)^2}+\mathrm{i}\,\frac{-2x}{x^2+(y+1)^2}$$

因此

$$\arg\left(\frac{z-\mathrm{i}}{z+\mathrm{i}}\right)=\arctan\frac{-2x}{x^2+y^2-1}$$

由题意得

$$0<\arctan\left(\frac{-2x}{x^2+y^2-1}\right)<\frac{\pi}{4}$$

注意到,在$(0,\pi/4)$的角度区域正切函数是单调递增的,对上述不等式两边均取正切得

$$0<\frac{-2x}{x^2+y^2-1}<1$$

又因$\dfrac{z-1}{z+1}$在第一象限,因此有

$$\begin{cases}-2x>0\\ x^2+y^2-1>0\end{cases}$$

由此可得

$$\begin{cases}x<0\\ (x+1)^2+y^2>2\end{cases}$$

注意到$(x+1)^2+y^2=2$是以$(-1,0)$为圆心,以$\sqrt{2}$为半径的圆周,所以满足不等式条件的点集图形为图 1.6 中的灰色部分。

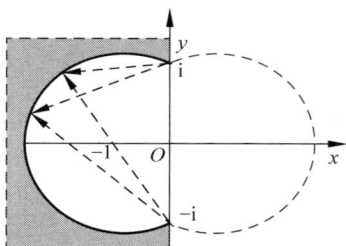

图 1.6　例 1.5 中确定的点集图形

1.1.4　基于 MATLAB 的复数运算(complex number operations based on MATLAB)

复数基本运算中常见的 MATLAB 函数有

real(z);　　　　　　　%求复数 z 的实部
imag(z);　　　　　　　%求复数 z 的虚部
conj(z);　　　　　　　%求复数 z 的共轭复数
abs(z);　　　　　　　%求复数 z 的模
angle(z);　　　　　　%求复数 z 的主值辐角

需要说明的是,angle()函数求得的辐角为弧度制单位,可以通过 angle(z) * 180/pi 运算转换为角度制单位。

例 1.6 运用 MATLAB 计算下述复数：

(1) $1+i$； (2) $\dfrac{1}{\sqrt{3}+i}$； (3) $\dfrac{i^{21}+2i+1}{i}$。

解：可以用一个一维数组实现三个复数的同时计算，在 MATLAB 命令窗口输入

```
z=[1+i  1/(sqrt(3)+i)  (i^21+2i+1)/i]
real(z)
imag(z)
abs(z)
angle(z)/pi*180
conj(z)
```

运行结果为

```
ans =1.0000
     0.4330
     3.0000
ans =1.0000
    -0.2500
    -1.0000
ans =1.4142
     0.5000
     3.1623
ans = 45.0000
    -30.0000
    -18.4349
ans =1.0000 - 1.0000i
     0.4330 + 0.2500i
     3.0000 + 1.0000i
```

1.2 复变函数（complex variable functions）

解析函数是复变函数中一类具有解析性质的函数，复变函数论主要研究复数域上的解析函数，因此通常也称复变函数论为解析函数论。

1.2.1 复变函数的概念（concepts and properties of complex variable function）

假设 E 为复数集，对 E 上每一复数 z，有唯一确定的复数 w 与之对应，则称在 E 上确定了一个单值复变函数，记 $w=f(z)(z\in E)$。若 z 与多个 w 对应，则称在 E 上确定了一个多值复变函数，E 为函数的定义域。

从定义可以看出，复变函数的定义与实变函数类似，只是函数的定义域和值域扩展到了复数域。例如，幂函数 $f(z)=z^n$，指数函数 $f(z)=e^z$ 及对数函数 $f(z)=\ln z$ 都是重要的复变函数。下面从两方面比较实变函数和复变函数。

定义域和值域方面：实数集是一维的，可以在直线上表示；复数集是二维的，必须在平面上表示。如图 1.7 所示，在实数集上，

图 1.7 实数集和复数集

$|x|<2$ 是连通的，$|x|>2$ 是不连通的；在复数集上，$|z|<2$ 是单连通的，$|z|>2$ 是复连通的。

在映射方面：形式上是相同的，即 $y=f(x)$，$w=f(z)$。但因自变量和因变量取值的数集不同，实变函数的自变量和函数值均为实数，可以用两个数轴组成的平面上的曲线表示；复变函数的自变量和函数值均为复数，可以写成实部和虚部形式，复变函数不能用一个图形完全表示。

假设 $u+iv$ 是复变函数 $f(z)$ 在 $z=x+iy$ 点的值，有

$$u + iv = f(x+iy)$$

则实数 u 和 v 由实数 x 和 y 决定，这样复变函数 $f(z)$ 可以表示为一对二元实函数 $u(x,y)$、$v(x,y)$ 的形式，即

$$f(z) = u(x,y) + iv(x,y)$$

也就是说，一个复变函数只不过是两个二元实变函数的有序组合。因此，可以用两个曲面分别表示复变函数的实部与虚部。

复变函数的分类如图 1.8 所示。广义的复变函数包括狭义的复变函数和复数数列，狭义的复变函数分为初等复变函数和非初等复变函数。本书中主要讲解初等复变函数中的代数函数和非初等复变函数中的级数。

图 1.8　复变函数的分类

1.2.2　区域的相关概念(concepts of domain)

本节讨论定义在复数平面上的区域的概念。

点的邻域(neighborhood of a point)：以 z_0 为中心，任意小正数 ε 为半径的圆内点的集合，称为 z_0 的 ε 邻域，即 $|z-z_0|<\varepsilon$。

内点（**interior points**）：若 z_0 及其邻域均属于 E，则称 z_0 为 E 的内点。

界点（**boundary points**）：若 z_0 的任意邻域总有属于点集 E 和不属于点集 E 的点，则称 z_0 为 E 的界点，界点的全体构成边界。如图 1.9 所示，z_1 为内点，z_2 为界点，L 为边界。

区域（**domain**）：满足以下两个条件的点集称为一个区域。①点集中每点均为内点，即具有开集性；②点集内任意两点都可用完全属于该点集的折线连接起来，即具有连通性。

闭区域（**closure**）：区域 D＋边界 Γ＝闭区域。例如，满足 $|z|\leqslant 10$ 的点集为闭区域，而满足 $|z|<10$ 的点集为区域。

单连通区域（**simply connected domain**）：在区域中作任何简单闭曲线（没有重点），内部包围的点全部属于该区域，如图 1.10(a)所示。

复连通区域（**multiply connected domain**）：若一个区域不是单连通区域，就称为复连通区域（简称复通域），如图 1.10(b)所示。

图 1.9　内点与界点

图 1.10　单连通区域与复连通区域

复连通区域单连通化：作一些适当的割线将复连通区域的不相连接的边界线连接起来，可以将复连通域变为单连通域（注意：连接边界的分开方式不唯一）。如图 1.11(b)所示，加 AB 割线后实现了复连通区域的单连通化。

边界的正方向（**positive orientation of a boundary**）：当人沿边界环行时，所包围的区域始终在人的左手边，则前进方向为边界线的正方向。对于有界的单连通区域，如图 1.11(a)所示，逆时针方向即为正方向。对复连通区域，外围逆时针为正方向，内部顺时针为正方向，如图 1.11(b)和图 1.11(c)所示。

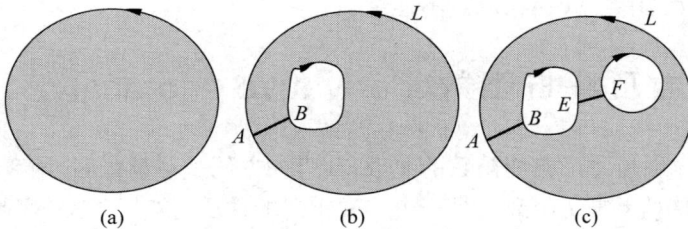

图 1.11　单连通区域和复连通区域的边界正方向

1.2.3　复变函数的极限和连续（limit and continuity of complex variable function）

复变函数极限的定义和实变函数极限的定义相同，设函数 $f(z)$ 在 z_0 的去心邻域内有定义,若 z 从任意方向趋近 z_0 时,$f(z)$ 都趋于同一个值 A,则称 $z \to z_0$ 时 $f(z)$ 的极限为 A,表示为

$$\lim_{z \to z_0} f(z) = A$$

如果函数在 z_0 邻域上有定义,且 $\lim_{z \to z_0} f(z) = f(z_0)$,则称函数 $f(z)$ 在 z_0 点连续。常运用以下定理求复变函数的极限。

定理 1.1　设 $z = x + \mathrm{i}y$,$f(z) = u(x,y) + \mathrm{i}v(x,y)$

那么

$$\lim_{z \to z_0} f(z) = w_0 = a + \mathrm{i}b$$

当且仅当

$$\lim_{\substack{x \to x_0 \\ y \to y_0}} u(x,y) = a \qquad \lim_{\substack{x \to x_0 \\ y \to y_0}} v(x,y) = b$$

Theorem 1.1　Suppose $z = x + \mathrm{i}y$,$f(z) = u(x,y) + \mathrm{i}v(x,y)$, then

$$\lim_{z \to z_0} f(z) = w_0 = a + \mathrm{i}b$$

if and only if

$$\lim_{\substack{x \to x_0 \\ y \to y_0}} u(x,y) = a \qquad \lim_{\substack{x \to x_0 \\ y \to y_0}} v(x,y) = b$$

$f(z)$ 在 z_0 连续可归结为 u、v 在 (x_0,y_0) 连续。

实变函数中极限、连续的性质和运算法则在复变函数中亦成立。

> **难点点拨**:极限和连续的定义在形式上和实变函数相同,但对于复变函数,$z \to z_0$ 的方向可以是任意方向,要求更加苛刻。

例 1.7　求 $f(z) = \mathrm{e}^{\frac{1}{z}}$ 在原点的极限并讨论其连续性。

解:选两个特殊方向,求函数 $f(z)$ 在原点的极限,沿负实轴的极限 $\lim\limits_{z \to 0} \mathrm{e}^{\frac{1}{z}} = 0$,沿正实轴的极限 $\lim\limits_{z \to 0} \mathrm{e}^{\frac{1}{z}} = \infty$。可以看到,沿负实轴和正实轴两个方向的极限不同,所以 $f(z)$ 在原点极限不存在。显然,函数 $f(z)$ 在原点不连续。

1.3　导数及解析函数(derivative and analytic function)

高等数学中详细探讨了实变函数的导数,其引入方便了单调区间、函数极值等很多问题的求解。是否可导对于复变函数也是一个非常重要的性质,本节讨论复变函数的导数,并引入解析函数的概念与性质。

1.3.1　导数(derivative)

1. 导数的定义

已知 $w = f(z)$ 是定义在区域 D 上的单值函数(single-valued function),若在 D 内某一点 z_0 存在极限

$$\lim_{\Delta z \to 0} \frac{\Delta w}{\Delta z} = \lim_{z \to z_0} \frac{f(z) - f(z_0)}{z - z_0}$$

并且该极限与 $\Delta z \to 0$ 的方式无关,则称函数 $f(z)$ 在 z_0 点可导(derivable),并称该极限值为函数 $f(z)$ 在 z_0 点处的导数或微商,记为

$$f'(z)\big|_{z=z_0} \quad \text{或} \quad \frac{\mathrm{d}f(z)}{\mathrm{d}z}\bigg|_{z=z_0}$$

如果函数 $w = f(z)$ 在区域 D 内的每点均可导,则称 $f(z)$ 在区域 D 内可导。

以函数 $f(z) = z^2$ 为例,极限写为

$$\lim_{\Delta z \to 0} \frac{\Delta f}{\Delta z} = \lim_{\Delta z \to 0} \frac{(z + \Delta z)^2 - z^2}{\Delta z} = \lim_{\Delta z \to 0} \frac{(2z + \Delta z)\Delta z}{\Delta z}$$

可以看出,该极限为 $2z$,因此函数 $f(z) = z^2$ 在全平面可导,且导函数写为 $(z^2)' = 2z$,同理也可以证明整数次幂函数 $f(z) = z^n (n \geqslant 1)$ 在全平面可导,且 $(z^n)' = nz^{n-1}$。

在函数的连续与可导方面,有两点需要强调。

(1) 可导必定连续,连续不一定可导。连续不可导的函数在实变函数中是稀有的,但是在复变函数中却是随处可见的。

例如,考察复变函数 $f(z) = \bar{z} = x - \mathrm{i}y$ 在复平面上任一点 $z_0 = x_0 + \mathrm{i}y_0$ 的连续性和可导性。很容易看出,复变函数 $f(z) = \bar{z} = x - \mathrm{i}y$ 在全平面连续。当在 z_0 附近自变量 z 发生微小变化 $\Delta z = \Delta x + \mathrm{i}\Delta y$ 时,$w = f(z)$ 改变量为 $\Delta w = \Delta x - \mathrm{i}\Delta y$,可求得沿两个特殊方向的极限。

沿平行于 x 轴方向,有 $\Delta y = 0$,$\lim\limits_{z \to z_0} \dfrac{\Delta w}{\Delta z} = 1$。

沿平行于 y 轴方向,有 $\Delta x = 0$,$\lim\limits_{z \to z_0} \dfrac{\Delta w}{\Delta z} = -1$。

沿着两个方向极限不相同,因此函数 $f(z) = \bar{z} = x - \mathrm{i}y$ 是不可导的。

(2) 由实部和虚部连续可以判定复变函数连续,但由实部和虚部可导不能判定复变函数可导。

还以复变函数 $f(z) = \bar{z} = x - \mathrm{i}y$ 为例,其实部 $u(x,y) = x$ 和虚部 $v(x,y) = -y$ 在 $(0,0)$ 是连续的,因此复变函数 $f(z) = \bar{z} = x - \mathrm{i}y$ 在 $(0,0)$ 点连续。然而,虽然实部 $u(x,y) = x$ 和虚部 $v(x,y) = -y$ 在 $(0,0)$ 点是可导的,但函数 $f(z) = \bar{z} = x - \mathrm{i}y$ 在 $(0,0)$ 点不可导。

2. 求导法则(derivative rules)

实变函数的求导规则可以直接应用到复变函数中,求导规则及常用的初等复变函数求导公式如表 1.1 所示。

表 1.1 复变函数求导规则及常用初等复变函数求导公式

求 导 规 则	常用初等复变函数求导公式
$\dfrac{\mathrm{d}}{\mathrm{d}z}(w_1 \pm w_2) = \dfrac{\mathrm{d}w_1}{\mathrm{d}z} \pm \dfrac{\mathrm{d}w_2}{\mathrm{d}z}$(和差求导)	$\dfrac{\mathrm{d}}{\mathrm{d}z}z^n = nz^{n-1}$
$\dfrac{\mathrm{d}}{\mathrm{d}z}(w_1 w_2) = \dfrac{\mathrm{d}w_1}{\mathrm{d}z}w_2 + w_1\dfrac{\mathrm{d}w_2}{\mathrm{d}z}$(积求导)	$\dfrac{\mathrm{d}}{\mathrm{d}z}\mathrm{e}^z = \mathrm{e}^z$
$\dfrac{\mathrm{d}}{\mathrm{d}z}\left(\dfrac{w_1}{w_2}\right) = \dfrac{w_1' w_2 - w_1 w_2'}{w_2^2}$(商求导)$(w_2 \neq 0)$	$\dfrac{\mathrm{d}}{\mathrm{d}z}\sin z = \cos z$

续表

求 导 规 则	常用初等函数求导公式
$\dfrac{\mathrm{d}w}{\mathrm{d}z}=1\Big/\dfrac{\mathrm{d}z}{\mathrm{d}w}$（倒数求导）	$\dfrac{\mathrm{d}}{\mathrm{d}z}\cos z=-\sin z$
$\dfrac{\mathrm{d}}{\mathrm{d}z}F(w)=\dfrac{\mathrm{d}F}{\mathrm{d}w}\cdot\dfrac{\mathrm{d}w}{\mathrm{d}z}$（复合函数求导）	$\dfrac{\mathrm{d}}{\mathrm{d}z}\ln z=\dfrac{1}{z}$（单值分支内）

1.3.2　函数可导的充分必要条件（sufficient conditions for derivability）

1. 柯西黎曼条件

设 $w=f(z)=u(x,y)+iv(x,y)$ 在区域 D 内一点 $z=x+iy$ 处可导,那么在 (x,y) 处存在且满足柯西黎曼条件

$$\frac{\partial u}{\partial x}=\frac{\partial v}{\partial y},\quad \frac{\partial u}{\partial y}=-\frac{\partial v}{\partial x} \tag{1.3.1}$$

Cauchy-Riemann equation：Suppose that $w=f(z)=u(x,y)+iv(x,y)$ and $f'(z)$ exists at a point $z=x+iy$, then it must exist at (x,y) and must satisfy Cauchy-Riemann equation at (x,y), that is

$$\frac{\partial u}{\partial x}=\frac{\partial v}{\partial y},\quad \frac{\partial u}{\partial y}=-\frac{\partial v}{\partial x}$$

证明：由函数导数定义有

$$f'(z)=\lim_{\Delta z\to0}\frac{\Delta w}{\Delta z}=\lim_{\substack{\Delta x\to0\\\Delta y\to0}}\frac{\Delta u+i\Delta v}{\Delta x+i\Delta y}$$

沿平行于 x 轴方向有

$$\Delta y=0,\quad f'(z)=\lim_{\Delta x\to0}\frac{\Delta u+i\Delta v}{\Delta x}=\frac{\partial u}{\partial x}+i\frac{\partial v}{\partial x}$$

沿平行于 y 轴方向有

$$\Delta x=0,\quad f'(z)=\lim_{\Delta y\to0}\frac{\Delta u+i\Delta v}{i\Delta y}=-i\frac{\partial u}{\partial y}+\frac{\partial v}{\partial y}$$

因为 $f(z)$ 可导,两极限必相等,所以有

$$\frac{\partial u}{\partial x}=\frac{\partial v}{\partial y},\quad \frac{\partial u}{\partial y}=-\frac{\partial v}{\partial x}$$

复变函数可导的充分必要条件：设 $f(z)=u(x,y)+iv(x,y)$，$u(x,y)$ 和 $v(x,y)$ 在 (x,y) 处满足①$\dfrac{\partial u}{\partial x},\dfrac{\partial u}{\partial y},\dfrac{\partial v}{\partial x},\dfrac{\partial v}{\partial y}$ 在 (x,y) 处存在且连续；②在 (x,y) 处满足柯西黎曼条件。

2. 导数的计算公式（calculation of derivative）

如果 $f(z)=u(x,y)+iv(x,y)$ 在点 $z=x+iy$ 可导,那么函数导数由以下四种求解方式求得。

$$\frac{\mathrm{d}f(z)}{\mathrm{d}z}=\frac{\partial u}{\partial x}+i\frac{\partial v}{\partial x}=\frac{\partial v}{\partial y}-i\frac{\partial u}{\partial y}=\frac{\partial u}{\partial x}-i\frac{\partial u}{\partial y}=\frac{\partial v}{\partial y}+i\frac{\partial v}{\partial x}$$

3. 极坐标下的柯西黎曼条件（CR equation in polar coordinate）

在极坐标系下有 $z=x+iy=\rho e^{i\varphi}$，则 $w=u(x,y)+iv(x,y)=u(\rho,\varphi)+iv(\rho,\varphi)$，当复

变量 z 发生微小变化

$$\Delta z = \Delta(\rho \mathrm{e}^{\mathrm{i}\varphi}) = \Delta\rho \mathrm{e}^{\mathrm{i}\varphi} + \rho\mathrm{i}\Delta\varphi \mathrm{e}^{\mathrm{i}\varphi} = (\Delta\rho + \mathrm{i}\rho\Delta\varphi)\,\mathrm{e}^{\mathrm{i}\varphi}$$

时，w 的变化量为

$$\Delta w = \Delta u(\rho,\varphi) + \mathrm{i}\Delta v(\rho,\varphi)$$

因此

$$\frac{\Delta w}{\Delta z} = \frac{\Delta u + \mathrm{i}\Delta v}{(\Delta\rho + \rho\mathrm{i}\Delta\varphi)\,\mathrm{e}^{\mathrm{i}\varphi}}$$

在极坐标系下，Δz 可以沿着两个方向趋近 0，如图 1.12 所示。

先令 Δz 沿径向（radial approach）逼近 0，此时有 $\Delta\varphi = 0$

$$\Delta z = \mathrm{e}^{\mathrm{i}\varphi}\Delta\rho \to 0$$

可得

$$\lim_{\Delta z \to 0} \frac{\Delta w}{\Delta z} = \lim_{\Delta\rho \to 0} \frac{\Delta u + \mathrm{i}\Delta v}{\Delta\rho}\mathrm{e}^{-\mathrm{i}\varphi}$$
$$= \left(\frac{\partial u}{\partial \rho} + \mathrm{i}\frac{\partial v}{\partial \rho}\right)\mathrm{e}^{-\mathrm{i}\varphi}$$

图 1.12　极坐标系中 Δz 从两个方向趋近 0

再令 Δz 沿角向（angular approach）逼近 0，此时有 $\Delta\rho = 0$，因此

$$\Delta z = \mathrm{i}\rho \mathrm{e}^{\mathrm{i}\varphi}\Delta\varphi \to 0$$

可得

$$\lim_{\Delta z \to 0} \frac{\Delta \omega}{\Delta z} = \frac{1}{\mathrm{i}\rho}\mathrm{e}^{-\mathrm{i}\varphi}\lim_{\Delta\varphi \to 0} \frac{\Delta u + \mathrm{i}\Delta v}{\Delta\varphi} = \left(\frac{1}{\rho}\frac{\partial v}{\partial\varphi} - \mathrm{i}\frac{1}{\rho}\frac{\partial u}{\partial\varphi}\right)\mathrm{e}^{-\mathrm{i}\varphi}$$

因为函数可导，两个极限必相等，即

$$\left(\frac{\partial u}{\partial\rho} + \mathrm{i}\frac{\partial v}{\partial\rho}\right)\mathrm{e}^{-\mathrm{i}\varphi} = \left(\frac{1}{\rho}\frac{\partial v}{\partial\varphi} - \mathrm{i}\frac{1}{\rho}\frac{\partial u}{\partial\varphi}\right)\mathrm{e}^{-\mathrm{i}\varphi}$$

于是有

$$\begin{cases} \dfrac{\partial u}{\partial\rho} = \dfrac{\partial v}{\rho\partial\varphi} \\[2mm] \dfrac{\partial u}{\rho\partial\varphi} = -\dfrac{\partial v}{\partial\rho} \end{cases}$$

即

$$\frac{\partial u}{\partial\rho} = \frac{1}{\rho}\frac{\partial v}{\partial\varphi}, \quad \frac{\partial v}{\partial\rho} = -\frac{1}{\rho}\frac{\partial u}{\partial\varphi} \tag{1.3.2}$$

式(1.3.2)即为极坐标系下的柯西黎曼条件。

1.3.3　解析函数（analytic function）

1. 定义

若函数 $f(z)$ 在点 z_0 及其邻域上处处可导，则称 $f(z)$ 在点 z_0 解析。如果 $f(z)$ 在点 z_0 处不解析，则称 z_0 为 $f(z)$ 的奇点（singularity）。如果函数 $f(z)$ 在区域 D 上的任意点都解析，则称 $f(z)$ 是区域 D 上的解析函数。

注意以下两点。

(1) 函数 $f(z)$ 在某点解析是指在该点及其邻域内处处可导，因此在复平面上某一点解析与在某一点可导是不等价的。

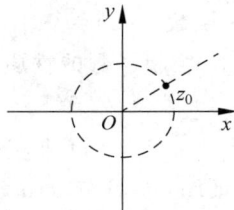

解析函数
及性质

（2）区域具有开集性，每一点及其邻域均属于区域，因此在区域 D 上解析与在区域 D 上可导是等价的。

例 1.8　考查函数 $f(z) = |z|^2$ 是否解析。

解：$f(z) = u(x,y) + iv(x,y) = x^2 + y^2$，因此有 $u(x,y) = x^2 + y^2$，$v(x,y) = 0$，计算得

$$\frac{\partial u}{\partial x} = 2x, \quad \frac{\partial u}{\partial y} = 2y, \quad \frac{\partial v}{\partial x} = \frac{\partial v}{\partial y} = 0$$

可以看出，Cauchy-Riemann 条件在 $x=0$，$y=0$ 成立，因此复变函数 $|z|^2$ 仅在 $z=0$ 可导，故函数 $f(z) = |z|^2$ 在复平面上处处不解析。

2. 解析函数的性质（properties of analytic functions）

（1）若函数 $f(z) = u(x,y) + iv(x,y)$ 在区域 D 上解析，则曲线族 $u(x,y) = C_1$，$v(x,y) = C_2$ 在 D 上正交（orthogonal）。

证明：曲线族 $u(x,y) = C_1$ 的切线方向矢量为

$$\left(\frac{\partial u}{\partial y}, -\frac{\partial u}{\partial x} \right)$$

曲线族 $v(x,y) = C_2$ 的切线方向矢量为

$$\left(\frac{\partial v}{\partial y}, -\frac{\partial v}{\partial x} \right)$$

两矢量的标量积为

$$\frac{\partial u}{\partial y} \frac{\partial v}{\partial y} + \frac{\partial u}{\partial x} \frac{\partial v}{\partial x} = 0 \tag{1.3.3}$$

因此两曲线族处处正交。下面以函数 $f(z) = z^2 = x^2 - y^2 + \mathrm{i}2xy$ 和 $f(z) = \mathrm{e}^z = \mathrm{e}^x \cos y + \mathrm{i}\mathrm{e}^x \sin y$ 为例，运用 MATLAB 画出曲线族，如图 1.13 所示。实线对应实部，虚线对应虚部。

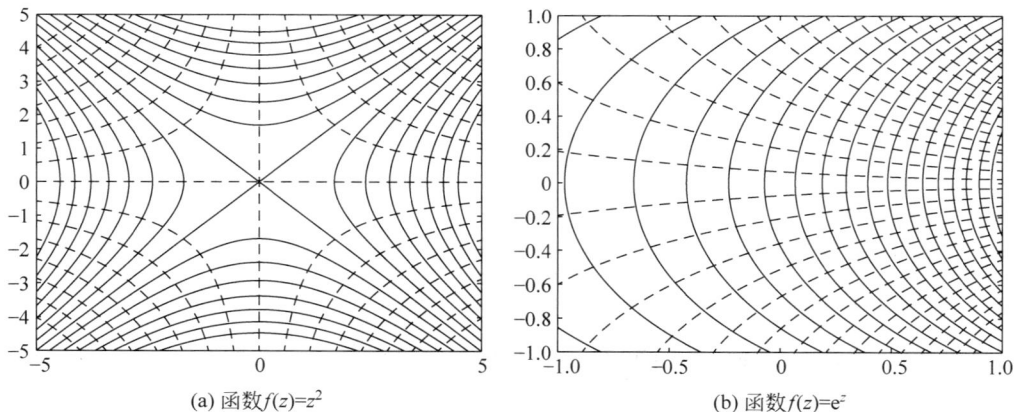

(a) 函数 $f(z)=z^2$　　　　　　(b) 函数 $f(z)=\mathrm{e}^z$

图 1.13　曲线族的正交性

代码如下：

```
clc
clear
x=linspace(-5,5,300);          %x 轴范围,从-5 到 5,划分 300 个点
y=linspace(-5,5,300);          %y 轴范围,从-5 到 5,划分 300 个点
[X,Y]=meshgrid(x);             %创建 XOY 平面上的网格
```

```
u=X.^2−Y.^2;                                %复变函数 y=z² 的实部
v=2.*X.*Y;                                   %复变函数 y=z² 的虚部
C1=linspace(−20,20,15);                      %绘制−20~20 的 15 条等值线
contour(X,Y,u,C1,'color','r');               %绘制等值线
hold on
C2=linspace(−40,40,15);                      %绘制−40~40 的 15 条等值线
contour(X,Y,v,C2,'color','b');               %绘制等值线
clc
clear
x=linspace(−1,1,200);                        %x 轴范围,从−1 到 1,划分 200 个点
y=linspace(−1,1,200);                        %y 轴范围,从−1 到 1,划分 200 个点
[X,Y]=meshgrid(x);                           %创建 XOY 平面上的网格
u=exp(X).*cos(Y);                            %复变函数 y=eˣ 的实部
v=exp(X).*sin(Y);                            %复变函数 y=eˣ 的虚部
C1=linspace(−1,3,30);                        %绘制−1~3 的 30 条等值线
[c1,h1]=contour(X,Y,u,C1,'color','r');       %绘制等值线,并提取相应等值线的数据,存入矩阵 c1
clabel(c1,h1);                               %标注等值线对应值
hold on
C2=linspace(−2,2,30);                        %绘制−2~2 的 30 条等值线
[c2,h2]=contour(X,Y,v,C2,'color','b');       %绘制等值线,并提取相应等值线的数据,存入矩阵 c2
clabel(c2,h2);                               %标注等值线对应值
```

(2) 如果函数 $f(z)=u(x,y)+\mathrm{i}v(x,y)$ 是区域 D 上的解析函数,则 $u(x,y)$ 和 $v(x,y)$ 分别为区域 D 上的调和函数。

调和函数(harmonic function):如果实函数 $H(x,y)$ 在区域 D 上存在二阶连续偏导数且满足拉普拉斯方程(Laplace equation)

$$\Delta H = \frac{\partial^2 H}{\partial x^2} + \frac{\partial^2 H}{\partial y^2} = 0$$

则称 $H(x,y)$ 为区域 D 上的调和函数,$\Delta = \frac{\partial^2}{\partial x^2} + \frac{\partial^2}{\partial y^2}$ 称为拉普拉斯算符。

证明:因为函数 $f(z)=u(x,y)+\mathrm{i}v(x,y)$ 是区域 D 上的解析函数,因此 $u(x,y)$ 和 $v(x,y)$ 满足柯西黎曼条件,即

$$\frac{\partial u}{\partial x} = \frac{\partial v}{\partial y}, \quad \frac{\partial u}{\partial y} = -\frac{\partial v}{\partial x}$$

两边分别对 x、y 求偏导数,即可证

$$\frac{\partial^2 u}{\partial x^2} + \frac{\partial^2 u}{\partial y^2} = 0 \tag{1.3.4}$$

同理,两边分别对 y、x 求偏导数可证

$$\frac{\partial^2 v}{\partial x^2} + \frac{\partial^2 v}{\partial y^2} = 0 \tag{1.3.5}$$

由此可见,解析函数 $f(z)$ 的实部 $u(x,y)$ 和虚部 $v(x,y)$ 都是区域 D 内的调和函数。由于 $u(x,y)$ 和 $v(x,y)$ 是同一解析函数的实部和虚部,满足柯西黎曼条件,所以互称为共轭调和函数(conjugate harmonic function)。

> **难点点拨**：解析函数的实部和虚部必定调和,但任意两调和函数不一定组成一解析函数,因为解析函数的实部和虚部由柯西黎曼条件联系。

（3）解析函数的实部和虚部通过柯西黎曼方程相互联系,并不独立,只要知道解析函数的虚部（或实部）,即可求出相应的实部（或虚部）。

假设给定二元调和函数 $u(x,y)$ 是复变函数的实部,尝试求虚部 $v(x,y)$。$v(x,y)$ 是二元函数,可以将其微分写为

$$\mathrm{d}v = \frac{\partial v}{\partial x}\mathrm{d}x + \frac{\partial v}{\partial y}\mathrm{d}y$$

代入柯西黎曼条件,上式也可写为

$$\mathrm{d}v = -\frac{\partial u}{\partial y}\mathrm{d}x + \frac{\partial u}{\partial x}\mathrm{d}y$$

因为

$$\frac{\partial}{\partial y}\left(-\frac{\partial u}{\partial y}\right) = -\frac{\partial^2 u}{\partial y^2} = \frac{\partial^2 u}{\partial x^2} = \frac{\partial}{\partial x}\left(\frac{\partial u}{\partial x}\right)$$

上式为全微分,可通过积分

$$v(x,y) = \int \mathrm{d}v \tag{1.3.6}$$

计算得到函数 $v(x,y)$。

例 1.9 已知解析函数的实部 $u = x^3 - 3xy^2$,且 $f(0) = 0$,求该解析函数。

解：方法一 曲线积分法,积分路径如图 1.14 所示。

$$\mathrm{d}v = \frac{\partial v}{\partial x}\mathrm{d}x + \frac{\partial v}{\partial y}\mathrm{d}y = -\frac{\partial u}{\partial y}\mathrm{d}x + \frac{\partial u}{\partial x}\mathrm{d}y = 6xy\mathrm{d}x + (3x^2 - 3y^2)\mathrm{d}y$$

$$v = \int_{(0,0)}^{(x,0)} 6xy\mathrm{d}x + \int_{(x,0)}^{(x,y)} (3x^2 - 3y^2)\mathrm{d}y = 3x^2 y - y^3 + C$$

方法二 凑全微分。

$$\mathrm{d}v = \frac{\partial v}{\partial x}\mathrm{d}x + \frac{\partial v}{\partial y}\mathrm{d}y = -\frac{\partial u}{\partial y}\mathrm{d}x + \frac{\partial u}{\partial x}\mathrm{d}y$$

$$= 6xy\mathrm{d}x + (3x^2 - 3y^2)\mathrm{d}y = \mathrm{d}(3x^2 y - y^3)$$

因此 $v = 3x^2 y - y^3 + C$,从而有

$$f(z) = (x^3 - 3xy^2) + \mathrm{i}(3x^2 y - y^3 + C)$$

$$= (x + \mathrm{i}y)^3 + \mathrm{i}C = z^3 + \mathrm{i}C$$

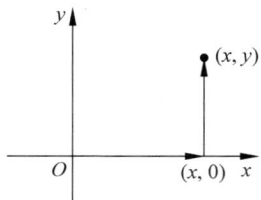

图 1.14 例 1.9 积分路径

由 $f(0) = 0$ 得 $C = 0$,因此 $f(z) = z^3$。

例 1.10 已知解析函数 $f(z)$ 的实部为 $\mathrm{e}^x \sin y$,且 $f(0) = -\mathrm{i}$,求该解析函数 $f(z)$。

解：由实部可求得

$$\frac{\partial u}{\partial x} = \mathrm{e}^x \sin y, \quad \frac{\partial u}{\partial y} = \mathrm{e}^x \cos y$$

根据柯西黎曼条件可得

$$\frac{\partial v}{\partial y} = \mathrm{e}^x \sin y, \quad \frac{\partial v}{\partial x} = -\mathrm{e}^x \cos y$$

即有

$$dv = \frac{\partial v}{\partial x}dx + \frac{\partial v}{\partial y}dy = -e^x\cos y\,dx + e^x\sin y\,dy = d(-e^x\cos y)$$

于是有

$$v = -e^x\cos y + C$$

整理得

$$f(z) = e^x\sin y + i(-e^x\cos y + C)$$

$$= -ie^x(\cos y + i\sin y) + iC = -ie^x e^{iy} + iC = -ie^z + iC$$

又因为 $f(0) = -i$，因此 $C = 0$，于是有

$$f(z) = -ie^z$$

例 1.11 已知某解析函数 $f(z)$ 的实部为 $u = \dfrac{x^2 - y^2}{(x^2 + y^2)^2}$，且 $f(\infty) = 0$，求其虚部并完整表示整个函数 $f(z)$。

解：从实部 u 的表达式可以看出，运用直角坐标系的柯西黎曼方程求解，运算是复杂的，因此选用极坐标系求解。

在极坐标系中

$$u = \frac{\cos 2\varphi}{\rho^2}$$

于是有

$$\frac{\partial u}{\partial \rho} = \left(\frac{-2}{\rho^3}\right)\cos 2\varphi, \qquad \frac{\partial u}{\partial \varphi} = -\frac{2}{\rho^2}\sin 2\varphi$$

由极坐标系中的柯西黎曼条件有

$$\frac{\partial v}{\partial \varphi} = \left(\frac{-2}{\rho^2}\right)\cos 2\varphi, \qquad \frac{\partial v}{\partial \rho} = \left(\frac{2}{\rho^3}\right)\sin 2\varphi$$

因此有

$$dv = \frac{\partial v}{\partial \varphi}d\varphi + \frac{\partial v}{\partial \rho}d\rho$$

$$= \left(\frac{-2}{\rho^2}\cos 2\varphi\right)d\varphi + \left(\frac{2}{\rho^3}\sin 2\varphi\right)d\rho$$

$$= d\left(\frac{-1}{\rho^2}\sin 2\varphi\right)$$

因此

$$v = \frac{-1}{\rho^2}\sin 2\varphi + C$$

从而可得

$$f(z) = u + iv = \frac{\cos 2\varphi}{\rho^2} - i\frac{\sin 2\varphi}{\rho^2} + iC = \frac{1}{\rho^2}e^{-i2\varphi} + iC = z^{-2} + iC$$

又因 $f(\infty) = 0$，所以有 $C = 0$，即

$$f(z) = z^{-2}$$

（4）解析函数具有保角性（conformal）。

解析函数可以将两个复平面上的点集对应起来。在 z 平面上，取定点 $z_0 = x_0 + iy_0$，如图 1.15(a)所示，坐标为 (x_0, y_0)。将 z_0 代入解析函数 $w = f(z)$ 有

$$w = w_0 = f(z_0) = u(x_0, y_0) + iv(x_0, y_0)$$

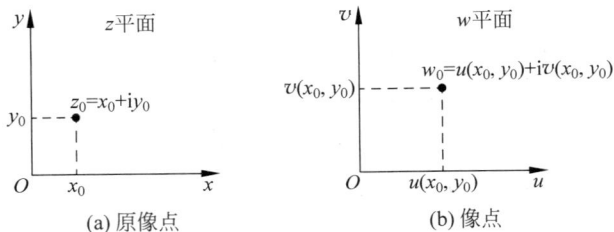

图 1.15　原像点与像点

定义新的平面为 w 平面，w_0 是 w 平面上的一点，坐标为 $(u(x_0, y_0), v(x_0, y_0))$，也就是说，解析函数 $w = f(z)$ 将 z 平面上的点 z_0 变换到了 w 平面上的 w_0。由解析函数决定的这种对应关系叫作映射（mapping），也称变换（transformation），w_0 称为 z_0 点的像点（image），z_0 称为原像点（origin image），如图 1.15 所示。

例 1.12　在映射 $w = z^2$ 下，求下列各点的像。

$$z_1 = i, \quad z_2 = 2i, \quad z_3 = 1, \quad z_4 = 2, \quad z_5 = \frac{\sqrt{2}}{2} + \frac{\sqrt{2}}{2}i, \quad z_6 = \sqrt{2} + \sqrt{2}i$$

解：代入函数 $w = z^2$ 可得

$$w_1 = -1, \quad w_2 = -4, \quad w_3 = 1, \quad w_4 = 4, \quad w_5 = i, \quad w_6 = 4i$$

各点如图 1.16 所示。

图 1.16　变换点对应关系图

思考：观察点集变化的特点，可以得出什么结论？

同理，解析函数 $w = f(z)$ 可以将 z 平面上的一个点集变换到 w 平面上的另一个点集。假设 $w = f(z)$ 在 z_0 点解析，且 $f'(z_0) \neq 0$，z 平面内有两条过 z_0 点的简单光滑曲线 C、C'，经过 $w = f(z)$ 变换到 w 平面的像分别为 C_1、C_1'。

以 α、α' 表示 C、C' 在 z_0 点的切线与 x 轴正向夹角，以 β、β' 表示 C_1、C_1' 在 w_0 点的切线与 x 轴正向夹角，如图 1.17 所示。

图 1.17 z 平面的两条相交曲线变换到 w 平面

由解析函数导数定义有

$$f'(z_0) = \lim_{z \to z_0} \frac{\Delta w}{\Delta z} = |f'(z_0)| e^{i \arg f'(z_0)} \tag{1.3.7}$$

先观察辐角项,复数相除时,对应的辐角相减,即

$$\arg f'(z_0) = \lim_{z \to z_0} \arg \frac{\Delta w}{\Delta z} = \lim_{z \to z_0} [\arg \Delta w - \arg \Delta z] \tag{1.3.8}$$

若 Δz 沿曲线 C,则 Δw 沿曲线 C_1,辐角 $\arg \Delta z$、$\arg \Delta w$ 分别对应 z 平面、w 平面上 Δz、Δw 与实轴的夹角,即 α、β,因此有

$$\arg f'(z_0) = \beta - \alpha \tag{1.3.9}$$

若 Δz 沿曲线 C',则对应 Δw 沿曲线 C_1',同理有

$$\arg f'(z_0) = \beta' - \alpha' \tag{1.3.10}$$

解析函数 $w = f(z)$ 在 z_0 点的导函数是唯一的,因此有

$$\beta' - \alpha' = \beta - \alpha$$

也可写为

$$\beta' - \beta = \alpha' - \alpha \tag{1.3.11}$$

这说明 z 平面上两曲线在 z_0 点的夹角经过解析函数变换后其大小未发生变化。称解析函数在 z_0 点是保角的,或称 $w = f(z)$ 为该点的保角变换,若函数在区域中的每个点均具有保角性,则称它为该区域中的保角变换(conformal mapping)。

> **难点点拨**:由以上证明过程可知,解析函数只有在导数不为零的各点实现保角变换。

另外,由

$$\lim_{z \to z_0} \frac{\Delta w}{\Delta z} = f'(z_0) = M_0 e^{i \theta_0}$$

有

$$|\Delta w| e^{i \beta} = M_0 |\Delta z| e^{i(\alpha + \theta_0)} \tag{1.3.12}$$

由式(1.3.12)可以看出,解析函数可以将任一给定的小线段 Δz,变换到 w 平面上与之对应的小线段 Δw,其长度被"放大"了 M_0 倍,且旋转了角 θ_0。上述性质称为长度伸缩性。M_0 随 z_0 点在 z 平面上移动而变化,从而实现了区域形状的变化。保角变换的具体应用在 1.4 节中讨论。

1.3.4 初等解析函数及性质(elementary analytic function and properties)

本节将实变函数中的若干常用初等函数推广到复数域,介绍一些初等解析函数,包括幂

初等解析函数

函数、指数函数、三角函数及双曲函数等。当复变量 $z=x+\mathrm{i}0$ 时,复变函数退化为相应的实变函数,这里着重讨论这些函数作为复变函数所特有的性质。

1. 整数幂函数(power function)

$$f(z)=z^n \tag{1.3.13}$$

当 $n\geqslant0$ 时,函数在全平面处处解析,并且当 $n=1,2,3,\cdots$ 时,∞ 点是奇点。当 $n<0$ 时,函数在除 $z=0$ 外的全平面处处解析,且其导函数为

$$(z^n)'=nz^{n-1} \tag{1.3.14}$$

由幂函数还可以定义 n 次多项式函数

$$P_n(z)=a_nz^n+a_{n-1}z^{n-1}+\cdots+a_1z+a_0 \tag{1.3.15}$$

及有理函数

$$R(z)=\frac{P_n(z)}{Q_m(z)} \tag{1.3.16}$$

在分母不为零的点,该有理函数都是解析的。令分母 $Q_m(z)=0$ 可以找到该函数的所有奇点。

2. 指数函数(exponential function)

$$f(z)=\mathrm{e}^z=\mathrm{e}^{x+\mathrm{i}y}=\mathrm{e}^x\,\mathrm{e}^{\mathrm{i}y}=\mathrm{e}^x(\cos y+\mathrm{i}\sin y) \tag{1.3.17}$$

这里运用了欧拉公式

$$\mathrm{e}^{\mathrm{i}y}=\cos y+\mathrm{i}\sin y$$

当 $y=0$ 时,函数退化为实变函数 e^x。指数函数在全平面解析,且有

$$(\mathrm{e}^z)'=\mathrm{e}^z \tag{1.3.18}$$

但在无穷远点无定义,因为当 z 沿正、负实轴分别趋于 ∞ 时,函数逼近不同的值。所以,∞ 是指数函数 e^z 的奇点。

复变函数 e^z 有一些不同于实变函数的性质,比如,因为

$$\mathrm{e}^{z+2\pi\mathrm{i}}=\mathrm{e}^z\cdot\mathrm{e}^{2\pi\mathrm{i}}=\mathrm{e}^z(\cos2\pi+\mathrm{i}\sin2\pi)=\mathrm{e}^z$$

所以指数函数是周期函数,且周期为纯虚数 $2\pi\mathrm{i}$。

3. 三角函数(trigonometric function)

三角函数可以用指数函数表示,即

$$\sin z=\frac{1}{2\mathrm{i}}(\mathrm{e}^{\mathrm{i}z}-\mathrm{e}^{-\mathrm{i}z}),\quad \cos z=\frac{1}{2}(\mathrm{e}^{\mathrm{i}z}+\mathrm{e}^{-\mathrm{i}z}) \tag{1.3.19}$$

因为指数函数在全平面解析,所以 $\sin z$ 和 $\cos z$ 也在全平面解析,且

$$(\sin z)'=\cos z,\quad (\cos z)'=-\sin z \tag{1.3.20}$$

$z=\infty$ 是它们的唯一奇点。又因为

$$\sin(z+2\pi)=\frac{1}{2\mathrm{i}}(\mathrm{e}^{\mathrm{i}(z+2\pi)}-\mathrm{e}^{-\mathrm{i}(z+2\pi)})=\frac{1}{2\mathrm{i}}(\mathrm{e}^{\mathrm{i}z}-\mathrm{e}^{-\mathrm{i}z})=\sin z$$

因此,$\sin z$ 和 $\cos z$ 与实变函数一样,都是周期函数,且周期为 2π。但不同的是,复三角函数的模 $|\sin z|$ 和 $|\cos z|$ 可以大于1。其他三角函数与实变函数定义相同,即

$$\tan z=\frac{\sin z}{\cos z},\quad \cot z=\frac{\cos z}{\sin z},\quad \sec z=\frac{1}{\cos z},\quad \csc z=\frac{1}{\sin z}$$

可以证明,实三角函数的恒等式对复三角函数仍然成立。

4. 双曲函数(hyperbolic function)

双曲函数是通过指数函数定义的,即

$$\cosh z = \frac{1}{2}(e^z + e^{-z}), \quad \sinh z = \frac{1}{2}(e^z - e^{-z})$$

$$\tanh z = \frac{\sinh z}{\cosh z}, \quad \coth z = \frac{\cosh z}{\sinh z} \tag{1.3.21}$$

$$\operatorname{sech} z = \frac{1}{\cosh z}, \quad \operatorname{csch} z = \frac{1}{\sinh z}$$

所有双曲函数在全平面解析,且

$$(\sinh z)' = \cosh z, \quad (\cosh z)' = \sinh z, \quad (\tanh z)' = \operatorname{sech}^2 z \tag{1.3.22}$$

容易证明,双曲函数 $\sinh z$、$\cosh z$ 有纯虚数周期 $2\pi i$,$\tanh z$、$\coth z$ 有纯虚数周期 πi。双曲函数和三角函数是可以互相转换的,由定义可以直接证明

$$\sin iz = i\sinh z, \quad \cos iz = \cosh z$$

$$\sinh iz = i\sin z, \quad \cosh iz = \cos z$$

$$\tanh iz = i\tan z, \quad \tan iz = i\tanh z$$

容易证明双曲函数的和差公式

$$\sinh(z_1 + z_2) = \sinh z_1 \cosh z_2 + \cosh z_1 \sinh z_2$$

$$\cosh(z_1 + z_2) = \cosh z_1 \cosh z_2 + \sinh z_1 \sinh z_2$$

5. 对数函数(logarithmic function)

对数函数 $f(z) = \ln z$ 在 $z = 0$ 点无意义,非零复数 z 可以写为指数形式

$$z = re^{i(\theta + 2n\pi)} \tag{1.3.23}$$

其中,θ 为主值辐角,$-\pi < \theta \leqslant \pi$,$n = 0, \pm 1, \pm 2, \cdots$,则有

$$\ln z = \ln(re^{i(\theta + 2n\pi)}) = \ln r + i(\theta + 2n\pi), \quad n = 0, \pm 1, \pm 2, \cdots \tag{1.3.24}$$

可以看出,对数函数是多值函数,其多值性来自自变量 z 辐角的多值性。多值性的表现为:对应每个 z 值,有无穷多个函数值与其对应,它们的实部相同,虚部相差 2π 的整数倍。

对数函数 $f(z) = \ln z$ 有无穷多个单值分支,在每个单值分支中函数都是解析的,且有

$$(\ln z)' = \frac{1}{z} \tag{1.3.25}$$

和实对数函数不同,复对数函数在 z 为负数时仍有意义。

6. 幂函数(非整数)(power function)

$$z^s \tag{1.3.26}$$

式中,s 为复数,令非零复数 $z = re^{i(\theta + 2n\pi)}$,函数可写作

$$z^s = e^{s\ln z} = e^{s\ln r} \cdot e^{is(\theta + 2n\pi)} = e^{s\ln r} \cdot e^{is\theta} \cdot e^{i \cdot 2sn\pi} \tag{1.3.27}$$

该函数为多值函数,多值性来自 z 辐角的多值性。在每个单值分支中函数都是解析的,且有

$$(z^s)' = sz^{s-1} \tag{1.3.28}$$

初等解析函数总结如表 1.2 所示。

表 1.2 初等解析函数总结

初等解析函数 $f(z)$	解 析 区 域	导 函 数	周 期	单值/多值
z^n($n>0$ 整数)	全平面	nz^{n-1}	非周期函数	单值
z^n($n<0$ 整数)	除 $z=0$ 的全平面	nz^{n-1}	非周期函数	单值
e^z	全平面	e^z	$2\pi i$	单值
$\sin z$	全平面	$\cos z$	2π	单值
$\cos z$	全平面	$-\sin z$	2π	单值
$\sinh z$	全平面	$\cosh z$	$2\pi i$	单值
$\cosh z$	全平面	$\sinh z$	$2\pi i$	单值
$\ln z$	单值分支	$\dfrac{1}{z}$	非周期函数	多值
z^s	单值分支	sz^{s-1}	非周期函数	多值

本节讨论的所有初等函数,或者由这些初等函数四则运算构成的新函数,除去函数表达式不存在定义的点之外,函数都是解析的,不需要运用柯西黎曼条件去判定其解析性。在某些情况下,需要讨论函数 $f(z)$ 在 $z=\infty$ 点是否解析。通常采用变量替换 $t=1/z$,将函数 $f(z)$ 化作 $f(1/t)$,若函数 $f(1/t)$ 在 $t=0$ 是解析的,则在无穷远点 $z=\infty$ 函数 $f(z)$ 解析,若 $t=0$ 是 $f(1/t)$ 的奇点,则 $z=\infty$ 就是 $f(z)$ 的奇点。比如,$z=\infty$ 是指数函数 e^z 的奇点。

1.3.5 运用 MATLAB 工具使复变函数可视化(visualization of complex function based on MATLAB)

由 1.3.4 节的讨论可知,虽然初等解析函数形式上和实变函数类似,但却展现出很多新颖的性质,为了帮助理解,本节通过 MATLAB 可视化讨论这些性质。MATLAB 内置了复数运算,可以很方便地实现复数运算并绘出复变函数曲面图。常用函数如下:

```
cplxmap(z,f(z));          %绘制函数 f(z)的曲面图,z=x+iy 为自变量;幅值代表实部 u(x,y),颜色
                          %代表虚部 v(x,y)
surf(x,y,Z,C);            %绘制曲面图,Z 和 C 为关于 x 和 y 的函数,Z 以幅值显示,C 以颜色显示。
                          %C 可以省略,默认情况下与 Z 相同
```

1. 指数函数的周期性

指数函数 e^z 具有虚周期 $2\pi i$,即

$$e^{z+2\pi i} = e^z$$

也就是说,函数沿虚轴出现周期性,如图 1.18 所示。

MATLAB 代码如下:

```
[x,y]=meshgrid(0:0.5:8,0:0.5:30);     %直角坐标系中 x 和 y 的取值
z=x+i*y;                              %自变量 z
colorbar('vert');
cplxmap(z,exp(z));                    %画出指数函数曲面图
title('e^z');
xlabel('x');
ylabel('y');
```

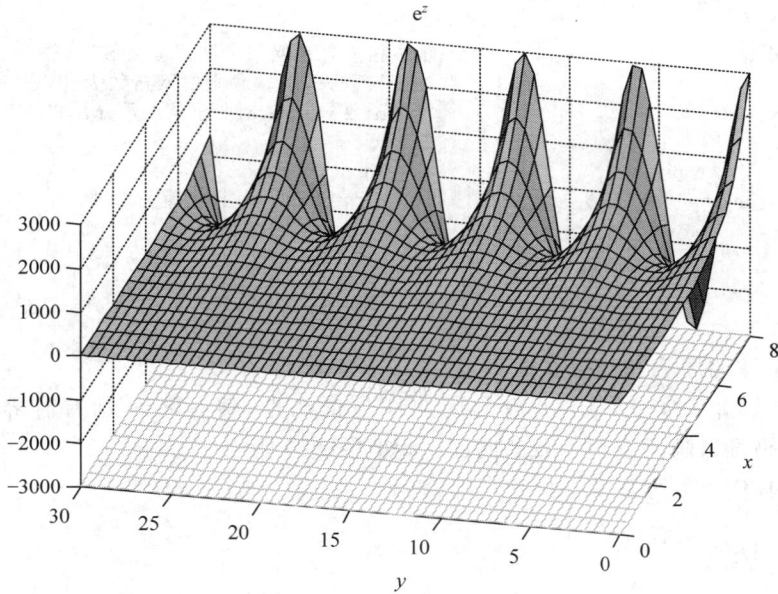

图 1.18　指数函数的周期性

2. 对数函数的多值性

对数函数 $\ln z$ 具有多值性，即有

$$\ln z = \ln r + \mathrm{i}(\theta + 2n\pi), \quad n = 0, \pm 1, \pm 2, \cdots$$

且其多值性体现在虚部。在 MATLAB 绘图时，运用幅值表示虚部，颜色表示实部，可以清晰地观察其多值性，如图 1.19 所示。

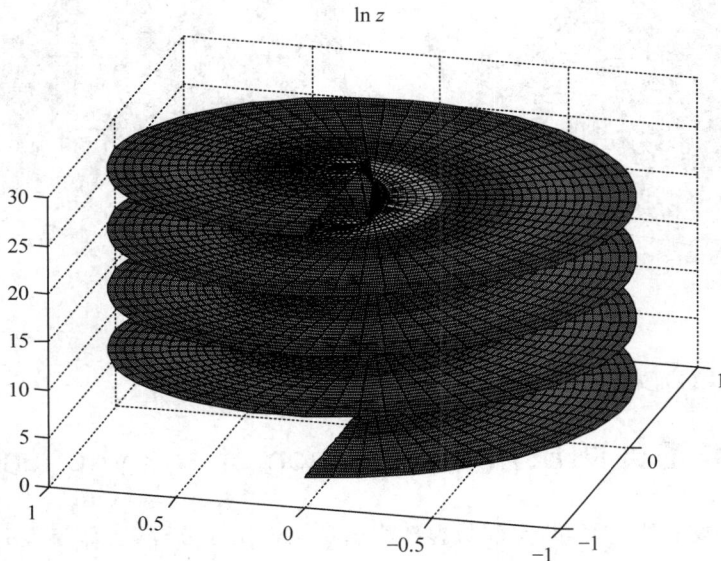

图 1.19　对数函数的多值性

MATLAB 代码如下：

```
z=cplxgrid(30);                              %生成极坐标系网格的圆形复数域,半径为 1,半径方向上
                                             %的网格数为 30,辐角上的网格数为 2×30+1
w=log(z);                                    %定义函数 w=lnz,对于多值函数,MATLAB 内置主值分支
for k=0:3                                    %四个分支
    w=w+i*2*pi;                              %lnz=lnr+iθ+i2nπ
surf(real(z),imag(z),imag(w),real(w));       %画出四个分支曲面图,幅值为虚部
hold on
end
view(-75,30);
title('ln z');
```

3. 三角函数的周期性和奇偶性

三角函数保留了实变三角函数的周期性与奇偶性,但是不再具有有界性。简短的 MATLAB 代码可以画出三角函数的曲面图,如图 1.20 所示。

MATLAB 代码如下：

```
[x,y]=meshgrid(-15:0.5:15,-5:0.5:5);
z=x+i*y;
colorbar('vert');
cplxmap(z,cos(z));
title('cos(z)');
xlabel('x');
ylabel('y');
```

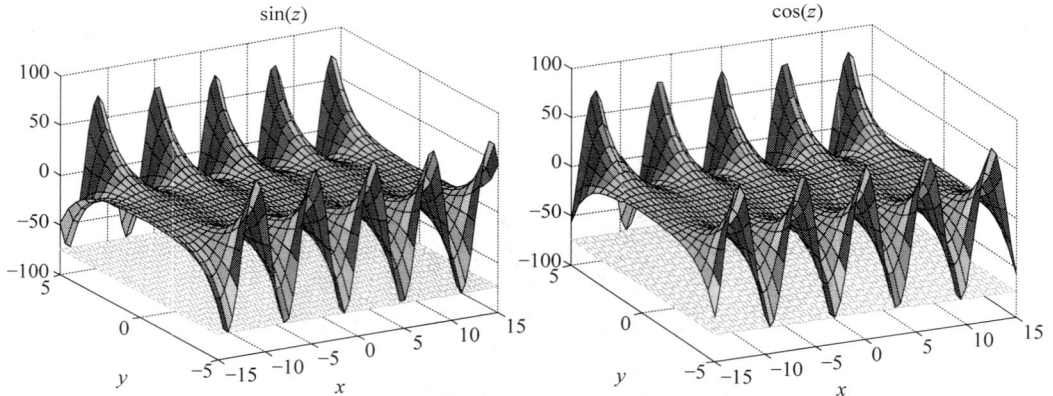

图 1.20 三角函数的周期性和奇偶性

将程序中的 cos(z)改为 sin(z)即可得 sin(z)的曲面图。

1.4 解析函数的应用(application of analytic function)

解析函数在区域上处处可导,实部与虚部均满足拉普拉斯方程,实部与虚部又由柯西黎曼条件联系起来。这些独特的性质使得解析函数在电动力学、弹性力学、流体力学等问题的求解中有着广泛的应用。本节简单介绍复变函数法、保角变换法的基本原理及解析函数在系统稳态响应问题求解中的应用。

1.4.1　解析函数在平面静电场中的应用（application of analytic function in the plane electrostatic field）

工程技术中常常要解决大量平面矢量场的问题,例如平面静电场、平面稳定温度场分布等。在场论中通常用两个调和函数来分别描述其性质,事实上这对调和函数并不是互不相关的,而是一对共轭调和函数。因此启发人们运用解析函数的理论来统一研究平面场的性质。

平面场（plane field）　若场与时间无关,则称为恒定场。若恒定场在空间某方向上均匀,则称为平面场。在平面场中,所有矢量平行于某一平面 S,而且垂直于 S 的任意直线上的所有点矢量相等。向量场可以用平面 S 上的向量场来表示,如图 1.21 所示。例如,具有一定电势差的两无限长平行板间的电场和无限长载流细直导线周围的磁场均为平面场,如图 1.22 所示。

图 1.21　平面场示意图

静电场中,电场矢量满足两个积分方程

(a) 无限长平行板间的电场　(b) 无限长载流细直导线的磁场

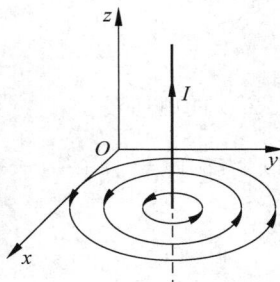

图 1.22　平面场示例

$$\oint_S \boldsymbol{E} \cdot \mathrm{d}\boldsymbol{S} = \frac{Q}{\varepsilon_0}, \quad \oint_l \boldsymbol{E} \cdot \mathrm{d}\boldsymbol{l} = 0$$

使用高斯散度定理和斯托克斯定理可求得其微分形式为

$$\nabla \cdot \boldsymbol{E} = \frac{\rho}{\varepsilon_0}, \quad \nabla \times \boldsymbol{E} = 0$$

过程参考第 12 章。因此,静电场是有源无旋场,由电场和电势的关系式 $\boldsymbol{E} = -\nabla \phi$,可以得到空间中任意点电势的方程

$$\nabla^2 \phi = -\frac{\rho}{\varepsilon_0} \tag{1.4.1}$$

在无电荷区域 $\rho = 0$,则有

$$\nabla^2 \phi = 0 \tag{1.4.2}$$

故势函数 ϕ 是二元调和函数,因此可以用某一解析函数 $w = f(z) = u + \mathrm{i}v$ 的实部或虚部表示区域 D 上静电场的电势 ϕ。这一解析函数叫作该平面静电场的复势（complex potential）。

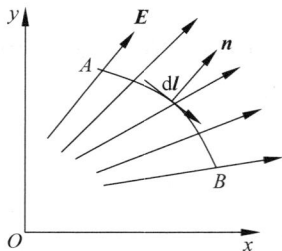

图 1.23 AB 曲面的电通量

设 $u(x,y)$ 为电势，$u(x,y)=C_1$ 为静电场的等势线。$v(x,y)=C_2$ 和等势线正交，因而是静电场的电力线。也就是说，只要知道了复电势，就很容易作出等势线和电力线，而且 $v(x,y)$ 本身也具有一定的物理意义。下面考察沿 z 方向单位长度从 A 到 B 的任意曲面的电通量，如图 1.23 所示。z 轴垂直于纸面向外，通过 z 方向单位长度的电通量为

$$N = \iint_S \boldsymbol{E} \cdot \mathrm{d}\boldsymbol{S} = \int_A^B \boldsymbol{E} \cdot (\boldsymbol{e}_z \times \mathrm{d}\boldsymbol{l})$$
$$= \int_A^B \boldsymbol{E} \cdot \boldsymbol{e}_z \times (\mathrm{d}x\boldsymbol{e}_x + \mathrm{d}y\boldsymbol{e}_y)$$
$$= \int_A^B \boldsymbol{E} \cdot (-\mathrm{d}y\boldsymbol{e}_x + \mathrm{d}x\boldsymbol{e}_y)$$

又有

$$\boldsymbol{E} = E_x\boldsymbol{e}_x + E_y\boldsymbol{e}_y$$

因为复势的实部 u 为电势，因此

$$\boldsymbol{E} = -\nabla u = -\frac{\partial u}{\partial x}\boldsymbol{e}_x - \frac{\partial u}{\partial y}\boldsymbol{e}_y$$

于是有穿过该柱面 AB 的电通量

$$N = \int_A^B -E_x\mathrm{d}y + E_y\mathrm{d}x = \int_A^B \left(\frac{\partial u}{\partial x}\mathrm{d}y - \frac{\partial u}{\partial y}\mathrm{d}x\right) = \int_A^B \left(\frac{\partial v}{\partial y}\mathrm{d}y + \frac{\partial v}{\partial x}\mathrm{d}x\right) = [v(B) - v(A)]$$

即

$$N = v(x_2, y_2) - v(x_1, y_1) \tag{1.4.3}$$

这就是说，$v(x,y)$ 在 A 和 B 两点之差就是穿过 A 和 B 两点之间单位长柱面的电通量，$v(x,y)$ 称为通量函数，N 为电通量密度(electric flux density)。

电场可以用复势表示，若复势 $w = f(z) = u(x,y) + \mathrm{i}v(x,y)$ 中实部表示势函数，即 $\phi(x,y) = u(x,y)$，则有

$$w' = f'(z) = \frac{\partial u(x,y)}{\partial x} + \mathrm{i}\frac{\partial v(x,y)}{\partial x} \tag{1.4.4}$$

$$E = E_x + \mathrm{i}E_y = -\frac{\partial \phi}{\partial x} - \mathrm{i}\frac{\partial \phi}{\partial y} = -\frac{\partial u(x,y)}{\partial x} + \mathrm{i}\frac{\partial v(x,y)}{\partial x}$$

即

$$E = -\left[\frac{\partial u(x,y)}{\partial x} - \mathrm{i}\frac{\partial v(x,y)}{\partial x}\right] = -\overline{f'(z)} \tag{1.4.5}$$

例 1.13   已知平面静电场的复电势是 $w = \mathrm{i}\sqrt{z}$ (设电势对应复电势的实部)，试作出该平面静电场的电力线和等势线。

解：由题意得

$$w^2 = (u + \mathrm{i}v)^2 = (\mathrm{i}\sqrt{z})^2 = -(x + \mathrm{i}y)$$

所以有

$$x = v^2 - u^2, \quad y = -2uv$$

为了画出电力线和等势线,将 $v^2 = u^2 + x$ 代入 $y^2 = 4u^2 v^2$ 得

$$y^2 = 4u^2(u^2 + x)$$

令实部 $u = c$,于是等势线的方程为

$$y^2 = 4c^2(c^2 + x)$$

这是一族抛物线。

将 $u^2 = v^2 - x$ 代入 $y^2 = 4u^2 v^2$ 得

$$y^2 = 4v^2(v^2 - x)$$

令虚部 $v = d$,于是电力线的方程为

$$y^2 = 4d^2(d^2 - x)$$

也是一族抛物线。

例 1.14　已知平面静电场电力线方程为 $x^2 - y^2 = c$(c 为一系列常数),求等势线方程、复势及电场分布。

解：容易验证电力线方程的左侧是一调和函数,故可设

$$u = x^2 - y^2$$

根据柯西黎曼条件,可以计算得到解析函数的虚部为

$$v = 2xy + c$$

因此等势线方程为

$$2xy = d$$

复势为

$$w = x^2 - y^2 + \mathrm{i}2xy + \mathrm{i}c = z^2 + \mathrm{i}c$$

电场矢量为

$$\boldsymbol{E} = -\nabla v = -\frac{\partial v}{\partial x}\boldsymbol{i} - \frac{\partial v}{\partial y}\boldsymbol{j} = -2y\boldsymbol{i} - 2x\boldsymbol{j}$$

例 1.15　已知等势线的方程为 $x^2 + y^2 = c$,求复势。

解：令 $t = x^2 + y^2$,由 $t_{xx} = 2, t_{yy} = 2$ 可得 $t_{xx} + t_{yy} \neq 0$。因此,$t = x^2 + y^2$ 不是调和函数,不能直接作为复势的实部(或虚部)。但可以构建一个函数 $u = u(t)$,使得 $\nabla^2 u = 0$。

采用极坐标系,令 $\rho = \sqrt{x^2 + y^2}$,则 u 可以写作 $u = u(\rho)$,极坐标系中的拉普拉斯方程写作

$$\nabla^2 u = \frac{1}{\rho}\frac{\partial}{\partial \rho}\left(\rho\frac{\partial u}{\partial \rho}\right) + \frac{1}{\rho^2}\frac{\partial^2 u}{\partial \varphi^2} = 0$$

因为 u 只是 ρ 的函数,因此有 $\frac{\partial u}{\partial \varphi} = 0$,以上方程写为

$$\frac{1}{\rho}\frac{\partial}{\partial \rho}\left(\rho\frac{\partial u}{\partial \rho}\right) = 0$$

即

$$\frac{\partial}{\partial \rho}\left(\rho\frac{\partial u}{\partial \rho}\right) = 0$$

积分有

$$\rho \frac{\partial u}{\partial \rho} = C_1$$

再次积分有

$$u = C_1 \ln\rho + C_2$$

运用极坐标系中的柯西黎曼条件

$$\begin{cases} \dfrac{\partial u}{\partial \rho} = \dfrac{\partial v}{\rho \partial \varphi} \\ \dfrac{\partial u}{\rho \partial \varphi} = -\dfrac{\partial v}{\partial \rho} \end{cases}$$

可得

$$v = C_1 \varphi + C_3$$

于是得到复势

$$f(z) = C_1 \ln\rho + C_2 + iC_1\varphi + iC_3 = C_1(\ln\rho + i\varphi) + C_2 + iC_3$$
$$= C_1 \ln z + C$$

其中,$C = C_2 + iC_3$。

解析函数
的应用2

1.4.2 保角变换及其几何解释(conformal mapping and its geometric interpretations)

由解析函数的性质可知,在导数不为零的点解析函数可以实现保角变换,即在 z 平面上相互正交的两簇曲线,变换到 w 平面上仍然正交。还可以证明,在保角变换下,二维拉普拉斯方程、泊松方程和亥姆霍兹方程均具有不变性。

以拉普拉斯方程为例,假设在 z 平面上某区域 D 中,函数 ϕ 满足拉普拉斯方程,即

$$\phi_{xx} + \phi_{yy} = 0 \tag{1.4.6}$$

若函数 $f(z)$ 在区域 D 中解析,且 $f'(z) \neq 0$,则函数 $f(z)$ 在 D 内可实现保角变换,二元函数 $\phi(x,y)$ 在此变换下变为 $\phi(u,v)$,且有

$$\phi_x = \frac{\partial \phi}{\partial x} = \frac{\partial \phi}{\partial u}\frac{\partial u}{\partial x} + \frac{\partial \phi}{\partial v}\frac{\partial v}{\partial x} \tag{1.4.7}$$

$$\phi_y = \frac{\partial \phi}{\partial y} = \frac{\partial \phi}{\partial u}\frac{\partial u}{\partial y} + \frac{\partial \phi}{\partial v}\frac{\partial v}{\partial y} \tag{1.4.8}$$

$$\frac{\partial^2 \phi}{\partial x^2} = \frac{\partial \phi_x}{\partial u}\frac{\partial u}{\partial x} + \frac{\partial \phi_x}{\partial v}\frac{\partial v}{\partial x} + \frac{\partial \phi_x}{\partial x} = \frac{\partial^2 \phi}{\partial u^2}\left(\frac{\partial u}{\partial x}\right)^2 + 2\frac{\partial^2 \phi}{\partial u \partial v}\frac{\partial u}{\partial x}\frac{\partial v}{\partial x} + \frac{\partial^2 \phi}{\partial v^2}\left(\frac{\partial v}{\partial x}\right)^2 + \frac{\partial \phi}{\partial u}\frac{\partial^2 u}{\partial x^2} + \frac{\partial \phi}{\partial v}\frac{\partial^2 v}{\partial x^2}$$

$$\tag{1.4.9}$$

$$\frac{\partial^2 \phi}{\partial y^2} = \frac{\partial \phi_y}{\partial u}\frac{\partial u}{\partial y} + \frac{\partial \phi_y}{\partial v}\frac{\partial v}{\partial y} + \frac{\partial \phi_y}{\partial y} = \frac{\partial^2 \phi}{\partial u^2}\left(\frac{\partial u}{\partial y}\right)^2 + 2\frac{\partial^2 \phi}{\partial u \partial v}\frac{\partial u}{\partial y}\frac{\partial v}{\partial y} + \frac{\partial^2 \phi}{\partial v^2}\left(\frac{\partial v}{\partial y}\right)^2 + \frac{\partial \phi}{\partial u}\frac{\partial^2 u}{\partial y^2} + \frac{\partial \phi}{\partial v}\frac{\partial^2 v}{\partial y^2}$$

$$\tag{1.4.10}$$

所以有

$$\phi_{xx} + \phi_{yy} = \frac{\partial^2 \phi}{\partial u^2}\left[\left(\frac{\partial u}{\partial x}\right)^2 + \left(\frac{\partial u}{\partial y}\right)^2\right] + 2\frac{\partial^2 \phi}{\partial u \partial v}\left(\frac{\partial u}{\partial x}\frac{\partial v}{\partial x} + \frac{\partial u}{\partial y}\frac{\partial v}{\partial y}\right) +$$

$$\frac{\partial^2 \phi}{\partial v^2}\left[\left(\frac{\partial v}{\partial x}\right)^2 + \left(\frac{\partial v}{\partial y}\right)^2\right] + \frac{\partial \phi}{\partial u}\left(\frac{\partial^2 u}{\partial x^2} + \frac{\partial^2 u}{\partial y^2}\right) + \frac{\partial \phi}{\partial v}\left(\frac{\partial^2 v}{\partial x^2} + \frac{\partial^2 v}{\partial y^2}\right) \tag{1.4.11}$$

由柯西黎曼条件及解析函数性质有

$$\frac{\partial u}{\partial x} = \frac{\partial v}{\partial y}, \quad \frac{\partial u}{\partial y} = -\frac{\partial v}{\partial x}$$

$$\frac{\partial^2 u}{\partial x^2} + \frac{\partial^2 u}{\partial y^2} = 0, \quad \frac{\partial^2 v}{\partial x^2} + \frac{\partial^2 v}{\partial y^2} = 0$$

代入式(1.4.11)有

$$\phi_{xx} + \phi_{yy} = \frac{\partial^2 \phi}{\partial u^2}\left[\left(\frac{\partial u}{\partial x}\right)^2 + \left(\frac{\partial u}{\partial y}\right)^2\right] + \frac{\partial^2 \phi}{\partial v^2}\left[\left(\frac{\partial v}{\partial x}\right)^2 + \left(\frac{\partial v}{\partial y}\right)^2\right] \tag{1.4.12}$$

根据函数的导数定义式

$$f'(z) = \frac{\partial u}{\partial x} + \mathrm{i}\frac{\partial v}{\partial x} = \frac{\partial v}{\partial y} - \mathrm{i}\frac{\partial u}{\partial y} = \frac{\partial u}{\partial x} - \mathrm{i}\frac{\partial u}{\partial y} = \frac{\partial v}{\partial y} + \mathrm{i}\frac{\partial v}{\partial x}$$

因此有

$$\left(\frac{\partial u}{\partial x}\right)^2 + \left(\frac{\partial u}{\partial y}\right)^2 = \left(\frac{\partial v}{\partial x}\right)^2 + \left(\frac{\partial v}{\partial y}\right)^2 = |f'(z)|^2$$

式(1.4.12)写为

$$\phi_{xx} + \phi_{yy} = \left(\frac{\partial^2 \phi}{\partial u^2} + \frac{\partial^2 \phi}{\partial v^2}\right)|f'(z)|^2 \tag{1.4.13}$$

因此,原拉普拉斯方程 $\phi_{xx} + \phi_{yy} = 0$ 变换为

$$\left(\frac{\partial^2 \phi}{\partial u^2} + \frac{\partial^2 \phi}{\partial v^2}\right)|f'(z)|^2 = 0$$

因为 $f'(z) \neq 0$,方程写为

$$\frac{\partial^2 \phi}{\partial u^2} + \frac{\partial^2 \phi}{\partial v^2} = 0 \tag{1.4.14}$$

也就是说,拉普拉斯方程在经过保角变换后到新的平面上仍然是拉普拉斯方程。同样,将式(1.4.13)代入泊松方程 $\frac{\partial^2 \phi}{\partial x^2} + \frac{\partial^2 \phi}{\partial y^2} = \rho(x, y)$,便有

$$\frac{\partial^2 \phi}{\partial u^2} + \frac{\partial^2 \phi}{\partial v^2} = \frac{1}{|f'(z)|^2}\rho[x(u, v), y(u, v)] \tag{1.4.15}$$

经过解析函数 $w = f(z)$ 变换后,方程仍然是泊松方程形式,只是电荷密度发生了变化。上述性质称为保角变换的方程不变性。

类似地,可以看出亥姆霍兹方程

$$\frac{\partial^2 \phi}{\partial x^2} + \frac{\partial^2 \phi}{\partial y^2} + k^2 \phi = 0$$

在保角变换下,也仍然变换为亥姆霍兹方程

$$\frac{\partial^2 \phi}{\partial u^2} + \frac{\partial^2 \phi}{\partial v^2} + \frac{k^2}{|f'(z)|^2}\phi = 0 \tag{1.4.16}$$

保角变换的上述性质,使得保角变换在物理相关学科中的平面场问题中有着广泛的应用。容易联想到,在 z 平面上静电场中的电力线和等势线相互正交,变换到 w 平面上后两

曲线仍相互正交,且有相同的物理意义。以上三种方程的不变性,意味着 z 平面上满足以上三个方程的平面场问题在变换到 w 平面后其物理实质不变。这就使得有可能把一个给定的、其场域几何特征比较复杂的二维场问题变换为另一个场域几何特征比较简单的二维场问题。在新场域中求解问题再反变换回去,而实现原问题的求解。

1.4.3 解析函数在系统稳态响应问题求解中的应用(application of analytic function in oscillation system)

从 $t=0$ 时刻电源打开到系统进入稳定状态,系统会经历一个很复杂的初始电流响应,这就是所谓的"瞬变现象"。然后,它逐渐消失,系统中的所有电流和电压会进入一个随外部电压同频率变化的稳定状态。对许多应用系统来说,这是一种稳态响应,与系统的初始状态无关,研究稳态响应很有意义。通常用系统对正弦输入信号的稳态响应来描述其特性。本节运用复变量方法分析简单的 RLC 电路的稳态响应。结果表明,这样不仅大大减少了计算量,而且可以更透彻地解释这些变量和参数所起的作用。

RLC 电路如图 1.24 所示,电源电压为 $V_s=V_0\cos\omega t$,求电路中的电流 I_s。三个元件两端电压与电流的关系式如下:

$$V_R = I_R R \tag{1.4.17}$$

$$C\frac{\mathrm{d}V_C}{\mathrm{d}t} = I_C \tag{1.4.18}$$

$$V_L = L\frac{\mathrm{d}I_L}{\mathrm{d}t} \tag{1.4.19}$$

其中,R 为电阻,C 为电容,L 为电感。

由式(1.4.17)、式(1.4.18)、式(1.4.19)及基尔霍夫定律,可以得到各电流与电压的微分方程组,求解该微分方程组可以得到所有电压和电流,但过程比较复杂,使用复指数函数则可以将问题大大简化。

将 RLC 电路中的电容和电感分别等效为电阻 R_C 和 R_L,如图 1.25 所示。电阻 R 和 R_C 并联,其等效电阻 $R_\parallel$ 满足

$$\frac{1}{R_\parallel} = \frac{1}{R} + \frac{1}{R_C} \tag{1.4.20}$$

图 1.24 RLC 电路 图 1.25 电阻电路

即

$$R_\parallel = \frac{RR_C}{R+R_C} \tag{1.4.21}$$

这个电阻与 R_L 串联,总电阻 R_{eff} 可以表示为

$$R_{eff} = R_{\parallel} + R_L \tag{1.4.22}$$

可得电流

$$I_s = \frac{V_s}{R_{eff}} = \frac{V_0 \cos\omega t}{\dfrac{RR_C}{R+R_C} + R_L} \tag{1.4.23}$$

运用复变量可以将电容和电感等效为电阻,由欧拉公式 $e^{i\omega t} = \cos\omega t + i\sin\omega t$,可以将电源电压 $\cos\omega t$ 写成指数形式

$$\cos\omega t = \mathrm{Re}(e^{i\omega t}) \tag{1.4.24}$$

知识拓展:对于一般的正弦曲线信号,如 $a\cos\omega t + b\sin\omega t$,也可以表示成指数形式

$$a\cos\omega t + b\sin\omega t = \mathrm{Re}(ae^{i\omega t} - ibe^{i\omega t}) = \mathrm{Re}(\alpha e^{i\omega t})$$

其中,$\alpha = a - ib$。

运用复指数形式表示三角函数,除形式上简洁外,更为重要的是大大简化了求导运算。例如,对函数 $f(t) = e^{i\omega t}$ 求 t 的微分,有

$$f'(t) = i\omega f(t)$$

即对时间因子求微分相当于原函数直接乘以 $i\omega$。因此,对式(1.4.24)两端求关于 t 的导数,可得

$$\frac{\mathrm{d}}{\mathrm{d}t}(\cos\omega t) = \frac{\mathrm{d}}{\mathrm{d}t}\mathrm{Re}(e^{i\omega t}) = \mathrm{Re}\frac{\mathrm{d}}{\mathrm{d}t}(e^{i\omega t}) = \mathrm{Re}(i\omega e^{i\omega t}) = -\omega\sin\omega t \tag{1.4.25}$$

该复指数形式也可以用于分析正弦稳态电路。如图 1.24 所示的电路中,电阻、电感及电容元件都是线性的,因此可以利用叠加原理。也就是说,如果一个元件对于激励电压 $V_1(t)$ 和 $V_2(t)$ 的响应分别为电流 $I_1(t)$ 和 $I_2(t)$,则 $V_1(t) + \beta V_2(t)$ 的响应就是电流 $I_1(t) + \beta I_2(t)$。从数学上看,即使常数 β 取复值,这一结论仍成立。若电路对实电压 $V_1(t)$ 和 $V_2(t)$ 的响应为实电流 $I_1(t)$ 和 $I_2(t)$,则电路对 $V_1(t) + iV_2(t)$ 的响应为 $I_1(t) + iI_2(t)$。简言之,如果对复电压 $V(t)$ 的数学响应是 $I(t)$,则对实电压 $\mathrm{Re}V(t)$ 的响应就是 $\mathrm{Re}I(t)$。

这样,如图 1.24 所示的电路中,电压可表示为

$$V_S(t) = \mathrm{Re}(V_0 e^{i\omega t}) \tag{1.4.26}$$

为求输入电压为 $V_S(t) = V_0\cos\omega t$ 时电路中电流的稳态响应,先求出输入电压为 $V_0 e^{i\omega t}$ 时电流的稳态响应,然后对所得结果取实部,就可得到所需要的解。

由稳态响应的性质可知,电路中任何部分所表现出的正弦电流或者电压都可以表示为 $e^{i\omega t}$ 的一个常数(可能是复数)倍,而函数的微分转换为乘以因子 $i\omega$。因此,电容和电感的方程式(1.4.18)和式(1.4.19)可以写作

$$i\omega C V_C = I_C \tag{1.4.27}$$

$$V_L = i\omega L I_L \tag{1.4.28}$$

可以看出,采用复数表达式后,电容和电感中电压-电流关系式与电阻的方程具有相同的形式。换句话说,当工作频率 $f = \dfrac{\omega}{2\pi}$ 一定时,从数学上看,一个电容和电感的作用相当于一个电阻,其电阻分别为

$$R_C = \frac{1}{i\omega C} \tag{1.4.29}$$

$$R_L = i\omega L \tag{1.4.30}$$

这种纯虚数参数是在假设电源电压为复指数形式的条件下得到的,称为阻抗。

这样,图 1.24 的电路等效为图 1.25 所示的电阻电路,将式(1.4.29)和式(1.4.30)代入式(1.4.21)和式(1.4.22),得到电路总电阻为

$$R_{eff} = \frac{\dfrac{R}{i\omega C}}{R + \dfrac{1}{i\omega C}} + i\omega L$$

由图 1.25 的等效电路可以计算得到电源的输出电流,即

$$I_S = \text{Re}\, \frac{V_0 e^{i\omega t}}{R_{eff}} \tag{1.4.31}$$

整理有

$$I_S = \frac{RV_0\cos\omega t - V_0[R^2\omega C(1-\omega^2 LC) - \omega L]\sin\omega t}{R^2(1-\omega^2 LC)^2 + \omega^2 L^2} \tag{1.4.32}$$

这样,图 1.24 所示的电路问题得解。运用复变量的概念,可以对上述结果提供一个更有意义的解释。定义 R_{eff} 的模和主值辐角分别为 R_0 和 φ_0,即

$$\varphi_0 = \arg R_{eff}, \quad R_0 = |R_{eff}| \tag{1.4.33}$$

则 I_S 可以表示为

$$I_S = \text{Re}\, \frac{V_0 e^{i\omega t}}{R_0 e^{i\varphi_0}} = \text{Re}\, \frac{V_0}{R_0} e^{i(\omega t - \varphi_0)} = \frac{V_0}{R_0}\cos(\omega t - \varphi_0) \tag{1.4.34}$$

从式(1.4.34)可以看到输出电流与输入电压的一些简单而形象的性质。电流和电压相同,是具有相同频率的余弦曲线,振幅是电压振幅的 $1/R_0$,电流相位落后于电压 φ_0。R_0 与 φ_0 可由电路的参数和频率计算出来。

如果图 1.24 中的电源电压是复杂的正弦曲线,比如 $a\cos\omega t + b\sin\omega t$,只需要将电压表达式中乘以一个常数 α(相位)问题便得到求解,即

$$I_S = \text{Re}\, \frac{\alpha V_0 e^{i\omega t}}{R_{eff}} \tag{1.4.35}$$

总之,用复指数形式分析线性正弦系统有两大优点。第一,求导过程可以变成简单的乘法运算,求解过程简单;第二,结果形式简洁,可以用复数的振幅和相位对电流和电压之间的关系做明晰的解释。但电路中的元件必须是线性元件。

第 1 章 习题

1. 求下列复变函数的实部、虚部、模和辐角主值。

(1) $\cos i$;　　(2) $\dfrac{(1+i)^4}{(1-i)^6}$;　　(3) e^{2i};　　(4) $\dfrac{1-2i}{3-4i} - \dfrac{2-i}{5i}$;

(5) $1 - \cos\alpha + i\sin\alpha\,(0 < \alpha \leqslant \pi)$;　　(6) -9;　　(7) $\dfrac{1-i}{1+i}$;　　(8) $(\sqrt{3}+i)^{-3}$。

2. 证明复数的下列不等式。

(1) $|z_1| - |z_2| \leqslant |z_1 \pm z_2| \leqslant |z_1| + |z_2|$；

(2) $\dfrac{1}{\sqrt{2}}(|x| + |y|) \leqslant |z| \leqslant |x| + |y|$。

3. 画出下列关系式所表示的 z 点轨迹图形，并确定它是不是区域。

(1) $\mathrm{Im}\left(\dfrac{1}{z}\right) > 1$；　　(2) $|2z+3| > 4$；　　(3) $\mathrm{Im}\,z > 0$；　　(4) $|z-4| > |z-1|$；

(5) $|z-2+\mathrm{i}| \geqslant 3$；　　(6) $0 \leqslant \arg z \leqslant \dfrac{\pi}{6}\,(z \neq 0)$。

4. 计算下列表达式。

(1) i^{i}；　　(2) $\sqrt{\mathrm{i}+1}$；　　(3) $(1+\sqrt{3}\,\mathrm{i})^{-8}$；　　(4) $\cos 6\theta$；　　(5) $\sin 6\theta$；

(6) $\cos\theta + \cos 2\theta + \cos 3\theta + \cdots + \cos n\theta$；　　(7) $\sin\theta + \sin 2\theta + \sin 3\theta + \cdots + \sin n\theta$。

5. 设复平面上点 $z = 1+2\mathrm{i}$ 处的磁场为 $H = \dfrac{3+\mathrm{i}}{2-\mathrm{i}}$，求其大小和方向。

6. 求下列复变函数的实部与虚部。

(1) $w = \dfrac{z-1}{z+1}$；　　　　(2) $w = z^3$。

7. 画出下列关系所表示的 z 点轨迹的图形并确定其是否为区域。

(1) $\mathrm{Im}\,z > 1$ 且 $|z| < 2$；　　　　　　(2) $|z-2\mathrm{i}| = |z+2|$；

(3) $0 < \arg(z-1) < \dfrac{\pi}{4}$ 且 $2 \leqslant \mathrm{Re}\,z \leqslant 3$；　　(4) $|z-1+2\mathrm{i}| > 5$。

8. 已知解析函数的实部或虚部，求解析函数。

(1) $u = x^2 - y^2 + xy,\, f(\mathrm{i}) = -1+\mathrm{i}$；　　(2) $v = \dfrac{y}{x^2+y^2},\, f(2) = 0$。

9. 已知一平面静电场的电场线族是抛物线簇 $y^2 = C^2 + 2Cx\,(C>0)$，求此电场的复势。

10. 试证下列等式成立。

(1) $\sin(\mathrm{i}z) = \mathrm{i}\sinh z,\, \cos(\mathrm{i}z) = \cosh z$；

(2) $\cosh^2 z - \sinh^2 z = 1$；

(3) $\cosh(z_1+z_2) = \cosh z_1 \cosh z_2 + \sinh z_1 \sinh z_2$。

11. 规定当 $z=0$ 时，多值函数 $w = \sqrt{z^2-1} = \mathrm{i}$，求 $w(\mathrm{i})$。

12. 计算下列表达式。

(1) $(1+\mathrm{i})^{\mathrm{i}}$；　　(2) $5^{2+3\mathrm{i}}$；　　(3) $\ln(1+\mathrm{i})$。

13. 函数 $w = \dfrac{1}{z}$ 将 z 平面的下列曲线变成 w 平面的什么曲线？

(1) $x^2 + y^2 = 4$；　　　　　　　　(2) $y = x$；

(3) $(x-1)^2 + y^2 = 1$；　　　　　　(4) $x = 1$。

解析函数积分

本章讨论解析函数积分的定义,解析函数的很多重要性质都通过复变函数的积分来证明,因此本章所讲到的内容是解析函数理论的基础。本章重点内容包括单连通区域、复连通区域中的柯西积分定理,单连通区域、复连通区域及无界区域中的柯西积分公式,解析函数的高阶导数公式及其应用。

2.1 复变函数的积分(integral of complex variable function)

本节从最基本的概念讲起,首先介绍复变函数积分的定义、基本性质,然后结合简单的计算实例解析复变函数积分的概念。

2.1.1 复变函数积分的基本概念(concepts of complex integral)

定义 2.1 有向曲线(oriented curve)

如果一条光滑或逐段光滑的曲线规定了其起点(starting point)和终点(end point),则称该曲线为有向曲线,曲线的方向规定如下。

(1) 如果曲线 L 是开口弧段,且规定其端点 P 为起点,Q 为终点,则沿曲线 L 从 P 到 Q 的方向为曲线 L 的正方向,把正向曲线记为 L 或 L^+;由 Q 到 P 的方向称为曲线 L 的负方向,把负向曲线记为 L^-。

(2) 如果 L 是简单闭曲线,通常规定逆时针方向为正方向,顺时针方向为负方向。

(3) 如果 L 是复平面上某一个连通区域的边界曲线,则其正方向规定为:若沿曲线 L 行走时区域总保持在人的左侧,则这个方向为 L 的正方向。因此,对于单连通区域,边界线沿逆时针方向为正;对于复连通区域,则外部边界逆时针方向为正,内部边界顺时针方向为正。

定义 2.2 复变函数的积分(complex integral)

设函数 $w=f(z)=u(x,y)+iv(x,y)$ 在给定的光滑或逐段光滑有向曲线 L 上有定义,a 和 b 分别为起点和终点,如图 2.1 所示。把曲线 L 任意分成 n 个小弧段,设分点依次为 $z_0=a,z_1,\cdots,z_{k-1},z_k,\cdots,z_n=b$,在某小弧段 $z_{k-1}z_k(k=1,2,\cdots,n)$ 上任意取一点 ζ_k,并作和

$$S_n=\sum_{k=1}^{n}f(\zeta_k)\Delta z_k \tag{2.1.1}$$

其中，$\Delta z_k = z_k z_{k-1}$，增加分点使得各弧段长度无限缩小，
如果极限 $\lim\limits_{n\to\infty} S_n$ 存在，且和 L 的分法无关，则称这个极限
为函数沿曲线 L 的积分，记作 $\int_L f(z)\mathrm{d}z$，即

$$\int_L f(z)\mathrm{d}z = \lim_{n\to\infty}\sum_{k=1}^{n} f(\zeta_k)\Delta z_k \qquad (2.1.2)$$

图2.1　复变函数积分定义示意图

称式(2.1.2)为复变函数的积分，简称复积分（complex
integral）。

定义 2.3　闭合环路积分（closed loop integral）

当 L 为封闭曲线时，沿 L 的积分写为 $\oint_L f(z)\mathrm{d}z$，称为复变函数 $f(z)$ 的闭合环路积
分，简称环路积分。为了方便，还可以在积分中标出环路积分的方向，若沿逆时针方向积分，
可用环路积分 $\oint_{L^+} f(z)\mathrm{d}z$ 或 $\oint_L f(z)\mathrm{d}z$ 表示；若沿顺时针方向积分，可用 $\oint_{L^-} f(z)\mathrm{d}z$ 或
$\oint_L f(z)\mathrm{d}z$ 表示。

如果 z、$f(z)$ 都用代数式表示，即 $z = x + \mathrm{i}y$，且 $f(z) = u(x,y) + \mathrm{i}v(x,y)$，由曲线积
分的定义可以得到

$$\int_L f(z)\mathrm{d}z = \int_L [u(x,y)\mathrm{d}x - v(x,y)\mathrm{d}y] + \mathrm{i}\int_L [v(x,y)\mathrm{d}x + u(x,y)\mathrm{d}y]$$

$$(2.1.3)$$

因此，复变函数积分可以归结为两个实变函数的曲线积分（curve integrals of two real
variable functions）。实变函数曲线积分的很多性质都可以推广到复变函数积分，从而得到
复变函数积分的基本性质。

2.1.2　复变函数积分的性质（properties of complex integral）

根据复变函数积分和实变函数积分之间的关系式(2.1.3)及实变函数积分的性质，不难
验证复变函数积分具有以下和实变函数积分相似的性质。

(1) 若 $f(z)$ 沿 L 可积，且 L 由 L_1 和 L_2 两段拼接而成，则

$$\int_L f(z)\mathrm{d}z = \int_{L_1} f(z)\mathrm{d}z + \int_{L_2} f(z)\mathrm{d}z \qquad (2.1.4)$$

(2) 复常数因子 k 可以提到积分号外，即

$$\int_L kf(z)\mathrm{d}z = k\int_L f(z)\mathrm{d}z \qquad (2.1.5)$$

(3) 函数和差的积分等于各函数积分的和差，即

$$\int_L [f_1(z) \pm f_2(z)]\mathrm{d}z = \int_L f_1(z)\mathrm{d}z \pm \int_L f_2(z)\mathrm{d}z \qquad (2.1.6)$$

(4) 若积分曲线的方向改变，则积分值改变符号，即

$$\int_{L^-} f(z)\mathrm{d}z = -\int_L f(z)\mathrm{d}z \qquad (2.1.7)$$

L^- 为曲线 L 的负方向。

（5）复变函数积分的模不大于被积表达式模的积分，即

$$\left|\int_L f(z)\mathrm{d}z\right| \leqslant \int_L |f(z)||\mathrm{d}z| = \int_L |f(z)|\mathrm{d}l \tag{2.1.8}$$

式中，$\mathrm{d}l$ 表示弧长的微分，即 $\mathrm{d}l = \sqrt{(\mathrm{d}x)^2 + (\mathrm{d}y)^2}$。

（6）积分估值定理（integral valuation theorem）若复变函数 $f(z)$ 沿曲线 L 连续，且在 L 上满足 $|f(z)| \leqslant M(M>0)$，则

$$\left|\int_L f(z)\mathrm{d}z\right| \leqslant Ml \tag{2.1.9}$$

式中，l 为曲线 L 的长度。

由复变函数积分性质（5）有

$$\left|\int_L f(z)\mathrm{d}z\right| \leqslant \int_L |f(z)|\mathrm{d}l$$

在积分曲线 L 上，被积函数满足 $|f(z)| \leqslant M$，因此有

$$\int_L |f(z)|\mathrm{d}l \leqslant \int_L M\mathrm{d}l = M\int_L \mathrm{d}l = Ml$$

于是有

$$\left|\int_L f(z)\mathrm{d}z\right| \leqslant Ml$$

从而性质（6）得证。

2.1.3 复变函数积分实例（examples of complex integral）

本节结合具体的复变函数积分实例讲解复变函数积分的计算。

例 2.1 沿两条不同路径计算复变函数积分 $\int_C z\mathrm{d}z$。

（1）C 为从原点$(0,0)$到点$(3,4)$的直线段；

（2）$C = C_1 + C_2$ 为$(0,0)$到$(3,0)$再到$(3,4)$的折线。

解：积分路径如图 2.2 所示。

(a) C为从原点$(0,0)$到点$(3,4)$的直线段 (b) C为$(0,0)$到$(3,0)$再到$(3,4)$的折线

图 2.2　例 2.1 积分路径

（1）如图 2.2(a)所示，积分路径 C 的直线方程为 $y = \frac{4}{3}x$，且有 $0 \leqslant x \leqslant 3, 0 \leqslant y \leqslant 4$，将直线方程代入原积分有

$$\int_C z\mathrm{d}z = \int_C (x+\mathrm{i}y)(\mathrm{d}x+\mathrm{i}\mathrm{d}y) = \int_0^3 \left(x+\mathrm{i}\frac{4}{3}x\right)\left(\mathrm{d}x+\frac{4}{3}\mathrm{i}\mathrm{d}x\right)$$

整理并将复常数 $\left(1+\mathrm{i}\dfrac{4}{3}\right)$ 提到积分号外,原积分可写为

$$\int_C z\,\mathrm{d}z = \left(1+\mathrm{i}\frac{4}{3}\right)^2\int_0^3 x\,\mathrm{d}x = \frac{1}{2}(3+\mathrm{i}4)^2 = \left(-\frac{7}{2}+12\mathrm{i}\right)$$

另外,也可以将直线方程写为 $x=3t$, $y=4t$,且有 $0\leqslant t\leqslant 1$,可得

$$z(t)=3t+\mathrm{i}4t, \quad 0\leqslant t\leqslant 1$$

于是有

$$\int_C z\,\mathrm{d}z = \int_0^1 (3+4\mathrm{i})^2 t\,\mathrm{d}t = (3+4\mathrm{i})^2\int_0^1 t\,\mathrm{d}t = \frac{1}{2}(3+4\mathrm{i})^2 = -\frac{7}{2}+12\mathrm{i}$$

(2) 积分路径如图 2.2(b)所示,则积分

$$\int_C z\,\mathrm{d}z = \int_{C_1} z\,\mathrm{d}z + \int_{C_2} z\,\mathrm{d}z$$

沿 C_1 积分,有 $y=0$,$\mathrm{d}y=0$,即

$$\int_{C_1} z\,\mathrm{d}z = \int_{C_1}(x+\mathrm{i}y)(\mathrm{d}x+\mathrm{i}\mathrm{d}y) = \int_0^3 x\,\mathrm{d}x = \frac{9}{2}$$

沿 C_2 积分,有 $x=3$,$\mathrm{d}x=0$,即

$$\int_{C_2} z\,\mathrm{d}z = \int_{C_2}(x+\mathrm{i}y)(\mathrm{d}x+\mathrm{i}\mathrm{d}y) = \int_0^4(3+\mathrm{i}y)\mathrm{i}\mathrm{d}y$$
$$= \int_0^4(3\mathrm{i}-y)\mathrm{d}y = 12\mathrm{i}-8$$

因此有

$$\int_C z\,\mathrm{d}z = \int_{C_1} z\,\mathrm{d}z + \int_{C_2} z\,\mathrm{d}z = -\frac{7}{2}+12\mathrm{i}$$

例 2.2 沿两条不同路径计算 $\displaystyle\int_C \mathrm{Re}(z)\,\mathrm{d}z$。

(1) C 是连接点 0 和 $1+\mathrm{i}$ 的直线段;

(2) C 是由 0 到 1,再由 1 到 $1+\mathrm{i}$ 的折线段。

解:积分路径如图 2.3 所示。

(a) C是连接点0和1+i的直线段 　(b) C是由0到1,再到1到1+i的折线段

图 2.3　例 2.2 积分路径

(1) 如图 2.3(a)所示,直线段 C 可表示为

$$z=(1+\mathrm{i})t, \quad 0\leqslant t\leqslant 1$$

所以

$$\int_C \mathrm{Re}(z)\mathrm{d}z = \int_0^1 t(1+\mathrm{i})\mathrm{d}t = \frac{1}{2}(1+\mathrm{i})$$

(2) 如图 2.3(b)所示,C 分为两段:C_1 为 $(0,0)$—$(1,0)$,C_2 为 $(1,0)$—$(1,\mathrm{i})$,所以

$$\int_C \mathrm{Re}(z)\mathrm{d}z = \int_{C_1} \mathrm{Re}(z)\mathrm{d}z + \int_{C_2} \mathrm{Re}(z)\mathrm{d}z = \int_0^1 x\mathrm{d}x + \int_0^1 1 \cdot \mathrm{i}\mathrm{d}y = \frac{1}{2}+\mathrm{i}$$

例 2.3 计算 $\int_{-1}^1 |z|\mathrm{d}z$,积分路径 C 分别如下。

(1) 由 $(-1,0)$ 到 $(1,0)$ 的直线段;

(2) 单位圆周 $|z|=1$ 的上半部分;

(3) 单位圆周 $|z|=1$ 的下半部分。

解:积分路径如图 2.4 所示。

(a) 直线段   (b) 单位圆周的上半部分

(c) 单位圆周的下半部分

图 2.4 例 2.3 积分路径

(1) 沿直线段有

$$\int_{-1}^1 |z|\mathrm{d}z = \int_{-1}^1 |x|\mathrm{d}x = \int_{-1}^0 (-x)\mathrm{d}x + \int_0^1 x\mathrm{d}x = 2\int_0^1 x\mathrm{d}x = 1$$

(2) 沿单位圆周的上半部分,有被积函数 $|z|=1$,且 $z=\mathrm{e}^{\mathrm{i}\varphi}$,$\mathrm{d}z=\mathrm{i}\mathrm{e}^{\mathrm{i}\varphi}\mathrm{d}\varphi$,积分变量 z 从 -1 变化到 1,则 φ 从 π 减小到 0,因此原积分写为

$$\int_{-1}^1 |z|\mathrm{d}z = \int_\pi^0 \mathrm{d}\mathrm{e}^{\mathrm{i}\varphi} = \mathrm{e}^{\mathrm{i}0} - \mathrm{e}^{\mathrm{i}\pi} = 2$$

(3) 在单位圆周的下半部分,有 $|z|=1$,且 $z=\mathrm{e}^{\mathrm{i}\varphi}$,$\mathrm{d}z=\mathrm{i}\mathrm{e}^{\mathrm{i}\varphi}\mathrm{d}\varphi$,积分变量 z 从 -1 变化到 1,则 φ 从 π 增大到 2π,因此原积分写为

$$\int_{-1}^1 |z|\mathrm{d}z = \int_\pi^{2\pi} \mathrm{d}\mathrm{e}^{\mathrm{i}\varphi} = \mathrm{e}^{\mathrm{i}2\pi} - \mathrm{e}^{\mathrm{i}\pi} = 2$$

本例中特别需要强调的是,计算沿半圆的积分时,一定注意积分路径方向上辐角的递增或递减特征,积分路径(2)沿顺时针方向,其辐角是递减的,积分路径(3)沿逆时针方向,其辐角是递增的。

观察发现,在取定起点和终点的情况下,例 2.1 中函数沿两条不同路径的积分是相同的,例 2.2 和例 2.3 中的函数则因为路径的不同,积分值不同。这引出了一个问题:函数需要满足什么条件时,其积分仅与起点和终点有关,而与具体积分路径无关呢? 2.2 节讨论的柯西定理回答了这个问题。

2.2 柯西定理（Cauchy theorem）

比较前面例题中的函数发现,例2.1中的被积函数在复平面内是处处解析的,它沿连接起点及终点的任何路径的积分值都相同,即积分与路径无关。例2.2和例2.3中的被积函数是不解析的,积分与路径是有关的。也许沿封闭曲线的积分值与被积函数的解析性相关,本节的柯西定理将讨论这一问题。

2.2.1 单连通区域情形的柯西定理（Cauchy theorem in simply connected domains）

早在1825年,柯西给出了相关定理,后来经过古萨完善得到了现在我们学习的定理,因此也称为柯西-古萨定律。它是复变函数论中一条重要的基本定理,现称为柯西积分定理,简称柯西定理。

柯西定理 如果函数 $f(z)$ 在单连通区域 D 内及其边界线 L 上解析(即在单连通闭区域 $\overline{D}$ 解析),那么函数 $f(z)$ 沿边界 L 或区域 D 内任意闭曲线 l 的积分为零,即

$$\oint_L f(z)\mathrm{d}z = 0 \quad \text{或} \quad \oint_l f(z)\mathrm{d}z = 0 \tag{2.2.1}$$

Cauchy theorem If a function f is analytic at all points interior to and on a simple closed contour L, then

$$\oint_L f(z)\mathrm{d}z = 0 \quad \text{or} \quad \oint_l f(z)\mathrm{d}z = 0$$

L and l are positively oriented.

证明：如图 2.5 所示,由于函数

$$f(z) = u(x,y) + \mathrm{i}v(x,y)$$

在区域及其边界线上解析,故函数的导数 $f'(z)$ 在区域内部及其边界是存在的。

根据格林公式

$$\oint_l P\,\mathrm{d}x + Q\,\mathrm{d}y = \iint_S \left(\frac{\partial Q}{\partial x} - \frac{\partial P}{\partial y}\right)\mathrm{d}x\,\mathrm{d}y$$

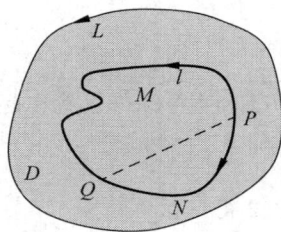

图 2.5 单连通区域中的柯西定理

可以将曲线积分化作面积分,有

$$\oint_l f(z)\mathrm{d}z = \oint_l (u\,\mathrm{d}x - v\,\mathrm{d}y) + \mathrm{i}\oint_l (v\,\mathrm{d}x + u\,\mathrm{d}y)$$

$$= -\iint_S \left(\frac{\partial v}{\partial x} + \frac{\partial u}{\partial y}\right)\mathrm{d}x\,\mathrm{d}y + \mathrm{i}\iint_S \left(\frac{\partial u}{\partial x} - \frac{\partial v}{\partial y}\right)\mathrm{d}x\,\mathrm{d}y$$

式中,S 是 l 包围的区域。又因为在该区域中函数 $f(z)$ 解析,因此实部和虚部满足柯西黎曼条件,即

$$\frac{\partial u}{\partial x} = \frac{\partial v}{\partial y}, \quad \frac{\partial v}{\partial x} = -\frac{\partial u}{\partial y}$$

故得

$$\oint_l f(z)\mathrm{d}z = 0$$

从而得证。同理,也可以证明 $\oint_L f(z)\mathrm{d}z=0$。

推论 2.1　设函数 $f(z)$ 在单连通区域 D 内解析,l 是 D 内任意闭曲线,则

$$\oint_l f(z)\mathrm{d}z=0 \tag{2.2.2}$$

Deduction 2.1　If a function is analytic throughout a simply connected domain D, then

$$\oint_l f(z)\mathrm{d}z=0$$

for every closed contour l lying in D.

推论 2.2　解析函数积分与路径无关。如果函数 $f(z)$ 在单连通区域 D 内处处解析,则积分 $\int_l f(z)\mathrm{d}z$ 与连接起点及终点的路径无关。

Deduction 2.2　If the function $f(z)$ is analytic in the simply connected region D, then the integral is independent of path connecting the start and end points.

证明：如图 2.5 所示,根据柯西定理有

$$\oint_l f(z)\mathrm{d}z=0$$

假设 l 路径上有任意两点 P、Q,将闭合环路分成两个弧段,即有

$$\oint_l f(z)\mathrm{d}z=\int_{\widehat{PMQ}} f(z)\mathrm{d}z+\int_{\widehat{QNP}} f(z)\mathrm{d}z=0$$

由此得

$$\int_{\widehat{PMQ}} f(z)\mathrm{d}z-\int_{\widehat{PNQ}} f(z)\mathrm{d}z=0$$

即

$$\int_{\widehat{PMQ}} f(z)\mathrm{d}z=\int_{\widehat{PNQ}} f(z)\mathrm{d}z$$

而 $\widehat{PMQ}$ 和 $\widehat{PNQ}$ 可以看作起点和终点相同的两条不同路径,写作

$$\int_{\widehat{PPMQ}}^{Q} f(z)\mathrm{d}z=\int_{\widehat{PPNQ}}^{Q} f(z)\mathrm{d}z$$

推论 2.2 得证。

2.2.2　不定积分和原函数(indefinite integral and antiderivative)

2.2.1 节中,将 z 平面上复变函数的解析性和复变函数积分是否与积分路径有关联系起来,得到结论:如果一个复变函数 $f(z)$ 在某个区域 D 中是解析的,C_1 和 C_2 为起点和终点相同的两条曲线,则 $f(z)$ 沿两条不同曲线 C_1 和 C_2 的积分是相同的,可以写作

$$\int_{C_1} f(z)\mathrm{d}z=\int_{C_2} f(z)\mathrm{d}z=\int_{z_0}^{z_1} f(z)\mathrm{d}z$$

其中,z_0 和 z_1 分别为积分的起点和终点,也称为积分的下限(lower limit)和上限(upper limit)。当下限 z_0 固定,而上限 $z_1=z$ 在 D 内变动时,积分 $\int_{z_0}^{z} f(\xi)\mathrm{d}\xi$ 可以看作 z 的单值函数,记为

$$F(z)=\int_{z_0}^{z} f(\xi)\mathrm{d}\xi \tag{2.2.3}$$

对 $F(z)$，有以下定理。

定理 2.1 如果 $f(z)=u(x,y)+\mathrm{i}v(x,y)$ 在单连通区域 D 内处处解析，则 $F(z)$ 在 D 内也解析，并且 $F'(z)=f(z)$，$F(z)$ 称为 $f(z)$ 的原函数。

因此，由式(2.2.3)定义的函数 $F(z)$ 就是被积函数 $f(z)$ 的一个原函数。类似实变函数，定积分可以通过原函数在终点和起点的差值求得，即

$$\int_{z_1}^{z_2} f(z)\mathrm{d}z = F(z)\Big|_{z_1}^{z_2}=F(z_2)-F(z_1) \tag{2.2.4}$$

其中，z_1、z_2 为区域 D 内任意两点，式(2.2.4)称为复积分的牛顿-莱布尼茨公式(Newton-Leibniz formula)，该式将解析函数积分的计算归结为寻找其原函数的问题。

例 2.4 计算积分 $\int_{\mathrm{i}}^{1} z\mathrm{d}z$。

解：z 在整个复平面上解析，且 $\left(\frac{1}{2}z^2\right)'=z$，运用式(2.2.3)有

$$\int_{\mathrm{i}}^{1} z\mathrm{d}z = \frac{1}{2}z^2\Big|_{\mathrm{i}}^{1}=\frac{1}{2}[1^2-(\mathrm{i})^2]=1$$

例 2.5 计算积分 $\int_{0}^{\mathrm{i}} z\sin z\mathrm{d}z$。

解：由于 $z\sin z$ 在复平面内处处解析，因而积分与路径无关，可用分部积分法得

$$\int_{0}^{\mathrm{i}} z\sin z\mathrm{d}z = \int_{0}^{\mathrm{i}} z\mathrm{d}(-\cos z)= z(-\cos z)\Big|_{0}^{\mathrm{i}}-\int_{0}^{\mathrm{i}}(-\cos z)\mathrm{d}z$$

$$= -\mathrm{i}\cos\mathrm{i}+\sin\mathrm{i}= -\mathrm{i}(\cos\mathrm{i}+\mathrm{i}\sin\mathrm{i})= -\mathrm{i}e^{\mathrm{i}\cdot\mathrm{i}}= -\mathrm{i}e^{-1}$$

例 2.6 计算积分 $\int_C \frac{1}{z^2}\mathrm{d}z$，$C$ 为 $|z+\mathrm{i}|=2$ 的右半圆周。

解：积分路径如图 2.6 所示，函数在积分路径上解析，因此积分与路径无关，可以运用原函数求解

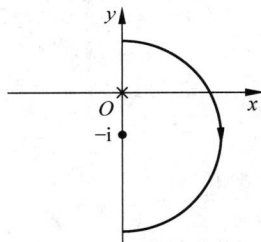

图 2.6 例 2.6 积分路径

$$\int_C \frac{1}{z^2}\mathrm{d}z = \int_{\mathrm{i}}^{-3\mathrm{i}}\frac{1}{z^2}\mathrm{d}z = -\frac{1}{z}\Big|_{\mathrm{i}}^{-3\mathrm{i}}=\frac{1}{\mathrm{i}}-\frac{1}{-3\mathrm{i}}=-\frac{4}{3}\mathrm{i}$$

2.2.3 复连通区域的柯西定理(Cauchy theorem in multiply connected domains)

实际问题中会遇到各种各样的函数，在讨论的区域中某些函数不一定是处处解析的，可能存在奇点。因此，需要做一些围线挖掉所有奇点，在形成的复连通区域中复变函数是解析的，且满足复连通区域中的柯西定理。

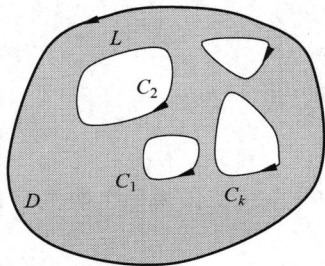

复连通区域的柯西定理 设 L 为闭复连通区域 D 的外边界，C_1，C_2，$\cdots$，C_n 是复连通区域的内边界，如图 2.7 所示。对于区域 D 内的解析函数 $f(z)$，有

图 2.7 复连通区域

$$\oint_L f(z)\mathrm{d}z + \sum_{k=1}^{n}\oint_{C_k} f(z)\mathrm{d}z=0 \tag{2.2.5}$$

L 和 $C_k (k=1,2,\cdots,n)$ 的方向均为正方向。也可采用另一种形式

$$\oint_L f(z)\mathrm{d}z = \sum_{k=1}^{n} \oint_{C_k} f(z)\mathrm{d}z \qquad (2.2.6)$$

Cauchy theorem in multiply connected domains Suppose that L is a simple closed contour, $C_1, C_2, \cdots, C_n$ are simple closed contours interior to L (L described in the counterclockwise direction. C_k described in the clockwise direction). If $f(z)$ is analytic on all of these contours and throughout the multiply connected domain consisting of points inside L and exterior of each C_k, then

$$\oint_L f(z)\mathrm{d}z + \sum_{k=1}^{n} \oint_{C_k} f(z)\mathrm{d}z = 0$$

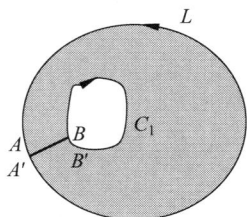

图 2.8 复连通区域柯西
定理的证明

证明：这里证明只有一条内边界线的情况。设 C_1 和 L 为复连通区域的内外边界，作割线连接内外边界，复连通区域变为单连通区域，如图 2.8 所示。运用单连通区域的柯西定理有

$$\oint_L f(z)\mathrm{d}z + \int_A^B f(z)\mathrm{d}z + \oint_{C_1} f(z)\mathrm{d}z + \int_{B'}^{A'} f(z)\mathrm{d}z = 0$$

积分路径 AB 与 $B'A'$ 重合，且方向相反，因此有

$$\int_A^B f(z)\mathrm{d}z = -\int_{B'}^{A'} f(z)\mathrm{d}z$$

于是

$$\oint_L f(z)\mathrm{d}z + \oint_{C_1} f(z)\mathrm{d}z = 0$$

即

$$\oint_L f(z)\mathrm{d}z = \oint_{C_1} f(z)\mathrm{d}z$$

同理可以证明，当复连通区域存在多个内边界时，有

$$\oint_L f(z)\mathrm{d}z = \sum_{k=1}^{n} \oint_{C_k} f(z)\mathrm{d}z$$

闭路变形定理 设 C_1 和 C_2 是两条正向简单闭曲线，且 C_1 包围在 C_2 内部，如果函数 f 在 C_1 和 C_2 围成的复连通区域中解析，则有

$$\oint_{C_1} f(z)\mathrm{d}z = \oint_{C_2} f(z)\mathrm{d}z \qquad (2.2.7)$$

The principle of deformation of paths Let C_1 and C_2 denote positively oriented simple closed contours, where C_1 is interior to C_2. If a function f is analytic in the closed region consisting of two contours and all points between them, then

$$\oint_{C_1} f(z)\mathrm{d}z = \oint_{C_2} f(z)\mathrm{d}z$$

证明：如图 2.9(a)所示，函数 f 在复连通区域中解析，C_1 和 C_2 作为一个复连通区域的内外边界线，由柯西定理有

$$\oint_{C_1} f(z)\mathrm{d}z = \oint_{C_2} f(z)\mathrm{d}z$$

闭路变形定理告诉我们,一个解析函数沿闭合曲线的积分,不因闭合曲线在区域内作连续变形而改变它的积分值,只要在变形过程中曲线不经过函数的奇点。如图 2.9(b)所示,C_2 变作复连通区域中任一闭合曲线 C,积分值不变。

(a) 复连通区域　　　　　　(b) 复连通区域中任一闭合曲线 C

图 2.9　闭路变形定理

例 2.7　计算

$$\oint_{C_R} \frac{\mathrm{d}z}{(z-z_0)^n}$$

其中,C_R 是以 z_0 为圆心、R 为半径的正向圆周,n 为整数。

解:C_R 为正向圆周(即逆时针方向),其参数方程可以表示为

$$z = z_0 + R\mathrm{e}^{\mathrm{i}\theta}, \quad 0 \leqslant \theta < 2\pi, \quad \mathrm{d}z = \mathrm{i}R\mathrm{e}^{\mathrm{i}\theta}\,\mathrm{d}\theta$$

因此有

$$\oint_{C_R} \frac{\mathrm{d}z}{(z-z_0)^n} = \int_0^{2\pi} \frac{R\mathrm{i}\mathrm{e}^{\mathrm{i}\theta}}{R^n \mathrm{e}^{\mathrm{i}n\theta}}\,\mathrm{d}\theta = \frac{\mathrm{i}}{R^{n-1}} \int_0^{2\pi} \mathrm{e}^{-\mathrm{i}(n-1)\theta}\,\mathrm{d}\theta$$

当 $n=1$ 时,被积函数 $\mathrm{e}^{-\mathrm{i}(n-1)\theta}=1$,计算得原积分为 $2\pi\mathrm{i}$。

当 $n \neq 1$ 时,则有原积分 $\dfrac{\mathrm{i}}{R^{n-1}}\dfrac{\mathrm{e}^{-\mathrm{i}(n-1)\theta}}{-(n-1)\mathrm{i}}\Big|_0^{2\pi} = 0$

即有

$$\oint_{C_R} \frac{\mathrm{d}z}{(z-z_0)^n} = \begin{cases} 2\pi\mathrm{i}, & n=1 \\ 0, & n \neq 1 \end{cases} \tag{2.2.8}$$

该结论后面还会用到。

2.2.4　复变函数积分的 MATLAB 运算(calculation of complex integral based on MATLAB)

解析函数的积分与积分路径无关,可以用 MATLAB 编程实现计算。常用函数如下。

```
int(func, var)          %计算被积函数 func 的原函数,var 为积分变量
int(func, var, a, b)    %计算被积函数 func 的定积分,var 为积分变量,a,b 分别为积分上下限
```

例 2.8　运用 MATLAB 编程求不定积分 $\displaystyle\int \sin z\,\mathrm{d}z$、$\displaystyle\int z\cos z^2\,\mathrm{d}z$。

解:代码如下。

```
syms z;
int(sin(z),z)                    %求积分 ∫sinzdz
int(z * cos(z^2),z)              %求积分 ∫zcosz² dz
```

运行结果：

ans $= -\cos(z)$
ans $= 1/2 * \sin(z^2)$

例 2.9　求积分 $\int_i^1 z\,\mathrm{d}z$、$\int_0^i z\sin z\,\mathrm{d}z$、$\int_{1+i}^{2i+5} \mathrm{e}^{-z^2}\,\mathrm{d}z$。

解：代码如下。

```
syms z;
int(z,z,i,1)                    %求积分 ∫₁ⁱ zdz
int(z * sin(z),z,0,i)           %求积分 ∫₀ⁱ zsinzdz
int(exp(-z^2),z,1+i,2 * i+5)    %求积分 ∫₁₊ᵢ²ⁱ⁺⁵ e⁻ᶻ² dz
```

运行结果：

ans $=1$
ans $=i * \sinh(1) - i * \cosh(1)$
ans $=1/2 * \mathrm{erf}(5+2*i) * \mathrm{pi}^{(1/2)} - 1/2 * \mathrm{erf}(1+i) * \mathrm{pi}^{(1/2)}$

非解析函数的积分也可以运用 MATLAB 实现，但需要结合简单推导完成。这里用到了 diff() 函数，调用格式：

```
diff(func)         %求 func 的一阶导数
diff(func,n)       %求 func 的 n 阶导数(n 是具体整数)
diff(func,var)     %求 func 对 var 的偏导数
diff(func,var,n)   %求 func 对 var 的 n 阶偏导数
```

例 2.10　编程求例 2.3。
解：代码如下。

```
syms z t;
int(abs(z),z,-1,1)                 %沿实轴从-1 到 1
z=exp(i * t);
int(abs(z) * diff(z,t),t,pi,0)     %沿单位圆的上半圆周
int(abs(z) * diff(z,t),t,pi,2 * pi) %沿单位圆的下半圆周
```

运行结果：

ans $=1$
ans $=2$
ans $=2$

例 2.11　编程求例 2.7。
解：代码如下。

```
syms z r t;
z0=1;                              %给 z0 赋值
n=1;                               %给 n 赋值
z=z0+r * exp(i * t);               %运用指数形式表示积分路径上的点
int((z-z0)^(-n) * diff(z,t),t,0,2 * pi) %求回路积分
```

运行结果：

ans ＝2 * pi * i

改变程序中的 n，则求解其他情况。

2.3 柯西公式及推论（Cauchy formula and extension）

解析函数是复变函数中最重要的一类函数。它的一个特殊性质就是，解析区域中各点的函数值不是相互独立的，而是彼此相互联系的。本节介绍的柯西公式给出了解析函数在某一围线内部的值与该围线上函数值之间的关系。

2.3.1 单连通区域的柯西积分公式（Cauchy formula in simply connected domain）

柯西积分公式　如果 $f(z)$ 在闭单连通区域处处解析，l 为区域 D 内的任意一条正向简单闭曲线，z_0 为 l 内的任意一点，那么有

$$f(z_0)=\frac{1}{2\pi i}\oint_l \frac{f(z)}{z-z_0}dz \tag{2.3.1}$$

式（2.3.1）称为柯西积分公式，简称柯西公式。

Cauchy formula Suppose that $f(z)$ is analytic everywhere within and on a simple closed contour l, z_0 is any point interior to l, then

$$f(z_0)=\frac{1}{2\pi i}\oint_l \frac{f(z)}{z-z_0}dz$$

证明：$f(z)$ 在闭单连通区域处处解析，因此函数 $\frac{f(z)}{z-z_0}$ 在区域 D 内除 z_0 外处处解析，在区域 D 内以 z_0 为圆心，以充分小的 ε 为半径作圆周 C_ε，如图 2.10 所示。由闭路变形定理有

$$\oint_l \frac{f(z)}{z-z_0}dz=\oint_{C_\varepsilon} \frac{f(z)}{z-z_0}dz$$

上式的成立与圆周 C_ε 的半径 ε 无关，因此只需要选取特定 ε 计算右侧积分值即可。对被积函数简单变形，原积分可写为两个积分的和，即

图 2.10　单连通区域的柯西定理证明

$$\oint_{C_\varepsilon} \frac{f(z)}{z-z_0}dz=\underbrace{\oint_{C_\varepsilon} \frac{f(z_0)}{z-z_0}dz}_{I}+\underbrace{\oint_{C_\varepsilon} \frac{f(z)-f(z_0)}{z-z_0}dz}_{II} \tag{2.3.2}$$

运用例 2.7 的结果有

$$I=\oint_{C_\varepsilon} \frac{f(z_0)}{z-z_0}dz=f(z_0)\oint_{C_\varepsilon} \frac{1}{z-z_0}dz=2\pi i f(z_0) \tag{2.3.3}$$

观察式（2.3.2）和式（2.3.3）可知，只要证明 II 为 0，则原定理得证。

由复积分性质式（2.1.8），对任意小的 $\varepsilon>0$，有

$$\left|\oint_{C_\varepsilon} \frac{f(z)-f(z_0)}{z-z_0}dz\right|\leqslant\oint_{C_\varepsilon} \frac{|f(z)-f(z_0)|}{|z-z_0|}|dz|\leqslant\frac{\max|f(z)-f(z_0)|}{\varepsilon}2\pi\varepsilon=$$

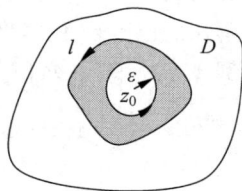

$$2\pi\max\left|f(z)-f(z_0)\right|$$

又由 $f(z)$ 在 z_0 点的连续性可知，当 $\varepsilon\to 0$ 时 $f(z)\to f(z_0)$，因此有

$$\left|\oint_{C_\varepsilon}\frac{f(z)-f(z_0)}{z-z_0}\mathrm{d}z\right|=0$$

即

$$\oint_{C_\varepsilon}\frac{f(z)-f(z_0)}{z-z_0}\mathrm{d}z=0$$

这就证明了

$$\oint_l\frac{f(z)}{z-z_0}\mathrm{d}z=2\pi\mathrm{i}f(z_0)$$

即

$$f(z_0)=\frac{1}{2\pi\mathrm{i}}\oint_l\frac{f(z)}{z-z_0}\mathrm{d}z$$

柯西积分公式的一般形式写为

$$f(z)=\frac{1}{2\pi\mathrm{i}}\oint_l\frac{f(\xi)}{\xi-z}\mathrm{d}\xi \tag{2.3.4}$$

式中，z 为闭合曲线 l 包围的任意一点，ξ 为围线 l 上的点。它表明，只要已知一个解析函数在区域边界上的值，区域内部点上的值可以由上述积分公式完全确定。特别地，可以得到一个重要的结论：如果两个解析函数在区域边界上的值处处相等，则它们在整个区域上也相等。这让我们联想到电磁学中静电势对应的二维边值问题，只要知道边界上物理量的取值，边界所围区域内部的值可以唯一地确定下来。解析函数的柯西公式和二维拉普拉斯方程定解问题有密切联系，可以运用解析函数的相关性质实现定解问题的求解，基于此发展了复变函数解法、保角变换法等解析解法，第 10 章中将进行详细讲解。

例 2.12 求下列积分的值。

(1) $\oint_C\dfrac{\mathrm{e}^{\mathrm{i}z}}{z+\mathrm{i}}\mathrm{d}z$，$C:|z+\mathrm{i}|=1$；

(2) $\oint_{|z|=2}\dfrac{z}{(5-z^2)(z-\mathrm{i})}\mathrm{d}z$。

解：(1) 函数 $f(z)=\mathrm{e}^{\mathrm{i}z}$ 在复平面上解析，而 $-\mathrm{i}$ 被积分环路 C 包围，因此由柯西积分公式有

$$\oint_{|z+\mathrm{i}|=1}\frac{\mathrm{e}^{\mathrm{i}z}}{z+\mathrm{i}}\mathrm{d}z=2\pi\mathrm{i}\mathrm{e}^{\mathrm{i}z}\Big|_{z=-\mathrm{i}}=2\pi\mathrm{e}\mathrm{i}$$

(2) 被积函数 $\dfrac{z}{(5-z^2)(z-\mathrm{i})}$ 存在 i、$\pm\sqrt{5}$ 三个奇点，但只有 i 被积分路径 $|z|=2$ 包围，整理被积函数可得

$$\oint_{|z|=2}\frac{z}{(5-z^2)(z-\mathrm{i})}\mathrm{d}z=\oint_{|z|=2}\frac{\frac{z}{(5-z^2)}}{(z-\mathrm{i})}\mathrm{d}z$$

式中，函数 $f(z)=\dfrac{z}{5-z^2}$ 在 $|z|\leqslant 2$ 内解析，而 i 包围在围线 $|z|=2$ 内，由柯西积分公式得

$$\oint_{|z|=2} \frac{\overline{\frac{z}{(5-z^2)}}}{(z-i)}dz = 2\pi i \left. \frac{z}{5-z^2}\right|_{z=i} = -\frac{1}{3}\pi$$

例 2.13 设 $f(z)=\oint_{|\xi|=5}\frac{\xi^2+2\xi+1}{\xi-z}d\xi$，求 $f'(z)|_{z=2i}$。

解：因为 $z=2i$ 包围在 $|\xi|=5$ 的围线中，因此运用柯西积分公式可以得到在该点邻域上函数的表达式

$$f(z)=\oint_{|\xi|=5}\frac{\xi^2+2\xi+1}{\xi-z}d\xi = 2\pi i(\xi^2+2\xi+1)|_{\xi=z}=2\pi i(z^2+2z+1)$$

求函数一阶导数有

$$f'(z)=2\pi i(2z+2)$$

因此

$$f'(z)|_{z=2i}=f'(2i)=2\pi i[4i+2]=-8\pi+4\pi i$$

2.3.2 复连通区域的柯西积分公式（Cauchy formula in multiply connected domain）

定理 2.2 设 L 为复连通区域 D 的外边界，$C_1,C_2,\cdots,C_n$ 是复连通区域 D 的内边界，如果 $f(z)$ 在区域 D 内及边界线 $L,C_1,C_2,\cdots,C_n$ 上解析，z_0 为区域 D 内的任一点，则有

$$f(z_0)=\frac{1}{2\pi i}\oint_{L+C_1+C_2+\cdots+C_n}\frac{f(z)}{z-z_0}dz \tag{2.3.5}$$

式中，$L,C_1,C_2,\cdots,C_n$ 沿其正方向，即 L 沿逆时针方向，$C_1,C_2,\cdots,C_n$ 沿顺时针方向，式（2.3.5）也可写为

$$f(z_0)=\frac{1}{2\pi i}\oint_L\frac{f(z)}{z-z_0}dz-\frac{1}{2\pi i}\sum_{k=1}^n\oint_{C_k}\frac{f(z)}{z-z_0}dz \tag{2.3.6}$$

Theorem 2.2 L is a simple closed contour, $C_1,C_2,\cdots,C_n$ are simple closed contours interior to L (L described in the counterclockwise direction. C_k described in the clockwise direction). If $f(z)$ is analytic on all of these contours and throughout the multiple connected domain consisting of points inside L and exterior to each C_k (Domain D). z_0 is any point in the domain D, then

$$f(z_0)=\frac{1}{2\pi i}\oint_{L+C_1+C_2+\cdots+C_n}\frac{f(z)}{z-z_0}dz=\frac{1}{2\pi i}\oint_L\frac{f(z)}{z-z_0}dz-\frac{1}{2\pi i}\sum_{k=1}^n\oint_{C_k}\frac{f(z)}{z-z_0}dz \tag{2.3.7}$$

这个公式用得很少，通常结合复连通区域中的柯西定理和单连通区域的柯西公式解决具体问题，见 2.4 节。

2.3.3 无界区域中的柯西积分公式（Cauchy formula for unbounded domain）

上面讨论了单连通区域和复连通区域中的柯西积分公式，所涉及的积分区域都是有限的。当一个函数在某闭合曲线外部的无界区域中解析时，则有以下的无界区域柯西积分公式。

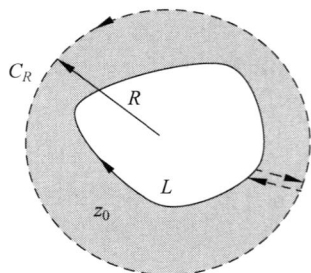

图 2.11 无界区域的柯西公式

无界区域柯西积分公式 若 $f(z)$ 在某一闭曲线 L 的外部解析,如图 2.11 所示,并且当 $|z|\to\infty$ 时有 $f(z)\to 0$,z_0 点是 L 外部区域中的任一点,则有无界区域的柯西积分公式

$$f(z_0)=\frac{1}{2\pi i}\oint_L \frac{f(z)}{z-z_0}\mathrm{d}z \qquad (2.3.8)$$

Cauchy formula for unbounded domain If $f(z)$ is analytic exterior to simple closed contour L, and $|z|\to\infty$, $f(z)\to 0$, then, for every point z_0 exterior to L

$$f(z_0)=\frac{1}{2\pi i}\oint_L \frac{f(z)}{z-z_0}\mathrm{d}z$$

注意这一公式和有界区域柯西积分公式的区别。

第一,有界区域中柯西积分公式中的 z_0 是闭合曲线 L 内部的一点,而无界区域柯西积分公式中的 z_0 为 L 外部的一点。

第二,应用有界柯西积分公式的条件是 $f(z)$ 在 L 内部解析,而无界区域柯西积分公式的条件是在 L 外部解析,且当 $|z|\to\infty$ 时 $f(z)\to 0$。

第三,有界区域积分公式的积分沿着逆时针方向进行,而无界区域积分公式的积分沿顺时针方向进行(两种情况下都是正方向,即为沿此方向环行时,所讨论的区域在左手边)。

2.3.4 柯西公式推论(extension of Cauchy formula)

作为柯西积分公式的推广,可以证明一个解析函数的导函数仍为解析函数,即解析函数具有任意阶导数,也即解析函数具有无限次可微性。特别注意,这一点和实函数是完全不一样的,一个实函数有一阶导数存在,不一定有二阶或更高阶导数存在。对于任意解析函数,有以下定理。

定理 2.3 若函数 $f(z)$ 在某单连通区域 D 中解析,则其导函数在该区域中仍然是解析函数,且有

$$f^{(n)}(z)=\frac{n!}{2\pi i}\oint_C \frac{f(\xi)}{(\xi-z)^{n+1}}\mathrm{d}\xi, \quad n=1,2,3,\cdots \qquad (2.3.9)$$

其中,C 为解析区域 D 内包围 z 的任一简单正向闭曲线。式(2.3.9)称为解析函数的高阶导数公式。

Theorem 2.3 Let f be analytic interior and on a simple closed contour C, taken in the positive sense, z_0 is any point interior to C, then

$$f^{(n)}(z)=\frac{n!}{2\pi i}\oint_C \frac{f(\xi)}{(\xi-z)^{n+1}}\mathrm{d}\xi, \quad n=1,2,3,\cdots$$

证明: 如图 2.12 所示,函数 $f(z)$ 在区域 D 内部解析,C 为区域 D 内包围 z 的任一简单正向闭曲线。根据单连通区域中的柯西公式有

$$f(z)=\frac{1}{2\pi i}\oint_C \frac{f(\xi)}{(\xi-z)}\mathrm{d}\xi$$

既然函数 $f(z)$ 在区域 D 内解析,两边对 z 求一阶导数有

$$f'(z) = \frac{1}{2\pi i} \oint_C \frac{f(\xi)}{(\xi - z)^2} d\xi$$

以此类推,可得

$$f^{(n)}(z) = \frac{n!}{2\pi i} \oint_C \frac{f(\xi)}{(\xi - z)^{n+1}} d\xi, \quad n = 1, 2, 3, \cdots$$

(2.3.10)

图 2.12　解析函数的无限次可微性

或者写为

$$f^{(n)}(z_0) = \frac{n!}{2\pi i} \oint_C \frac{f(z)}{(z - z_0)^{n+1}} dz, \quad n = 1, 2, 3, \cdots$$ (2.3.11)

2.4　柯西定理及柯西公式应用实例(application examples of Cauchy theorem and Cauchy formula)

柯西积分
公式

例 2.14　计算沿两条路径的积分 $\int_{-i}^{i} \frac{1}{z} dz$,积分路径 C_1、C_2 分别为单位圆的左半圆和右半圆,如图 2.13 所示。

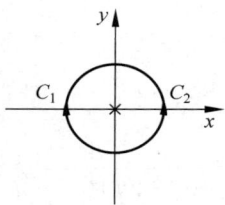

图 2.13　例 2.14 图

解:方法一,运用积分的定义,在单位圆上有 $z = e^{i\varphi}$,则沿 C_1

$$\int_{-i}^{i} \frac{1}{z} dz = \int_{-i}^{i} e^{-i\varphi} de^{i\varphi} = \int_{\frac{3\pi}{2}}^{\frac{\pi}{2}} e^{-i\varphi} i e^{i\varphi} d\varphi = \int_{\frac{3\pi}{2}}^{\frac{\pi}{2}} i d\varphi = -\pi i$$

沿 C_2

$$\int_{-i}^{i} \frac{1}{z} dz = \int_{-i}^{i} e^{-i\varphi} de^{i\varphi} = \int_{-\frac{\pi}{2}}^{\frac{\pi}{2}} e^{-i\varphi} i e^{i\varphi} d\varphi = \int_{-\frac{\pi}{2}}^{\frac{\pi}{2}} i d\varphi = \pi i$$

方法二,因为函数在积分路径所在区域解析,因此可以用原函数求解,即

$$\int \frac{1}{z} dz = \ln z = \ln |z| + i \arg z$$

在圆上有 $\ln|z| = 0$,因此沿 C_1 有

$$\int_{-i}^{i} \frac{1}{z} dz = i \arg z \Big|_{-i}^{i} = i \left[\frac{\pi}{2} - \left(\frac{3\pi}{2} \right) \right] = -\pi i$$

沿 C_2 有

$$\int_{-i}^{i} \frac{1}{z} dz = i \arg z \Big|_{-i}^{i} = i \left[\frac{\pi}{2} - \left(-\frac{\pi}{2} \right) \right] = \pi i$$

两种方法所得结果相同。这里要注意辐角的取值,逆时针方向辐角呈增加趋势,顺时针方向则辐角呈减小趋势。

例 2.15　计算积分 $I = \oint_l (z - z_0)^n dz$。

解:被积函数 $(z - z_0)^n$ 为初等函数,因此在 z 平面上只有一个可能的奇点 z_0。如果 l 不包围 z_0,则不管 n 为何值,被积函数 $(z - z_0)^n$ 在 l 内解析,根据单连通区域中的柯西定理

有

$$I = \oint_l (z - z_0)^n dz = 0$$

如果 l 包围 z_0，根据闭路变形定理，可以将 l 变形为以 z_0 为圆心、以 R 为半径的圆 C_R，R 可以取任意值。

在 C_R 上有 $z - z_0 = R e^{i\varphi}$，原积分写为

$$I = \oint_l (z - z_0)^n dz = \oint_{C_R} R^n e^{in\varphi} d(z_0 + R e^{i\varphi}) = iR^{n+1} \int_0^{2\pi} e^{i(n+1)\varphi} d\varphi$$

若 $n = -1$，原积分

$$I = i \int_0^{2\pi} 1 d\varphi = 2\pi i$$

若 $n \neq -1$，原积分

$$I = iR^{n+1} \int_0^{2\pi} e^{i(n+1)\varphi} d\varphi = \frac{R^{n+1}}{n+1} e^{i(n+1)\varphi} \Big|_0^{2\pi} = 0$$

即当 l 包围 z_0 且 $n = -1$ 时，结果为 $2\pi i$，即

$$I = \oint_l \frac{1}{z - z_0} dz = 2\pi i \tag{2.4.1}$$

其他情况下积分为 0，即

$$I = \oint_l (z - z_0)^n dz = 0, \quad n \neq -1 \tag{2.4.2}$$

例 2.16 计算积分 $I = \oint_L \frac{dz}{(z^2 - a^2)(z - 3a)}$，$L$ 为 $|z| = 2a (a > 0)$。

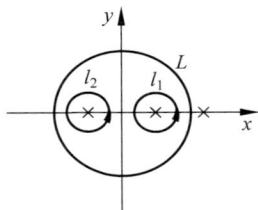

图 2.14 例 2.16 图

解：方法一，显然被积函数 $f(z) = \frac{1}{(z - 3a)(z^2 - a^2)}$ 在积分曲线 L 内部有两个奇点 $z_1 = a$，$z_2 = -a$，设 l_1 仅含奇点 z_1，l_2 仅含奇点 z_2，如图 2.14 所示。利用复连通区域中的柯西定理有

$$I = \oint_L \frac{dz}{(z^2 - a^2)(z - 3a)}$$
$$= \oint_{l_1} \frac{dz}{(z^2 - a^2)(z - 3a)} + \oint_{l_2} \frac{dz}{(z^2 - a^2)(z - 3a)}$$

显然，在 l_1 包围的闭区域内只有奇点 a，l_2 包围的闭区域内只有奇点 $-a$，因此对上式右侧的每项运用单连通区域中的柯西积分公式，有

$$I = \oint_{l_1} \frac{\frac{1}{(z + a)(z - 3a)}}{z - a} dz + \oint_{l_2} \frac{\frac{1}{(z - a)(z - 3a)}}{z + a} dz$$
$$= 2\pi i \frac{1}{(z + a)(z - 3a)} \Big|_{z=a} + 2\pi i \frac{1}{(z - a)(z - 3a)} \Big|_{z=-a}$$
$$= 2\pi i \frac{1}{2a(-2a)} + 2\pi i \frac{1}{(-2a)(-4a)}$$
$$= -\frac{\pi i}{4a^2}$$

方法二,被积函数 $f(z) = \dfrac{1}{(z-3a)(z^2-a^2)}$ 在 L 外部仅有一个奇点 $z=3a$,且当 $|z| \rightarrow$

∞ 时, $f(z) = \dfrac{1}{z^2-a^2} \rightarrow 0$,满足无界区域的柯西积分公式条件,故有

$$I = \oint_L \frac{\mathrm{d}z}{(z^2-a^2)(z-3a)} = -\oint_L \frac{\mathrm{d}z}{(z^2-a^2)(z-3a)}$$

$$= -\oint_L \frac{\dfrac{1}{z^2-a^2}}{z-3a} \mathrm{d}z = -2\pi \mathrm{i} \frac{1}{z^2-a^2} \Big|_{z=3a} = -\frac{\pi \mathrm{i}}{4a^2}$$

注意,上述求解过程中有一个将逆时针积分路径转换为顺时针积分的过程,转换之后才可以运用无界区域的柯西公式。显然,当积分区域内部的奇点多于外部的奇点时,使用无界区域的柯西积分公式能够简化运算,但前提是必须满足无界区域中柯西积分公式的条件。

例 2.17　计算积分 $\oint_C \dfrac{\cos z}{(z-\mathrm{i})^3} \mathrm{d}z$,其中 C 是绕 i 一周的围线。

解：设 $f(z) = \cos z, n=2, z_0 = \mathrm{i}$,运用高阶导数公式有

$$\oint_C \frac{\cos z}{(z-\mathrm{i})^3} \mathrm{d}z = \frac{2\pi \mathrm{i}}{2!} (\cos z)'' \Big|_{z=\mathrm{i}} = -\pi \mathrm{i} \cos \mathrm{i} = -\pi \mathrm{i} \frac{\mathrm{e}^{-1} + \mathrm{e}}{2}$$

例 2.18　计算积分 $\oint_{|z|=1} \dfrac{z - \sin z}{z^6} \mathrm{d}z$。

解：设 $f(z) = z - \sin z, n=5, z_0 = 0$,运用高阶导数公式有

$$\oint_{|z|=1} \frac{z-\sin z}{(z-0)^6} \mathrm{d}z = \frac{2\pi \mathrm{i}}{5!} \frac{\mathrm{d}^5}{\mathrm{d}z^5} (z - \sin z) \Big|_{z_0=0} = -\frac{\pi \mathrm{i}}{60}$$

第 2 章习题

1. 计算复积分 $\int_0^{1+\mathrm{i}} (x^2 + \mathrm{i}y) \mathrm{d}z$,积分路径分别为 C_1：$(0,0) \rightarrow (0,1) \rightarrow (1,1)$；$C_2$：$y = x$；$C_3$：$y = x^2$。

2. 计算积分 $\int_{-1}^1 |z| \mathrm{d}z$,积分路径分别为

(1) 直线段；

(2) 单位圆周的上半；

(3) 单位圆周的下半。

3. 计算 $I = \int_l \dfrac{\mathrm{d}z}{(z-a)^n}$,其中 n 为整数,l 为以 a 为圆心、以 r 为半径的上半圆周。

4. 计算积分 $\oint_l \dfrac{\mathrm{d}z}{(z-z_1)(z-z_2)}$,其中 l 是包围 z_1, z_2 两点的围线。

5. 计算积分

(1) $\int_{-2}^{-2+\mathrm{i}} (z+2)^2 \mathrm{d}z$；　　　　(2) $\int_{-\pi \mathrm{i}}^{\pi \mathrm{i}} \mathrm{e}^z \cos z \, \mathrm{d}z$；　　　　(3) $\int_0^{\pi+2\mathrm{i}} \cos \dfrac{z}{2} \mathrm{d}z$；

（4）$\int_0^i z\sin z\,dz$；　　　　　　　　（5）$\int_1^{1+\frac{\pi}{2}i} z\,e^z\,dz$。

6．计算积分

（1）$\oint_l \dfrac{2z^2-z+1}{z-1}dz$，$l$ 为 $|z|=2$；　　　　　　（2）$\oint_l \dfrac{z+2}{(z+1)z}dz$，$l$ 为 $|z|=2$；

（3）$\oint_l \dfrac{e^z}{z^2+1}dz$，$l$ 为 $|z+2i|=\dfrac{3}{2}$。

7．计算积分

（1）$\oint_l \dfrac{\cos\pi z}{(z-1)^5}dz$，$l$ 为 $|z|=a$，$a>1$；　　　　（2）$\oint_l \dfrac{z-\sin z}{z^6}dz$，$l$ 为 $|z|=2$；

（3）$\oint_l \dfrac{1}{z^3(z^{10}-2)}dz$，$l$ 为 $|z|=1$。

8．已知 $f(z)=\oint_l \dfrac{3\xi^2+7\xi+1}{\xi-z}d\xi$，$l$ 为圆 $|\xi|=3$，求 $f'(1+i)$。

复变函数级数

在高等数学课程中,我们学习了实变函数级数。在计算过程中,运用级数近似表示函数带来了很多便利。级数是研究复变函数理论和应用的重要工具。本章将围绕复变函数级数及复变函数的幂级数展开。我们将看到,一个函数是否解析与能否展开为幂级数是等价的,并由此发现解析函数的一些其他重要性质,从而加深对解析函数的认识。

3.1 复数项级数(complex number series)

复变函数
项级数

3.1.1 复数项级数的概念(concepts of complex number series)

设有复数序列 $\{w_k\}$,其中 $w_k = u_k + \mathrm{i}v_k$,$k = 1, 2, \cdots$ 为复数,则

$$\sum_{k=1}^{\infty} w_k = w_1 + w_2 + \cdots + w_k + \cdots \tag{3.1.1}$$

称为复数项级数。前 n 项和 $S_n = w_1 + w_2 + \cdots + w_n$ 称为级数的部分和。若部分和构成的复数序列 $\{S_n\}$ 收敛,即 $\lim\limits_{n \to \infty} S_n = S$ 有限,则称 $\sum\limits_{k=1}^{\infty} w_k$ 级数收敛(convergent)于 S,记作

$$S = \sum_{k=1}^{\infty} w_k \tag{3.1.2}$$

式(3.1.2)称为复数项级数的和。若部分和数列 $\{S_n\}$ 发散,则称 $\sum\limits_{k=1}^{\infty} w_k$ 级数发散(divergent)。

3.1.2 复数项级数的性质(properties of complex number series)

和实变项级数类似,复数项级数的收敛可以使用柯西收敛准则判定。

定理 3.1 $\sum\limits_{k=1}^{\infty} w_k$ 级数收敛的充分必要条件是:对于给定的任意小正数 ε,必存在自然数 N,使得 $n > N$ 时,$\left| \sum\limits_{k=n+1}^{n+p} w_k \right| < \varepsilon$,其中 p 为任意正整数。

Theorem 3.1 A sufficient and necessary condition for series to converge $\sum\limits_{k=1}^{\infty} w_k$ is that：Given any small positive number ε, it is possible to find an integer N so that $\left|\sum_{k=n+1}^{n+p} w_k\right| < \varepsilon$ for every $n > N$, p is an arbitrary positive integer.

实际上，根据上述柯西收敛准则判断级数是否收敛是比较困难的，一般不会运用定理 3.1 判断级数的收敛性，需要寻求其他的判定方法，本节将介绍若干判定定理。由于复数项级数可以写作以下形式

$$S_n = \sum_{k=1}^{n} w_n = \sum_{k=1}^{n} u_k + i\sum_{k=1}^{n} v_k \tag{3.1.3}$$

因此，根据实数项级数收敛的有关结论，可以得出判断复数项级数收敛的简单方法。

定理 3.2 设 $w_k = u_k + iv_k (k=1,2,3,\cdots)$，则级数 $\sum_{k=1}^{\infty} w_k$ 收敛的充分必要条件是级数的实部 $\sum_{k=1}^{\infty} u_k$ 和虚部 $\sum_{k=1}^{\infty} v_k$ 都收敛。

Theorem 3.2 Suppose that $w_k = u_k + iv_k (k=1,2,3,\cdots)$, the sufficient and necessary conditions for the convergence of $\sum_{k=1}^{\infty} w_k$ is that both $\sum_{k=1}^{\infty} u_k$ and $\sum_{k=1}^{\infty} v_k$ converge.

定理 3.2′ 设 $w_k = u_k + iv_k (k=1,2,3,\cdots)$，且 $S = a+ib$，则 $\sum_{k=1}^{\infty} w_k$ 收敛于 S 的充分必要条件是 $\lim_{n \to \infty} \sum_{k=1}^{n} u_k = a$ 且 $\lim_{n \to \infty} \sum_{k=1}^{n} v_k = b$。

Theorem 3.2′ Suppose that $w_k = u_k + iv_k (k=1,2,3,\cdots)$ and $S = a+ib$, if and only if $\lim_{n \to \infty} \sum_{k=1}^{n} u_k = a$ and $\lim_{n \to \infty} \sum_{k=1}^{n} v_k = b$, $\sum_{k=1}^{\infty} w_k$ converges to S.

定理 3.3 级数 $\sum_{k=1}^{\infty} w_k$ 收敛的必要条件是 $\lim_{k \to \infty} w_k = 0$

Theorem 3.3 If the terms of an infinite series do not tend to zero, that is $\lim_{k \to \infty} w_k \neq 0$, then the series $\sum_{k=1}^{\infty} w_k$ diverges.

这个定理用于对级数收敛性的初步判断(preliminary test)，当 $\lim_{k \to \infty} w_k \neq 0$ 时，可以直接判定级数发散，当 $\lim_{k \to \infty} w_k = 0$ 时，则需要运用其他定理判定级数是否收敛。

例 3.1 考察级数 $\sum_{n=1}^{\infty} \left(\frac{1}{n} + \frac{i}{2^n}\right)$ 的敛散性。

解：由定理 3.2 可知，只需讨论级数的实部级数 $\sum_{n=1}^{\infty} \frac{1}{n}$ 和虚部级数 $\sum_{n=1}^{\infty} \frac{1}{2^n}$ 的敛散性。因为级数 $\sum_{n=1}^{\infty} \frac{1}{n}$ 发散，故原级数发散。

绝对收敛级数(absolutely convergent series) 若级数 $\sum_{k=1}^{\infty} |w_k|$ 收敛，称原级数 $\sum_{k=1}^{\infty} w_k$

为绝对收敛级数。

条件收敛级数（conditionally convergent series） 若复数项级数 $\sum\limits_{k=1}^{\infty} w_k$ 收敛，但级数 $\sum\limits_{k=1}^{\infty} |w_k|$ 发散，则称原级数 $\sum\limits_{k=1}^{\infty} w_k$ 为条件收敛级数。

因为

$$|w_{k+1} + w_{k+2} + \cdots + w_{k+p}| \leqslant |w_{k+1}| + |w_{k+2}| + \cdots + |w_{k+p}|$$

由柯西收敛准则可证明绝对收敛的级数必定是收敛的。

定理 3.4 若级数 $\sum\limits_{n=1}^{\infty} |w_n|$ 收敛，则级数 $\sum\limits_{n=1}^{\infty} w_n$ 必收敛，但反之不一定成立。

Theorem 3.4 If the series $\sum\limits_{n=1}^{\infty} |w_n|$ converges, then $\sum\limits_{n=1}^{\infty} w_n$ converges, but not vice versa.

例如，级数 $\sum\limits_{n=1}^{\infty} \dfrac{(-1)^n}{n} \mathrm{i} = \mathrm{i} \sum\limits_{n=1}^{\infty} \dfrac{(-1)^n}{n}$ 是收敛的，但各项取模后的级数 $\sum\limits_{n=1}^{\infty} \left| \dfrac{(-1)^n}{n} \mathrm{i} \right| = \sum\limits_{n=1}^{\infty} \dfrac{1}{n}$ 发散，因此原级数 $\sum\limits_{n=1}^{\infty} \dfrac{(-1)^n}{n} \mathrm{i}$ 条件收敛。

另外，级数 $\sum\limits_{n=1}^{\infty} |w_n|$ 的各项均为非负实数，因此 $\sum\limits_{n=1}^{\infty} |w_n|$ 为正项实级数。可运用正项级数的收敛性判别法则，如比较判别法、比值判别法或根式判别法等判断其收敛性。

令 $w_n = u_n + \mathrm{i} v_n$，则有 $|u_n| \leqslant |w_n|$，$|v_n| \leqslant |w_n|$，因此有

$$\sum_{n=1}^{\infty} |u_n| \leqslant \sum_{n=1}^{\infty} |w_n|, \quad \sum_{n=1}^{\infty} |v_n| \leqslant \sum_{n=1}^{\infty} |w_n| \tag{3.1.4}$$

又有 $|w_n| = \sqrt{u_n^2 + v_n^2} \leqslant |u_n| + |v_n|$，因此可得

$$\sum_{n=1}^{\infty} |w_n| = \sum_{n=1}^{\infty} \sqrt{u_n^2 + v_n^2} \leqslant \sum_{n=1}^{\infty} |u_n| + \sum_{n=1}^{\infty} |v_n| \tag{3.1.5}$$

由式(3.1.4)知，若 $\sum\limits_{n=1}^{\infty} |w_n|$ 收敛于有限值，则 $\sum\limits_{n=1}^{\infty} |u_n|$、$\sum\limits_{n=1}^{\infty} |v_n|$ 必收敛于有限值。由式(3.1.5)知，若 $\sum\limits_{n=1}^{\infty} |u_n|$、$\sum\limits_{n=1}^{\infty} |v_n|$ 收敛于有限值，则 $\sum\limits_{n=1}^{\infty} |w_n|$ 必收敛于有限值。因此有以下定理。

定理 3.5 级数 $\sum\limits_{n=1}^{\infty} w_n$ 绝对收敛的充分必要条件是实数项级数 $\sum\limits_{n=1}^{\infty} u_n$ 与 $\sum\limits_{n=1}^{\infty} v_n$ 都绝对收敛。

Theorem 3.5 The series $\sum\limits_{n=1}^{\infty} w_n$ absolutely converges if and only if both $\sum\limits_{n=1}^{\infty} u_n$ and $\sum\limits_{n=1}^{\infty} v_n$ are absolutely convergent.

例 3.2 判定下列级数的敛散性，若收敛，是条件收敛还是绝对收敛？

(1) $\sum\limits_{n=0}^{\infty}\dfrac{(8\mathrm{i})^{n}}{n!}$；(2) $\sum\limits_{n=1}^{\infty}\left[\dfrac{(-1)^{n}}{n}+\dfrac{1}{2^{n}}\mathrm{i}\right]$。

解：(1) 令 $\left|\dfrac{(8\mathrm{i})^{n}}{n!}\right|=\dfrac{8^{n}}{n!}=w_{n}$，由正项级数的比值判别法有

$$\lim_{n\to\infty}\frac{w_{n+1}}{w_{n}}=\lim_{n\to\infty}\frac{\dfrac{8^{n+1}}{(n+1)!}}{\dfrac{8^{n}}{n!}}=\lim_{n\to\infty}\frac{8}{n+1}=0$$

因此级数 $\sum\limits_{n=0}^{\infty}\left|\dfrac{(8\mathrm{i})^{n}}{n!}\right|=\sum\limits_{n=0}^{\infty}\dfrac{8^{n}}{n!}$ 收敛，则原级数 $\sum\limits_{n=0}^{\infty}\dfrac{(8\mathrm{i})^{n}}{n!}$ 绝对收敛。

(2) 因为实部和虚部构成的两个级数 $\sum\limits_{n=1}^{\infty}\dfrac{(-1)^{n}}{n}$、$\sum\limits_{n=1}^{\infty}\dfrac{1}{2^{n}}$ 都收敛，故原级数收敛，但因 $\sum\limits_{n=1}^{\infty}\dfrac{(-1)^{n}}{n}$ 为条件收敛，由定理 3.5 可知原级数为条件收敛。

3.1.3 复变函数项级数(series of complex functions)

复变函数项级数　设 $\{f_{k}(z)\}(k=0,1,2,\cdots)$ 是定义在区域 D 上的复变函数序列，则称表达式

$$\sum_{k=0}^{\infty}f_{k}(z)=f_{0}(z)+f_{1}(z)+f_{2}(z)+\cdots+f_{k}(z)+\cdots \tag{3.1.6}$$

为复变函数项级数。该级数前 $n+1$ 项和 $S_{n}(z)=\sum\limits_{k=0}^{n}f_{k}(z)$ 称为级数的部分和(partial sum)。

如果对于区域 D 内某点 z_{0}，复变函数项级数 $\sum\limits_{n=0}^{\infty}f_{n}(z_{0})$ 收敛，则称 z_{0} 为 $\sum\limits_{n=0}^{\infty}f_{n}(z)$ 的一个收敛点；若级数在区域 D 内的每一点都收敛，则称该级数在 D 内收敛，收敛点的集合称为 $\sum\limits_{n=0}^{\infty}f_{n}(z)$ 的收敛域。若级数 $\sum\limits_{n=0}^{\infty}f_{n}(z_{0})$ 发散，则称 z_{0} 为级数的发散点，发散点的集合称为 $\sum\limits_{n=0}^{\infty}f_{n}(z)$ 的发散域。如果级数 $\sum\limits_{n=0}^{\infty}f_{n}(z)$ 在 D 内处处收敛，则其和一定是 z 的函数，记为 $S(z)$，称为级数 $\sum\limits_{n=0}^{\infty}f_{n}(z)$ 在 D 内的和函数。也即对任意的 $z\in D$，有 $\lim\limits_{n\to\infty}S_{n}(z)=S(z)=\sum\limits_{n=0}^{\infty}f_{n}(z)$。

判定复变函数项级数的收敛性常用到以下定理。

定理 3.6　复变函数项级数 $\sum\limits_{n=0}^{\infty}f_{n}(z)$ 收敛的充分必要条件是，对于 D 内各点 z，任意给定 $\varepsilon>0$，必有 $N(z)$ 存在，使得当 $n>N(z)$ 时，对于任意的正整数 p 有

$$\left|\sum_{k=n+1}^{n+p}f_{k}(z)\right|<\varepsilon$$

Theorem 3. 6 A sufficient and necessary condition for the convergence of series $\sum\limits_{n=0}^{\infty} f_n(z)$: Given any small positive number $\varepsilon > 0$, it is possible to find an integer $N(z)$ so that $\left| \sum\limits_{k=n+1}^{n+p} f_k(z) \right| < \varepsilon$ for every $n > N(z)$. Where, p is an arbitrary positive integer.

一致收敛（uniformly convergent） 如果对于任意给定的 $\varepsilon > 0$，存在一个与 z 无关的自然数 N，使得对于区域 D 内（或曲线 L 上）的一切 z 均有：当 $n > N$ 时，$\left| \sum\limits_{k=n+1}^{n+p} f_k(z) \right| < \varepsilon$（$p$ 为任意正整数），则称级数 $\sum\limits_{n=0}^{\infty} f_n(z)$ 在 D 内（或曲线 L 上）一致收敛。

M 判别法（majorant test） 对于复变函数序列 $\{f_n(z)\}$，存在正数序列 $\{M_n\}$，使得对一切 z，有

$$| f_n(z) | \leqslant M_n, \quad n = 0, 1, 2, \cdots \tag{3.1.7}$$

而正项级数 $\sum\limits_{n=1}^{\infty} M_n$ 收敛，则复函数项级数 $\sum\limits_{n=1}^{\infty} f_n(z)$ 绝对且一致收敛。该方法又称为维尔斯特拉斯（Weierstrass）判别法。

Weierstrass M test If we can construct a series of positive numbers $\sum\limits_{n=1}^{\infty} M_n$, in which $| f_n(z) | \leqslant M_n (n = 0, 1, 2, \cdots)$ for all z in domain D and $\sum\limits_{n=1}^{\infty} M_n$ is convergent, then the series $\sum\limits_{n=1}^{\infty} f_n(z)$ will be absolutely and uniformly convergent in domain D.

例 3.3 讨论复级数 $\sum\limits_{n=0}^{\infty} z^n$ 的收敛性，并讨论该级数在闭圆域 $|z| \leqslant r (r < 1)$ 上的一致收敛性。

解： 首先对 z 的范围分情况讨论。

(1) 当 $|z| < 1$ 时，正项级数 $\sum\limits_{n=0}^{\infty} |z|^n$ 收敛，故此时原级数绝对收敛，其部分和

$$S_n = 1 + z + z^2 + \cdots + z^{n-1} = \frac{1 - z^n}{1 - z}$$

因为 $\lim\limits_{n \to \infty} z^n = 0$，所以

$$\sum\limits_{n=0}^{\infty} z^n = \lim\limits_{n \to \infty} S_n = \lim\limits_{n \to \infty} \frac{1 - z^n}{1 - z} = \frac{1}{1 - z}$$

当 $|z| \geqslant 1$ 时，$|z|^n \geqslant 1$，所以一般项 z^n 不可能以零为极限，从而级数发散。

(2) 在闭圆域 $|z| \leqslant r (r < 1)$ 上，显然满足 $|z^n| \leqslant r^n$。因此，根据 M 判别法，该级数 $\sum\limits_{n=1}^{\infty} z^n$ 在闭圆域上绝对且一致收敛。

幂级数

3.2 幂级数(power series)

3.2.1 幂级数概念(concepts of power series)

幂级数 设 z_0、a_k 为复常数,表达式

$$\sum_{k=0}^{\infty} a_k (z - z_0)^k = a_0 + a_1(z - z_0) + a_2(z - z_0)^2 + \cdots + a_k(z - z_0)^k + \cdots$$

$$(3.2.1)$$

称为以 z_0 为中心的幂级数。以 0 为中心的幂级数

$$\sum_{k=0}^{\infty} a_k z^k = a_0 + a_1 z + a_2 z^2 + \cdots + a_k z^k + \cdots \qquad (3.2.2)$$

称为麦克劳林级数(Maclaurin series)。

如果幂级数在某点 z 收敛,则该点称为幂级数的收敛点;如果幂级数在某点 z 发散,则该点称为幂级数的发散点。如果幂级数在某点集 E 上每一点都收敛,则该点集 E 称为幂级数的收敛域;如果幂级数在某点集 E 上每一点都发散,则称该点集 E 为幂级数的发散域。

现在,考察级数 $\sum_{k=1}^{\infty} |a_k| |z - z_0|^k$ 的收敛性,由比值判别法(ratio test)知

$$\lim_{k \to \infty} \frac{|a_{k+1}| |z - z_0|^{k+1}}{|a_k| |z - z_0|^k} = \lim_{k \to \infty} \left| \frac{a_{k+1}}{a_k} \right| |z - z_0| = \frac{|z - z_0|}{\lim\limits_{k \to \infty} \left| \dfrac{a_k}{a_{k+1}} \right|}$$

可以得到,当 $|z - z_0| < \lim\limits_{k \to \infty} \left| \dfrac{a_k}{a_{k+1}} \right|$ 时

$$\lim_{k \to \infty} \frac{|a_{k+1}| |z - z_0|^{k+1}}{|a_k| |z - z_0|^k} < 1$$

则原级数绝对收敛。当 $|z - z_0| > \lim\limits_{k \to \infty} \left| \dfrac{a_k}{a_{k+1}} \right|$ 时有

$$\lim_{k \to \infty} \frac{|a_{k+1}| |z - z_0|^{k+1}}{|a_k| |z - z_0|^k} > 1$$

则原级数发散。定义收敛半径为

$$R = \lim_{k \to \infty} \left| \frac{a_k}{a_{k+1}} \right|$$

可以看出,在半径为 R 的圆内域 $|z - z_0| < R$ 幂级数绝对收敛,圆外域 $|z - z_0| > R$ 幂级数发散。

3.2.2 收敛半径与收敛圆(radius of convergence and circle of convergence)

若存在正数 R,使得当 $|z - z_0| < R$ 时,级数 $\sum_{n=1}^{\infty} a_n (z - z_0)^n$ 收敛,而当 $|z - z_0| > R$

时，级数 $\sum\limits_{n=1}^{\infty} a_n(z-z_0)^n$ 发散，则称 R 为级数 $\sum\limits_{n=1}^{\infty} a_n(z-z_0)^n$ 的收敛半径（radius of convergence），$|z-z_0|=R$ 称为收敛圆（circle of convergence）。给定一个幂级数，可以运用比值法（D'Alembert formula）或根式法求得其收敛半径

$$R = \lim_{n \to \infty} \left| \frac{a_n}{a_{n+1}} \right| \tag{3.2.3}$$

$$R = \lim_{n \to \infty} \frac{1}{\sqrt[n]{|a_n|}} \tag{3.2.4}$$

当 R 无穷大时，幂级数在整个平面收敛；当 R 为 0 时，幂级数在全平面发散。

例 3.4　（1）求幂级数 $\sum\limits_{n=1}^{\infty} \dfrac{z^n}{n^3}$ 的收敛半径并讨论在收敛圆周上的敛散性；

（2）求幂级数 $\sum\limits_{n=1}^{\infty} \dfrac{(z-1)^n}{n}$ 的收敛半径并讨论在 $z=0,2$ 点处的敛散性。

解：（1）收敛半径

$$R = \lim_{n \to \infty} \left| \frac{a_n}{a_{n+1}} \right| = \lim_{n \to \infty} \frac{(n+1)^3}{n^3} = 1$$

因此，级数在单位圆内 $|z|<1$ 绝对收敛，在圆外发散。在收敛圆上，有 $|z|=1$，因此原级数每一项取模得到级数

$$\sum_{n=1}^{\infty} \left| \frac{z^n}{n^3} \right| = \sum_{n=1}^{\infty} \frac{1}{n^3}$$

该级数收敛，所以原级数在收敛圆上处处绝对收敛，故处处收敛。

（2）收敛半径

$$R = \lim_{n \to \infty} \left| \frac{a_n}{a_{n+1}} \right| = \lim_{n \to \infty} \frac{n+1}{n} = 1$$

因此，级数在圆 $|z-1|=1$ 内绝对收敛，圆外发散。当 $z=0$ 时，级数为 $\sum\limits_{n=1}^{\infty} \dfrac{(-1)^n}{n}$，它是交错级数，级数收敛；当 $z=2$ 时，级数为 $\sum\limits_{n=1}^{\infty} \dfrac{1}{n}$，级数发散。

例 3.5　求下列幂级数的收敛圆：

（1）$\sum\limits_{k=0}^{\infty} (-2)^k z^{2k}$；

（2）$\sum\limits_{k=0}^{\infty} \dfrac{1}{2^{2k}} z^{2k}$。

解：可以看出，两个级数都只有偶数项，属于隔项级数，不能直接运用比值法求其收敛半径。

（1）运用变量替换法令 $t=z^2$，变量替换后原级数写为 $\sum\limits_{k=0}^{\infty} (-2)^k t^k$，求得其收敛半径为 $R=\dfrac{1}{2}$，因此级数 $\sum\limits_{k=0}^{\infty} (-2)^k t^k$ 的收敛域为 $|t|<\dfrac{1}{2}$，反变换回去有 $|z^2|<\dfrac{1}{2}$，因此原级数 $\sum\limits_{k=0}^{\infty} (-2)^k z^{2k}$ 的收敛域为 $|z|<\dfrac{\sqrt{2}}{2}$。

（2）这个级数的收敛半径可以用（1）的办法，也可以用根式判别法，结论是一样的。这里用根式判别法

$$R = \frac{1}{\lim\limits_{k \to \infty} \left| \frac{1}{2^{2k}} \right|^{\frac{1}{2k}}} = 2$$

3.2.3　幂级数的性质（properties of power series）

幂级数在数学分析中是一个重要概念，其性质主要包括以下几方面。

（1）幂级数在收敛圆内绝对且一致收敛。

（2）设 $f(z) = \sum\limits_{n=0}^{\infty} a_n z^n$ 的收敛半径为 R_1，$g(z) = \sum\limits_{n=0}^{\infty} b_n z^n$ 的收敛半径为 R_2，则在 $|z| < R = \min(R_1, R_2)$ 内，两函数的和差及乘积构成的新级数收敛：

$$f(z) \pm g(z) = \sum_{n=0}^{\infty} a_n z^n \pm \sum_{n=0}^{\infty} b_n z^n = \sum_{n=0}^{\infty} (a_n \pm b_n) z^n \tag{3.2.5}$$

$$f(z)g(z) = \left(\sum_{n=0}^{\infty} a_n z^n\right)\left(\sum_{n=0}^{\infty} b_n z^n\right)$$

$$= \sum_{n=0}^{\infty} (a_n b_0 + a_{n-1} b_1 + a_{n-2} b_2 + \cdots + a_0 b_n) z^n \tag{3.2.6}$$

（3）设幂级数 $\sum\limits_{n=0}^{\infty} c_n (z - z_0)^n$ 的收敛半径为 R，那么有

① 它的和函数 $f(z)$，即 $f(z) = \sum\limits_{n=0}^{\infty} c_n (z - z_0)^n$ 在收敛圆 $|z - z_0| < R$ 内解析；

② 幂级数在其收敛圆内可逐项求导或逐项积分，即

$$\left[\sum_{n=0}^{\infty} c_n (z - z_0)^n\right]' = \sum_{n=0}^{\infty} [c_n (z - z_0)^n]' = \sum_{n=0}^{\infty} n c_n (z - z_0)^{n-1} \tag{3.2.7}$$

$$\int_0^z \sum_{n=0}^{\infty} c_n (z - z_0)^n \mathrm{d}z = \sum_{n=0}^{\infty} \int_0^z c_n (z - z_0)^n \mathrm{d}z = \sum_{n=0}^{\infty} \frac{c_n}{n+1} (z - z_0)^{n+1} \tag{3.2.8}$$

且逐项求导或逐项积分后的新级数与原级数具有相同的收敛半径。

例 3.6　设有幂级数 $\sum\limits_{n=0}^{\infty} z^n$ 与 $\sum\limits_{n=0}^{\infty} \frac{1}{1+a^n} z^n (0 < a < 1)$，求 $\sum\limits_{n=0}^{\infty} z^n - \sum\limits_{n=0}^{\infty} \frac{1}{1+a^n} z^n = \sum\limits_{n=0}^{\infty} \frac{a^n}{1+a^n} z^n$ 的收敛半径。

解：容易求得，$\sum\limits_{n=0}^{\infty} z^n$ 与 $\sum\limits_{n=0}^{\infty} \frac{1}{1+a^n} z^n$ 的收敛半径都等于1，但级数 $\sum\limits_{n=0}^{\infty} \frac{a^n}{1+a^n} z^n$ 的收敛半径

$$R = \lim_{n \to \infty} \left| \frac{\frac{a^n}{1+a^n}}{\frac{a^{n+1}}{1+a^{n+1}}} \right| = \lim_{n \to \infty} \frac{1+a^{n+1}}{a(1+a^n)} = \frac{1}{a} > 1$$

这就是说，$\sum\limits_{n=0}^{\infty}\dfrac{a^n}{1+a^n}z^n$ 自身的收敛圆域大于 $\sum\limits_{n=0}^{\infty}z^n$ 与 $\sum\limits_{n=0}^{\infty}\dfrac{1}{1+a^n}z^n$ 的公共收敛圆域 $|z|<1$。
但应注意，等式

$$\sum_{n=0}^{\infty}z^n - \sum_{n=0}^{\infty}\frac{1}{1+a^n}z^n = \sum_{n=0}^{\infty}\frac{a^n}{1+a^n}z^n$$

成立的条件是三个级数都收敛，因此收敛圆域仍为 $|z|<1$，不能扩大。这个例题可以帮助我们深度理解幂级数的性质（2），由两个幂级数求和差或乘积得到的新级数在 $|z|<R=\min(R_1,R_2)$ 内一定收敛，但并不意味着新级数的收敛半径一定小于原级数。

例 3.7 求幂级数 $\sum\limits_{n=0}^{\infty}\dfrac{1}{n+1}z^{n+1}$ 在收敛圆内的和函数。

解：求得此级数的收敛圆为 $|z|=1$，设和函数

$$S(z)=\sum_{n=0}^{\infty}\frac{1}{n+1}z^{n+1}, \quad |z|<1$$

逐项求导得

$$S'(z)=\sum_{n=0}^{\infty}z^n=\frac{1}{1-z}, \quad |z|<1$$

两边从 0 到 z 积分，有

$$S(z)\big|_0^z=\int_0^z\frac{1}{1-z}\mathrm{d}z, \quad |z|<1$$

又由原级数得 $S(0)=0$，因此有

$$S(z)=-\ln(1-z), \quad |z|<1$$

3.3 泰勒级数（Taylor series）

由 3.2 节可知，一个幂级数的和函数在其收敛圆内部是一个解析函数。那么任何一个解析函数是否能用幂级数来表示呢？这个问题不但有理论意义，而且很有实用价值，将在本节讨论。

3.3.1 解析函数的泰勒展开式（Taylor expansion of analytic function）

定理 3.7 设 $f(z)$ 在区域 D：$|z-z_0|<R$ 内解析，则对 D 内任意点 z，$f(z)$ 可展开为泰勒级数

$$f(z)=\sum_{k=0}^{\infty}a_k(z-z_0)^k, \quad |z-z_0|<R \tag{3.3.1}$$

其中，$a_k=\dfrac{1}{2\pi\mathrm{i}}\oint_C\dfrac{f(\xi)\mathrm{d}\xi}{(\xi-z_0)^{k+1}}=\dfrac{f^{(k)}(z_0)}{k!}$，$k=0,1,2,\cdots$，且展式是唯一的。曲线 C 为区域 D 中包围 z_0 的任一简单闭曲线。特别地，当 $z_0=0$ 时，级数 $\sum\limits_{n=0}^{\infty}\dfrac{f^{(n)}(0)}{n!}z^n$ 称为麦克劳林级数（Maclaurin series）。

Theorem 3.7 Suppose that a function f is analytic throughout a disk $|z-z_0|<R$, centered at z_0 and with radius R, then $f(z)$ has a unique power series representation

泰勒级数 1

$$f(z) = \sum_{k=0}^{\infty} a_k (z-z_0)^k, \quad |z-z_0| < R$$

Where, $a_k = \dfrac{1}{2\pi i} \oint_C \dfrac{f(\xi)\mathrm{d}\xi}{(\xi-z_0)^{k+1}} = \dfrac{f^{(k)}(z_0)}{k!}, k=0,1,2,\cdots$. C is a simple closed contour, taken in the positive sense, in domain D.

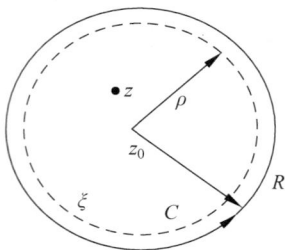

图 3.1　泰勒展开定理证明

证明：在区域 D 上作圆周 $C: |\xi-z_0| = \rho(\rho < R)$，如图 3.1 所示。因为函数 $f(z)$ 在区域 D 内解析，由柯西公式有

$$f(z) = \frac{1}{2\pi i} \oint_C \frac{f(\xi)}{\xi-z}\mathrm{d}\xi \tag{3.3.2}$$

观察式(3.3.2)，要将 $f(z)$ 展开为以 z_0 为中心的幂级数形式

$$f(z) = \sum_{k=0}^{\infty} a_k (z-z_0)^k, \quad |z-z_0| < R$$

需要将式(3.3.2)右侧被积函数 $\dfrac{1}{\xi-z}$ 展开为幂级数，考虑使用基本公式 $\sum_{n=0}^{\infty} z^n = \dfrac{1}{1-z}$，$|z| < 1$，则需要找到模值小于1的某个表达式。观察发现，$\xi$ 在圆 C 上，故 $|\xi-z_0| = \rho$，z 在 C 的内部，故 $|z-z_0| < \rho$，从而有 $\left|\dfrac{z-z_0}{\xi-z_0}\right| < 1$，因此

$$\frac{1}{\xi-z} = \frac{1}{(\xi-z_0)-(z-z_0)} = \frac{1}{\xi-z_0} \cdot \frac{1}{1-\dfrac{z-z_0}{\xi-z_0}} \tag{3.3.3}$$

于是有

$$\frac{1}{\xi-z} = \frac{1}{\xi-z_0} \sum_{n=0}^{\infty} \left(\frac{z-z_0}{\xi-z_0}\right)^n = \sum_{n=0}^{\infty} \frac{(z-z_0)^n}{(\xi-z_0)^{n+1}} \tag{3.3.4}$$

代入式(3.3.2)，并交换积分与求和顺序，有

$$f(z) = \sum_{n=0}^{\infty} \left[\frac{1}{2\pi i} \oint_C \frac{f(\xi)\mathrm{d}\xi}{(\xi-z_0)^{n+1}}\right] (z-z_0)^n \tag{3.3.5}$$

式(3.3.5)可以简写为

$$f(z) = \sum_{n=0}^{\infty} c_n (z-z_0)^n \tag{3.3.6}$$

其中，系数

$$c_n = \frac{1}{2\pi i} \oint_C \frac{f(\xi)\mathrm{d}\xi}{(\xi-z_0)^{n+1}} = \frac{f^{(n)}(z_0)}{n!}, \quad n=0,1,2,\cdots \tag{3.3.7}$$

由闭路变形定理可知，C 可变形为区域 D 中任一简单闭曲线，这样便得到了 $f(z)$ 在圆内域 $|z-z_0| < R$ 的幂级数展开式，但上述展开式是否唯一呢？可以证明其唯一性。假设 $f(z)$ 在 $|z-z_0| < R$ 内可展开为另一展开式

$$f(z) = \sum_{n=0}^{\infty} d_n (z-z_0)^n \tag{3.3.8}$$

$f(z)$是解析函数,因此存在 n 阶导数,对式(3.3.8)两边求 n 阶导数,有

$$f^{(n)}(z)=n!d_n+(n+1)!d_{n+1}(z-z_0)+\cdots \qquad (3.3.9)$$

令式(3.3.9)中 $z=z_0$,可得到

$$d_n=\frac{f^n(z_0)}{n!}=c_n, \quad n=0,1,2,\cdots \qquad (3.3.10)$$

故展开式系数唯一。

3.3.2　泰勒级数的收敛半径(radius of convergence of Taylor series)

定理 3.8　若一个解析函数展开成以 z_0 为中心的泰勒级数,则其收敛圆是以 z_0 为圆心,以 z_0 与最近奇点 b 之间距离 $|z_0-b|=R$ 为半径的圆,R 即为泰勒级数的收敛半径。

如果在以 z_0 为中心的圆域 $|z-z_0|<R$ 内,一个函数可以展开成泰勒级数,则该函数必须解析,那么所有奇点必须位于圆域外。这样,就不难证明上述定理。当然,也可由泰勒展开式中的系数 a_k 表达式求得收敛半径。

例如,若已知函数 $\dfrac{1}{1-z}$ 在以 $z_0=0$ 为中心的圆域内可以展开为泰勒级数 $\displaystyle\sum_{n=0}^{\infty}a_kz^n$,有两种方法确定其收敛半径。一种方法是求得 a_k,然后通过3.2节的方法求得收敛半径,第二种方法是分析函数 $\dfrac{1}{1-z}$ 的奇点与展开中心 $z_0=0$ 之间的关系得到收敛半径。该函数只有一个奇点 $z_1=1$,因此收敛半径为该奇点与展开中心的距离,即 $R=|z_1-z_0|=1$,展开后幂级数的收敛域为 $|z-z_0|<R$,即 $|z|<1$。第二种方法是函数的解析性与是否能展开成泰勒级数联系的灵活应用,该方法常常对于复杂函数更为方便。

例 3.8　已知 $f(z)=\dfrac{z^{2006}}{(z-10)(z-3)^{2008}}$ 可以展开为以 $z_0=0$ 为中心的泰勒级数 $\displaystyle\sum_{k=0}^{\infty}a_kz^k$,求该泰勒级数的收敛域。

解:可以看出,函数要展开为泰勒级数,过程是相当烦琐的,因此运用第二种方法计算收敛域更为方便。

函数 $f(z)$ 有两个奇点 $z_1=3$ 和 $z_2=10$,距离展开中心 $z_0=0$ 最近的奇点为 $z_1=3$,且距离为 $|z_1-z_0|=3$。因此该泰勒级数的收敛半径为 3,收敛域为 $|z|<3$。

3.3.3　将函数展开成泰勒级数的实例(examples of Taylor series expansion)

将简单的解析函数展开为泰勒级数,可以使用泰勒展开定理中的基本公式,即直接展开法。

例 3.9　在 $z_0=0$ 的邻域上把 $f(z)=\mathrm{e}^z$ 展开为泰勒级数。

解:对函数 $f(z)=\mathrm{e}^z$ 求导,有 $f^{(k)}(z)=\mathrm{e}^z$,在 $z_0=0$ 时,$f^{(k)}(z_0)=1$,因此有

$$c_k=\frac{f^{(k)}(z_0)}{k!}=\frac{1}{k!}$$

于是得到泰勒展开式为

泰勒级数 2

$$f(z) = \mathrm{e}^z = \sum_{k=0}^{\infty} c_k (z-z_0)^k = \sum_{k=0}^{\infty} \frac{1}{k!} z^k = 1 + z + \frac{z^2}{2!} + \frac{z^3}{3!} + \cdots$$

例 3.10   在 $z_0 = 0$ 的邻域上将 $f_1(z) = \sin z$ 和 $f_2(z) = \cos z$ 展开为泰勒级数。

解：对函数 $f_1(z) = \sin z$ 求导,有

$$f_1'(z) = \cos z$$
$$f_1''(z) = -\sin z$$
$$f_1^{(3)}(z) = -\cos z$$
$$f_1^{(4)}(z) = \sin z$$

四阶导数为函数本身,因此更高阶导数是前四阶导数的重复,在 $z_0 = 0$ 处有

$$f_1(0) = 0, \quad f_1'(0) = 1, \quad f_1''(0) = 0, \quad f_1^{(3)}(0) = -1, \quad f_1^{(4)}(0) = 0$$

按照定义式有

$$c_{2n} = 0, \quad c_{2n+1} = \frac{(-1)^n}{(2n+1)!}, \quad n = 0, 1, 2, \cdots$$

得到展开式为

$$f_1(z) = \sin z = \sum_{n=0}^{\infty} \frac{(-1)^n}{(2n+1)!} z^{2n+1} = \frac{z}{1!} - \frac{z^3}{3!} + \frac{z^5}{5!} - \frac{z^7}{7!} + \cdots$$

同理也可以得到 $f_2(z) = \cos z$ 在 $z_0 = 0$ 邻域上的泰勒展开式

$$f_2(z) = \cos z = \sum_{n=0}^{\infty} \frac{(-1)^n}{(2n)!} z^{2n} = 1 - \frac{z^2}{2!} + \frac{z^4}{4!} - \frac{z^6}{6!} + \cdots$$

两级数的收敛半径均为无穷大。

当 $f(z)$ 较复杂时,求 $f^{(n)}(z_0)$ 比较麻烦。因为泰勒展开式的唯一性,可以灵活使用间接展开法,利用基本展开公式及幂级数的代数运算、代换、逐项求导或逐项积分等方法将某一函数展开成幂级数,常用的基本展开公式有

$$\frac{1}{1-z} = \sum_{n=0}^{\infty} z^n, \quad |z| < 1 \tag{3.3.11}$$

$$\frac{1}{1+z} = \sum_{n=0}^{\infty} (-1)^n z^n, \quad |z| < 1 \tag{3.3.12}$$

$$\frac{1}{1+z^2} = \sum_{n=0}^{\infty} (-1)^n z^{2n}, \quad |z| < 1 \tag{3.3.13}$$

$$\mathrm{e}^z = \sum_{n=0}^{\infty} \frac{z^n}{n!}, \quad |z| < +\infty \tag{3.3.14}$$

$$\cos z = \sum_{n=0}^{\infty} \frac{(-1)^n z^{2n}}{(2n)!}, \quad |z| < +\infty \tag{3.3.15}$$

$$\sin z = \sum_{n=0}^{\infty} \frac{(-1)^n z^{2n+1}}{(2n+1)!}, \quad |z| < +\infty \tag{3.3.16}$$

这些基本公式可以看作有一定条件的恒等式,对于具有类似形式的函数,只要寻找到满足一定条件的表达式,就可以运用这些恒等式简便地完成级数展开,同时利用条件表达式得到收敛域。

例 3.11　将函数 $f(z)=\dfrac{z}{z+1}$，在 $|z-1|<2$ 内展开成幂级数。

解：函数 $f(z)=\dfrac{z}{z+1}$ 有一个奇点 $z=-1$，而在 $|z-1|<2$ 内处处解析，所以可展开成 z 的幂级数。展开域中心为 1，展开后幂级数形式为 $\sum\limits_{n=0}^{\infty}a_k(z-1)^n$，运用式(3.3.11)，有

$$f(z)=\frac{z}{z+1}=1-\frac{1}{1+z}=1-\frac{1}{(z-1)+2}=1-\frac{1}{2}\cdot\frac{1}{1+\dfrac{z-1}{2}}$$

$$=1-\frac{1}{2}\sum_{n=0}^{\infty}(-1)^n\left(\frac{z-1}{2}\right)^n=1-\sum_{n=0}^{\infty}(-1)^n\frac{(z-1)^n}{2^{n+1}}$$

$$=\frac{1}{2}+\frac{1}{4}(z-1)-\frac{1}{8}(z-1)^2+\cdots$$

由基本公式的使用条件 $\left|\dfrac{z-1}{2}\right|<1$ 可得该级数的收敛域为 $|z-1|<2$，于是有

$$f(z)=\frac{z}{1+z}=1-\sum_{n=0}^{\infty}(-1)^n\frac{(z-1)^n}{2^{n+1}},\quad |z-1|<2$$

需要说明的是，将一个复变函数展开为幂级数，必须同时写出收敛域，因为只有在收敛域内，幂级数才收敛，且和函数为解析函数 $f(z)$。

例 3.12　将 $f(z)=\dfrac{1}{z+2}$ 在 $z_0=2$ 处展开为泰勒级数。

解：函数 $f(z)=\dfrac{1}{z+2}$ 只有一个奇点 $z=-2$，而在 $|z-2|<4$ 内处处解析，所以可展开为 z 的幂级数。展开中心为 2，展开后幂级数形式为 $\sum\limits_{n=0}^{\infty}a_k(z-2)^n$，运用式(3.3.11)，有

$$f(z)=\frac{1}{z+2}=\frac{1}{4+z-2}=\frac{1}{4}\frac{1}{1+\dfrac{z-2}{4}}=\frac{1}{4}\sum_{n=0}^{\infty}(-1)^n\left(\frac{z-2}{4}\right)^n,\quad |z-2|<4$$

例 3.13　将 $f(z)=\mathrm{e}^{z^2}\sin z^2$ 展开为泰勒级数。
解：运用式(3.3.14)和式(3.3.16)有

$$f(z)=\mathrm{e}^{z^2}\sin z^2=\sum_{k=0}^{\infty}\frac{1}{k!}z^{2k}\cdot\sum_{n=0}^{\infty}\frac{(-1)^n}{(2n+1)!}z^{4n+2}$$

$$=\left(1+z^2+\frac{z^4}{2!}+\frac{z^6}{3!}+\cdots\right)\left(\frac{z^2}{1!}-\frac{z^6}{3!}+\frac{z^{10}}{5!}-\frac{z^{14}}{7!}+\cdots\right)$$

$$=z^2-\frac{z^6}{6}+z^4+\frac{z^6}{2}\cdots=z^2+z^4+\frac{z^6}{3}+\cdots,\quad |z|<\infty$$

例 3.13 中，也可以运用欧拉公式有

$$f(z)=\mathrm{e}^{z^2}\sin z^2=\mathrm{e}^{z^2}\frac{\mathrm{e}^{\mathrm{i}z^2}-\mathrm{e}^{-\mathrm{i}z^2}}{2\mathrm{i}}=\frac{1}{2\mathrm{i}}\left[\mathrm{e}^{(1+\mathrm{i})z^2}-\mathrm{e}^{(1-\mathrm{i})z^2}\right]$$

$$=\frac{1}{2\mathrm{i}}\left[\sum_{n=0}^{\infty}\frac{(1+\mathrm{i})^n z^{2n}}{n!}-\sum_{n=0}^{\infty}\frac{(1-\mathrm{i})^n z^{2n}}{n!}\right]=\frac{1}{2\mathrm{i}}\sum_{n=0}^{\infty}\frac{\left[(1+\mathrm{i})^n-(1-\mathrm{i})^n\right]z^{2n}}{n!}$$

$$= \sum_{n=0}^{\infty} \frac{2^{\frac{n}{2}}(e^{i\frac{n\pi}{4}} - e^{-i\frac{n\pi}{4}})z^{2n}}{n!\,2i} = \sum_{n=0}^{\infty} \frac{2^{\frac{n}{2}}\sin\frac{n\pi}{4}}{n!}z^{2n} = z^2 + z^4 + \frac{z^6}{3} + \cdots, \quad |z| < +\infty$$

可以看出,运用欧拉公式可以得到幂级数的通式,但需要花费更多的时间。在具体的工程实践中,经常只需要级数的前几项,因此可以选择第一种方法完成级数的展开。

例 3.14 将函数 $f(z) = \ln(1+z)$ 在 $z_0 = 0$ 处展开成幂级数。

解: 函数 $f(z) = \ln(1+z)$ 只有一个奇点 $z = -1$,而在 $|z| < 1$ 内处处解析。函数可以展开成以 $z_0 = 0$ 为中心的幂级数。又因为导函数

$$[\ln(1+z)]' = \frac{1}{1+z}$$

运用基本公式,右侧函数展开为幂级数

$$\frac{1}{1+z} = \sum_{n=0}^{\infty}(-1)^n z^n, \quad |z| < 1$$

两边计算定积分 $\int_0^z$,有

$$\ln(1+z)\Big|_0^z = \int_0^z \frac{1}{1+z}dz = \sum_{n=0}^{\infty}\int_0^z (-1)^n z^n dz$$

从而有

$$\ln(1+z) = \sum_{n=0}^{\infty}(-1)^n \frac{z^{n+1}}{n+1}, \quad |z| < 1$$

例 3.15 将函数 $\dfrac{1}{(1+z)^2}$ 在 $z_0 = 0$ 处展开成幂级数。

解: 函数 $\dfrac{1}{(1+z)^2}$ 在单位圆周 $|z| = 1$ 上有一个奇点 $z = -1$,而在 $|z| < 1$ 内处处解析,所以它在 $|z| < 1$ 内可展开成 z 的幂级数

$$\frac{1}{(1+z)^2} = -\left(\frac{1}{1+z}\right)' = -\left(\sum_{n=0}^{\infty}(-1)^n z^n\right)' = \sum_{n=0}^{\infty}(-1)^{n-1}nz^{n-1} = \sum_{n=1}^{\infty}(-1)^{n-1}nz^{n-1}$$

$$= \sum_{n=0}^{\infty}(-1)^n(n+1)z^n, \quad |z| < 1$$

例 3.16 将函数 $\arctan z$ 在 $z_0 = 0$ 处展开为泰勒级数。

解: 因为 $(\arctan z)' = \dfrac{1}{1+z^2}$,因此先将 $\dfrac{1}{1+z^2}$ 展开为泰勒级数,再逐项积分得到原函数的泰勒级数。

$$\frac{1}{1+z^2} = \sum_{n=0}^{\infty}(-1)^n z^{2n}, \quad |z| < 1$$

两边积分

$$\int_0^z \frac{1}{1+\xi^2}d\xi = \sum_{n=0}^{\infty}(-1)^n \int_0^z \xi^{2n}d\xi, \quad |z| < 1$$

得

$$\arctan z = \sum_{n=0}^{\infty}(-1)^n \frac{z^{2n+1}}{2n+1}, \quad |z| < 1$$

例 3.17 将 $f(z) = \dfrac{1}{1 - 3z + 2z^2}$ 在 $z_0 = 0$ 处展开为泰勒级数。

解： $f(z) = \dfrac{1}{1 - 3z + 2z^2} = \dfrac{1}{(1 - 2z)(1 - z)} = \underbrace{\dfrac{2}{1 - 2z}}_{I} - \underbrace{\dfrac{1}{1 - z}}_{II}$

又因为第一项在 $|2z| < 1$ 条件下可展开为 $I = 2\sum\limits_{n=0}^{\infty}(2z)^n = \sum\limits_{n=0}^{\infty}2^{n+1}z^n$，而第二项在

$|z| < 1$ 条件下可展开为 $II = \sum\limits_{n=0}^{\infty}z^n$，因此函数 $f(z)$ 的展开式为

$$f(z) = \sum_{n=0}^{\infty}(2^{n+1} - 1)z^n$$

且该泰勒级数收敛域为 $|2z| < 1$ 和 $|z| < 1$ 的交集 $|z| < \dfrac{1}{2}$。

3.4 洛朗级数（Laurent series）

由 3.3 节的讨论知，若函数在给定的圆域内解析，则可以将其展开成泰勒级数。但很多时候，某些函数在讨论的区域中存在奇点，特别是有时需要讨论奇点邻域上函数的性质。那么，能否在挖掉奇点的复连通区域上将函数展开成幂级数呢？这就是本节要讨论的问题——洛朗级数。洛朗级数和泰勒级数都是研究复变函数的有力工具。

3.4.1 洛朗级数定义（definition of Laurent series）

在 3.3 节中，将函数 $\dfrac{1}{1-z}$ 在以 $z_0 = 0$ 点为中心的圆域 $|z| < 1$ 上展开为幂级数 $\dfrac{1}{1-z} =$ 洛朗级数 1

$\sum\limits_{n=0}^{\infty}z^n$。事实上，该函数在整个复平面上仅有 $z_1 = 1$ 一个奇点，也就是说，函数在 $z_1 = 1$ 以外的点都是解析的，那么在 $|z| > 1$ 的区域内能否展开为幂级数呢？观察发现，当 $|z| > 1$ 时，有 $\dfrac{1}{|z|} < 1$，即 $\left|\dfrac{1}{z}\right| < 1$，从而可得

$$\frac{1}{1-z} = -\frac{1}{z}\frac{1}{1-\frac{1}{z}} = -\frac{1}{z}\sum_{n=0}^{\infty}\left(\frac{1}{z}\right)^n = -\frac{1}{z} - \frac{1}{z^2} - \frac{1}{z^3} - \cdots \tag{3.4.1}$$

因此，函数 $\dfrac{1}{1-z}$ 在除 $|z| = 1$ 的整个复平面都可以展开为幂级数，即

$$\frac{1}{1-z} = -\frac{1}{z} - \frac{1}{z^2} - \frac{1}{z^3} - \cdots, \quad |z| > 1 \tag{3.4.2}$$

$$\frac{1}{1-z} = 1 + z + z^2 + z^3 + \cdots, \quad |z| < 1 \tag{3.4.3}$$

也就是说，如果不限制一定要展开为只含正幂次项的幂级数，那么就有可能将一个函数在除奇点外的整个复平面展开为幂级数，这就是洛朗级数。

将形如式（3.4.4）的级数称为洛朗级数。

$$\sum_{n=-\infty}^{\infty} c_n (z-z_0)^n = \cdots + c_{-n}(z-z_0)^{-n} + \cdots + c_{-1}(z-z_0)^{-1} +$$

$$c_0 + c_1(z-z_0) + \cdots + c_n(z-z_0)^n + \cdots \tag{3.4.4}$$

其中，z_0、$c_n (n=0,\pm1,\pm2,\cdots)$ 为复常数。容易看出，洛朗级数是一个双边幂级数，由正幂项级数 $\sum_{n=0}^{\infty} c_n(z-z_0)^n$（含常数项）和负幂项级数 $\sum_{n=-\infty}^{-1} c_n(z-z_0)^n$ 两部分组成。洛朗级数可看成正幂项级数与负幂项级数的和，我们规定，当且仅当正幂项级数和负幂项级数都收敛时原级数收敛。

正幂项级数 $\sum_{n=0}^{\infty} c_n(z-z_0)^n$ 和 3.3 节的幂级数相同，其收敛域是一个圆内域。设其收敛半径为 R_2，则当 $|z-z_0| < R_2$ 时该级数收敛，而当 $|z-z_0| > R_2$ 时级数发散。

负幂项级数 $\sum_{n=-\infty}^{-1} c_n(z-z_0)^n = \sum_{n=1}^{\infty} c_{-n}(z-z_0)^{-n}$ 是新类型的级数，如果令 $\xi = (z-z_0)^{-1}$，可以得到我们熟悉的单边幂级数

$$\sum_{n=1}^{\infty} c_{-n}(z-z_0)^{-n} = \sum_{n=1}^{\infty} c_{-n}\xi^n = c_{-1}\xi + c_{-2}\xi^2 + \cdots + c_{-n}\xi^n + \cdots \tag{3.4.5}$$

其收敛域为 ξ 平面上以 $\xi=0$ 为中心的圆域，设其收敛半径为 $\frac{1}{R_1}$，则当 $|\xi| < \frac{1}{R_1}$ 时级数收敛。变量替换后有 $\left|\frac{1}{z-z_0}\right| < \frac{1}{R_1}$，也即 $|z-z_0| > R_1$，所以负幂项级数在 z 平面上的圆外域 $|z-z_0| > R_1$ 收敛。同理可以得到，该幂级数在 z 平面上的圆内域 $|z-z_0| < R_1$ 是发散的。

综上可知，同时满足 $|z-z_0| < R_2$ 和 $|z-z_0| > R_1$ 时原级数收敛。当 $R_1 > R_2$ 时，两个收敛域的交集等于空集，此时原级数发散。当 $R_1 < R_2$ 时，洛朗级数在正幂项级数和负幂项级数收敛域的公共部分 $R_1 < |z-z_0| < R_2$ 内收敛，在圆环外发散。而在圆环的两个边界 $|z-z_0| = R_1$、$|z-z_0| = R_2$ 上，可能有些点收敛，有些点发散。

因此，洛朗级数的收敛域为圆环域：$R_1 < |z-z_0| < R_2$。需要指出的是，在一些特殊情况下圆环域的内半径 R_1 可能为 0，外半径 R_2 可能是无穷大。

定理 3.9 设函数 $f(z)$ 在圆环域 $R_1 < |z-z_0| < R_2$ 内解析，则在此圆环内 $f(z)$ 必可展开成洛朗级数

$$f(z) = \sum_{n=-\infty}^{\infty} c_n (z-z_0)^n \tag{3.4.6}$$

其中，系数

$$c_n = \frac{1}{2\pi i} \oint_C \frac{f(\xi)}{(\xi-z_0)^{n+1}} d\xi, \quad n=0,\pm1,\pm2,\cdots \tag{3.4.7}$$

曲线 $C: |z-z_0| = R (R_1 < R < R_2)$ 为圆环域内包围 z_0 的任意闭合圆周（或简单闭曲线），逆时针为正方向。根据闭路变形定理，C 可以是以 z_0 为圆心以 R 为半径的圆，即 $|z-z_0| = R (R_1 < R < R_2)$。

式(3.4.6)称为函数 $f(z)$ 在该圆环域内的洛朗展开式。负幂项部分称为洛朗级数的主要部分(principal part)，正幂项部分称为洛朗级数的解析部分(analytic part)，又称为正则

部分。可以证明洛朗展开式是唯一的。

Theorem 3.9 Suppose that a function $f(z)$ is analytic throughout an annular domain $R_1 < |z-z_0| < R_2$ centred at z_0, then at each point in the domain, $f(z)$ has the series representation

$$f(z) = \sum_{n=-\infty}^{\infty} c_n (z-z_0)^n$$

Where, $c_n = \frac{1}{2\pi i} \oint_C \frac{f(\xi)}{(\xi-z_0)^{n+1}} d\xi, n = 0, \pm 1, \pm 2, \cdots$ and C denotes any positively oriented simple closed contour around z_0 and lying in that domain. It can be $C: |z-z_0| = R(R_1 < R < R_2)$.

证明：设 z 是圆环域 $R_1 < |z-z_0| < R_2$ 内任一点，作以 z_0 为中心，位于圆环内的圆周 Γ_1：$|z-z_0| = \rho_1 > R_1, \Gamma_2: |z-z_0| = \rho_2 < R_2, (\rho_1 < \rho_2)$，两者均为逆时针方向，且 z 满足 $\rho_1 < |z-z_0| < \rho_2$，如图 3.2 所示。

因为 $f(z)$ 在闭圆环域 $\rho_1 \leq |z-z_0| \leq \rho_2$ 内解析，其边界 $\Gamma = \Gamma_2 + \Gamma_1^-$，所以由复连通区域的柯西积分公式有

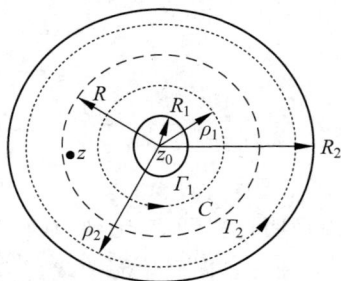

图 3.2 洛朗展开定理的证明

$$f(z) = \frac{1}{2\pi i} \oint_{\Gamma_2} \frac{f(\xi)}{\xi-z} d\xi - \frac{1}{2\pi i} \oint_{\Gamma_1} \frac{f(\xi)}{\xi-z} d\xi$$

即

$$f(z) = \underbrace{\frac{1}{2\pi i} \oint_{\Gamma_2} \frac{f(\xi)}{\xi-z} d\xi}_{I} + \underbrace{\frac{1}{2\pi i} \oint_{\Gamma_1} \frac{f(\xi)}{z-\xi} d\xi}_{II}$$

类似泰勒展开定理的证明过程，上式右端第一个积分 I 可写成

$$I = \frac{1}{2\pi i} \oint_{\Gamma_2} \frac{f(\xi)}{\xi-z} d\xi = \sum_{n=0}^{\infty} c_n (z-z_0)^n$$

其中

$$c_n = \frac{1}{2\pi i} \oint_{\Gamma_2} \frac{f(\xi)}{(\xi-z_0)^{n+1}} d\xi, \quad n = 0,1,2,\cdots$$

设 $C: |z-z_0| = R$，且满足 $\rho_1 < R < \rho_2$，则由闭路变形定理式(2.2.7)，系数 c_n 也可表示为

$$c_n = \frac{1}{2\pi i} \oint_C \frac{f(\xi)}{(\xi-z_0)^{n+1}} d\xi, \quad n = 0,1,2,\cdots \tag{3.4.8}$$

右端第二个积分 II 中 ξ 是 Γ_1 上的点，故有 $|z-z_0| > |\xi-z_0|$，即 $\left|\frac{\xi-z_0}{z-z_0}\right| < 1$，所以有

$$\frac{1}{z-\xi} = \frac{1}{-(\xi-z_0)+(z-z_0)} = \frac{1}{z-z_0} \cdot \frac{1}{1-\frac{\xi-z_0}{z-z_0}} = \sum_{l=1}^{+\infty} \frac{(\xi-z_0)^{l-1}}{(z-z_0)^l}$$

因此

$$II = \frac{1}{2\pi i} \oint_{\Gamma_1} \frac{f(\xi)}{z-\xi} d\xi = \left[\frac{1}{2\pi i} \oint_{\Gamma_1} f(\xi) \sum_{l=1}^{+\infty} \frac{(\xi-z_0)^{l-1}}{(z-z_0)^l} d\xi\right]$$

交换求和与积分顺序,有

$$II = \sum_{l=1}^{+\infty} \left[\frac{1}{2\pi i} \oint_{\Gamma_1} f(\xi)(\xi-z_0)^{l-1} d\xi \right] (z-z_0)^{-l}$$

$$\overset{n=-l}{=} \sum_{n=-\infty}^{-1} \left[\frac{1}{2\pi i} \oint_{\Gamma_1} \frac{f(\xi)}{(\xi-z_0)^{n+1}} d\xi \right] (z-z_0)^n$$

运用闭路环形定理有

$$II = \sum_{n=-\infty}^{-1} \left[\frac{1}{2\pi i} \oint_C \frac{f(\xi)}{(\xi-z_0)^{n+1}} d\xi \right] (z-z_0)^n = \sum_{n=-\infty}^{-1} c_n (z-z_0)^n$$

其中,$C: |z-z_0|=R$,沿逆时针方向。综上讨论,可得

$$f(z) = \sum_{n=-\infty}^{+\infty} c_n (z-z_0)^n, \quad R_1 < |z-z_0| < R_2 \tag{3.4.9}$$

其中,$c_n = \frac{1}{2\pi i} \oint_C \frac{f(\xi)}{(\xi-z_0)^{n+1}} d\xi$,$n=0,\pm1,\pm2,\cdots$。类似于泰勒展开定理,也可以证明洛朗展开式是唯一的。

由证明过程可知,定理中的 $C: |z-z_0|=R$ 也可以写成圆环域 $R_1 \leqslant |z-z_0| \leqslant R_2$ 内绕 z_0 的任一正向简单闭曲线。另外,一个函数可能在几个圆环域内解析,在不同的圆环域内的洛朗展开式是不同的,但在同一圆环域内,不论用何种方法展开,所得的洛朗展开式是唯一的。

需要注意洛朗级数展开系数与泰勒级数展开系数在写法上的区别。洛朗展开式中的 c_n 不能写成 $\frac{f^{(n)}(z_0)}{n!}$。这是因为,积分路径处于复连通区域中,曲线 C 内部可能包围了奇点。多数情况下,z_0 就是函数 $f(z)$ 的奇点,而奇点处 $f^{(n)}(z_0)$ 不存在。

在上述定理中,如果 $f(z)$ 在 $|z-z_0|<R$ 上解析,则当 $n\leqslant-1$ 时被积函数 $\frac{f(\xi)}{(\xi-z_0)^{n+1}}$ 在 $|z-z_0|<R$ 内解析,由柯西积分公式可知,当 $n\leqslant-1$ 时,$c_n=0$。这种情况下,洛朗级数就退化成为泰勒级数。由此可见,泰勒级数是洛朗级数的特殊情况。

3.4.2 洛朗级数的收敛性(convergence of Laurent series)

设 a、b 分别为函数 $f(z)$ 的两个相邻奇点,将函数展开为以 z_0 为中心的洛朗级数 $\sum_{n=-\infty}^{\infty} c_n (z-z_0)^n$,则该级数必在环域 $|a-z_0| < |z-z_0| < |b-z_0|$ 内收敛(设 $|a-z_0| < |b-z_0|$)。

3.4.3 洛朗级数展开实例(examples of Laurent series expansion)

理论上,可以运用洛朗级数展开定理中式(3.4.6)和式(3.4.7)完成函数的洛朗级数展开。但由前面的讨论可知,积分形式的系数公式计算往往是相当困难的,因此只有个别情况直接运用展开定理进行洛朗级数展开。因为洛朗展开式的唯一性,常常借助一些已知的级数基本公式及逐项求导、逐项积分、代换等简便方法将函数展开成为洛朗级数。

洛朗级数 2

这里需要注意,不管运用哪种级数展开方式,最后需要将级数合并同类项,也就是说,从最终级数表达式很容易看出其第 n 项的系数,这对于幂级数的性质研究和应用都非常重要。

例 3.18 把函数 $f(z) = \dfrac{e^z}{z^2}$ 在以 $z=0$ 为中心的圆环域 $0 < |z| < +\infty$ 内展开成洛朗级数。

解: 因为函数形式简单,可以用直接法展开,利用式(3.4.7)有

$$c_n = \frac{1}{2\pi i} \oint_C \frac{\dfrac{e^\xi}{\xi^2}}{(\xi-0)^{n+1}} d\xi = \frac{1}{2\pi i} \oint_C \frac{e^\xi}{\xi^{n+3}} d\xi$$

其中,C 为圆环域 $0 < |z| < +\infty$ 内的任意一条简单曲线。

当 $n+3 \leqslant 0$,即 $n \leqslant -3$ 时,由于 $e^z z^{-n-3}$ 解析,$c_n = 0$,即

$$c_{-3} = 0, \quad c_{-4} = 0, \quad c_{-5} = 0, \quad \cdots$$

当 $n+3 > 0$,即 $n > -3$ 时,运用高阶导数式(2.3.9)有

$$c_n = \frac{1}{2\pi i} \oint_C \frac{e^\xi}{\xi^{n+3}} d\xi = \frac{1}{(n+2)!} (e^\xi)^{(n+2)} \Big|_{\xi=0} = \frac{1}{(n+2)!}$$

故有

$$\frac{e^z}{z^2} = \sum_{n=-2}^{\infty} \frac{z^n}{(n+2)!} = \frac{1}{z^2} + \frac{1}{z} + \frac{1}{2!} + \frac{1}{3!}z + \frac{1}{4!}z^2 + \cdots$$

当然也可以运用式(3.3.14)完成级数展开,有

$$\frac{e^z}{z^2} = \frac{1}{z^2}\left(1 + z + \frac{z^2}{2!} + \frac{z^3}{3!} + \frac{z^4}{4!} + \cdots\right)$$

$$= \frac{1}{z^2} + \frac{1}{z} + \frac{1}{2!} + \frac{1}{3!}z + \frac{1}{4!}z^2 + \cdots, \ |z| < +\infty$$

可以看出,间接展开法比直接展开法更加高效。

例 3.19 函数 $f(z) = \dfrac{1}{(z-1)(z-2)}$ 在下列圆环域内是处处解析的,将函数 $f(z)$ 在这些环域内展开成幂级数。

(1) $0 < |z| < 1$;   (2) $1 < |z| < 2$;

(3) $2 < |z| < +\infty$;   (4) $0 < |z-1| < 1$。

解: 观察以上几个环域发现,前三个环域的中心都是 0,因此展开的形式为 $\sum\limits_{n=-\infty}^{+\infty} c_n z^n$,最后一个环域 $0 < |z-1| < 1$ 的中心为 1,因此展开的级数形式为 $\sum\limits_{n=-\infty}^{+\infty} c_n (z-1)^n$。

(1) 先将 $f(z)$ 写成部分分式,即

$$f(z) = \frac{1}{z-2} - \frac{1}{z-1} = \frac{1}{1-z} - \frac{1}{2} \cdot \frac{1}{1-\dfrac{z}{2}}$$

由于 $|z| < 1$,从而 $\left|\dfrac{z}{2}\right| < 1$,利用式(3.3.11)有

$$\frac{1}{1-z} = \sum_{n=0}^{\infty} z^n, \quad |z| < 1$$

$$\frac{1}{2} \frac{1}{1-\frac{z}{2}} = \frac{1}{2} \sum_{n=0}^{\infty} \left(\frac{z}{2}\right)^n = \sum_{n=0}^{\infty} \frac{z^n}{2^{n+1}}, \quad \left|\frac{z}{2}\right| < 1$$

所以有

$$f(z) = \sum_{n=0}^{\infty} z^n - \sum_{n=0}^{\infty} \frac{z^n}{2^{n+1}} = \sum_{n=0}^{\infty} \left(1 - \frac{1}{2^{n+1}}\right) z^n, \quad 0 < |z| < 1$$

(2) 在环域 $1 < |z| < 2$ 内，有 $\left|\frac{1}{z}\right| < 1$，$\left|\frac{z}{2}\right| < 1$，所以有

$$f(z) = \frac{1}{z-2} - \frac{1}{z-1} = -\frac{1}{2} \cdot \frac{1}{1-\frac{z}{2}} - \frac{1}{z} \frac{1}{1-\frac{1}{z}}$$

$$= \cdots - \frac{1}{z^n} - \frac{1}{z^{n-1}} - \cdots - \frac{1}{z} - \frac{1}{2} - \frac{z}{4} - \frac{z^2}{8} - \cdots, \quad 1 < |z| < 2$$

(3) 由于 $|z| > 2$，所以 $\left|\frac{2}{z}\right| < 1$，$\left|\frac{1}{z}\right| < \left|\frac{2}{z}\right| < 1$，所以有

$$f(z) = \frac{1}{z-2} - \frac{1}{z-1} = \frac{1}{z} \cdot \frac{1}{1-\frac{2}{z}} - \frac{1}{z} \cdot \frac{1}{1-\frac{1}{z}} = \sum_{n=0}^{\infty} \frac{2^n}{z^{n+1}} - \sum_{n=0}^{\infty} \frac{1}{z^{n+1}}$$

$$= \sum_{n=0}^{\infty} (2^n - 1) \frac{1}{z^{n+1}} = \frac{1}{z^2} + \frac{3}{z^3} + \frac{7}{z^4} + \cdots, \quad |z| > 2$$

(4) 因为 $0 < |z-1| < 1$，所以

$$f(z) = \frac{1}{z-2} - \frac{1}{z-1}$$

第二个分式本来就是 1 为中心的洛朗级数，只需要将第一项展开，运用式(3.3.11)，有

$$f(z) = -\frac{1}{1-(z-1)} - \frac{1}{z-1} = -\sum_{n=0}^{\infty} (z-1)^n - \frac{1}{z-1}, \quad 0 < |z-1| < 1$$

例 3.20　将函数 $f(z) = \dfrac{1}{(z-2)(z-3)^2}$ 在 $0 < |z-2| < 1$ 内展开为洛朗级数。

解：由环域 $0 < |z-2| < 1$ 可知，展开的级数形式应为 $\displaystyle\sum_{n=-\infty}^{+\infty} c_n (z-2)^n$。$\dfrac{1}{z-2}$ 本身就是

这种幂级数形式，因此只需要对 $\dfrac{1}{(z-3)^2}$ 进行幂级数展开，然后逐项乘以 $\dfrac{1}{z-2}$ 即可。又因为

$$\frac{1}{z-3} = \frac{1}{(z-2)-1} = -\frac{1}{1-(z-2)} = -\sum_{n=0}^{+\infty} (z-2)^n, \quad |z-2| < 1$$

而

$$\frac{1}{(z-3)^2} = -\left(\frac{1}{z-3}\right)' = \left[\sum_{n=0}^{\infty} (z-2)^n\right]' = \sum_{n=1}^{\infty} n(z-2)^{n-1}$$

$$= 1 + 2(z-2) + \cdots + n(z-2)^{n-1} + \cdots, \quad |z-2| < 1$$

所以有

$$f(z) = \frac{1}{z-2} \frac{1}{(z-3)^2} = \sum_{n=1}^{\infty} n(z-2)^{n-2}$$

$$= \frac{1}{z-2} + 2 + 3(z-2) + \cdots + n(z-2)^{n-2} + \cdots, \quad 0 < |z-2| < 1$$

也可以将去心邻域中的闭合环路积分与洛朗级数系数联系起来,在洛朗展开式中第 n 项的系数

$$c_n = \frac{1}{2\pi i} \oint_C \frac{f(\xi)}{(\xi - z_0)^{n+1}} d\xi, \quad n = 0, \pm 1, \pm 2, \cdots$$

令 $n = -1$,可得

$$c_{-1} = \frac{1}{2\pi i} \oint_C f(\xi) d\xi \tag{3.4.10}$$

或写为

$$c_{-1} = \frac{1}{2\pi i} \oint_C f(z) dz \tag{3.4.11}$$

可以看出,由幂级数展开式的系数可以直接计算得到函数沿闭合路径 C 的回路积分,即

$$\oint_C f(z) dz = 2\pi i c_{-1} \tag{3.4.12}$$

这样,只需要求得函数 $f(z)$ 在 z_0 去心邻域上幂级数的 -1 次幂系数,即可得到去心邻域中的闭合环路积分。需要注意一点,曲线 C 必须是环域中围绕中心 z_0 的闭合环路。

例 3.21 计算积分 $\oint_{|z|=2} \dfrac{z e^{\frac{1}{z}}}{1-z} dz$。

解: 函数 $f(z) = \dfrac{z e^{\frac{1}{z}}}{1-z}$ 在 $1 < |z| < +\infty$ 内解析,而积分路径 $|z| = 2$ 在此环域内,故可以在 $1 < |z| < +\infty$ 上将函数展开为洛朗级数,然后运用式(3.4.12)求出积分。注意到 $\left| \dfrac{1}{z} \right| < 1$,因此有

$$f(z) = \frac{z e^{\frac{1}{z}}}{1-z} = \frac{e^{\frac{1}{z}}}{z^{-1} - 1} = -\frac{e^{\frac{1}{z}}}{1 - z^{-1}}$$

$$= -(1 + z^{-1} + z^{-2} + \cdots)\left[1 + z^{-1} + \frac{1}{2!}z^{-2} + \cdots\right]$$

$$= -\left(1 + \frac{2}{z} + \frac{5}{2z^2} + \cdots\right)$$

故 $c_{-1} = -2$,从而有

$$\oint_{|z|=2} \frac{z e^{\frac{1}{z}}}{1-z} dz = 2\pi i c_{-1} = -4\pi i$$

3.5 单值函数的孤立奇点(isolated singular points of single-valued functions)

孤立奇点
的分类

若函数 $f(z)$ 在某点 z_0 不可导,而在 z_0 的任意邻域内除 z_0 外连续可导,则称 z_0 为

$f(z)$ 的孤立奇点；如果在 z_0 的无论多小的邻域内总可以找到 z_0 以外的不可导点，则称 z_0 为 $f(z)$ 的非孤立奇点(nonisolated singular points)。孤立奇点比较常见，比如 $z_0=0$ 是函数 $\dfrac{1}{z}$ 和 $e^{1/z}$ 的孤立奇点，$z_1=i$ 和 $z_2=-i$ 是函数 $\dfrac{1}{1+z^2}$ 的两个孤立奇点。再举一个非孤立

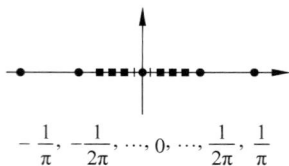

$$-\frac{1}{\pi},-\frac{1}{2\pi},\cdots,0,\cdots,\frac{1}{2\pi},\frac{1}{\pi}$$

图 3.3 非孤立奇点

奇点的例子，比如点 $\dfrac{1}{\sin(1/z)}$ 存在无穷多个奇点 $z_0=0$，$z_k=\dfrac{1}{k\pi}(k=\pm1,\pm2,\cdots)$，如图 3.3 所示。考查其中一个奇点 $z_0=0$，可以看到，由于当 $k\to\infty$ 时，$z_k\to0$，无论在 $z_0=0$ 多小的邻域内都可以找到其他的奇点，因此 $z_0=0$ 是函数 $\dfrac{1}{\sin(1/z)}$ 的非孤立奇点。

在孤立奇点 z_0 的去心邻域 $0<|z-z_0|<R$ 上，单值解析函数 $f(z)$ 可以展开为 $f(z)=\displaystyle\sum_{n=-\infty}^{\infty}c_n(z-z_0)^n$，该级数叫作孤立奇点的洛朗级数展开。其中，正幂部分 $\displaystyle\sum_{n=0}^{\infty}c_n(z-z_0)^n$ 是该级数的解析部分(the analytic part)，负幂部分 $\displaystyle\sum_{n=-1}^{-\infty}c_n(z-z_0)^n$ 是该级数的主要部分(the principal part)，级数中负一次幂系数 c_{-1} 具有特殊的作用，被称为 $f(z)$ 在点 $z=z_0$ 处的留数(residue)。

根据孤立奇点邻域 $0<|z-z_0|<R$ 上洛朗级数的特点，可以将孤立奇点分为三大类。如果主要部分不存在，即洛朗级数为

$$f(z)=c_0+c_1(z-z_0)+c_2(z-z_0)^2+\cdots \tag{3.5.1}$$

则该孤立奇点称为可去奇点(removable singular points)，显然有

$$\lim_{z\to z_0}f(z)=c_0 \tag{3.5.2}$$

可见，该函数在可去奇点的邻域上是有界的。如果定义新的函数

$$g(z)=\begin{cases}f(z), & z\neq z_0 \\ c_0, & z=z_0\end{cases} \tag{3.5.3}$$

则函数在 z_0 点的奇异性就可去了，可以将其看作解析函数，这也是称其为可去奇点的由来。

容易证明，以下每一条都可以作为判定孤立奇点 z_0 为可去奇点的充分必要条件(sufficient and necessary conditions)，也可作为可去奇点的定义。

(1) $f(z)$ 在奇点 z_0 去心邻域内的洛朗级数无主要部分。

(2) $\lim\limits_{z\to z_0}f(z)=c_0$，$c_0\neq\infty$。

(3) $f(z)$ 在 z_0 的去心邻域内有界。

例如，$z_0=0$ 是函数 $f(z)=\dfrac{\sin z}{z}$ 的奇点，又因为在 $z_0=0$ 的去心邻域 $0<|z|<+\infty$ 上函数可展开为

$$\frac{\sin z}{z}=\frac{1}{z}\sum_{n=0}^{\infty}\frac{(-1)^n z^{2n+1}}{(2n+1)!}=\sum_{n=0}^{\infty}\frac{(-1)^n z^{2n}}{(2n+1)!},\quad 0<|z|<+\infty \tag{3.5.4}$$

可以看出,该幂级数没有主要部分,因此 $z_0=0$ 是函数 $f(z)=\dfrac{\sin z}{z}$ 的可去奇点。如果定义新的函数

$$g(z)=\begin{cases}\dfrac{\sin z}{z}, & z\neq 0\\[2mm] 1, & z=0\end{cases}$$

该函数就是 $|z|<+\infty$ 域上的解析函数了。

如果在环域 $0<|z-z_0|<R$ 上洛朗级数的主要部分为有限项,即

$$
\begin{aligned}
f(z)&=\sum_{n=-m}^{\infty}c_n(z-z_0)^n\\
&=c_{-m}(z-z_0)^{-m}+c_{-m+1}(z-z_0)^{-m+1}+\cdots+\\
&\quad c_0+c_1(z-z_0)+\cdots, c_{-m}\neq 0
\end{aligned}\tag{3.5.5}
$$

则称 z_0 为 $f(z)$ 的 m 阶极点(poles of order m)。显然,对于极点 z_0 有 $\lim\limits_{z\to z_0}f(z)=\infty$。

例如,函数 $f(z)=\dfrac{1}{(z-2)^2}$ 只有 $z_0=2$ 一个奇点。可以看出,函数 $f(z)$ 本身就是一个只有 -2 次幂的幂级数形式,因此 $z_0=2$ 为函数的二阶极点。而函数 $g(z)=\dfrac{1}{(z-1)(z-2)}$ 有两个奇点 $z_1=1$、$z_2=2$,且在奇点 $z_1=1$、$z_2=2$ 邻域上的级数展开形式分别为

$$
\begin{aligned}
g(z)&=\frac{1}{(z-1)(z-2)}=\frac{1}{z-1}\frac{1}{z-2}=-\frac{1}{z-1}\frac{1}{1-(z-1)}\\
&=-\sum_{n=-1}^{\infty}(z-1)^n,\quad 0<|z-1|<1
\end{aligned}
$$

$$
\begin{aligned}
g(z)&=\frac{1}{(z-1)(z-2)}=\frac{1}{z-2}\frac{1}{z-1}=\frac{1}{z-2}\frac{1}{1+(z-2)}\\
&=\sum_{n=-1}^{\infty}(-1)^{n+1}(z-2)^n,\quad 0<|z-2|<1
\end{aligned}
$$

所以两个奇点均是一阶极点,又称为单极点(simple pole)。极点还可以由定理 3.10 判定。

零点(zero)　不恒等于零的解析函数 $f(z)$ 如果能表示成

$$f(z)=(z-z_0)^m\varphi(z)\tag{3.5.6}$$

其中,m 为正整数,$\varphi(z)$ 在 z_0 点解析且 $\varphi(z_0)\neq 0$,那么 z_0 称为 $f(z)$ 的 m 阶零点。

定理 3.10　如果 z_0 是函数 $f(z)$ 的 m 阶极点,那么 z_0 就是函数 $\dfrac{1}{f(z)}$ 的 m 阶零点,反过来也成立。

Theorem 3.10　If z_0 is the pole of order m for the function $f(z)$, then z_0 is the zero of order m for the function $\dfrac{1}{f(z)}$ and vice versa.

可以证明,以下每一条都可以作为孤立奇点 z_0 为 m 阶极点的充分必要条件。

(1) $f(z)$ 在奇点 z_0 的去心邻域内的洛朗级数形式为

$$f(z)=\sum_{n=-m}^{\infty}c_n(z-z_0)^n,\quad c_{-m}\neq 0\tag{3.5.7}$$

(2) $f(z)=\dfrac{1}{(z-z_0)^m\varphi(z)}$，$\varphi(z)$解析且 $\varphi(z_0)\neq0$。

(3) $\lim\limits_{z\to z_0}(z-z_0)^m f(z)=a\,(a\neq0)$。

实际上，孤立奇点 z_0 是极点的充分必要条件是 $\lim\limits_{z\to z_0}f(z)=\infty$，但不能判断极点阶数。

如果函数在环域 $0<|z-z_0|<R$ 上洛朗级数的主要部分为无穷项，即

$$f(z)=\sum_{n=-\infty}^{\infty}c_n(z-z_0)^n \tag{3.5.8}$$

则称 z_0 为 $f(z)$ 的本性奇点(essential singular point)。在本性奇点处，极限 $\lim\limits_{z\to z_0}f(z)$ 不存在。

例如，$z_0=0$ 为函数 $\mathrm{e}^{\frac{1}{z}}$ 的奇点，又因

$$\mathrm{e}^{\frac{1}{z}}=\sum_{n=0}^{\infty}\frac{1}{n!}z^{-n},\quad 0<|z|<+\infty$$

有无穷多项负幂项，故 $z_0=0$ 是函数 $\mathrm{e}^{\frac{1}{z}}$ 的本性奇点。沿正实轴和负实轴两个不同方向求得极限 $\lim\limits_{z\to0}\mathrm{e}^{\frac{1}{z}}$ 值分别为 ∞ 和 0，因此该极限不存在。

可以证明，以下每一条都可以作为孤立奇点 z_0 为本性奇点的充分必要条件。

(1) $f(z)$ 在奇点 z_0 去心邻域内的洛朗级数形式为

$$f(z)=\sum_{n=-\infty}^{\infty}c_n(z-z_0)^n,\quad c_{-\infty}\neq0 \tag{3.5.9}$$

(2) 极限 $\lim\limits_{z\to z_0}f(z)$ 不存在。

对于无穷远点这类特殊的奇点，我们使用变量替换法讨论。通过变换 $t=1/z$，将函数 $f(z)$ 化作 $f(1/t)$，若 $t=0$ 是 $f(1/t)$ 的可去奇点，则 $z=\infty$ 就是 $f(z)$ 的可去奇点，若 $t=0$ 是 $f(1/t)$ 的极点，则 $z=\infty$ 就是 $f(z)$ 的极点，若 $t=0$ 是 $f(1/t)$ 的本性奇点，则 $z=\infty$ 就是 $f(z)$ 的本性奇点。

比如，$z=\infty$ 是复变函数 $f(z)=1+z$ 的单极点，$z=\infty$ 是复变函数 $f_1(z)=\mathrm{e}^z$，$f_2(z)=\sin z$，$f_3(z)=\cos z$ 的本性奇点。

例 3.22 判断 $z_0=1$ 是函数 $f(z)=\mathrm{e}^{\frac{1}{z-1}}$ 的何种类型奇点。

解：在 $z_0=1$ 的去心邻域上，函数 $f(z)=\mathrm{e}^{\frac{1}{z-1}}$ 展开为洛朗级数

$$\mathrm{e}^{\frac{1}{z-1}}=1+\frac{1}{z-1}+\frac{1}{2!\,(z-1)^2}+\frac{1}{3!\,(z-1)^3}+\cdots$$

因此，$z_0=1$ 为 $f(z)=\mathrm{e}^{\frac{1}{z-1}}$ 的本性奇点。

对于形式为 $f(z)=\mathrm{e}^{g(z)}$ 的函数，如果 $g(z)$ 以 z_0 为极点，那么 $z=0$ 为 $f(z)=\mathrm{e}^{\frac{1}{z}}$ 的本性奇点。例如，例 3.22 中的函数 $f(z)=\mathrm{e}^{\frac{1}{z-1}}$，由于 $\dfrac{1}{z-1}$ 以 $z_0=1$ 为一阶极点，因此 $z_0=1$ 是函数 $f(z)=\mathrm{e}^{\frac{1}{z-1}}$ 的本性奇点。

例 3.23 求下列函数的孤立奇点,并指出类型。

(1) $f(z) = \dfrac{z-2}{(z^2+1)(z-1)^2}$;

(2) $f(z) = \dfrac{(z^2-1)(z-2)^3}{(\sin\pi z)^2}$。

解:(1) 复变函数 $f(z) = \dfrac{z-2}{(z^2+1)(z-1)^2} = \dfrac{z-2}{(z-i)(z+i)(z-1)^2}$,由定理 3.10 可知三个孤立奇点分别为 $z_1 = i, z_2 = -i, z_3 = 1$,且三个奇点分别为单极点、单极点、二阶极点。

(2) 函数 $f(z) = \dfrac{(z^2-1)(z-2)^3}{(\sin\pi z)^2} = \dfrac{(z-1)(z+1)(z-2)^3}{(\sin\pi z)^2}$ 的奇点为

$$z_k = k, \quad k = 0, \pm 1, \pm 2, \cdots$$

因为

$$\lim_{z\to 1}(z-1)f(z) = \lim_{z\to 1}(z-1)^2 \frac{(z+1)(z-2)^3}{(\sin\pi z)^2}$$
$$= \lim_{z\to 1}\frac{(z-1)^2}{(\sin\pi z)^2}\lim_{z\to 1}(z+1)(z-2)^3 = -\frac{2}{\pi^2}$$

$$\lim_{z\to -1}(z+1)f(z) = \lim_{z\to -1}(z+1)^2 \frac{(z-1)(z-2)^3}{(\sin\pi z)^2}$$
$$= \lim_{z\to -1}\frac{(z+1)^2}{(\sin\pi z)^2}\lim_{z\to -1}(z-1)(z-2)^3 = \frac{54}{\pi^2}$$

$$\lim_{z\to 2}f(z) = \lim_{z\to 2}\frac{(z^2-1)(z-2)^3}{(\sin\pi z)^2} = \lim_{z\to 2}\frac{(z-2)^3}{(\sin\pi z)^2}\lim_{z\to 2}(z^2-1) = 0$$

当 $k \neq 1, -1, 2$ 时,有

$$\lim_{z\to k}(z-k)^2 f(z) = \lim_{z\to k}\frac{(z-k)^2}{(\sin\pi z)^2}\lim_{z\to k}(z^2-1)(z-2)^3 = \frac{(k^2-1)(k-2)^3}{\pi^2}$$

因此,三个奇点 $1, -1, 2$ 分别为单极点、单极点和可去奇点,其他 $k(k\neq 1, -1, 2)$ 为二阶极点。

3.6 基于 MATLAB 的幂级数展开(power series expansion based on MATLAB)

本节介绍幂级数展开及求和函数的编程实现。如果一个幂级数是收敛的,可以运用函数实现幂级数和函数的计算,也可以将一个解析函数展开为以给定点为中心的泰勒级数。常见的 MATLAB 级数操作命令如下:

syms var1, var2, …	%定义变量
s=symsum(f, n, a, b)	%其功能是计算级数和 $\sum_{n=a}^{b} f$。其中 f 是包含符号变量 n 的表达式。当 %f 的表达式中只含一个变量时,参数 n 可省略
r=taylor(f, n, z, z0)	%将函数 f 展开为以 z0 为中心的泰勒级数。其中,z 是变量,n 为泰勒 %展开式项数,其默认值为 n=6, z0 的默认值为 z0=0
gamma(n+1)	%求阶乘 n!

例 3.24 求下列幂级数的和函数。

$$f_1(z) = \sum_{n=0}^{\infty} \frac{1}{n+1} z^{n+1}; \quad f_2(z) = \sum_{n=0}^{\infty} (-1)^n (n+1) z^n; \quad f_3(z) = \sum_{n=0}^{\infty} \frac{1}{n!} z^n.$$

MATLAB 代码：

```
clear
clc
syms n z;
f1=z^(n+1)/(n+1);              %级数 f1
s1=symsum(f1,n,0,inf)
f2=(-1)^n*(n+1)*z^n;           %级数 f2
s2=symsum(f2,n,0,inf)
f3=z^n/gamma(n+1);             %级数 f3
s3=symsum(f3,n,0,inf)
```

结果如下：

```
s1 = -log(1-z)
s2 = 1/(z+1)^2
s3 = exp(z)
```

例 3.25 将函数 $f(z) = \dfrac{z}{z+1}$ 展开成以 1 为中心的泰勒级数。

MATLAB 代码：

```
syms z
f=z/(z+1);
r=taylor(f,8,z,1)
```

运行结果为

```
r=1/4+1/4*z-1/8*(z-1)^2+1/16*(z-1)^3-1/32*(z-1)^4+1/64*(z-1)^5-1/128*
(z-1)^6+1/256*(z-1)^7
```

运用 MATLAB 编程也可以观察级数的收敛性。

例 3.26 观察下列级数的部分和变化趋势。

$$f_1(n) = \sum_{n=1}^{\infty} \frac{1}{n}, \quad f_2(n) = \sum_{n=1}^{\infty} \frac{(-1)^n}{n}$$

MATLAB 代码：

```
clear
clc
clf
for n=1:100
    for k=1:n
        f1(k)=1/k;              %级数 f1
        f2(k)=(-1)^k/k;         %级数 f2
    end
    s1(n)=sum(f1);             %计算 f1 所有元素总和
    s2(n)=sum(f2);             %计算 f2 所有元素总和
end
```

```
figure(1)
plot(s1)
figure(2)
plot(s2)
```

运行结果如图 3.4 所示。可以看出，f_1 发散，f_2 收敛，运用 symsum() 函数还可以求出收敛和，语句和结果如下：

```
sym n;
symsum((-1)^n/n,1,inf)
```

运行结果为

ans $= -\log(2)$

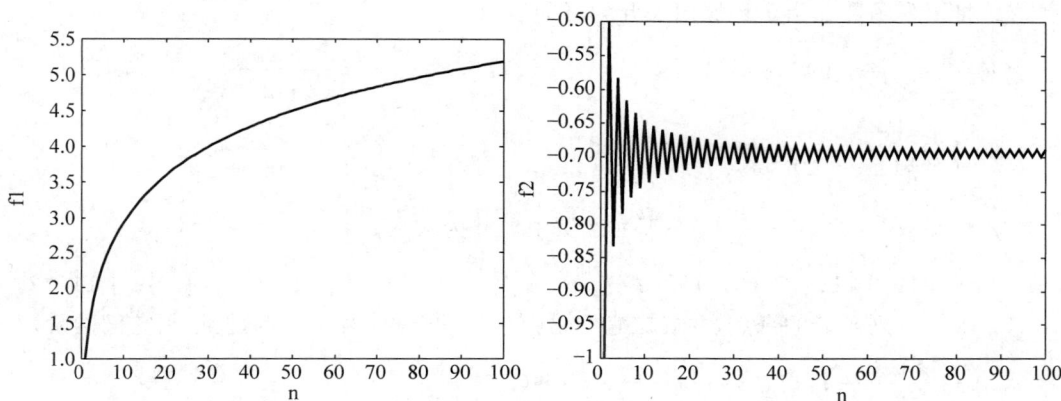

图 3.4　级数部分和的变化趋势

第 3 章习题

1. 判断下列级数的收敛性与绝对收敛性。

(1) $\sum\limits_{k=1}^{\infty} \dfrac{i^k}{k}$；　　　　(2) $\sum\limits_{k=1}^{\infty} \dfrac{i^k}{k^2}$。

2. 确定下列级数的收敛半径。

(1) $\sum\limits_{k=0}^{\infty} \dfrac{z^k}{k!}$；　　　　(2) $\sum\limits_{k=1}^{\infty} k^{\ln k} z^k$；　　　　(3) $\sum\limits_{k=1}^{\infty} \dfrac{k!}{k^k} z^k$；

(4) $\sum\limits_{k=1}^{\infty} \dfrac{1}{2^{2k}} z^{2k}$；　　　　(5) $\sum\limits_{k=1}^{\infty} [2+(-1)^k]^k z^k$。

3. 已知幂级数 $\sum\limits_{k=1}^{\infty} a_k z^k$ 和 $\sum\limits_{k=1}^{\infty} b_k z^k$ 的收敛半径分别为 R_1 和 R_2，确定下列级数的收敛半径。

(1) $\sum\limits_{k=0}^{\infty} k^n a_k z^k$；　　　　(2) $\sum\limits_{k=1}^{\infty} k^k a_k z^k$；　　　　(3) $\sum\limits_{k=0}^{\infty} a_k^n z^k$；

(4) $\displaystyle\sum_{k=0}^{\infty}(a_k+b_k)z^k$;　　(5) $\displaystyle\sum_{k=0}^{\infty}(a_k-b_k)z^k$;　　(6) $\displaystyle\sum_{k=0}^{\infty}a_k b_k z^k$;

(7) $\displaystyle\sum_{k=0}^{\infty}\frac{a_k}{b_k}z^k$。

4. 将下列函数展开成泰勒级数,并指出其收敛域。

(1) $\dfrac{1}{(1-z)^2}$ 在 $z=0$ 处;　　(2) $\dfrac{1}{(z-1)(z-2)}$ 在 $z=0$ 处;　　(3) $\dfrac{z-3}{(z-1)(z-2)}$ 在 $z=0$ 处;

(4) $\arctan z$ 在 $z=0$ 处;　　(5) $\dfrac{1}{1+z+z^2}$ 在 $z=0$ 处;　　(6) $\dfrac{z^2}{(z+1)^2}$ 在 $z=1$ 处;

(7) $\dfrac{z}{z+2}$ 在 $z=1$ 处。

5. 将下列函数在指定环域内展开为洛朗级数。

(1) $\dfrac{z+1}{z^2(z-1)}$, $0<|z|<1$, $1<|z|<\infty$;　　　　　(2) $\dfrac{z^2-2z+5}{(z-2)(z^2+1)}$, $1<|z|<2$;

(3) $\dfrac{z-3}{(z-1)(z-2)}$, $1<|z|<2$, $1<|z-1|<\infty$;　　(4) $\dfrac{1}{z^2-3z+2}$, $2<|z|<\infty$。

6. 将函数 $f(z)=\dfrac{1}{z(1-z)}$ 在下列区域中展开为级数。

(1) $0<|z|<1$;　　(2) $0<|z-1|<1$;　　(3) $|z+1|<1$;　　(4) $|z+1|>2$。

7. 求出下列函数的奇点,并确定它们是哪一类的奇点(对于极点,要指出它们的阶)。

(1) $\dfrac{z-1}{z(z^2+4)^2}$;　　(2) $\dfrac{z^5}{(1-z)^2}$;　　(3) $\dfrac{z}{\sin z}$;　　(4) $\dfrac{z}{1-\cos z}-\dfrac{2}{z^3}$;

(5) $z^9\cos\dfrac{1}{z}$;　　(6) $\dfrac{z}{z+1}$;　　(7) $\dfrac{\mathrm{e}^z}{1+z^2}$;　　(8) $z\mathrm{e}^{\frac{1}{z}}$。

8. 已知 $f(z)=\dfrac{z^6}{(z-10)^8}=\displaystyle\sum_{k=0}^{\infty}a_k(z-1)^k$,求该幂级数的收敛半径。

9. 将函数 $f(z)=\dfrac{1}{(z-1)^2}$ 在 $z=0$ 处展开为幂级数并指出收敛半径。

10. 函数 $f(z)=\dfrac{1}{z(z-1)}$ 以 $z=0$ 为中心的洛朗级数展开式为

$$\frac{1}{z(z-1)}=\frac{1}{z-1}-\frac{1}{z}=-\frac{1}{z}-\sum_{k=0}^{\infty}z^k=-\frac{1}{z}-1-z-z^2-z^3\cdots,\quad 0<|z|<1$$

和

$$\frac{1}{z(z-1)}=\frac{1}{z^2}\Big(\frac{1}{1-1/z}\Big)=\frac{1}{z^2}\sum_{k=0}^{\infty}\Big(\frac{1}{z}\Big)^k=\frac{1}{z^2}+\frac{1}{z^3}+\frac{1}{z^4}+\cdots,\quad 1<|z|<\infty$$

这是否与洛朗级数展开的唯一性相矛盾? 说明理由。

11. 在 $z=1$ 的邻域上,将函数 $f(z)=\sin\Big(\dfrac{1}{z-1}\Big)$ 展开为洛朗级数,并判断 $z=1$ 的奇点类型。

留数定理及其应用

留数是复变函数论中的重要概念,同时也是一种重要的数学工具。通过第 2 章的介绍可知,当闭合环路内包含极点类型的奇点时,可以结合柯西定理和柯西公式完成闭合回路积分的计算。留数定理是柯西积分定理和柯西积分公式的延续,留数概念和留数定理均与复变函数的闭合回路积分有着紧密联系。本章首先给出留数和留数定理的概念,然后给出无穷远点留数的概念,详细讨论留数的计算方法,最后介绍留数理论在计算复积分和实积分中的应用。

学习目标:

■ 掌握留数定理的内容;

■ 掌握不同类型奇点的留数计算;

■ 掌握利用留数定理计算典型的几种实积分;

■ 了解 MATLAB 在留数计算中的应用。

4.1 留数定理(residue theorem)

本节讲述留数定理的内容及其在回路积分计算中的应用。灵活运用留数和留数定理可以大大简化积分路径内部包围多个奇点时的回路积分计算。

留数定理

4.1.1 闭合回路积分与留数的关系(loop integral and residue)

有限远点处的留数 若函数 $f(z)$ 在其奇点 z_0 的去心邻域 $0<|z-z_0|<R$ 内解析,则在此邻域内,$f(z)$ 可展开成洛朗级数

$$f(z) = \cdots a_{-n}(z-z_0)^{-n} + \cdots + a_{-2}(z-z_0)^{-2} + a_{-1}(z-z_0)^{-1} +$$
$$a_0 + a_1(z-z_0) + \cdots + a_n(z-z_0)^n + \cdots$$

在环域 $0<|z-z_0|<R$ 内任取一条包围 z_0 的正向简单闭合曲线 C,上式两端沿 C 作环路积分,因为 $n \geq 0$ 的项在 $|z-z_0|<R$ 上解析,积分为 0,因此有

$$\oint_C f(z)\mathrm{d}z = \sum_{n=1}^{\infty} a_{-n} \oint_C \frac{1}{(z-z_0)^n}\mathrm{d}z \qquad (4.1.1)$$

由第 2 章例 2.6 的结论式(2.2.8)有

$$\oint_C \frac{1}{(z-z_0)^n}\mathrm{d}z = \begin{cases} 2\pi\mathrm{i}, & n=1 \\ 0, & n \neq 1 \end{cases}$$

因此

$$\oint_C f(z)\mathrm{d}z = 2\pi\mathrm{i}a_{-1} \tag{4.1.2}$$

可以看到,在积分过程中,a_{-1}是洛朗级数各系数中唯一残留下来的系数,所以称a_{-1}为函数$f(z)$在有限远点z_0处的留数(residue),也称为残数,记为$\mathrm{Res}f(z_0)$或$\mathrm{Res}[f(z)$, $z_0]$或$\mathrm{Res}f(z)|_{z=z_0}$,即

$$\mathrm{Res}f(z_0) = \frac{1}{2\pi\mathrm{i}}\oint_C f(z)\mathrm{d}z = a_{-1} \tag{4.1.3}$$

> **难点点拨**:这里需要注意,函数$f(z)$在不同奇点的去心邻域上可以展开为不同的洛朗级数,有不同的留数;也就是说,提到留数一定要强调两点:是哪个函数?在哪个奇点?

根据留数的定义,可以得到两种计算留数的方法:一是将$f(z)$在去心邻域$0<|z-z_0|<R$内展开成洛朗级数,取其负一次幂项的系数a_{-1}的值;二是计算闭合环路积分$\frac{1}{2\pi\mathrm{i}}\oint_C f(z)\mathrm{d}z$,这里要注意$C$是去心邻域$0<|z-z_0|<R$内包围$z_0$的任意正向简单闭合曲线。

例 4.1 求函数$f(z)=z\mathrm{e}^{\frac{1}{z}}$在孤立奇点$z=0$处的留数。

解: 在$0<|z|<R$内,将函数$f(z)$展开为洛朗级数

$$z\mathrm{e}^{\frac{1}{z}} = z\sum_{n=0}^{\infty}\frac{1}{n!}\left(\frac{1}{z}\right)^n = \sum_{n=0}^{\infty}\frac{1}{n!}z^{-(n-1)} = z+1+\frac{1}{2!}z^{-1}+\frac{1}{3!}z^{-2}+\cdots$$

所以函数$f(z)$在孤立奇点$z=0$处的留数为

$$\mathrm{Res}[f(z),0] = a_{-1} = \frac{1}{2}$$

例 4.2 求$\mathrm{Res}\left[\dfrac{\mathrm{e}^{\frac{1}{z}}}{z^2-z},1\right]$。

解: 观察函数$f(z)=\dfrac{\mathrm{e}^{\frac{1}{z}}}{z^2-z}$可以看出,将其在奇点$z_1=1$的去心邻域$0<|z-1|<R$内展开为洛朗级数是比较困难的,因此尝试用计算闭合环路积分的方法。

设曲线L为去心邻域$0<|z-1|<R$内包围奇点$z_1=1$的闭合曲线,则有

$$\mathrm{Res}\left[\frac{\mathrm{e}^{\frac{1}{z}}}{z^2-z},1\right] = \frac{1}{2\pi\mathrm{i}}\oint_L \frac{\mathrm{e}^{\frac{1}{z}}}{z^2-z}\mathrm{d}z$$

这里需要强调的是,函数$f(z)$在$0<|z-1|<R$上是解析的,因此另外一个奇点$z_2=0$一定不在去心邻域$0<|z-1|<R$内,曲线L只包围了一个奇点$z_1=1$,函数$\dfrac{\mathrm{e}^{\frac{1}{z}}}{z}$解析,使用单连通区域上的柯西积分公式有

$$\frac{1}{2\pi\mathrm{i}}\oint_L \frac{\mathrm{e}^{\frac{1}{z}}}{z^2-z}\mathrm{d}z = \frac{1}{2\pi\mathrm{i}}\oint_L \frac{\dfrac{\mathrm{e}^{\frac{1}{z}}}{z}}{z-1}\mathrm{d}z = \frac{1}{2\pi\mathrm{i}}\cdot 2\pi\mathrm{i}\left(\frac{\mathrm{e}^{\frac{1}{z}}}{z}\right)\Bigg|_{z=1} = \mathrm{e}$$

无穷远点处的留数 由式(4.1.3)可以看到,z_0 点的留数定义为函数 $f(z)$ 沿逆时针方向(即正向)绕 z_0 一周的闭合环路积分。除 z_0 外,回路 C 内无 $f(z)$ 的其他奇点。类似地,可定义无穷远点的留数为

$$\text{Res} f(\infty) = \frac{1}{2\pi i} \oint_L f(z) \, dz \tag{4.1.4}$$

其中,L 是沿顺时针方向绕 $z=0$ 一周的闭合回路,且闭合回路内包围了函数 $f(z)$ 的所有有限远处奇点。也就是说,在回路外,除 $z=\infty$ 可能是奇点之外别无其他 $f(z)$ 的奇点。注意,这里积分的走向对于曲线 L 外含 $z=\infty$ 的区域来说是正向的。将 $f(z)$ 在 $z=\infty$ 的邻域中展开为洛朗级数

$$f(z) = \sum_{k=-\infty}^{\infty} C_k z^k, \quad R < |z| < \infty \tag{4.1.5}$$

两边沿环路 L 积分并运用式(2.2.8)有

$$\oint_L f(z) \, dz = \sum_{k=-\infty}^{\infty} C_k \oint_L z^k \, dz = C_{-1} \cdot 2\pi i$$

代入式(4.1.4)有

$$\text{Res} f(\infty) = -C_{-1} \tag{4.1.6}$$

即 $\text{Res} f(\infty)$ 等于 $f(z)$ 在 ∞ 的去心邻域 $R < |z| < \infty$ 上洛朗展开式中 $\frac{1}{z}$ 项系数的负值。应该注意的是,即使无穷远点 ∞ 不是 $f(z)$ 的奇点,只要式(4.1.5)中 C_{-1} 不为 0,则 $\text{Res} f(\infty)$ 就不为 0。无穷远点的留数可以由定义计算,也可以由定理 4.1 和定理 4.2 求得。

定理 4.1 若 $\lim\limits_{z \to \infty} f(z) = 0$,则无穷远点留数 $\text{Res} f(\infty) = -\lim\limits_{z \to \infty} [z \cdot f(z)]$。

证明:若 $\lim\limits_{z \to \infty} f(z) = 0$,则 $f(z)$ 在 $z=\infty$ 的去心邻域的洛朗级数为

$$f(z) = \cdots + \frac{C_{-k}}{z^k} + \cdots + \frac{C_{-1}}{z} + 0 + 0 + \cdots, \quad R < |z| < \infty$$

因此留数

$$\text{Res} f(\infty) = -C_{-1} = -\lim_{z \to \infty} [z \cdot f(z)]$$

定理 4.2 若 $\lim\limits_{z \to \infty} f(z) \neq 0$,则

$$\text{Res}[f(z), \infty] = -\text{Res}\left(f\left(\frac{1}{t}\right) \cdot \frac{1}{t^2}, 0\right)$$

证明:若 $\lim\limits_{z \to \infty} f(z) \neq 0$,则 $f(z)$ 在 $z=\infty$ 的去心邻域的洛朗级数为

$$f(z) = \cdots + \frac{C_{-k}}{z^k} + \cdots + \frac{C_{-1}}{z} + C_0 + C_1 z + \cdots, \quad R < |z| < \infty$$

作变量替换 $t = \frac{1}{z}$ 有

$$f\left(\frac{1}{t}\right) = \cdots + C_{-k} t^k + \cdots + C_{-1} t + C_0 + C_1 \frac{1}{t} + \cdots, \quad 0 < |t| < \frac{1}{R}$$

而

$$f\left(\frac{1}{t}\right) \cdot \frac{1}{t^2} = \cdots + C_{-k} t^{k-2} + \cdots + \frac{C_{-1}}{t} + \frac{C_0}{t^2} + \frac{C_1}{t^3} + \cdots$$

显然有

$$\mathrm{Res}f(\infty) = -C_{-1} = -\mathrm{Res}\left[f\left(\frac{1}{t}\right)\cdot\frac{1}{t^2},0\right]$$

留数定理 设函数 $f(z)$ 在区域 D 内除有限个孤立奇点 $z_1, z_2, \cdots, z_n$ 外处处解析,L 为区域内包围所有奇点的一条正向简单闭曲线,则

$$\oint_L f(z)\mathrm{d}z = 2\pi\mathrm{i}\sum_{k=1}^{n}\mathrm{Res}f(z_k) \tag{4.1.7}$$

Residue theorem Let L be a simple closed contour, described in the positive sense. If a function $f(z)$ is analytic inside and on L except for a finite number of singular points $z_k(k=1, 2, \cdots, n)$ inside L, then

$$\oint_L f(z)\mathrm{d}z = 2\pi\mathrm{i}\sum_{k=1}^{n}\mathrm{Res}f(z_k)$$

证明:分别在孤立奇点 $z_k(k=1, 2, \cdots, n)$ 的邻域上作围线 C_k,如图 4.1 所示。运用复连通区域中的柯西积分定理,可得

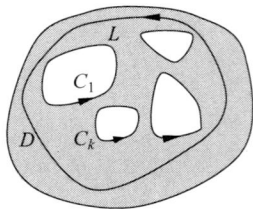

图 4.1 留数定理的证明

$$\oint_L f(z)\mathrm{d}z = \sum_{k=1}^{n}\oint_{C_k} f(z)\mathrm{d}z$$

根据留数定义有

$$\oint_{C_k} f(z)\mathrm{d}z = 2\pi\mathrm{i}\mathrm{Res}f(z_k)$$

代入即得

$$\oint_L f(z)\mathrm{d}z = 2\pi\mathrm{i}\sum_{k=1}^{n}\mathrm{Res}f(z_k)$$

留数和定理 设函数 $f(z)$ 在扩充复平面上除有限远处奇点 $z_k(k=1, 2, \cdots, n)$ 和 $z=\infty$ 外处处解析,则有

$$\sum_{k=1}^{n}\mathrm{Res}f(z_k) + \mathrm{Res}f(\infty) = 0 \tag{4.1.8}$$

证明:以原点为中心作一半径很大的圆 $|z|=R$,使其内部包含全部奇点 $z_k(k=1, 2, \cdots, n)$,由留数定理有

$$\frac{1}{2\pi\mathrm{i}}\oint_{|z|=R} f(z)\mathrm{d}z = \sum_{k=1}^{n}\mathrm{Res}f(z_k)$$

根据无穷远点留数定义有

$$\mathrm{Res}f(\infty) = \frac{1}{2\pi\mathrm{i}}\oint_{|z|=R} f(z)\mathrm{d}z = -\frac{1}{2\pi\mathrm{i}}\oint_{|z|=R} f(z)\mathrm{d}z$$

由上两式得

$$\sum_{k=1}^{n}\mathrm{Res}f(z_k) + \mathrm{Res}f(\infty) = 0$$

不难看出,有限远奇点的留数计算可以转化为一个无穷远点留数的负值,即 $\sum_{k=1}^{n}\mathrm{Res}f(z_k) = -\mathrm{Res}f(\infty)$。下面介绍留数的计算方法及留数定理在积分计算中的典型

应用。

例 4.3 求函数 $f(z) = \dfrac{e^z}{z^2-1}$ 在 $z=\infty$ 处的留数。

解：函数 $f(z) = \dfrac{e^z}{z^2-1}$ 存在两个奇点 $z_1=1, z_2=-1$，且均为单极点，而 $z=\infty$ 为本性奇点，又因

$$\operatorname{Res} f(1) = \frac{e}{2}, \quad \operatorname{Res} f(-1) = -\frac{e^{-1}}{2}$$

所以

$$\operatorname{Res} f(\infty) = \frac{e^{-1}-e}{2}$$

例 4.4 计算积分 $I = \oint_{|z|=4} \dfrac{5z^{27}}{(z^2-1)^4(z^4+2)^5} dz$。

解：被积函数 $\dfrac{5z^{27}}{(z^2-1)^4(z^4+2)^5}$ 在有限远处的奇点有 $\pm 1, \sqrt[4]{2}\, e^{\frac{\pi+2k\pi}{4}i}$ $(k=0,1,2,3)$，可以验证 6 个奇点均在积分围线内。若分别计算各个奇点处的留数，工作量相当大。运用留数和定理可得

$$I = \oint_{|z|=4} \frac{5z^{27}}{(z^2-1)^4(z^4+2)^5} dz = 2\pi i \sum_{k=1}^{n} \operatorname{Res} f(z_k) = -2\pi i \operatorname{Res} f(\infty)$$

因为 $\lim\limits_{z\to\infty} f(z) = 0$，所以有

$$\operatorname{Res} f(\infty) = -\lim_{z\to\infty}[zf(z)] = -5$$

所以原积分

$$I = 10\pi i$$

4.1.2　留数的计算（calculation of residue）

通过例 4.1 和例 4.2 可以看到，无论是洛朗级数展开法还是环路积分法，求留数工作量都较大，那么是否有更简单的公式可用呢？回答是肯定的，可以根据奇点的不同类型，得到更简单的留数求解公式。

(1) 若 z_0 为 $f(z)$ 的可去奇点（removable singular point），则 $f(z)$ 在 z_0 去心邻域 $0 < |z-z_0| < R$ 上的洛朗展开式不含负幂项，即 $a_{-1}=0$，故当 z_0 为 $f(z)$ 的可去奇点时，有

$$\operatorname{Res} f(z_0) = 0 \tag{4.1.9}$$

(2) 当 z_0 为 $f(z)$ 的本性奇点（essential singular point）时，几乎没有什么简捷方法，只能利用洛朗级数展开或计算积分的方法来求。

(3) 若 z_0 为 $f(z)$ 的单极点（simple pole），则 $f(z)$ 在 $0 < |z-z_0| < R$ 内的洛朗展开式为

$$f(z) = a_{-1}(z-z_0)^{-1} + a_0 + a_1(z-z_0) + \cdots$$

显然有

$$a_{-1} = \lim_{z\to z_0}(z-z_0)f(z)$$

因此，函数 $f(z)$ 在单极点 z_0 处的留数为

$$\mathrm{Res}f(z_0) = \lim_{z \to z_0}(z - z_0)f(z) \tag{4.1.10}$$

若 z_0 为 $f(z) = \dfrac{P(z)}{Q(z)}$ 的单极点,则 $Q'(z_0) \neq 0$。由上述方法可以写出留数的另一种求解公式

$$\mathrm{Res}f(z_0) = \lim_{z \to z_0}(z - z_0)f(z) = \lim_{z \to z_0}\frac{(z - z_0)P(z)}{Q(z)} = \frac{P(z_0)}{Q'(z_0)} \tag{4.1.11}$$

(4) 若 z_0 为 $f(z)$ 的 m 阶极点(pole of order m),则可以证明留数可通过式(4.1.12)求得

$$\mathrm{Res}f(z_0) = \frac{1}{(m-1)!}\lim_{z \to z_0}\frac{\mathrm{d}^{m-1}}{\mathrm{d}z^{m-1}}[(z - z_0)^m f(z)] \tag{4.1.12}$$

证明: 因为 z_0 是 $f(z)$ 的 m 阶极点,所以有

$$f(z) = a_{-m}(z - z_0)^{-m} + a_{-m+1}(z - z_0)^{-m+1} + \cdots +$$
$$a_{-1}(z - z_0)^{-1} + a_0 + a_1(z - z_0) + \cdots \quad (a_{-m} \neq 0)$$

上式两边乘以 $(z - z_0)^m$,有

$$(z - z_0)^m f(z) = a_{-m} + a_{-m+1}(z - z_0) + \cdots + a_{-1}(z - z_0)^{m-1} +$$
$$a_0(z - z_0)^m + \cdots$$

对 z 求 $(m-1)$ 阶导数,有

$$\frac{\mathrm{d}^{m-1}}{\mathrm{d}z^{m-1}}[(z - z_0)^m f(z)] = (m-1)!a_{-1} + [(z - z_0) \text{ 的正幂项}]$$

两边取 $z \to z_0$ 时的极限,含有 $(z - z_0)$ 的正幂项全部为 0,于是有

$$a_{-1} = \frac{1}{(m-1)!}\lim_{z \to z_0}\frac{\mathrm{d}^{m-1}}{\mathrm{d}z^{m-1}}[(z - z_0)^m f(z)]$$

也即证明了

$$\mathrm{Res}f(z_0) = \frac{1}{(m-1)!}\lim_{z \to z_0}\frac{\mathrm{d}^{m-1}}{\mathrm{d}z^{m-1}}[(z - z_0)^m f(z)]$$

显然,当 $m = 1$ 时,式(4.1.12)退化为式(4.1.10)。

例 4.5 求 $\mathrm{Res}\left[\dfrac{z\mathrm{e}^z}{z^2 - 1}, 1\right]$。

解: 容易知道,$z = 1$ 是函数 $\dfrac{z\mathrm{e}^z}{z^2 - 1}$ 的一阶极点,所以

$$\mathrm{Res}[f(z), 1] = \lim_{z \to 1}(z - 1)\frac{z\mathrm{e}^z}{z^2 - 1} = \lim_{z \to 1}\frac{z\mathrm{e}^z}{z + 1} = \frac{\mathrm{e}}{2}$$

例 4.6 求 $\mathrm{Res}\left[\dfrac{1}{(z^2 + 1)^3}, \mathrm{i}\right]$。

解: 因为 $\dfrac{1}{(z^2 + 1)^3} = \dfrac{1}{(z - \mathrm{i})^3(z + \mathrm{i})^3}$,所以 $z = \mathrm{i}$ 是 $\dfrac{1}{(z^2 + 1)^3}$ 的三阶极点,由式(4.1.12)有

$$\mathrm{Res}\left[\frac{1}{(z^2 + 1)^3}, \mathrm{i}\right] = \frac{1}{(3-1)!}\lim_{z \to \mathrm{i}}\frac{\mathrm{d}^2}{\mathrm{d}z^2}\left[(z - \mathrm{i})^3 \cdot \frac{1}{(z - \mathrm{i})^3(z + \mathrm{i})^3}\right]$$

$$= \frac{1}{2}\lim_{z\to i}[(-3)(-4)(z+i)^{-5}] = -\frac{3i}{16}$$

例 4.7 计算积分 $\oint_{|z|=2}\dfrac{5z-2}{z(z-1)^2}dz$。

解：在积分回路 $|z|=2$ 的内部有一阶极点 $z=0$ 及二阶极点 $z=1$，分别计算两极点处的留数，有

$$\text{Res}[f(z),0] = \lim_{z\to0}z\frac{5z-2}{z(z-1)^2} = \lim_{z\to0}\frac{5z-2}{(z-1)^2} = -2$$

$$\text{Res}[f(z),1] = \lim_{z\to1}\frac{d}{dz}\left[(z-1)^2\frac{5z-2}{z(z-1)^2}\right] = \lim_{z\to1}\frac{2}{z^2} = 2$$

由留数定理得

$$\oint_{|z|=2}\frac{5z-2}{z(z-1)^2}dz = 2\pi i(-2+2) = 0$$

例 4.8 计算积分 $I = \oint_{|z|=1}\dfrac{z\sin z}{(1-e^z)^3}dz$。

解：被积函数在积分回路 $|z|=1$ 内部存在一个孤立奇点 $z_0=0$，且该点为被积函数的一阶极点，因此有

$$\text{Res}\left[\frac{z\sin z}{(1-e^z)^3},0\right]$$

$$= \lim_{z\to0}\frac{z^2\sin z}{(1-e^z)^3}$$

$$= \lim_{z\to0}\frac{z^3}{(1-e^z)^3}\cdot\lim_{z\to0}\frac{\sin z}{z}$$

$$= -1$$

于是，积分

$$I = 2\pi i\cdot\text{Res}\left[\frac{z\sin z}{(1-e^z)^3},0\right] = -2\pi i$$

例 4.8 还可采用洛朗展开的方法计算留数，因为在孤立奇点 $z_0=0$ 的邻域上有

$$\frac{z\sin z}{(1-e^z)^3} = \frac{z\left(z-\dfrac{z^3}{3!}+\cdots\right)}{-\left(z+\dfrac{z^2}{2!}+\cdots\right)^3} = -\frac{z^2}{z^3}\cdot\frac{\left(1-\dfrac{z^2}{3!}+\cdots\right)}{\left(1+\dfrac{z}{2!}+\cdots\right)^3}$$

右端分式在 $z_0=0$ 处解析，故可展开为 z 的幂级数 $1+a_1z+\cdots$（数值 a_1 及以下各项不必关心），于是，在 $z_0=0$ 的去心邻域内有

$$\frac{z\sin z}{(1-e^z)^3} = -\frac{1}{z}-a_1-\cdots$$

由此可得

$$\text{Res}\left[\frac{z\sin z}{(1-e^z)^3},0\right] = -1$$

因此，原积分

$$I = 2\pi i \cdot \text{Res}\left[\frac{z\sin z}{(1 - e^z)^3}, 0\right] = -2\pi i$$

例 4.9　计算积分 $I = \oint_{|z| = \frac{1}{2}} \dfrac{1}{z^{11}(1 - z^2)} dz$。

解：被积函数有三个奇点 $z_1 = 0, z_2 = 1, z_3 = -1$，只有 $z_1 = 0$ 位于围线内，且为十一阶极点，若运用式(4.1.12)计算留数，计算量相当大。观察函数可知，容易将被积函数在 $z_1 = 0$ 的去心邻域展开为洛朗级数，有

$$f(z) = \frac{1}{z^{11}(1 - z^2)} = \frac{1}{z^{11}}\sum_{n=0}^{\infty} z^{2n}, \quad 0 < |z| < 1$$

由定义知 $\text{Res}\left[\dfrac{1}{z^{11}(1 - z^2)}, 0\right] = 1$，因此原积分为

$$I = 2\pi i \cdot \text{Res}\left[\frac{1}{z^{11}(1 - z^2)}, 0\right] = 2\pi i$$

例 4.10　计算积分 $\oint_{|z| = 3} \dfrac{1}{z^3(z + 1)(z - 1)} dz$。

解：该积分可以运用两种方法求解

(1) $z_1 = 0$，$z_2 = -1$，$z_3 = 1$ 为被积函数的奇点，且所有奇点都在 $|z| = 3$ 围线内部，根据留数定理有

$$\oint_{|z| = 3} \frac{1}{z^3(z + 1)(z - 1)} dz$$

$$= \frac{2\pi i}{2!}\frac{d^2}{dz^2}\left[\frac{1}{z^2 - 1}\right]_{z=0} + 2\pi i\left[\frac{1}{z^3(z - 1)}\right]_{z=-1} + 2\pi i\left[\frac{1}{z^3(z + 1)}\right]_{z=1} = 0$$

(2) 利用无限远点处的留数计算公式有

$$\text{Res}[f(z), \infty] = -\text{Res}\left[f\left(\frac{1}{z}\right) \cdot \frac{1}{z^2}, 0\right] = 0$$

$$\oint_{|z| = 3} \frac{1}{z^3(z + 1)(z - 1)} dz = -2\pi i \cdot \text{Res}[f(z), \infty] = 0$$

此例题中，我们使用了定理 4.2 计算无穷远点留数。实际上定理 4.1 和定理 4.2 均适用。

4.1.3　基于 MATLAB 的留数计算(residue calculation based on MATLAB)

对于有理函数的留数计算，通过调用 MATLAB 中的 residue() 函数完成。residue() 函数的调用格式如下：

$$[\boldsymbol{R}, \boldsymbol{P}, \boldsymbol{K}] = \text{residue}(\boldsymbol{B}, \boldsymbol{A})$$

说明：向量 $\boldsymbol{B}$ 为有理函数 $f(z)$ 分子的多项式系数；向量 $\boldsymbol{A}$ 为 $f(z)$ 分母的多项式系数；向量 $\boldsymbol{P}$ 保存所有极点，向量 $\boldsymbol{R}$ 为对应极点处的留数；向量 $\boldsymbol{K}$ 为直接项，即有理分式 $f(z) = B(z)/A(z)$ 展开式

$$f(z) = \frac{B(z)}{A(z)} = \frac{Q(1)}{z - P(1)} + \frac{Q(2)}{z - P(2)} + \cdots + \frac{Q(n)}{z - P(n)} + K(z)$$

中的 $K(z)$。

例 4.11　用 MATLAB 编程求复变函数 $f(z) = \dfrac{z^2+1}{z+1}$ 在奇点处的留数。

解：MATLAB 代码如下。

$[R, P, K] = \text{residue}([1,0,1],[1,1])$

运行结果为：

R = 2
P = −1
K = 1 −1

也就是说，复变函数 $\dfrac{z^2+1}{z+1}$ 有一个单极点为 −1，且该单极点处的留数为 2，直接项为 $z-1$，即函数可展开为

$$f(z) = \frac{z^2+1}{z+1} = \frac{2}{z+1} + z - 1$$

例 4.12　用 MATLAB 编程求复变函数 $f(z) = \dfrac{z^2-3z+2}{z^2-7z+12}$ 在奇点处的留数。

解：MATLAB 代码如下。

$[R, P, K] = \text{residue}([1,-3,2],[1,-7,12])$

运行结果为：

R = 6　−2
P = 4　3
K = 1

因此，复变函数 $f(z) = \dfrac{z^2-3z+2}{z^2-7z+12}$ 有两个单极点 4 和 3，对应留数分别为 6 和 −2，直接项为 1，函数可展开为

$$f(z) = \frac{z^2-3z+2}{z^2-7z+12} = -\frac{2}{z-3} + \frac{6}{z-4} + 1$$

4.2　利用留数定理计算实积分（application of residue theorem for calculation of real integral）

求实变函数的定积分，采用的一般方法为

$$\int_{x_1}^{x_2} f(x)\,\mathrm{d}x = F(x_2) - F(x_1)$$

即先求出被积函数 $f(x)$ 的原函数 $F(x)$，然后求得定积分。当原函数很难求得时，考虑采用留数定理。

留数定理是复变函数论中的定理，是复平面上的环路积分定理。因此，解决实变函数积分的思路就是将实变函数定积分转换为复变函数的环路积分。本节将介绍两种方法，一种

是运用变量替换的思路将实轴上的线段变换为闭合回路;另一种则考虑添加辅助线构成闭合回路,并将定义在实轴上的实函数 $f(x)$ 延拓到整个复平面。下面要介绍的类型 I 运用第一种思路,类型 II 和类型 III 则运用第二种思路。

4.2.1 类型 I 实积分计算(type I real integral)

类型 I 是形如 $\int_0^{2\pi} R(\cos\theta,\sin\theta)\mathrm{d}\theta$ 的积分,积分区间为 $[0,2\pi]$,被积函数为 $\cos\theta$、$\sin\theta$ 的有理式。

令 $z=\mathrm{e}^{\mathrm{i}\theta}$,容易看出,当 θ 从 0 变化到 2π 时,$|z|$ 始终为 1,z 的辐角从 0 到 2π,恰好是沿单位圆周 $|z|=1$ 的正向绕一周。又因为

$$\cos\theta=\frac{\mathrm{e}^{\mathrm{i}\theta}+\mathrm{e}^{-\mathrm{i}\theta}}{2}=\frac{z+z^{-1}}{2}$$

$$\sin\theta=\frac{\mathrm{e}^{\mathrm{i}\theta}-\mathrm{e}^{-\mathrm{i}\theta}}{2\mathrm{i}}=\frac{z-z^{-1}}{2\mathrm{i}}$$

$$\mathrm{d}z=\mathrm{i}\mathrm{e}^{\mathrm{i}\theta}\mathrm{d}\theta=\mathrm{i}z\,\mathrm{d}\theta$$

所以原积分化为

$$\int_0^{2\pi} R(\cos\theta,\sin\theta)\mathrm{d}\theta=\oint_{|z|=1} R\left(\frac{z+z^{-1}}{2},\frac{z-z^{-1}}{2\mathrm{i}}\right)\frac{1}{\mathrm{i}z}\mathrm{d}z \tag{4.2.1}$$

当有理函数 $f(z)=R\left(\frac{z+z^{-1}}{2},\frac{z-z^{-1}}{2\mathrm{i}}\right)\frac{1}{\mathrm{i}z}$ 在圆周 $C:|z|=1$ 的内部有 n 个孤立奇点 $z_k(k=1,2,\cdots,n)$ 时,则由留数定理有

$$\int_0^{2\pi} R(\cos\theta,\sin\theta)\mathrm{d}\theta=2\pi\mathrm{i}\sum_{k=1}^n \mathrm{Res}[f(z),z_k]$$

将以上内容总结为定理 4.3。

定理 4.3 设 $f(z)=R(\cos\theta,\sin\theta)$ 为 $\cos\theta$、$\sin\theta$ 的有理函数,且在 $[0,2\pi]$ 上连续,则

$$\int_0^{2\pi} R(\cos\theta,\sin\theta)\mathrm{d}\theta=2\pi\mathrm{i}\sum_{k=1}^n \mathrm{Res}[f(z),z_k] \tag{4.2.2}$$

其中,$f(z)=\frac{1}{\mathrm{i}z}R\left(\frac{z+z^{-1}}{2},\frac{z-z^{-1}}{2\mathrm{i}}\right)$,$z_k(k=1,2,\cdots,n)$ 为单位圆 $C:|z|=1$ 内部的 n 个孤立奇点。

> **知识拓展**:从定理的推导过程可以看出,积分 $\int_0^{2\pi} R(\cos\theta,\sin\theta)\mathrm{d}\theta$ 的上下限还可以是 $(-\pi,\pi)$,$\left(\frac{\pi}{2},\frac{5\pi}{2}\right)$,$\cdots$,只要使得变换到 z 之后,积分路径绕单位圆一周,类型 I 的处理方法就是通用的。另外,不建议死记硬背定理 4.3 的公式,建议掌握类型特征,然后灵活使用变量替换。

例 4.13 求 $I=\int_0^{2\pi}\frac{\mathrm{d}\theta}{2+\cos\theta}$ 的值。

解:令 $z=\mathrm{e}^{\mathrm{i}\theta}$,则

$$I = \oint_{|z|=1} \frac{1}{2 + \frac{z^2+1}{2z}} \frac{\mathrm{d}z}{\mathrm{i}z} = \frac{2}{\mathrm{i}} \cdot \oint_{|z|=1} \frac{1}{z^2+4z+1} \mathrm{d}z$$

被积函数 $f(z) = \dfrac{1}{z^2+4z+1}$ 在 $|z|=1$ 内只有单极点 $z = -2+\sqrt{3}$，故

$$I = \frac{2}{\mathrm{i}} \times 2\pi\mathrm{i}\,\mathrm{Res}\left[f(z), -2+\sqrt{3}\right]$$

$$= 4\pi \lim_{z \to -2+\sqrt{3}} \left\{ \left[z-(-2+\sqrt{3})\right] \cdot \frac{1}{z^2+4z+1} \right\}$$

$$= \frac{2\pi}{\sqrt{3}}$$

例 4.14 求 $I = \displaystyle\int_0^{2\pi} \frac{\cos 2\theta\, \mathrm{d}\theta}{1 - 2p\cos\theta + p^2}$ $(0 < p < 1)$ 的值。

解：令 $z = \mathrm{e}^{\mathrm{i}\theta}$，由于 $\cos 2\theta = \dfrac{1}{2}(\mathrm{e}^{2\mathrm{i}\theta} + \mathrm{e}^{-2\mathrm{i}\theta}) = \dfrac{1}{2}(z^2 + z^{-2})$，因此

$$I = \oint_{|z|=1} \frac{z^2+z^{-2}}{2} \frac{1}{1 - 2p \cdot \frac{z+z^{-1}}{2} + p^2} \frac{\mathrm{d}z}{\mathrm{i}z} = \oint_{|z|=1} \frac{z^4+1}{2\mathrm{i}z^2(1-pz)(z-p)} \mathrm{d}z$$

函数 $f(z)$ 在单位圆周 $|z|=1$ 内有两个极点 $z=0, z=p$，其中 $z=0$ 为二阶极点，$z=p$ 为一阶极点，且两极点处留数分别为

$$\mathrm{Res}[f(z),0] = \lim_{z \to 0} \frac{\mathrm{d}}{\mathrm{d}z}[z^2 f(z)]$$

$$= \lim_{z \to 0} \frac{(z - pz^2 - p + p^2 z)\cdot 4z^3 - (1+z^4)(1-2pz+p^2)}{2\mathrm{i}(z - pz^2 - p + p^2 z)^2}$$

$$= -\frac{1+p^2}{2\mathrm{i}p^2}$$

$$\mathrm{Res}[f(z),p] = \lim_{z \to p}[(z-p)f(z)] = \frac{1+p^4}{2\mathrm{i}p^2(1-p^2)}$$

因此

$$I = 2\pi\mathrm{i}\{\mathrm{Res}[f(z),0] + \mathrm{Res}[f(z),p]\}$$

$$= 2\pi\mathrm{i}\left[-\frac{1+p^2}{2\mathrm{i}p^2} + \frac{1+p^4}{2\mathrm{i}p^2(1-p^2)}\right]$$

$$= \frac{2\pi p^2}{1-p^2}$$

对于积分区间不满足要求的积分，可以使用三角函数的倍角公式和偶函数的积分性质，使积分区间满足要求，见例 4.15。

例 4.15 计算 $I = \displaystyle\int_0^{\frac{\pi}{2}} \frac{\mathrm{d}x}{1+\cos^2 x}$。

解：$I = \displaystyle\int_0^{\frac{\pi}{2}} \frac{\mathrm{d}x}{1+\cos^2 x} = \frac{1}{2}\int_{-\frac{\pi}{2}}^{\frac{\pi}{2}} \frac{\mathrm{d}x}{1+\cos^2 x} = \frac{1}{2}\int_{-\frac{\pi}{2}}^{\frac{\pi}{2}} \frac{\mathrm{d}(2x)}{3+\cos 2x} = \frac{1}{2}\int_{-\pi}^{\pi} \frac{\mathrm{d}t}{3+\cos t}$

$$I = \frac{1}{2}\oint_{|z|=1}\frac{1}{iz}\frac{dz}{3+\frac{z+z^{-1}}{2}} = \frac{1}{i}\oint_{|z|=1}\frac{dz}{z^2+6z+1}$$

$$= 2\pi \cdot \operatorname{Res}\left\{\frac{1}{[z-(-3+2\sqrt{2})][z-(-3-2\sqrt{2})]}, -3+2\sqrt{2}\right\} = \frac{\pi}{2\sqrt{2}}$$

第二种思路则是运用添加辅助线的方法,一般可采用以下步骤:第1步,添加辅助曲线,使积分路径构成闭合曲线;第2步,选择一个在围线内除了一些孤立奇点外都解析的被积函数 $F(z)$,使得满足 $F(x)=f(x)$,通常选用 $F(z)=f(z)$,只有少数例外;第3步,计算被积函数 $F(z)$ 在闭合曲线内的每个孤立奇点处的留数,然后求留数之和;第4步,计算辅助曲线上函数 $F(z)$ 的积分值,通常选择辅助线使得积分简单易求,甚至直接为 0。

4.2.2　类型Ⅱ实积分计算(type Ⅱ real integral)

类型Ⅱ为形如 $\int_{-\infty}^{+\infty}f(x)dx$ 的反常积分,其中函数 $f(x)=\frac{P(x)}{Q(x)}$ 为有理函数,多项式 $Q(x)$ 比多项式 $P(x)$ 至少高两次,且 $Q(x)$ 在实轴上无零点。该类积分可以运用以下定理求解。

定理 4.4　设 $f(z)=\frac{P(z)}{Q(z)}$ 为有理函数,$P(z)$ 和 $Q(z)$ 为互质多项式,并且有:①分母 $Q(z)$ 的次数至少比 $P(z)$ 的次数高两次(也写为 $\lim_{z\to\infty}zf(z)=0$);②$Q(z)$ 在实轴上没有零点,上半平面有有限个零点。则有

$$\int_{-\infty}^{\infty}\frac{P(x)}{Q(x)}dx = 2\pi i\sum_{\operatorname{Im}z_k>0}\operatorname{Res}\left[\frac{P(z)}{Q(z)}, z_k\right] \tag{4.2.3}$$

特别地,若被积函数 $f(x)=\frac{P(x)}{Q(x)}$ 为偶函数,则

$$\int_0^{+\infty}f(x)dx = \pi i\sum_{\operatorname{Im}z_k>0}\operatorname{Res}[f(z), z_k] \tag{4.2.4}$$

证明:在 z 平面上,添加辅助线上半圆周 C_R:$|z|=R$,$\operatorname{Im}(z)\geq0$ 和实轴上线段 $x\in[-R,R]$ 围成的闭合围线 C,如图 4.2 所示。取圆周半径 R 充分大,使积分路径 C 包围被积函数 $f(z)=\frac{P(z)}{Q(z)}$ 在上半平面的所有孤立奇点,即包含满足条件 $\operatorname{Im}(z_k)>0$ 的奇点,由留数定理有

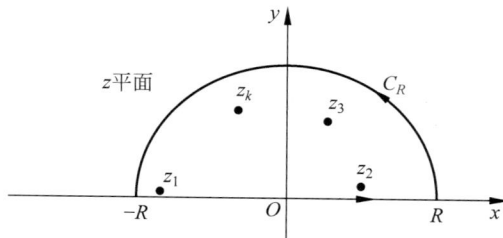

图 4.2　添加辅助线上半圆周 C_R

$$\oint_C f(z)\mathrm{d}z = 2\pi\mathrm{i} \sum_{\mathrm{Im}z_k>0} \mathrm{Res}[f(z),z_k]$$

即

$$\int_{-R}^{R} \frac{P(x)}{Q(x)}\mathrm{d}x + \int_{C_R} f(z)\mathrm{d}z = 2\pi\mathrm{i} \sum_{\mathrm{Im}z_k>0} \mathrm{Res}[f(z),z_k] \qquad (4.2.5)$$

式(4.2.5)取 $\mathrm{Im}z_k>0$,即上半平面的所有奇点留数之和。

当 $R\to+\infty$ 时,以上积分写为

$$\int_{-\infty}^{\infty} \frac{P(x)}{Q(x)}\mathrm{d}x + \lim_{R\to\infty}\int_{C_R} f(z)\mathrm{d}z = 2\pi\mathrm{i} \sum_{\mathrm{Im}z_k>0} \mathrm{Res}[f(z),z_k]$$

如果能够证明 $\lim\limits_{R\to\infty}\int_{C_R} f(z)\mathrm{d}z \to 0$,便可直接得到定理4.4的结论。令 $z=R\mathrm{e}^{\mathrm{i}\theta}$,沿半圆 C_R 逆时针方向从 1 到 -1 积分,则 θ 从 0 变化到 π,且有 $\mathrm{d}z=R\mathrm{i}\mathrm{e}^{\mathrm{i}\theta}\mathrm{d}\theta$,于是有

$$\int_{C_R} f(z)\mathrm{d}z = \int_0^{\pi} f(R\mathrm{e}^{\mathrm{i}\theta})R\mathrm{i}\mathrm{e}^{\mathrm{i}\theta}\mathrm{d}\theta$$

因为 $Q(z)$ 的次数比 $P(z)$ 的次数高两次,于是有

$$\lim_{z\to+\infty} |zf(z)| = 0$$

因此有

$$|zf(z)| = |f(R\mathrm{e}^{\mathrm{i}\theta})R\mathrm{e}^{\mathrm{i}\theta}| \xrightarrow{R\to\infty} 0$$

从而

$$\left|\int_{C_R} f(z)\mathrm{d}z\right| \leqslant \int_0^{\pi} |f(R\mathrm{e}^{\mathrm{i}\theta})R\mathrm{i}\mathrm{e}^{\mathrm{i}\theta}|\mathrm{d}\theta = \int_0^{\pi} |f(R\mathrm{e}^{\mathrm{i}\theta})R\mathrm{e}^{\mathrm{i}\theta}|\mathrm{d}\theta \xrightarrow{R\to\infty} 0$$

即

$$\lim_{|z|=R\to+\infty}\int_{C_R} f(z)\mathrm{d}z = 0$$

故

$$\int_{-\infty}^{+\infty} f(x)\mathrm{d}x = \int_{-\infty}^{+\infty} \frac{P(x)}{Q(x)}\mathrm{d}x = 2\pi\mathrm{i} \sum_{\mathrm{Im}z_k>0} \mathrm{Res}[f(z),z_k] \qquad (4.2.6)$$

例 4.16 计算 $I=\displaystyle\int_{-\infty}^{+\infty} \frac{x^2}{(x^2+a^2)(x^2+b^2)}\mathrm{d}x\ (a>0,b>0)$ 的值。

解:函数 $f(z)=\dfrac{z^2}{(z^2+a^2)(z^2+b^2)}$ 的分母多项式次数高于分子多项式次数两次,且它在上半平面内有两个单极点 $z_1=a\mathrm{i},z_2=b\mathrm{i}$,所以

$$\begin{aligned} I &= 2\pi\mathrm{i}\{\mathrm{Res}[f(z),a\mathrm{i}] + \mathrm{Res}[f(z),b\mathrm{i}]\} \\ &= 2\pi\mathrm{i}\left[\frac{a}{2\mathrm{i}(a^2-b^2)} + \frac{b}{2\mathrm{i}(b^2-a^2)}\right] \\ &= \frac{\pi}{a+b} \end{aligned}$$

例 4.17 计算 $I=\displaystyle\int_0^{+\infty} \frac{1}{x^4+1}\mathrm{d}x$ 的值。

解:函数 $f(z)=\dfrac{1}{z^4+1}$ 的分母多项式次数高于分子多项式次数 4 次,且为偶函数,它在

上半平面内有两个单极点 $z_1 = \mathrm{e}^{\frac{\pi}{4}\mathrm{i}}, z_2 = \mathrm{e}^{\frac{3\pi}{4}\mathrm{i}}$，所以运用式(4.2.4)有

$$I = \int_0^{+\infty} \frac{1}{x^4+1}\mathrm{d}x = \pi\mathrm{i}\left\{\mathrm{Res}\left[f(z), \mathrm{e}^{\frac{\pi}{4}\mathrm{i}}\right] + \mathrm{Res}\left[f(z), \mathrm{e}^{\frac{3\pi}{4}\mathrm{i}}\right]\right\}$$

$$= \pi\mathrm{i}\left[\frac{1}{4\mathrm{e}^{\frac{3\pi}{4}\mathrm{i}}} + \frac{1}{4\mathrm{e}^{\frac{9\pi}{4}\mathrm{i}}}\right] = \frac{\pi}{4}\mathrm{i}(\mathrm{e}^{-\frac{3\pi}{4}\mathrm{i}} + \mathrm{e}^{-\frac{9\pi}{4}\mathrm{i}})$$

$$= \frac{\sqrt{2}}{4}\pi$$

4.2.3　类型Ⅲ实积分计算(type Ⅲ real integral)

类型Ⅲ实积分计算

形如 $\int_{-\infty}^{+\infty} f(x)\mathrm{e}^{\mathrm{i}ax}\mathrm{d}x(a>0)$，$\int_{-\infty}^{+\infty} f(x)\sin ax\,\mathrm{d}x(a>0)$ 和 $\int_{-\infty}^{+\infty} f(x)\cos ax\,\mathrm{d}x(a>0)$ 的积分统称为类型 Ⅲ。其中，$f(x)$ 为有理分式函数，分母的次数至少比分子的次数高一次，且分母在实轴上没有零点。

为给出计算这类积分的定理，先介绍约当引理(证明略)。

约当引理　设 C_R 为 $|z|=R$ 的上半圆周，函数 $f(z)$ 在 C_R 上连续且 $\lim\limits_{z\to\infty} f(z)=0$，则

$$\lim_{|z|=R\to+\infty}\int_{C_R} f(z)\mathrm{e}^{\mathrm{i}az}\mathrm{d}z = 0, \quad a>0 \tag{4.2.7}$$

定理 4.5　对于积分 $\int_{-\infty}^{+\infty} f(x)\mathrm{e}^{\mathrm{i}ax}\mathrm{d}x,(a>0)$，若取函数 $F(z)=f(z)\mathrm{e}^{\mathrm{i}az}$，并且满足

① 函数 $F(z)=f(z)\mathrm{e}^{\mathrm{i}az}$ 在 z 平面内除有限个奇点 $z_k(k=1,2,\cdots,n)$ 外处处解析，且实轴上无奇点；② $f(x)$ 为有理分式函数，分母的次数至少比分子的次数高一次。则有

$$\int_{-\infty}^{+\infty} f(x)\mathrm{e}^{\mathrm{i}ax}\mathrm{d}x(a>0) = 2\pi\mathrm{i}\sum_{\mathrm{Im}z_k>0}\mathrm{Res}[F(z),z_k] \tag{4.2.8}$$

证明：添加辅助线上半圆周 C_R：$|z|=R[\mathrm{Im}(z)\geqslant 0]$，与实轴上线段 $-R\leqslant x\leqslant R(\mathrm{Im}(z)=0)$ 围成闭合路径 C。R 取充分大，使 C 所围区域包含被积函数 $f(z)\mathrm{e}^{\mathrm{i}az}$ 在上半平面内的所有孤立奇点，即包围满足条件 $\mathrm{Im}(z_k)>0$ 的奇点，由留数定理可得

$$\oint_C f(z)\mathrm{e}^{\mathrm{i}az}\mathrm{d}z = 2\pi\mathrm{i}\sum_{\mathrm{Im}z_k>0}\mathrm{Res}[f(z)\mathrm{e}^{\mathrm{i}az},z_k]$$

即

$$\int_{-R}^{R} f(x)\mathrm{e}^{\mathrm{i}ax}\mathrm{d}x + \int_{C_R} f(z)\mathrm{e}^{\mathrm{i}az}\mathrm{d}z = 2\pi\mathrm{i}\sum_{\mathrm{Im}z_k>0}\mathrm{Res}[f(z)\mathrm{e}^{\mathrm{i}az},z_k]$$

类似于类型Ⅱ，只需要证明第二项在 $R\to\infty$ 时为 0 即可证明定理 4.5。因为 $f(x)$ 的分母多项式次数至少比分子多项式次数高 1 次，因此有 $\lim\limits_{z\to\infty} f(z)=0$，由约当引理可知

$$\lim_{|z|=R\to+\infty}\int_{C_R} f(z)\mathrm{e}^{\mathrm{i}az}\mathrm{d}z = 0 \quad (a>0)$$

故

$$\int_{-\infty}^{+\infty} f(x)\mathrm{e}^{\mathrm{i}ax}\mathrm{d}x = 2\pi\mathrm{i}\sum_{\mathrm{Im}z_k>0}\mathrm{Res}[f(z)\mathrm{e}^{\mathrm{i}az},z_k]$$

运用欧拉公式 $\mathrm{e}^{\mathrm{i}ax} = \cos ax + \mathrm{i}\sin ax$，上式左侧可展开为两个积分，即

$$\int_{-\infty}^{+\infty} f(x)\cos ax\,\mathrm{d}x + \mathrm{i}\int_{-\infty}^{+\infty} f(x)\sin ax\,\mathrm{d}x = 2\pi\mathrm{i}\sum_{\mathrm{Im}z_k>0}\mathrm{Res}[F(z),z_k] \qquad (4.2.9)$$

若 $f(x)$ 为偶函数,则 $\int_{-\infty}^{+\infty} f(x)\sin ax\,\mathrm{d}x = 0$,有

$$\int_0^{+\infty} f(x)\cos ax\,\mathrm{d}x = \pi\mathrm{i}\sum_{\mathrm{Im}z_k>0}\mathrm{Res}[F(z),z_k] \qquad (4.2.10)$$

若 $f(x)$ 为奇函数,则有

$$\int_0^{+\infty} f(x)\sin ax\,\mathrm{d}x = \pi\sum_{\mathrm{Im}z_k>0}\mathrm{Res}[F(z),z_k] \qquad (4.2.11)$$

例 4.18　计算 $I = \int_0^{+\infty} \dfrac{\cos x}{x^2+a^2}\mathrm{d}x\,(a>0)$ 的值。

解:因为被积函数为偶函数,所以原积分

$$I = \frac{1}{2}\int_{-\infty}^{+\infty}\frac{\cos x}{x^2+a^2}\mathrm{d}x$$

先计算 $J = \int_{-\infty}^{+\infty}\dfrac{1}{x^2+a^2}\mathrm{e}^{\mathrm{i}x}\mathrm{d}x$ 的值,函数 $\dfrac{\mathrm{e}^{\mathrm{i}z}}{z^2+a^2}$ 在实轴上无奇点,上半平面有一个单极点 $a\mathrm{i}$,因此

$$J = 2\pi\mathrm{i}\mathrm{Res}\left[\frac{\mathrm{e}^{\mathrm{i}z}}{z^2+a^2},a\mathrm{i}\right] = 2\pi\mathrm{i}\,\frac{\mathrm{e}^{-a}}{2a\mathrm{i}} = \frac{\pi}{a}\mathrm{e}^{-a}$$

从而有

$$I = \frac{1}{2}\int_{-\infty}^{+\infty}\frac{\cos x}{x^2+a^2}\mathrm{d}x = \frac{1}{2}\mathrm{Re}(J) = \frac{\pi}{2a}\mathrm{e}^{-a}$$

当然,本例也可以运用式(4.2.10)求得。考虑类型Ⅲ的通用性,建议使用式(4.2.9),这样无论被积函数 $f(x)$ 为奇函数、偶函数或者非奇非偶函数都可以完成形如 $\int_{-\infty}^{+\infty} f(x)\cos ax\,\mathrm{d}x$,$\int_{-\infty}^{+\infty} f(x)\sin ax\,\mathrm{d}x$ 积分的计算。只需要构建 $F(z) = \dfrac{\mathrm{e}^{\mathrm{i}z}}{z^2+a^2}$,计算 $2\pi\mathrm{i}\sum_{\mathrm{Im}z_k>0}\mathrm{Res}[F(z),z_k]$,然后取其实部或虚部。

例 4.19　计算 $I = \int_{-\infty}^{+\infty}\dfrac{x\sin x}{x^2-2x+10}\mathrm{d}x$ 的值。

解:被积函数 $f(x) = \dfrac{x}{x^2-2x+10}$ 既不是奇函数,也不是偶函数。首先计算 $J = \int_{-\infty}^{+\infty}\dfrac{x}{x^2-2x+10}\mathrm{e}^{\mathrm{i}x}\mathrm{d}x$ 的值,然后取其虚部。

函数 $F(z) = \dfrac{z}{z^2-2z+10}\mathrm{e}^{\mathrm{i}z}$ 在上半平面有一个单极点 $z=1+3\mathrm{i}$,因此

$$J = \int_{-\infty}^{+\infty}\frac{x}{x^2-2x+10}\mathrm{e}^{\mathrm{i}x}\mathrm{d}x = 2\pi\mathrm{i}\mathrm{Res}\left[\frac{z}{z^2-2z+10}\cdot\mathrm{e}^{\mathrm{i}z},1+3\mathrm{i}\right]$$

$$= 2\pi\mathrm{i}\cdot\frac{1+3\mathrm{i}}{6\mathrm{i}}\mathrm{e}^{\mathrm{i}(1+3\mathrm{i})}$$

$$= \frac{\pi}{3} e^{-3} \left[(\cos 1 - 3\sin 1) + i(3\cos 1 + \sin 1) \right]$$

故原积分

$$I = \text{Im}(J) = \frac{\pi}{3} e^{-3} (3\cos 1 + \sin 1)$$

4.3　其他类型的实积分计算（calculation of other real integral）

4.2 节介绍的三类积分问题,都要求被积函数在积分路径实轴上没有奇点,但实际常常会遇到在积分路径上有奇点的情形。下面通过具体的例子来说明,当被积函数积分路径上出现奇点时,该如何运用留数定理计算实积分。

例 4.20　计算 $I = \int_0^{+\infty} \frac{\sin x}{x} dx$ 的值。

解：因为 $\frac{\sin x}{x}$ 是偶函数,因此有

$$I = \int_0^{+\infty} \frac{\sin x}{x} dx = \frac{1}{2} \int_{-\infty}^{+\infty} \frac{\sin x}{x} dx$$

该积分形式上属于 $\int_{-\infty}^{+\infty} f(x)\sin ax\, dx$（类型 Ⅲ）,只是实轴上存在奇点。计算时仍取被积函数为 $\frac{e^{iz}}{z}$,函数 $\frac{e^{iz}}{z}$ 在实轴上有单极点 $z=0$。为了使积分路径不经过奇点,取如图 4.3 所示的闭合路径 $C = C_1 + C_r + C_2 + C_R$。

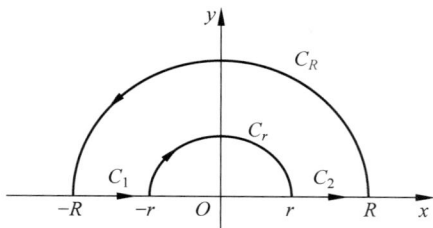

图 4.3　积分路径 $C = C_1 + C_r + C_2 + C_R$

因为 $\frac{e^{iz}}{z}$ 在 C 所包围的区域内解析,所以有 $\oint_C \frac{e^{iz}}{z} dz = 0$。 即

$$\underbrace{\int_{-R}^{-r} \frac{e^{ix}}{x} dx}_{①} + \underbrace{\int_{C_r} \frac{e^{iz}}{z} dz}_{②} + \underbrace{\int_r^R \frac{e^{ix}}{x} dx}_{③} + \underbrace{\int_{C_R} \frac{e^{iz}}{z} dz}_{④} = 0 \tag{4.3.1}$$

当 $r \to 0, R \to \infty$ 时,第①和③项的和即为所求积分 $\int_{-\infty}^{\infty} \frac{e^{ix}}{x} dx$。 由约当引理知,第④项为 0,即 $\lim_{R \to +\infty} \int_{C_R} \frac{e^{iz}}{z} dz = 0$。 只需要求出当 $r \to 0$ 时第②项 $\int_{C_r} \frac{e^{iz}}{z} dz$ 的值。因为被积函数在 $z=0$ 的邻域上可以展开为洛朗级数

$$\frac{e^{iz}}{z} = \frac{1}{z} + i - \frac{z}{2!} + \cdots + \frac{i^n z^{n-1}}{n!} + \cdots = \frac{1}{z} + \varphi(z) \tag{4.3.2}$$

其中,解析部分

$$\varphi(z) = i - \frac{z}{2!} + \cdots + \frac{i^n z^{n-1}}{n!} + \cdots \tag{4.3.3}$$

因此

$$\int_{C_r} \frac{e^{iz}}{z} dz = \int_{C_r} \frac{dz}{z} + \int_{C_r} \varphi(z) dz \tag{4.3.4}$$

右侧第一项

$$\int_{C_r} \frac{dz}{z} = \int_\pi^0 \frac{ir e^{i\theta}}{r e^{i\theta}} d\theta = -\pi i \tag{4.3.5}$$

$\varphi(z)$ 在 $z=0$ 处解析,且有 $\varphi(0)=i$,因而当 $|z|$ 充分小时,可使 $|\varphi(z)| \leqslant 2$,于是第二项

$$\left| \int_{C_r} \varphi(z) dz \right| \leqslant \int_{C_r} |\varphi(z)| ds \leqslant 2 \int_{C_r} ds = 2\pi r \xrightarrow[r \to 0]{} 0$$

从而有

$$\lim_{r \to 0} \int_{C_r} \varphi(z) dz = 0 \tag{4.3.6}$$

因此

$$\lim_{r \to 0} \int_{C_r} \frac{e^{iz}}{z} dz = -\pi i \tag{4.3.7}$$

从而有

$$\int_{-\infty}^0 \frac{e^{ix}}{x} dx - \pi i + \int_0^{+\infty} \frac{e^{ix}}{x} dx + 0 = 0 \tag{4.3.8}$$

即

$$\int_{-\infty}^{+\infty} \frac{e^{ix}}{x} dx = \pi i \tag{4.3.9}$$

因此有

$$\int_{-\infty}^{+\infty} \frac{\sin x}{x} dx = \text{Im}\left(\int_{-\infty}^{+\infty} \frac{e^{ix}}{x} dx \right) = \pi \tag{4.3.10}$$

故

$$I = \int_0^{+\infty} \frac{\sin x}{x} dx = \frac{\pi}{2} \tag{4.3.11}$$

此积分通常称为狄利克雷积分,在阻尼振动、信号分析等学科中十分有用。

例 4.21 求积分 $\oint_{|z|=\sqrt{2}} \frac{dz}{z^n - 1}$,其中整数 $n \geqslant 1$。

解:当 $n=1$ 时,显然 $z=1$ 为被积函数的一阶极点,由留数定理有

$$\oint_{|z|=\sqrt{2}} \frac{dz}{z-1} = 2\pi i \text{Res}\left[\frac{1}{z-1} \right] \Big|_{z=1} = 2\pi i \times \lim_{z \to 1} \left[(z-1) \frac{1}{z-1} \right] = 2\pi i$$

当 $n \geqslant 2$ 时,显然任意一个奇点 $z=z_k$ 均为被积函数的一阶极点,根据孤立奇点的留数定理有

$$\oint_{|z|=\sqrt{2}} \frac{1}{z^n-1} dz = \oint_{|z|=\sqrt{2}} \frac{1}{(z-z_1)(z-z_2)\cdots(z-z_k)\cdots(z-z_n)} dz$$

$$= 2\pi i \sum_{k=1}^{n} \text{Res} \left[\frac{1}{z^n-1} \right] \Bigg|_{z=z_k}$$

$$= 2\pi i \sum_{k=1}^{n} \frac{1}{nz^{n-1}} \Bigg|_{z=z_k} = \frac{2\pi i}{n} \sum_{k=1}^{n} \frac{1}{z_k^{n-1}} \quad (\text{因为 } z_k = e^{i2k\pi/n}, z_k^n = 1, k = 1,2,\cdots,n)$$

$$= \frac{2\pi i}{n} \sum_{k=1}^{n} \frac{z_k}{z_k^n} = \frac{2\pi i}{n} \sum_{k=1}^{n} e^{i\frac{2\pi}{n}} = \frac{2\pi i}{n} \sum_{k=1}^{n} \left(e^{i\frac{2\pi}{n}} \right)^k = \frac{2\pi i}{n} \cdot \frac{1 - \left(e^{i\frac{2\pi}{n}} \right)^n}{1 - e^{i\frac{2\pi}{n}}}$$

$$= \frac{2\pi i}{n} \cdot \frac{1-1}{1 - e^{i\frac{2\pi}{n}}} = 0$$

例 4.22 计算积分 $I = \int_0^\pi \frac{\cos mx}{5 - 4\cos x} dx$，其中 m 为正整数。

解：因为积分号下的函数为偶函数，故

$$I = \frac{1}{2} \int_{-\pi}^{\pi} \frac{\cos mx}{5 - 4\cos x} dx$$

由于积分 $\int_{-\pi}^{\pi} \frac{\sin mx}{5 - 4\cos x} dx = 0$，因此

$$I = \frac{1}{2} \int_{-\pi}^{\pi} \frac{\cos mx + i\sin mx}{5 - 4\cos x} dx = \frac{1}{2} \int_{-\pi}^{\pi} \frac{e^{imx}}{5 - 4\cos x} dx$$

设 $z = e^{ix}$，则

$$I = \frac{1}{2i} \int_{|z|=1} \frac{z^m}{5z - 2(1+z^2)} dz$$

在 $|z| < 1$ 内，被积函数仅有一个一阶极点 $z = \frac{1}{2}$，其留数为

$$\text{Res} \left[\frac{z^m}{5z - 2(1+z^2)}, \frac{1}{2} \right] = \frac{z^m}{5 - 4z} \Bigg|_{z=\frac{1}{2}} = \frac{1}{3 \times 2^m}$$

于是

$$I = \frac{1}{2i} \cdot 2\pi i \cdot \frac{1}{2^m \times 3} = \frac{\pi}{2^m \times 3}$$

从例 4.21 和例 4.22 可以看出，适当使用复数计算技巧，可以大大简化运算。

4.4　基于 MATLAB 的回路积分计算(loop integral calculation based on MATLAB)

对于解析函数的非闭合路径积分，可用函数 int 计算积分 $\int_{z1}^{z2} f(z)dz$，调用格式：

int(f(z),z,z1,z2)

例 4.23 编程求积分 $x1=\int_{\frac{\pi}{6}i}^{0}\cosh 3z\,\mathrm{d}z$ 和 $x2=\int_{0}^{i}(z-1)\mathrm{e}^{-z}\,\mathrm{d}z$。

解：MATLAB 代码如下：

```
syms z
x1=int(cosh(3*z),z,pi/6*i,0)
x2=int((z-1)*exp(-z),z,0,i)
```

运行结果为：

```
x1=-1/3*i
x2=-i/exp(i)
```

对闭合路径的积分，可先计算闭合区域内各独立奇点的留数，再利用留数定理得到积分值。

例 4.24 仿真计算积分 $\oint_C \dfrac{z}{z^4-1}\mathrm{d}z$ 的值，其中 C 是以原点为圆心、半径为 2 的正向圆周 $|z|=2$。

解：MATLAB 代码如下：

```
[R,P,K]=residue([1,0],[1,0,0,0,-1])    %计算 z/(z⁴-1) 的所有极点,存于 P,相应留数存于 R
S=2*pi*i*sum(R)                         %计算回路积分
```

仿真结果为：

```
R=0.2500
  0.2500
  -0.2500+0.0000i
  -0.2500-0.0000i
P=-1.0000
  1.0000
  0.0000+1.0000i
  0.0000-1.0000i
K=[]
S=0
```

因此，原积分等于 0。

第 4 章 习题

1. 求下列函数在各孤立奇点的留数（其中 n,m 为自然数）。

(1) $f(z)=\dfrac{1}{z(z-1)^2}$；

(2) $f(z)=z^n\sin\dfrac{1}{z}$；

(3) $f(z)=\dfrac{\mathrm{e}^z-1}{z^5}$；

(4) $f(z)=\dfrac{\mathrm{e}^{z^2}}{(z-1)^2}$；

(5) $f(z)=\dfrac{\mathrm{e}^z}{(z-1)^2}$；

(6) $f(z)=\mathrm{e}^{\frac{1}{z-1}}$；

(7) $f(z) = \dfrac{z^2}{\cos z - 1}$;　　　　　　(8) $f(z) = z^3 \cos \dfrac{1}{z-2}$;

(9) $f(z) = \dfrac{1}{(z-\alpha)(z-\beta)^m}$;　　　(10) $f(z) = \dfrac{1}{1+z^{2m}}$, m 为正整数。

2. 计算下列回路积分。

(1) $\oint_C \dfrac{1}{(z^2+1)(z-1)^2} dz$, $C: |z-1| = 1$;

(2) $\oint_C \dfrac{1}{(z^2+1)(z-1)^2} dz$, $C: |z-i| = 1$;

(3) $\oint_C \dfrac{1}{(z^2+1)(z-1)^2} dz$, $C: |z| = 2$;

(4) $\oint_{|z|=2} \dfrac{1}{(z-3)(z^4-1)} dz$;

(5) $\oint_{|z|=3} \cot^3 z\, dz$;

(6) $\oint_{|z|=1} \dfrac{z \sin z}{(1-e^z)^3} dz$。

3. 计算下列积分。

(1) $\displaystyle\int_0^{2\pi} \dfrac{1}{2+\cos\theta} d\theta$;　　　　　(2) $\displaystyle\int_0^{2\pi} \cos^{2n}\theta\, d\theta$;

(3) $\displaystyle\int_0^{2\pi} \dfrac{d\theta}{1+\cos^2\theta}$;　　　　　(4) $\displaystyle\int_0^{2\pi} \dfrac{d\theta}{1-2p\cos\theta+p^2}$, $p>0$;

(5) $\displaystyle\int_0^{\frac{\pi}{2}} \dfrac{1}{1+\cos^2 x} dx$。

4. 求下列函数在指定点处的留数。

(1) $\dfrac{z}{(z-1)(z+1)^2}$, 在 $z=\pm 1, \infty$;　　(2) $\dfrac{e^z-1}{\sin^3 z}$, 在 $z=0$;

(3) $e^{\frac{a}{2}(z-\frac{1}{z})}$, 在 $z=0$。

5. 计算下列回路积分。

(1) $\oint_l \dfrac{dz}{z^4+1}$, $l: x^2+y^2 = 2x$;　　　(2) $\oint_l \dfrac{dz}{(z-3)(z^5-1)}$, $l: |z| = 2$。

6. 计算下列积分。

(1) $\displaystyle\int_{-\infty}^{\infty} \dfrac{1+x^2}{1+x^4} dx$;　　　　　(2) $\displaystyle\int_0^{\infty} \dfrac{\cos ax}{1+x^4} dx$ $(a>0)$。

7. 利用 MATLAB 求函数 $f(z) = \dfrac{z^3-z^2+1}{(z-1)(z-3)}$ 在所有奇点处的留数。

8. 利用 MATLAB 计算积分 $\displaystyle\int_{|z|=2} \dfrac{1}{(z+i)^{10}(z-1)(z-3)} dz$ 的值。

第二篇　数学物理方程及求解方法

"万物皆方程"，空气中的雾霾扩散规律，一个地区的天气变化，地震、海啸、沙尘暴等灾难的预测，都是通过求解数学物理方程来实现的。处理这些自然界物理问题时，我们通常先写出数学物理方程及定解条件，从而将物理问题归结为数学上的定解问题，接着采用一定方法对定解问题进行求解并给出物理解释。在本篇中，我们将徘徊于数学和物理之间，最终完成定解问题的求解。

本篇以数学物理定解问题的建立和求解为主线，内容包括数学物理定解问题的重要概念，以及行波法、分离变量法、保角变换法及数值解法等求解方法。在分离变量法中，我们将使用经典的傅里叶级数及广义傅里叶级数，常常需要将定义在有限区间上的函数展开为傅里叶级数，因此将傅里叶级数部分放在第 5 章。

傅里叶级数

第 3 章讨论了幂级数,幂级数是函数项级数中最基本的一类。当一个函数满足一定条件时,可以将其写为幂级数展开式。一个函数的幂级数展开式只依赖函数在展开点处的各阶导数,这是 Taylor 级数的优点。但从另一方面看,这又是它的缺点,因为求任意阶导数并不容易,而且许多函数难以满足这样严格的条件。本章将讨论另外一类无穷项级数,即傅里叶级数,该级数的展开不需要这么严格的条件。本章首先介绍傅里叶级数的基本概念,然后讨论定义在有限区间上函数的傅里叶展开,最后运用 MATLAB 实现傅里叶级数的可视化。

傅里叶级数由法国数学家约瑟夫·傅里叶于 1822 年提出,是一种非常重要的数学工具。其核心内容是:满足一定条件的函数可以表示为某个基本函数族叠加的表达式,最常见的是傅里叶正弦函数族和傅里叶余弦函数族。在第 7 章的分离变量法中,将会用到这两类级数。第 8 章则会介绍其他基本函数族,并定义广义傅里叶级数,这种无穷多项叠加的级数在很多重要的经典数理边值问题中都会用到。

学习目标:

■ 掌握周期函数傅里叶级数的定义、实际意义及收敛性;

■ 掌握有限区间上函数在给定边界条件下的傅里叶级数展开;

■ 了解复数形式的傅里叶级数;

■ 了解 MATLAB 在傅里叶级数可视化中的应用。

5.1 周期函数的傅里叶展开(Fourier expansion of periodic function)

本节介绍周期函数傅里叶级数的定义,傅里叶系数的计算及傅里叶级数展开的实际意义,并讨论其收敛性。

5.1.1 傅里叶级数的定义(definition of Fourier series)

假设函数 $f(x)$ 的周期为 $2l$,即

$$f(x+2l)=f(x) \tag{5.1.1}$$

则可取三角函数族(a family of trigonometric functions)

$$1, \cos\frac{\pi x}{l}, \cos\frac{2\pi x}{l}, \cdots, \cos\frac{k\pi x}{l}, \cdots$$

$$\sin\frac{\pi x}{l}, \sin\frac{2\pi x}{l}, \cdots, \sin\frac{k\pi x}{l}, \cdots \tag{5.1.2}$$

傅里叶
级数 1

作为基本函数族(basic function family),将 $f(x)$ 展开为傅里叶级数

$$f(x) = a_0 + \sum_{k=1}^{\infty} \left(a_k \cos \frac{k\pi x}{l} + b_k \sin \frac{k\pi x}{l} \right) \tag{5.1.3}$$

式(5.1.3)称为周期函数 $f(x)$ 的傅里叶级数展开式(Fourier series expansion)。其中,系数 $a_0, a_k, b_k (k=1,2,3,\cdots)$ 称为该傅里叶级数的傅里叶系数(Fourier coefficients)。

在以上的傅里叶级数展开式中,三角函数族是正交的(orthogonal),也就是说,其中任意两个函数的乘积在一个周期 $(-l, l)$ 上的积分等于 0,即

$$\begin{cases} \displaystyle\int_{-l}^{l} 1 \cdot \cos \frac{k\pi x}{l} \mathrm{d}x = 0, & k = 1,2,3,\cdots \\[2mm] \displaystyle\int_{-l}^{l} 1 \cdot \sin \frac{k\pi x}{l} \mathrm{d}x = 0, & k = 1,2,3,\cdots \\[2mm] \displaystyle\int_{-l}^{l} \cos \frac{k\pi x}{l} \cdot \cos \frac{n\pi x}{l} \mathrm{d}x = 0, & k \neq n \\[2mm] \displaystyle\int_{-l}^{l} \cos \frac{k\pi x}{l} \cdot \sin \frac{n\pi x}{l} \mathrm{d}x = 0, & k = 1,2,3,\cdots \\[2mm] \displaystyle\int_{-l}^{l} \sin \frac{k\pi x}{l} \cdot \sin \frac{n\pi x}{l} \mathrm{d}x = 0, & k \neq n \end{cases} \tag{5.1.4}$$

利用三角函数族的正交性可以求得周期函数 $f(x)$ 傅里叶级数展开式的傅里叶系数。比如,对式(5.1.3)两侧求 $(-l, l)$ 上的积分,有

$$\int_{-l}^{l} f(x) \mathrm{d}x = \int_{-l}^{l} a_0 \mathrm{d}x + \int_{-l}^{l} \sum_{k=1}^{\infty} \left(a_k \cos \frac{k\pi x}{l} + b_k \sin \frac{k\pi x}{l} \right) \mathrm{d}x \tag{5.1.5}$$

右侧第二项交换积分和求和的顺序,有

$$\int_{-l}^{l} f(x) \mathrm{d}x = \int_{-l}^{l} a_0 \mathrm{d}x + \sum_{k=1}^{\infty} \left(a_k \int_{-l}^{l} \cos \frac{k\pi x}{l} \mathrm{d}x + b_k \int_{-l}^{l} \sin \frac{k\pi x}{l} \mathrm{d}x \right) \tag{5.1.6}$$

由正交性有右侧第二项和第三项积分为 0,因此

$$\int_{-l}^{l} f(x) \mathrm{d}x = 2l \cdot a_0 \tag{5.1.7}$$

即

$$a_0 = \frac{1}{2l} \int_{-l}^{l} f(x) \mathrm{d}x \tag{5.1.8}$$

对式(5.1.3)两侧乘以 $\cos \dfrac{n\pi x}{l}$,并在区间 $(-l, l)$ 上积分有

$$\int_{-l}^{l} f(x) \cos \frac{n\pi x}{l} \mathrm{d}x = \int_{-l}^{l} a_0 \cos \frac{n\pi x}{l} \mathrm{d}x + \int_{-l}^{l} \cos \frac{n\pi x}{l} \sum_{k=1}^{\infty} \left(a_k \cos \frac{k\pi x}{l} + b_k \sin \frac{k\pi x}{l} \right) \mathrm{d}x \tag{5.1.9}$$

由正交性可知,右侧第一项为 0,第二项交换积分和求和的顺序,并运用正交性有

$$\int_{-l}^{l} f(x) \cos \frac{n\pi x}{l} \mathrm{d}x = a_n \int_{-l}^{l} \cos^2 \frac{n\pi x}{l} \mathrm{d}x \tag{5.1.10}$$

可求得

$$a_n = \frac{1}{l} \int_{-l}^{l} f(x) \cos \left(\frac{n\pi x}{l} \right) \mathrm{d}x \tag{5.1.11}$$

同理,对式(5.1.3)两侧乘以 $\sin\dfrac{n\pi x}{l}$,可求得

$$b_n = \frac{1}{l}\int_{-l}^{l} f(x)\sin\left(\frac{n\pi x}{l}\right)\mathrm{d}x \tag{5.1.12}$$

整理系数的计算公式有

$$\begin{cases} a_0 = \dfrac{1}{2l}\displaystyle\int_{-l}^{l} f(x)\,\mathrm{d}x \\[2mm] a_k = \dfrac{1}{l}\displaystyle\int_{-l}^{l} f(x)\cos\left(\dfrac{k\pi x}{l}\right)\mathrm{d}x \\[2mm] b_k = \dfrac{1}{l}\displaystyle\int_{-l}^{l} f(x)\sin\left(\dfrac{k\pi x}{l}\right)\mathrm{d}x \end{cases} \tag{5.1.13}$$

以上公式需要牢记并熟练应用。

5.1.2 傅里叶级数的实际意义(practical meaning of Fourier series)

那么傅里叶级数的实际意义是什么呢?观察傅里叶级数的形式可以看出,任何周期信号都可以分解为无穷多项不同频率正弦/余弦信号的叠加。任何非周期函数都可以看成周期为∞的周期函数,那么任何连续测量的时序或信号都可以表示为不同频率正弦波信号的无限叠加。根据该原理创立的傅里叶变换算法利用测量到的原始信号,可以分析信号中不同正弦波信号的频率、振幅和相位。这是数字信号处理领域中非常重要的一种算法,将在信号与系统课程中学习。

5.1.3 傅里叶级数的收敛性(convergence of Fourier series)

傅里叶级数是无穷级数,需要讨论其收敛性。

狄利克雷定理(theorem of Dirichlet) 若函数 $f(x)$ 处处连续,或在每个周期内只有有限个第一类间断点(左极限及右极限都存在);函数在每个周期内只有有限个极值点,则级数收敛,且在收敛点有

$$a_0 + \sum_{k=1}^{\infty}\left(a_k\cos\frac{k\pi x}{l} + b_k\sin\frac{k\pi x}{l}\right) = f(x) \tag{5.1.14}$$

在间断点有

$$a_0 + \sum_{k=1}^{\infty}\left(a_k\cos\frac{k\pi x}{l} + b_k\sin\frac{k\pi x}{l}\right) = \frac{1}{2}[f(x+0) + f(x-0)] \tag{5.1.15}$$

例 5.1 假设有矩形波,函数曲线如图 5.1 所示,即

$$u(t) = \begin{cases} -1, & -\pi < t \leqslant 0 \\ 1, & 0 < t \leqslant \pi \end{cases}$$

将该函数展开为傅里叶级数。

解: 函数满足狄利克雷充分条件,在连续点级数收敛于 $f(x)$,在不连续点 $x = k\pi(k = 0, \pm 1, \pm 2, \cdots)$,级数收敛于

图 5.1 矩形波

$$\frac{f(\pi-0)+f(\pi+0)}{2}=\frac{1+(-1)}{2}=0$$

代入式(5.1.13),有

$$a_0=\frac{1}{2\pi}\int_{-\pi}^{\pi}f(t)\mathrm{d}t=0$$

$$a_k=\frac{1}{\pi}\int_{-\pi}^{\pi}f(t)\cos\left(\frac{k\pi t}{\pi}\right)\mathrm{d}t=0$$

$$b_k=\frac{2}{\pi}\int_{0}^{\pi}\sin\left(\frac{k\pi t}{\pi}\right)\mathrm{d}t=2\cdot\frac{1-(-1)^k}{k\pi}=\begin{cases}\dfrac{4}{(2n+1)\pi}, & k=2n+1 \quad (n=0,1,2,\cdots)\\[2mm] 0, & k=2n \quad (n=0,1,2,\cdots)\end{cases}$$

因此,矩形波的傅里叶级数展开式为

$$u(t)=\sum_{n=0}^{\infty}\frac{4}{(2n+1)\pi}\sin(2n+1)t$$

也就是说,矩形波可以展开为无穷多个不同频率正弦波的叠加

$$\frac{4}{\pi}\sin t,\frac{4}{\pi}\cdot\frac{1}{3}\sin 3t,\frac{4}{\pi}\cdot\frac{1}{5}\sin 5t,\frac{4}{\pi}\cdot\frac{1}{7}\sin 7t,\cdots$$

绘制 N 项($N=1,N=2,N=3,N=4,N=6,N=11$)级数和并与矩形波对比,如图 5.2 所示。

(a) N=1

(b) N=2

(c) N=3

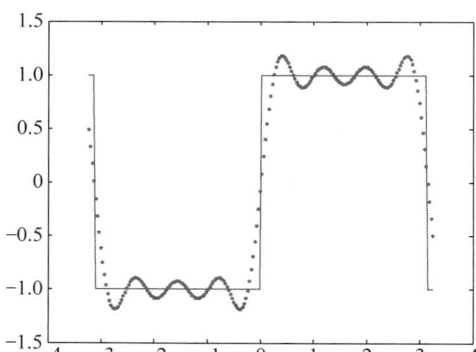

(d) N=4

图 5.2　矩形波的傅里叶逼近

(e) $N=6$ (f) $N=11$

图 5.2 （续）

可以看出，项数越多，傅里叶级数越逼近矩形波，这提供了一个实验室内运用正弦波发生器生成矩形波的方法。

5.2 奇函数及偶函数的傅里叶展开（Fourier expansion of odd and even function）

5.1 节介绍了形如

$$f(x) = a_0 + \sum_{k=1}^{\infty} \left(a_k \cos \frac{k\pi x}{l} + b_k \sin \frac{k\pi x}{l} \right)$$

的傅里叶级数。一般来说，一个周期函数的傅里叶级数既含有正弦项，又含有余弦项。但也有一些函数的傅里叶级数只含有正弦项或者只含有常数项和余弦项。观察系数的计算公式

$$\begin{cases} a_0 = \dfrac{1}{2l} \displaystyle\int_{-l}^{l} f(x) \, \mathrm{d}x \\ a_k = \dfrac{1}{l} \displaystyle\int_{-l}^{l} f(x) \cos\left(\dfrac{k\pi x}{l}\right) \mathrm{d}x \\ b_k = \dfrac{1}{l} \displaystyle\int_{-l}^{l} f(x) \sin\left(\dfrac{k\pi x}{l}\right) \mathrm{d}x \end{cases}$$

当周期函数为奇函数时，$a_k = 0 (k=0,1,2,\cdots)$，傅里叶级数只有正弦项；当周期函数为偶函数时，$b_k = 0 (k=1,2,3,\cdots)$，傅里叶级数只有余弦项。下面给出傅里叶余弦级数和傅里叶正弦级数的定义。

傅里叶正弦级数 若周期函数 $f(x)$ 是奇函数，则展开式为

$$f(x) = \sum_{k=1}^{\infty} b_k \sin \frac{k\pi x}{l} \tag{5.2.1}$$

式(5.2.1)称为傅里叶正弦级数(Fourier sine series)，由对称性可得展开系数

$$b_k = \frac{2}{l} \int_0^l f(x) \sin\left(\frac{k\pi x}{l}\right) \mathrm{d}x \tag{5.2.2}$$

傅里叶余弦级数 若周期函数 $f(x)$ 是偶函数，则展开式为

$$f(x) = a_0 + \sum_{k=1}^{\infty} a_k \cos\left(\frac{k\pi x}{l}\right) \qquad (5.2.3)$$

式(5.2.3)称为傅里叶余弦级数(Fourier cosine series),由对称性可得展开系数

$$a_0 = \frac{1}{l}\int_0^l f(x)\,\mathrm{d}x \qquad (5.2.4)$$

$$a_k = \frac{2}{l}\int_0^l f(x)\cos\left(\frac{k\pi x}{l}\right)\mathrm{d}x \qquad (5.2.5)$$

容易验证,傅里叶正弦级数在 $x=0$,$x=l$ 处均为 0,而傅里叶余弦级数的导数在 $x=0$, $x=l$ 处为 0。

例 5.2 如图 5.3 所示,$f(x)$ 是周期为 2π 的周期函数,它在 $(-\pi,\pi)$ 上的表达式为 $f(x)=x$,将 $f(x)$ 展开成傅里叶级数。

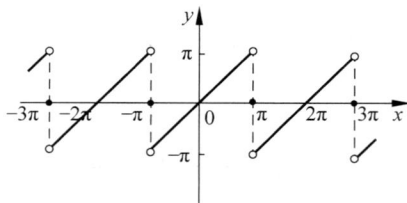

图 5.3 周期为 2π 的函数 $f(x)$

解:如图 5.3 所示的函数满足狄利克雷条件,级数在连续点收敛于 $f(x)$,在不连续点 $x=(2k+1)\pi(k=0,\pm1,\pm2,\cdots)$ 收敛于

$$\frac{f(\pi-0)+f(\pi+0)}{2} = \frac{\pi+(-\pi)}{2} = 0$$

函数 $f(x)$ 是以 2π 为周期的奇函数,因此有

$$a_n = 0, \quad n=0,1,2,\cdots$$

$$b_n = \frac{2}{\pi}\int_0^\pi f(x)\sin nx\,\mathrm{d}x = \frac{2}{\pi}\int_0^\pi x\sin nx\,\mathrm{d}x$$

$$= \frac{2}{\pi}\left[-\frac{x\cos nx}{n} + \frac{\sin nx}{n^2}\right]_0^\pi = -\frac{2}{n}\cos n\pi = \frac{2}{n}(-1)^{n+1}, \quad n=1,2,3,\cdots$$

于是,函数展开为傅里叶正弦级数

$$f(x) = 2\left(\sin x - \frac{1}{2}\sin 2x + \frac{1}{3}\sin 3x - \cdots\right)$$

$$= 2\sum_{n=1}^{\infty}\frac{(-1)^{n+1}}{n}\sin nx, \quad -\infty < x < +\infty$$

图 5.4 给出了前 5 项级数和 $y=2\left(\sin x - \frac{1}{2}\sin 2x + \frac{1}{3}\sin 3x - \frac{1}{4}\sin 4x + \frac{1}{5}\sin 5x\right)$ 与原函数在一个周期内的曲线。

图 5.4 一个周期内 5 项级数和与函数 $f(x)$ 对比

5.3 定义在有界区间上函数的傅里叶展开（Fourier expansion of functions defined on an interval）

对于定义在有限区间上的非周期函数 $f(x)$，可以采用延拓的方法，使其成为某个周期函数 $F(x)$，然后将周期函数展开为傅里叶级数。因为非周期函数 $f(x)$ 属于延拓后周期函数 $F(x)$ 的一部分，在其定义域内傅里叶级数可以表示该函数。对于定义在 $(0,l)$ 上的函数，可以运用多种方法将其延拓为周期函数，如图 5.5 所示。图 5.5(a)中，首先将函数延拓为 $(-l,l)$ 上的奇函数，令

$$F(x) = \begin{cases} f(x), & 0 \leqslant x \leqslant l \\ 0, & x = 0 \\ -f(-x), & -l < x < 0 \end{cases} \tag{5.3.1}$$

然后以 $2l$ 为周期延拓为周期函数，称作奇延拓。延拓后的周期函数 $f(x)$ 可以展开为傅里叶正弦级数

$$f(x) = \sum_{n=1}^{\infty} b_n \sin\left(\frac{n\pi x}{l}\right), \quad 0 \leqslant x \leqslant l \tag{5.3.2}$$

图 5.5(b)则先将函数延拓为 $(-l,l)$ 上的偶函数，即

$$F(x) = \begin{cases} f(x), & 0 \leqslant x \leqslant l \\ f(-x), & -l < x < 0 \end{cases} \tag{5.3.3}$$

然后以 $2l$ 为周期延拓为周期函数，称作偶延拓。延拓后的周期函数 $f(x)$ 可以展开为傅里叶余弦级数

$$f(x) = a_0 + \sum_{n=1}^{\infty} a_n \cos\left(\frac{n\pi x}{l}\right), \quad 0 \leqslant x \leqslant l \tag{5.3.4}$$

这两种方法是典型的延拓方法，分别称作奇延拓和偶延拓。当然也可以如图 5.5(c)所示，做周期为 $4l$ 的偶延拓。

从以上分析可以看出，对于定义在有限区间上的函数，延拓周期的选择是比较灵活的，因此其傅里叶级数不是唯一的。可以根据具体问题选择周期将定义在有限区间上的函数展开为特定的傅里叶级数，该傅里叶级数在函数的定义域上与原函数相等，其他部分无意义，

(a) 奇延拓

(b) 偶延拓

(c) 周期为4l的偶延拓

图 5.5 几种延拓方法

这部分内容将在第 7 章的分离变量法中用到。

例 5.3 设 $f(x) = x + x^2, x \in (-\pi, \pi)$,试将其展开成傅里叶级数,并验证

$$1 + \frac{1}{2^2} + \frac{1}{3^2} + \cdots + \frac{1}{n^2} + \cdots = \frac{\pi^2}{6}$$

解:将函数延拓为周期函数,如图 5.6 所示,该函数既非偶函数也非奇函数,因此需要计算所有傅里叶系数,有

$$a_0 = \frac{1}{2\pi} \int_{-\pi}^{\pi} f(x) \mathrm{d}x = \frac{\pi^2}{3}$$

$$a_k = \frac{1}{\pi} \int_{-\pi}^{\pi} (x + x^2) \cos kx \, \mathrm{d}x = \frac{1}{\pi} \int_{-\pi}^{\pi} x^2 \cos kx \, \mathrm{d}x = \frac{4}{k^2} \cos k\pi = \frac{4}{k^2} (-1)^k$$

$$b_k = \frac{1}{\pi} \int_{-\pi}^{\pi} (x + x^2) \sin kx \, \mathrm{d}x = \frac{1}{\pi} \int_{-\pi}^{\pi} x \sin kx \, \mathrm{d}x = -\frac{2}{k} \cos k\pi = \frac{2}{k} (-1)^{k+1}$$

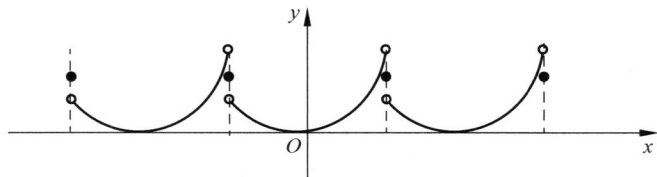

图 5.6 函数图

即函数 $f(x)$ 可以展开为傅里叶级数

$$f(x) = \frac{\pi^2}{3} + \sum_{k=1}^{\infty} \left[\frac{4}{k^2} (-1)^k \cos kx + \frac{2}{k} (-1)^{k+1} \sin kx \right]$$

在非连续点 $x = \pi$ 处,该级数收敛于

$$\frac{f(\pi-0)+f(\pi+0)}{2}=\frac{\pi+\pi^2-\pi+\pi^2}{2}=\pi^2$$

即

$$f(x)=\frac{\pi^2}{3}+\sum_{k=1}^{\infty}\left[\frac{4}{k^2}(-1)^k\cos k\pi+\frac{2}{k}(-1)^{k+1}\sin k\pi\right]=\pi^2$$

整理得

$$\frac{\pi^2}{3}+4\sum_{k=1}^{\infty}\frac{1}{k^2}=\pi^2$$

因此

$$\sum_{k=1}^{\infty}\frac{1}{k^2}=1+\frac{1}{2^2}+\frac{1}{3^2}+\cdots=\frac{\pi^2}{6}$$

得证。

例 5.4 将函数 $f(x)=x^2$ 在 $(0,1)$ 展开为傅里叶正弦级数，并指出在 $x=0$，$x=1$，$x=\frac{1}{2}$ 点处级数的和。

解：将 $f(x)$ 做奇延拓，然后以 2 为周期做周期延拓，如图 5.7 所示。

图 5.7 函数 $f(x)=x^2$ 奇延拓为周期函数

傅里叶系数

$$a_n=0,\quad n=0,1,2,3,\cdots$$
$$b_n=2\int_0^1 x^2\sin(n\pi x)\mathrm{d}x=(-1)^{n-1}\left(\frac{2}{n\pi}-\frac{4}{n^3\pi^3}\right)$$

因此，原函数展开为傅里叶正弦级数

$$f(x)=x^2=\sum_{n=1}^{\infty}(-1)^{n-1}\left(\frac{2}{n\pi}-\frac{4}{n^3\pi^3}\right)\sin(n\pi x),\quad 0<x<1$$

于是，在区间 $(0,1)$ 的连续点上级数 $S(x)=\sum_{n=1}^{\infty}(-1)^{n-1}\left(\frac{2}{n\pi}-\frac{4}{n^3\pi^3}\right)\sin(n\pi x)$ 收敛于 $f(x)=x^2$，即有

$$S(x)\Big|_{x=0}=f(0)=0,\quad S(x)\Big|_{x=\frac{1}{2}}=f\left(\frac{1}{2}\right)=\frac{1}{4}$$

在间断点上则收敛于

$$S(x)\Big|_{x=1}=\frac{f(1-0)+f(1+0)}{2}=\frac{1+(-1)}{2}=0$$

5.4 复数形式的傅里叶级数（Fourier series in complex form）

复数形式的傅里叶级数 取一系列复指数函数

$$\cdots,\mathrm{e}^{-\mathrm{i}\frac{k\pi x}{l}},\cdots,\mathrm{e}^{-\mathrm{i}\frac{2\pi x}{l}},\mathrm{e}^{-\mathrm{i}\frac{\pi x}{l}},1,\mathrm{e}^{\mathrm{i}\frac{\pi x}{l}},\mathrm{e}^{\mathrm{i}\frac{2\pi x}{l}},\cdots,\mathrm{e}^{\mathrm{i}\frac{k\pi x}{l}},\cdots \tag{5.4.1}$$

作为基本函数族,可以将周期函数 $f(x)$ 展开为复数形式的傅里叶级数

$$f(x)=\sum_{k=-\infty}^{\infty}C_k\mathrm{e}^{\mathrm{i}\frac{k\pi x}{l}} \tag{5.4.2}$$

复指数函数构成的基本函数族满足正交性,任意一项与另外一项的共轭乘积在区间 $(-l,l)$ 上积分为 0,即

$$\int_{-l}^{l}\mathrm{e}^{\mathrm{i}\frac{k\pi x}{l}}\cdot\mathrm{e}^{-\mathrm{i}\frac{n\pi x}{l}}=0,\quad n\neq k \tag{5.4.3}$$

利用正交性可以得到傅里叶系数

$$C_k=\frac{1}{2l}\int_{-l}^{l}f(x)\left(\mathrm{e}^{\mathrm{i}\frac{k\pi x}{l}}\right)^*\mathrm{d}x=\frac{1}{2l}\int_{-l}^{l}f(x)\mathrm{e}^{-\mathrm{i}\frac{k\pi x}{l}}\mathrm{d}x \tag{5.4.4}$$

式中, $*$ 代表复数的共轭。由傅里叶系数的计算公式可以看出,尽管 $f(x)$ 是实函数,其傅里叶系数却可能是复数,且满足 $C_{-k}=C_k^*$。

式(5.4.2)的实际意义是:一个周期为 $2l$ 的函数 $f(x)$ 可以分解为复振幅为 C_n、频率为 $\frac{n\pi}{l}$ 的复简谐波的叠加。 $\frac{n\pi}{l}$ 称为谱点,所有谱点的集合称为谱。可以看出,周期函数 $f(x)$ 的谱是离散的。

事实上,可以由 5.1 节的傅里叶级数推导得到复数形式的傅里叶级数。将欧拉公式

$$\cos x=\frac{1}{2}(\mathrm{e}^{\mathrm{i}x}+\mathrm{e}^{-\mathrm{i}x})$$
$$\sin x=\frac{1}{2\mathrm{i}}(\mathrm{e}^{\mathrm{i}x}-\mathrm{e}^{-\mathrm{i}x}) \tag{5.4.5}$$

代入傅里叶级数式(5.1.3)有

$$f(x)=a_0+\sum_{k=1}^{\infty}\left[\frac{a_k}{2}\left(\mathrm{e}^{\mathrm{i}\frac{k\pi x}{l}}+\mathrm{e}^{-\mathrm{i}\frac{k\pi x}{l}}\right)-\frac{b_k\mathrm{i}}{2}\left(\mathrm{e}^{\mathrm{i}\frac{k\pi x}{l}}-\mathrm{e}^{-\mathrm{i}\frac{k\pi x}{l}}\right)\right] \tag{5.4.6}$$

整理后得到

$$f(x)=a_0+\sum_{k=1}^{\infty}\left(\frac{a_k-\mathrm{i}b_k}{2}\mathrm{e}^{\mathrm{i}\frac{k\pi x}{l}}+\frac{a_k+\mathrm{i}b_k}{2}\mathrm{e}^{-\mathrm{i}\frac{k\pi x}{l}}\right) \tag{5.4.7}$$

令

$$C_0=a_0,\quad C_k=\frac{a_k-\mathrm{i}b_k}{2},\quad C_{-k}=\frac{a_k+\mathrm{i}b_k}{2}(k=1,2,3,\cdots) \tag{5.4.8}$$

式(5.4.7)可写为

$$f(x)=\sum_{k=-\infty}^{\infty}C_k\mathrm{e}^{\mathrm{i}\frac{k\pi x}{l}} \tag{5.4.9}$$

将式(5.1.13)代入式(5.4.8)可得

$$C_k=\frac{a_k-\mathrm{i}b_k}{2}=\frac{1}{2l}\int_{-l}^{l}f(x)\cos\left(\frac{k\pi x}{l}\right)\mathrm{d}x-\frac{\mathrm{i}}{2l}\int_{-l}^{l}f(x)\sin\left(\frac{k\pi x}{l}\right)\mathrm{d}x$$
$$=\frac{1}{2l}\int_{-l}^{l}f(x)\mathrm{e}^{-\mathrm{i}\frac{k\pi x}{l}}\mathrm{d}x \tag{5.4.10}$$

$$C_{-k} = \frac{a_k + \mathrm{i}b_k}{2} = \frac{1}{2l}\int_{-l}^{l} f(x)\mathrm{e}^{-\mathrm{i}\frac{-k\pi x}{l}}\,\mathrm{d}x \tag{5.4.11}$$

$$C_0 = a_0 = \frac{1}{2l}\int_{-l}^{l} f(x)\,\mathrm{d}x \tag{5.4.12}$$

归纳后得到傅里叶系数的计算公式

$$C_k = \frac{1}{2l}\int_{-l}^{l} f(x)\mathrm{e}^{-\mathrm{i}\frac{k\pi x}{l}}\,\mathrm{d}x \tag{5.4.13}$$

可以看出有

$$|C_k| = \frac{\sqrt{a_k^2 + b_k^2}}{2} \tag{5.4.14}$$

复数形式的傅里叶级数在信号处理、频谱分析及物理学中波叠加等问题中有广泛应用。

5.5 使用 MATLAB 完成傅里叶级数的可视化(visualization of Fourier series based on MATLAB)

1. MATLAB 实现傅里叶级数可视化

运用 MATLAB 可以实现傅里叶级数可视化,常用的 MATLAB 函数有:

```
square(x,duty);          %产生一个幅度为 1、周期为 2π、占空比为 duty 的矩形波
sawtooth(t)              %产生一个幅度为 1、周期为 2π 的锯齿波
x=linspace(X1,X2,n)      %在 X1 和 X2 间生成 n 个线性分布的数据
stem(X,Y)                %在 X 的指定点处画出数据序列 Y
```

例 5.5 假设有矩形波,函数曲线如图 5.8 所示,即

$$u(t) = \begin{cases} -1, & -\pi \leqslant t < 0 \\ 1, & 0 \leqslant t < \pi \end{cases}$$

将该函数展开为傅里叶级数并使用 MATLAB 画出有限项级数和原函数在两个周期内的对比曲线。

图 5.8 矩形波

解:显然,函数为奇函数,代入式(5.2.2)可得

$$b_k = \frac{2}{\pi}\int_0^{\pi} \sin\left(\frac{k\pi t}{\pi}\right)\mathrm{d}t = 2\,\frac{1-(-1)^k}{k\pi} = \begin{cases} \dfrac{4}{(2n+1)\pi}, & k = 2n+1\,(n=0,1,2,\cdots) \\ 0, & k = 2n\,(n=0,1,2,\cdots) \end{cases}$$

矩形波展开为傅里叶正弦级数

$$u(t)=\sum_{n=0}^{\infty}\frac{4}{(2n+1)\pi}\sin(2n+1)t$$

也就是说,矩形波可以展开为无穷多个不同频率正弦波的叠加。绘制 $N=10$ 项级数和的曲线并与矩形波对比,如图 5.9 所示。

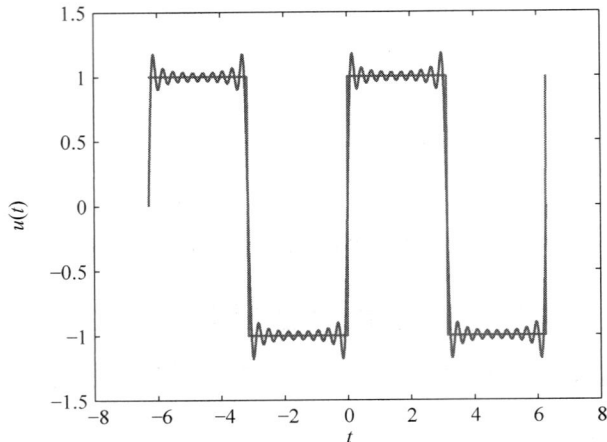

图 5.9　矩形波和前 10 项傅里叶级数和曲线

运用 MATLAB 可以绘制前 10 项傅里叶级数和,并与周期函数曲线对比,例程如下:

```
t=linspace(-2*pi,2*pi,500);        %自变量 x 的范围(-2π,-2π)
N=10;                              %前 N 项傅里叶级数和
A=1;                               %矩形波幅值
u=A*square(t);
S=0;                               %给级数和赋初值 0
for n=1:N
    S=S+2*A*(1-cos(pi*n))/(n*pi)*sin(n*t);
end                                %N 项级数和 S
plot(t,u,t,S,'LineWidth',1.5);
```

其中,N 项级数和为

$$u(t)=\sum_{k=1}^{\infty}\frac{2A[1-(-1)^{k}]}{k\pi}\sin kx$$

矩形波和前 10 项傅里叶级数和曲线如图 5.9 所示。

运用函数 stem 可以画出周期函数的幅度谱,代码如下:

```
clc;clear
Nf=30;
k=1:1:Nf;                          %前 30 项级数的幅度
A=1;
bk=2*A.*(1-cos(pi*k))./(k*pi);     %级数的幅值
stem(i,bk,'LineWidth',1.5);        %在每个指定点处画出幅度序列 bk
title('幅度频谱');
```

幅度谱如图 5.10 所示。显然,周期函数的谱为离散谱。

图 5.10 矩形波的幅度谱

2. MATLAB 实践练习

(1) 定义周期三角波,并在两个周期内画出波形,对比有限项级数和与原函数波形(分别选取项数 $N=10,20,50$)。

(2) 分别画出周期矩形波函数的实数形式的傅里叶级数和复数形式的傅里叶级数幅度谱,并讨论其联系。

第 5 章 习题

1. 将下列函数展开为傅里叶级数。

(1) 在一个周期 $(-\pi,\pi)$ 上,$f(x)=\begin{cases}0, & x\in(-\pi,0)\\x, & x\in(0,\pi)\end{cases}$;

(2) 在一个周期 $(-\pi,\pi)$ 上,$f(x)=|\sin x|$。

2. 规定 $f(x)$ 在定义区间边界上为 0,将下列函数展开为傅里叶级数。

(1) $f(x)=x,x\in(0,\pi)$;

(2) $f(x)=x^3,x\in(0,\pi)$;

(3) $f(x)=x(\pi^2-x^2),x\in(0,\pi)$。

3. 规定函数 $f(x)$ 在定义区间的边界上 $f'(x)$ 为 0,将其展开为傅里叶级数。

(1) $f(x)=\sin x,x\in(0,\pi)$;

(2) $f(x)=x,x\in(0,\pi)$。

4. 使用整流电路可以将交流电压 $U(t)=U_0\sin\omega t$ 变为直流电压$\left(\omega=\dfrac{2\pi}{T}\right)$。

(1) 经过半波整流成为

$$U_h(t)=\begin{cases}0, & t\in\left(-\dfrac{T}{2},0\right)\\[3mm]U_0\sin\omega t, & t\in\left(0,\dfrac{T}{2}\right)\end{cases}$$

（2）经过全波整流成为 $U_w(t)=U_0\,|\sin\omega t\,|$；

试分别将两种情况下的整流信号展开为傅里叶级数，并运用 MATLAB 绘制其整流后的幅度频谱。

5. 已知周期为 2π 的某函数，在一个周期上的表达式为 $f(x)=x^2,x\in(-\pi,\pi)$，试将其展开为傅里叶级数，并由此证明 $1+\dfrac{1}{2^4}+\dfrac{1}{3^4}+\dfrac{1}{4^4}+\cdots=\dfrac{\pi^4}{90}$。

数学建模——数学物理定解问题

本章开始介绍数学物理定解问题的建立和求解。数学物理定解问题由数学物理方程和定解条件组成。数学物理方程是指从物理学及其他自然科学、技术科学中所导出的未知函数方程,主要指偏微分方程、积分方程、微分积分方程及常微分方程。数学物理方程研究的内容十分广泛,深刻地描绘了自然界中的许多物理现象和普遍规律。"万物皆方程",比如天气变化、空气中雾霾扩散、地震、海啸、沙尘暴等自然现象的预测,都是基于数学物理方程的求解完成的。

处理自然界物理问题时遵循一定的步骤。第一步,把物理问题归结为数学上的定解问题,即导出数学物理方程及定解条件;第二步,求解定解问题,得到方程和定解条件的解;第三步,对所得解做出适当的物理解释。对解进行物理解释时,有可能部分解是无意义的,需要更新第二步得到的解形式,因此第三步和第二步通常是结合在一起进行的。

根据分析问题的不同出发点,可以将数学物理问题分为正向问题和逆向问题。正向问题即已知源求场分布,属于经典数学物理所讨论的主要内容;逆向问题即已知场求源,是现代数学物理所讨论的主要内容。本章主要介绍数学物理定解问题的基本概念,二阶线性偏微分方程的分类和性质,以及求解无限长弦振动问题的行波法。

6.1 基本概念(basic concepts)

表面截然不同的物理现象背后常常蕴含有相似的数理逻辑,如果把常见的物理问题分门别类进行讨论,会惊讶地发现它们的数学表达是相似的。和寻求这类方程的解相比,泛定方程本身的得出往往不太费力。在此情况下,我们更关心的不是如何通过物理现象提炼泛定方程,而是得到方程后在相应条件下如何去求解。

在科学技术和生产实际中,常常要求研究某些物理量空间连续分布的状态或随时间连续变化的过程。例如,研究某个时刻室内的温度空间分布;研究空调开启之后室内温度在一段时间内的变化规律;研究声波在混凝土中的传播规律;研究天线辐射的电磁波信号在地面的传输过程;研究地震的预测;等等。总而言之,就是研究某个物理量(温度、声压、电场强度、地震波等)随空间坐标变量或时间变量的变化规律。

要解决这些问题,首先要掌握所研究的物理量在空间中的分布规律和随时间的变化规律。物理规律反映同一类物理现象的共同规律,具有普适性,反映事物的共性。历史上很长一段时间内,科学家们都前赴后继地研究自然现象,并找到其物理规律。数学学科的发展为物理现象的描述和研究提供了便利,通常用偏微分方程将物理规律表达出来。

定解问题
概念

　　数学物理方程(equations of mathematical physics)就是从物理、工程问题中导出的反映客观物理量在各个地点、时刻之间相互制约关系的一些偏微分方程,研究某个物理量在空间某个区域中的分布及随时间的变化情况。作为同一类物理现象的共性,与具体条件无关,又叫泛定方程(universal equation)。比如,麦克斯韦方程组属于电磁问题的泛定方程,所有与电和磁相关的定解问题都满足麦克斯韦方程组。

　　同一类物理现象中,各个具体问题又各有其特殊性,即个性。这就是定解条件,定解条件是边界条件(boundary condition)和初始条件(initial condition)的总称。边界条件表征周围环境的影响,体现边界所处的物理状况;初始条件则给出研究对象在"初始时刻"的状态。边界条件和初始条件反映了具体问题的特定环境和历史,即问题的个性。

　　在给定的定解条件下求解数学物理方程,叫作数学物理定解问题,又简称为定解问题。解决一个实际的工程问题时,首先根据问题类型写出泛定方程,这需要经典物理知识的积累,一类现象通常对应一组方程;然后从具体问题中提炼出边界条件和初始条件,通常需要一定的近似,以简化定解问题。

6.2　典型的数理方程(typical mathematical physics equation)

　　常见的数学物理方程有三大类,即波动方程(wave equation)

$$\frac{\partial^2 u}{\partial t^2} - a^2 \nabla^2 u = f(x,y,z,t) \tag{6.2.1}$$

热传导方程(heat conduction equation)

$$\frac{\partial u}{\partial t} - a^2 \nabla^2 u = f(x,y,z,t) \tag{6.2.2}$$

及泊松方程(Poisson equation)

$$\nabla^2 u = f(x,y,z,t) \tag{6.2.3}$$

　　当 $f(x,y,z,t)=0$ 时,泊松方程退化为拉普拉斯方程(Laplace equation)

$$\nabla^2 u = 0 \tag{6.2.4}$$

这三大类方程分别对应数学上的双曲型(hyperbolic equation)、抛物型(parabolic equation)和椭圆型(elliptic equations)偏微分方程。

6.2.1　波动方程(wave equation)

　　波动方程也简写作

$$u_{tt} - a^2 \nabla^2 u = f(x,y,z,t) \tag{6.2.5}$$

其中

$$\nabla^2 = \frac{\partial^2}{\partial x^2} + \frac{\partial^2}{\partial y^2} + \frac{\partial^2}{\partial z^2} = \nabla \cdot \nabla \tag{6.2.6}$$

称为拉普拉斯算子,∇为哈密顿算子,是矢量算子,在直角坐标系中写作

$$\nabla = \frac{\partial}{\partial x}\boldsymbol{i} + \frac{\partial}{\partial y}\boldsymbol{j} + \frac{\partial}{\partial z}\boldsymbol{k} \tag{6.2.7}$$

拉普拉斯算子有时也写作Δ,加下标表示维度,如

$$\Delta_2 = \nabla^2 = \frac{\partial^2}{\partial x^2} + \frac{\partial^2}{\partial y^2} \tag{6.2.8}$$

$$\Delta_3 = \nabla^2 = \frac{\partial^2}{\partial x^2} + \frac{\partial^2}{\partial y^2} + \frac{\partial^2}{\partial z^2} \tag{6.2.9}$$

以电磁波的传播问题为例说明波动方程的导出。研究电磁波在理想介质(介电常数)中的传播问题,则自由电荷密度 $\rho = 0$,传导电流密度 $\boldsymbol{J} = \sigma\boldsymbol{E} = \boldsymbol{0}$,麦克斯韦方程组写作

$$\nabla \times \boldsymbol{H} = \frac{\partial \boldsymbol{D}}{\partial t} = \varepsilon\frac{\partial \boldsymbol{E}}{\partial t} \tag{6.2.10}$$

$$\nabla \times \boldsymbol{E} = -\frac{\partial \boldsymbol{B}}{\partial t} = -\mu\frac{\partial \boldsymbol{H}}{\partial t} \tag{6.2.11}$$

$$\nabla \cdot \boldsymbol{H} = 0 \tag{6.2.12}$$

$$\nabla \cdot \boldsymbol{E} = 0 \tag{6.2.13}$$

对式(6.2.11)两边求旋度,并运用矢量恒等式 $\nabla \times \nabla \times \boldsymbol{A} = \nabla(\nabla \cdot \boldsymbol{A}) - \nabla^2\boldsymbol{A}$,有

$$\nabla \times \nabla \times \boldsymbol{E} = \nabla(\nabla \cdot \boldsymbol{E}) - \nabla^2\boldsymbol{E} = -\mu\frac{\partial}{\partial t}\nabla \times \boldsymbol{H} \tag{6.2.14}$$

式(6.2.14)右侧交换了 $\frac{\partial}{\partial t}$ 和 $\nabla\times$ 的顺序,因为 $\nabla\times$ 是对空间变量的运算,和时间是独立的,因此 $\frac{\partial}{\partial t}\nabla \times \boldsymbol{H} = \nabla \times \frac{\partial \boldsymbol{H}}{\partial t}$。将式(6.2.10)和式(6.2.13)代入式(6.2.14),可以得到电场强度矢量的方程

$$\nabla^2\boldsymbol{E} = \varepsilon\mu\frac{\partial^2\boldsymbol{E}}{\partial t^2} \tag{6.2.15}$$

同理可得磁场强度矢量的方程

$$\nabla^2\boldsymbol{H} = \varepsilon\mu\frac{\partial^2\boldsymbol{H}}{\partial t^2} \tag{6.2.16}$$

因此,电场强度和磁场强度两个矢量满足相同形式的方程。和式(6.2.5)对比可以看出,式(6.2.15)和式(6.2.16)相当于波动方程 $f=0$,$a=\frac{1}{\sqrt{\varepsilon\mu}}$ 时的情形。$a=\frac{1}{\sqrt{\varepsilon\mu}}$ 是电磁波在介电常数和磁导率分别为 ε 和 μ 的介质中的传播速度。

力学中弦的横振动方程、杆的纵振动方程及理想传输线的电报方程也是这个泛定方程,只是满足这个方程的物理量分别是弦的横向位移、杆的纵向位移及传输线上的电压/电流,求解波动方程可以研究该类物理问题。

6.2.2 热传导方程(heat-conduction equation)

将盛有酒精的瓶子打开,酒精容易挥发进入空气,空气中会混杂很多酒精分子,瓶口有强烈的酒精气味,离开瓶口一定距离的地方也可以闻到酒精气味。由于浓度不均匀,物质分子会从浓度大的地方向浓度小的地方转移,这种现象叫作扩散。集成电路制造中的固态扩散工艺,就是将一定数量的某种杂质掺入半导体晶体中,以改变其电学性质。扩散工艺是集成电路制造中的重要工艺,掺入的杂质数量、分布形式和深度等都必须满足要求。

在扩散问题中,研究浓度 u 随空间位置和时间变量的变化 $u(x,y,z,t)$,扩散运动的强

弱与方向可以用扩散流强度表示,定义为单位时间里通过单位横截面的原子或分子数,记作矢量 q。扩散定律给出了扩散流强度与浓度梯度的关系,即

$$q = -D\,\nabla u \tag{6.2.17}$$

负号表示分子转移方向和浓度梯度方向相反。D 称为扩散系数,不同材料扩散系数不同,同一种材料的扩散系数随温度变化而变化。当扩散系数在空间均匀分布时,则分子浓度 u 满足扩散方程

$$u_t - D\,\nabla^2 u = 0 \tag{6.2.18}$$

由于温度不均匀,热量会从温度高的地方向温度低的地方转移,这种现象叫作热传导。热传导的强弱可以用热流强度矢量 q 表示,定义为单位时间内通过单位横截面的热量。热传导定律给出了温度梯度 ∇u 和 q 的关系

$$q = -k\,\nabla u \tag{6.2.19}$$

式中,k 为热传导系数,不同物质热传导系数不同,当热传导系数在空间均匀时,温度 u 满足热传导方程

$$u_t - k\,\nabla^2 u = 0 \tag{6.2.20}$$

可以看出,扩散问题和热传导问题满足相同形式的方程。当考虑有源或者汇时,方程变为非齐次的,统一写为

$$u_t - D\,\nabla^2 u = f(x,y,z,t) \tag{6.2.21}$$

6.2.3 泊松方程(Poisson equation)

对类型一和类型二两类问题,当变量随时间不变时,有 $u_{tt}=0$ 或 $u_t=0$,于是式(6.2.5)和式(6.2.21)写为

$$\nabla^2 u = f_1(x,y,z) \tag{6.2.22}$$

该方程反映稳定场分布问题,称为泊松方程。若 $f(x,y,z)=0$,则退化为

$$\nabla^2 u = 0 \tag{6.2.23}$$

称为拉普拉斯方程。

以介质中的静电场为例说明其导出,静电场 E 为有源无旋场,即满足两组方程

	积分形式	微分形式	
高斯定理	$\int_S D\cdot \mathrm{d}S = Q$	$\nabla\cdot D = \rho$	(6.2.24)
环路积分为零	$\int_l E\cdot \mathrm{d}l = 0$	$\nabla\times E = 0$	(6.2.25)

其中,电位移矢量 $D=\varepsilon E$,ε 为介质的介电常数。

由式(6.2.25)有,电场强度 E 的旋度为 0。而任何一个标量梯度的旋度必定为 0,因此令

$$E = -\nabla\phi \tag{6.2.26}$$

ϕ 称为静电势,代入式(6.2.24)有

$$\nabla\cdot(\varepsilon(-\nabla\phi)) = \rho \tag{6.2.27}$$

当介电常数在空间均匀,即 ε 和空间变量无关时,电势满足泊松方程

$$\nabla^2\phi = -\frac{\rho}{\varepsilon} \tag{6.2.28}$$

6.3　定解条件(definite solution condition)

6.2节对三大类常见的数学物理方程进行了归纳,不同的方程可以反映不同的物理现象,求解方程可以得到其通解。从数学的角度看,一个微分方程的通解中往往包含若干任意常数或任意函数,这使得解不能唯一确定。为了能够得到唯一确定的合理解,必须根据实际问题加上相应的条件来确定这些任意常数或任意函数,这些附加条件就是初始条件和边界条件,统称为定解条件。从物理角度看,仅有方程还不足以确定一种物理场的分布,因为物理场的分布还和初始状态及通过边界所受到的外界作用有关。就物理现象而言,各个具体问题的个性就在于研究对象的特定"环境"和"历史",即边界条件和初始条件。

6.3.1　初始条件(initial condition)

对于波动方程和热传导方程问题,其未知函数将随时间 t 变化而不同,求解这类问题时,必须考虑到研究对象的特定"历史",也就是说,必须追溯到早先某个所谓"初始"时刻的状态。物理过程初始状态的数学表达式称为初始条件。

对于描述弦或杆振动过程的波动方程,初始条件给出的是初始位移

$$u(x,y,z,t)\big|_{t=0}=\varphi(x,y,z) \tag{6.3.1}$$

和初始速度

$$u_t(x,y,z,t)\big|_{t=0}=\psi(x,y,z) \tag{6.3.2}$$

其中, $\varphi(x,y,z)$ 和 $\psi(x,y,z)$ 为已知函数。

例 6.1　一根长为 l 的弦,两端固定于 $x=0$ 和 $x=l$,在距离坐标原点为 b 的位置将弦沿着横向拉开距离 h,如图 6.1 所示,然后放手任其振动,试写出初始条件。

解:初始时刻就是放手的一瞬间,按题意初始速度为0,即有

图 6.1　弦的初始位移

$$u_t(x,t)\big|_{t=0}=u_t(x,0)=0$$

初始位移如图 6.1 所示,各点初始位移不同,容易写出方程

$$u(x,0)=\begin{cases}\dfrac{h}{b}x, & 0\leqslant x\leqslant b\\[2mm](l-x)\dfrac{h}{l-b}, & b\leqslant x\leqslant l\end{cases}$$

> **难点提示**:初始条件给出的是整个系统的初始状态。

对于描述热传导(扩散)过程的输运方程,初始条件给出的是初始温度(浓度)分布

$$u(x,y,z,t)\big|_{t=0}=\varphi(x,y,z)$$

其中, $\varphi(x,y,z)$ 为已知函数。若已知研究对象初始时刻处于 0℃,则初始条件写为

$$u(x,y,z,t)\big|_{t=0}=0$$

显然,从数学角度看,波动方程含有对时间的二阶偏导数,要确定定解问题的解,必须有

两个初始条件。输运方程含有对时间的一阶偏导数,只需有一个初始条件。对于泊松方程或拉普拉斯方程定解问题,因为不含时间变量,当然不需要初始条件。

6.3.2　边界条件(boundary condition)

研究具体的物理问题,还必须考虑研究对象所处的特定"环境"。而周围环境的影响常体现在边界的物理状况,称物理过程边界状况的数学表达式为边界条件。常见的线性边界条件分为三类。

第一类边界条件(first boundary condition)又称为狄利克雷条件(Dirichlet condition),规定了所研究物理量在边界上的数值,即

$$u(x,y,z,t)\mid_{x_0,y_0,z_0}=f(x_0,y_0,z_0,t) \tag{6.3.3}$$

其中,(x_0,y_0,z_0)是边界点的坐标,f 是时间 t 的已知函数。例如,研究长为 l 的一维弦振动问题,若将其两端 $x=0$,$x=l$ 固定,则两个端点处位移始终是 0,即边界条件为

$$u(x,t)\mid_{x=0}=0,\quad u(x,t)\mid_{x=l}=0$$

又如 $0\leqslant x\leqslant a$,$0\leqslant y\leqslant b$ 矩形区域内的电势分布问题,如果 $x=0$ 处导体板接地,$x=a$ 处导体板加电压 U,则有

$$u(x,y)\mid_{x=0}=0,\quad u(x,y)\mid_{x=a}=U$$

第二类边界条件(second boundary condition)又称为诺伊曼条件(Neumann condition),规定了所研究物理量在边界外法线方向上方向导数的数值,即

$$\frac{\partial u}{\partial n}\mid_{x_0,y_0,z_0}=f(x_0,y_0,z_0,t) \tag{6.3.4}$$

其中,(x_0,y_0,z_0)是边界点的坐标,f 是时间 t 的已知函数。

第三类边界条件(third boundary condition)又称混合边界条件,规定了所研究的物理量及其外法向导数的线性组合在边界上的数值,即

$$\left(u+H\frac{\partial u}{\partial n}\right)\mid_{x_0,y_0,z_0}=f(x_0,y_0,z_0,t) \tag{6.3.5}$$

其中,(x_0,y_0,z_0)是边界点的坐标,f 是时间 t 的已知函数,H 为常系数。

第一、二、三类边界条件可以统一写为

$$\left[\alpha u+\beta\frac{\partial u}{\partial n}\right]_{\sum}=\varphi\left(\sum,t\right) \tag{6.3.6}$$

其中,$\sum$ 是边界上的点;$\dfrac{\partial u}{\partial n}$表示物理量 u 沿边界外法线方向的方向导数;α、β 为不同时为 0 的常数。第二类和第三类边界条件看上去是很抽象的数学公式,在实际物理问题中这些边界条件都是由物理问题中的某个物理量推导而来的。比如,在静电场问题中,如果给定某导体边界上的电荷密度,则相当于给出了第二类边界条件。

在研究具有两种以上介质分布的物理问题时,除了边界条件,还需要加上不同界面处的衔接条件(connective condition)。比如在静电场问题中,在两种电介质的分界面上,有

$$\phi_1\mid_s=\phi_2\mid_s \tag{6.3.7}$$

$$\varepsilon_1\frac{\partial\phi_1}{\partial n}\mid_s=\varepsilon_2\frac{\partial\phi_2}{\partial n}\mid_s \tag{6.3.8}$$

其中，ϕ_1、ϕ_2 分别为两种电介质中的电势，ε_1、ε_2 分别为两种电介质的介电常数。

在研究具体问题时，出于物理的合理性等原因，要求某点解为有限值，或解出现周期性，因此提出了自然边界条件（natural boundary condition）的概念。这些条件通常都不是问题明确给出的，而是要分析定解问题模型后加上去的，故称为自然边界条件。这种类型的条件将在具体问题中讨论。

例 6.2　长为 L 的弦在 $x=0$ 端固定，另一端 $x=L$ 自由，且在初始时刻 $t=0$ 时处于水平状态，初始速度为 $x(L-x)$，且已知弦做微小横振动，试写出此定解问题。

解：（1）确定泛定方程，取弦的水平位置为 x 轴，$x=0$ 为原点，弦做自由横振动，因此泛定方程为齐次波动方程

$$u_{tt}-a^2u_{xx}=0$$

（2）确定边界条件，弦的 $x=0$ 端固定，因此有 $u(0,t)=0$；另一端自由，意味着其张力为 0，则有

$$\left.\frac{\partial u}{\partial x}\right|_{x=L}=0$$

（3）确定初始条件，根据题意，当 $t=0$ 时，弦处于水平状态，因此初始位移为 0，即

$$u(x,0)=0$$

初始速度为

$$\left.\frac{\partial u}{\partial t}\right|_{t=0}=x(L-x)$$

综上讨论，定解问题写为

$$\begin{cases}u_{tt}-a^2u_{xx}=0, & 0<x<L,t>0\\ u(0,t)=0,u_x(L,t)=0, & t\geqslant0\\ u(x,0)=0,u_t(x,0)=x(L-x), & 0\leqslant x\leqslant L\end{cases}$$

6.3.3　数学物理定解问题的适定性（well-posed problems in mathematical physics）

由实际的物理问题写出方程及定解条件，便构建了一个定解问题。然而，从实际中得到的定解问题还要应用到实际中，回答实际提出的问题。这就要求定解问题必须是适定的，即

（1）解的存在性（existence of solutions）：归结出来的定解问题必须有解。

（2）解的唯一性（uniqueness of solutions）：归结出来的定解问题只有一个解。

（3）解的稳定性（stability of solutions）：当定解问题的自由项或定解条件有微小变化时，解相应地只有微小的变化量。

定解问题解的存在性、唯一性和稳定性统称为定解问题的适定性。如果定解问题不是适定的，那就应当修改定解问题的提法使其满足适定性。

写出满足适定性的定解问题后，就要考虑如何求解定解问题了。常微分方程求解时要首先求得含有待定常数的方程通解，然后运用定解条件确定待定常数。对于偏微分方程，也可以先求其含有待定函数的通解，然后运用定解条件确定待定函数。但是，偏微分方程的通解通常不那么容易求解，运用定解条件确定待定函数则更难。只有少数的定解问题才能用这种方法，见 6.5 节的行波法。

常见的解析方法还有分离变量法、幂级数解法、格林函数法、积分变换法、保角变换法等。随着计算机技术的飞速发展,数值解法得到广泛应用,常见的数值解法包括有限差分法、矩量法、有限元法、时域有限差分法等。

6.4 二阶线性偏微分方程的分类和特征（classification and characteristics of second-order linear partial differential equations）

观察 6.2 节的方程可以看出,大多数数学物理方程都是二阶线性偏微分方程(second-order linear partial differential equations),本节讲述二阶线性偏微分方程的基本概念、分类方法及其性质。

6.4.1 二阶线性偏微分方程的分类（classification of second-order linear partial differential equations）

偏微分方程是指含有未知多元函数及其偏导数的方程,形如

$$F\left(x,y,\cdots,u,\frac{\partial u}{\partial x},\frac{\partial u}{\partial y},\cdots,\frac{\partial^2 u}{\partial x^2},\frac{\partial^2 u}{\partial y^2},\frac{\partial^2 u}{\partial x \partial y},\cdots\right)=0 \tag{6.4.1}$$

其中,$u(x,y,\cdots)$为未知多元函数,$x,y,\cdots$为自变量;$\frac{\partial u}{\partial x},\frac{\partial u}{\partial y},\cdots$ 为 u 的偏导数,为了书写方便,有时记为

$$u_x=\frac{\partial u}{\partial x},\quad u_y=\frac{\partial u}{\partial y},\quad u_{xx}=\frac{\partial^2 u}{\partial x^2},\cdots \tag{6.4.2}$$

偏微分方程中未知函数偏导数的最高阶数,称为方程的阶(order of equation)。偏微分方程中最高阶偏导数的幂次数,称为偏微分方程的次数(degree of equation)。如果一个偏微分方程的未知函数和未知函数的所有(组合)偏导数幂次数都是一次,则称该方程为线性方程(linear equation)。如果存在高于一次以上的偏导数,则称该偏微分方程为非线性方程(nonlinear equation)。一个偏微分方程如果仅对方程中所有最高阶偏导数是线性的,则称方程为准线性方程(quasilinear equation)。偏微分方程中不含有未知函数及未知函数偏导数的项称为自由项(free term)。若自由项为零,则该偏微分方程称为齐次偏微分方程。

再了解一下方程的通解(general solution)和特解(special solution)的概念。n 阶常微分方程的通解含有 n 个任意常数,而 n 阶偏微分方程的通解含有 n 个任意函数。二阶线性偏微分方程 $u_{xy}=2y-x$ 的通解写作

$$u(x,y)=xy^2-\frac{1}{2}x^2 y+F(x)+G(y) \tag{6.4.3}$$

其中,$F(x)$、$G(y)$是两个任意函数。若指定两个任意函数 $F(x)$、$G(y)$ 为特殊的某个函数,如 $F(x)=2x^4-5$,$G(y)=2\sin y$,得到的解

$$u(x,y)=xy^2-\frac{1}{2}x^2 y+2x^4-5+2\sin y \tag{6.4.4}$$

称为方程的特解。

以含两个自变量的二阶线性偏微分方程为例。两个自变量(x,y)的二阶线性偏微分方程的一般形式为

$$A(x,y)\frac{\partial^2 u}{\partial x^2}+B(x,y)\frac{\partial^2 u}{\partial x \partial y}+C(x,y)\frac{\partial^2 u}{\partial y^2}+D(x,y)\frac{\partial u}{\partial x}+$$

$$E(x,y)\frac{\partial u}{\partial y}+F(x,y)u=G(x,y) \tag{6.4.5}$$

其中，$A(x,y)$、$B(x,y)$、$C(x,y)$、$D(x,y)$、$E(x,y)$、$F(x,y)$、$G(x,y)$是x、y的实函数。通常取判别式 $\Delta=B(x,y)^2-4A(x,y)C(x,y)$，根据判别式的取值范围可以将二阶线性偏微分方程分为三类。

当 $\Delta>0$ 时，方程为双曲型(hyperbolic type)。波动方程 $u_{tt}-a^2 u_{xx}=0$ 为典型的双曲型方程，因为 $A(x,y)=1$，$B(x,y)=0$，$C(x,y)=-a^2$，所以 $\Delta=a^2>0$。

当 $\Delta=0$ 时，方程为抛物型(parabolic type)。输运方程 $u_t-a^2 u_{xx}=0$ 为典型的抛物型方程，因为 $A(x,y)=0$，$B(x,y)=0$，$C(x,y)=-a^2$，所以 $\Delta=0$。

当 $\Delta<0$ 时，方程为椭圆型(elliptic type)。拉普拉斯方程 $u_{xx}+u_{yy}=0$ 为典型的椭圆型方程，因为 $A(x,y)=1$，$B(x,y)=0$，$C(x,y)=1$，所以 $\Delta=-4<0$。

6.4.2　二阶线性偏微分方程解的特征(characteristics of solutions of second-order linear partial differential equations)

含两个自变量的线性偏微分方程的一般形式可以写成

$$L[u]=G(x,y) \tag{6.4.6}$$

其中，L 是二阶线性偏微分算符，G 是x、y的函数。线性偏微分算符有以下两个基本特征

$$L[cu]=cL[u] \tag{6.4.7}$$

$$L[c_1 u_1+c_2 u_2]=c_1 L[u_1]+c_2 L[u_2] \tag{6.4.8}$$

其中，c、c_1、c_2 均为常数。若自由项 $G(x,y)=0$，方程称作齐次偏微分方程(homogeneous equation)。若自由项 $G(x,y)\neq 0$，方程称作非齐次偏微分方程(nonhomogeneous equation)。对于齐次偏微分方程，容易证明以下结论：

(1) 若 u 为方程的解，则 cu 也为方程的解；

(2) 若 u_1、u_2 为方程的解，则 $c_1 u_1+c_2 u_2$ 也是方程的解。

同理可得，非齐次线性偏微分方程的解具有以下特性：

(1) 若 u^{I} 为非齐次方程的特解，u^{II} 为齐次方程的通解，则 $u^{\mathrm{I}}+u^{\mathrm{II}}$ 为非齐次方程的通解，即若 $L(u^{\mathrm{I}})=G(x,y)$，$L(u^{\mathrm{II}})=0$，则有 $L(u^{\mathrm{I}}+u^{\mathrm{II}})=G(x,y)$；

(2) 若 $L[u_1]=H_1(x,y)$，$L[u_2]=H_2(x,y)$，则 $L[u_1+u_2]=H_2(x,y)+H_1(x,y)$。

根据线性偏微分解的特征，可以证明以下定理。

线性偏微分方程的叠加原理(superposition principle of linear PDEs)　若 $u_k(k=1,2,\cdots)$是定解问题

$$\begin{cases} L[u]=f_k, & k=1,2,\cdots,n \\ L_j(u)=\varphi_{jk}, & j=1,2,\cdots,p \end{cases} \tag{6.4.9}$$

的解，则 $u=\sum_{k=1}^{n} c_k u_k$ 一定是定解问题

$$\begin{cases} L[u] = \sum_{k=1}^{n} c_k f_k \\ L_j(u) = \sum_{k=1}^{n} c_k \varphi_{jk}, \quad j = 1, 2, \cdots, p \end{cases} \quad (6.4.10)$$

的解。式(6.4.9)给出了 n 个定解问题,每个定解问题的方程左侧是相同的,自由项分别为 $f_1, f_2, \cdots$,且每个定解问题都有 p 个定解条件。式(6.4.10)所示定解问题中方程的自由项是式(6.4.9)中所有方程自由项的线性叠加,有 p 个定解条件,且每个定解条件都由式(6.4.9)中相应的定解条件线性叠加而成。其中,$c_k (k = 1, 2, \cdots)$ 为叠加系数。

叠加原理可以用于拆解复杂的定解问题,将一个复杂的定解问题分解为若干个简单的定解问题,其中一部分边界条件为齐次边界条件。例如,根据叠加原理,定解问题

$$\begin{cases} u_{tt} - a^2 u_{xx} = f(x, t) \\ u \big|_{x=0} = u \big|_{x=l} = 0 \\ u \big|_{t=0} = \varphi(x) \quad u_t \big|_{t=0} = \psi(x) \end{cases} \quad (6.4.11)$$

分解为两个定解问题

$$\begin{cases} v_{tt} - a^2 v_{xx} = f(x, t) \\ v \big|_{x=0} = v \big|_{x=l} = 0 \\ v \big|_{t=0} = 0 \quad v_t \big|_{t=0} = 0 \end{cases} \quad (6.4.12)$$

和

$$\begin{cases} w_{tt} - a^2 w_{xx} = 0 \\ w \big|_{x=0} = w \big|_{x=l} = 0 \\ w \big|_{t=0} = \varphi(x) \quad w_t \big|_{t=0} = \psi(x) \end{cases} \quad (6.4.13)$$

分别求解式(6.4.12)式(6.4.13)的定解问题,然后由

$$u = v + w$$

求得式(6.4.11)所示定解问题的解。在后续数学物理方程的求解中将反复用到叠加原理。

6.5 行波法与达朗贝尔公式(traveling wave method and D'Alembert formula)

通解法中有一种特殊的解法——行波法,即以自变量的线性组合进行变量代换,进行求解的一种方法,它对波动方程类型问题的求解十分有效。本节以无界弦的自由振动为例,讲解行波法求解无界空间波动问题的过程。

6.5.1 一维波动方程的达朗贝尔公式(D'Alembert formula for one dimensional wave equation)

设有一维无界弦自由振动的定解问题

$$\begin{cases} u_{tt} - a^2 u_{xx} = 0 \\ u(x,0) = \varphi(x) \\ u_t(x,0) = \psi(x) \end{cases} \tag{6.5.1}$$

式中，$-\infty < x < +\infty, t > 0, a > 0$。本定解问题为无界弦问题，没有边界条件，只有初始条件。仿照求解常微分方程的过程，先求偏微分方程的通解，再运用初始条件求出特解。观察式(6.5.1)，方程可以写为

$$\left(\frac{\partial}{\partial t} + a\frac{\partial}{\partial x}\right)\left(\frac{\partial}{\partial t} - a\frac{\partial}{\partial x}\right)u = 0 \tag{6.5.2}$$

算子的对称性提示我们，可以猜测进行变换

$$\xi = x + at$$
$$\eta = x - at \tag{6.5.3}$$

将式(6.5.2)替换为

$$\frac{\partial}{\partial \xi}\frac{\partial}{\partial \eta}u = 0 \tag{6.5.4}$$

证明：由式(6.5.3)可得

$$x = \frac{1}{2}(\xi + \eta)$$

$$t = \frac{1}{2a}(\xi - \eta)$$

因此有

$$\frac{\partial}{\partial \xi} = \frac{\partial}{\partial t}\frac{\partial t}{\partial \xi} + \frac{\partial}{\partial x}\frac{\partial x}{\partial \xi} = \frac{1}{2a}\left(\frac{\partial}{\partial t} + a\frac{\partial}{\partial x}\right)$$

$$\frac{\partial}{\partial \eta} = \frac{\partial}{\partial t}\frac{\partial t}{\partial \eta} + \frac{\partial}{\partial x}\frac{\partial x}{\partial \eta} = \frac{1}{2a}\left(-\frac{\partial}{\partial t} + a\frac{\partial}{\partial x}\right)$$

代入方程式(6.5.2)后易将其化为式(6.5.4)。

运用式(6.5.3)对式(6.5.1)所示定解问题方程中的偏导数 u_{tt} 进行变量替换有

$$\frac{\partial u}{\partial t} = \frac{\partial u}{\partial \xi}\frac{\partial \xi}{\partial t} + \frac{\partial u}{\partial \eta}\frac{\partial \eta}{\partial t} = a\left(\frac{\partial u}{\partial \xi} - \frac{\partial u}{\partial \eta}\right) \tag{6.5.5}$$

$$\frac{\partial^2 u}{\partial t^2} = \frac{\partial u_t}{\partial t} = a\left(\frac{\partial u_t}{\partial \xi} - \frac{\partial u_t}{\partial \eta}\right) = a^2\left(\frac{\partial^2 u}{\partial \xi^2} - 2\frac{\partial^2 u}{\partial \varepsilon \partial \eta} + \frac{\partial^2 u}{\partial \eta^2}\right) \tag{6.5.6}$$

同理有

$$\frac{\partial^2 u}{\partial x^2} = \left(\frac{\partial^2 u}{\partial \xi^2} + 2\frac{\partial^2 u}{\partial \varepsilon \partial \eta} + \frac{\partial^2 u}{\partial \eta^2}\right) \tag{6.5.7}$$

原方程化为

$$\frac{\partial}{\partial \xi}\left(\frac{\partial u}{\partial \eta}\right) = 0 \tag{6.5.8}$$

式(6.5.8)两边对变量 ξ 积分有

$$\frac{\partial u}{\partial \eta} = f(\eta) \tag{6.5.9}$$

式(6.5.9)两边对 η 积分有

$$u = \int f(\eta)\mathrm{d}\eta + F_1(\xi) = F_1(\xi) + F_2(\eta) \tag{6.5.10}$$

变量替换回去可得原泛定方程的通解

$$u = F_1(x+at) + F_2(x-at) \tag{6.5.11}$$

式(6.5.11)中的 $F_1(x)$ 和 $F_2(x)$ 是两个连续且二阶可微的任意函数。运用两个初始条件可以确定 $F_1(x)$ 和 $F_2(x)$ 的形式。将式(6.5.11)代入初始条件有

$$u(x,0) = F_1(x) + F_2(x) = \varphi(x) \tag{6.5.12}$$

$$u_t(x,0) = aF_1'(x) - aF_2'(x) = \psi(x) \tag{6.5.13}$$

式(6.5.13)两边乘以 $\dfrac{1}{a}$,并求积分,可得

$$F_1(x) - F_2(x) - F_1(x_0) + F_2(x_0) = \frac{1}{a}\int_{x_0}^{x}\psi(\xi)\mathrm{d}\xi \tag{6.5.14}$$

整理得

$$F_1(x) - F_2(x) = \frac{1}{a}\int_{x_0}^{x}\psi(\xi)\mathrm{d}\xi + F_1(x_0) - F_2(x_0) \tag{6.5.15}$$

式(6.5.12)和式(6.5.15)组成二元一次方程组,可解得

$$F_1(x) = \frac{1}{2}\varphi(x) + \frac{1}{2a}\int_{x_0}^{x}\psi(\xi)\mathrm{d}\xi + \frac{1}{2}\left[F_1(x_0) - F_2(x_0)\right] \tag{6.5.16}$$

$$F_2(x) = \frac{1}{2}\varphi(x) - \frac{1}{2a}\int_{x_0}^{x}\psi(\xi)\mathrm{d}\xi - \frac{1}{2}\left[F_1(x_0) - F_2(x_0)\right] \tag{6.5.17}$$

将式(6.5.16)和式(6.5.17)代入式(6.5.11)可得定解问题(6.5.1)的解为

$$u(x,t) = \frac{1}{2}\left[\varphi(x+at) + \varphi(x-at)\right] + \frac{1}{2a}\int_{x-at}^{x+at}\psi(\xi)\mathrm{d}\xi \tag{6.5.18}$$

这样就得到一维波动方程在给定初始条件下的一般解,称为达朗贝尔公式(D'Alembert formula)。只要将已知的初始条件 $u(x,0)=\varphi(x)$ 和 $u_t(x,0)=\psi(x)$ 代入达朗贝尔公式即可直接求得一维波动方程的解。需要强调的是,达朗贝尔公式只适用于空间上没有边界的齐次波动方程问题。

如果定义

$$\Phi(x) = \int_{-\infty}^{x}\psi(\xi)\mathrm{d}\xi \tag{6.5.19}$$

则式(6.5.18)可写为

$$u(x,t) = \frac{1}{2}\left[\varphi(x+at) + \varphi(x-at)\right] + \frac{1}{2a}\int_{-\infty}^{x+at}\psi(\xi)\mathrm{d}\xi - \frac{1}{2a}\int_{-\infty}^{x-at}\psi(\xi)\mathrm{d}\xi$$

即

$$u(x,t) = \frac{1}{2}\left[\varphi(x+at) + \varphi(x-at)\right] + \frac{1}{2a}\left[\Phi(x+at) - \Phi(x-at)\right] \tag{6.5.20}$$

6.5.2 达朗贝尔公式的物理意义(physical meaning of D'Alembert formula)

一维波动方程的通解写为

$$u(x,t) = F_1(x+at) + F_2(x-at) \tag{6.5.21}$$

可见,无限长弦的振动由两项叠加而成。先观察第二项 $F_2(x-at)$,$t=0$ 时有 $F_2(x-at)$ $=F_2(x)$,假设波形如图 6.2(a)所示。时间推移至时刻 $t_0(t_0>0)$,函数表达式为 $F_2(x-at_0)$,其曲线相当于 $F_2(x)$ 曲线向右平移 at_0。继续推移至时刻 $t_1(t_1>t_0)$,则函数表达式为 $F_2(x-at_1)$,其曲线相当于 $F_2(x)$ 曲线向右平移 at_1。即 $F_2(x-at)$ 可以看作以速度 a 沿着 x 轴正方向传播的波。同理,$F_1(x+at)$ 可以看作以速度 a 沿着 x 轴反方向传播的波。任意点上弦的位移是由正向波和反向波叠加而成的。

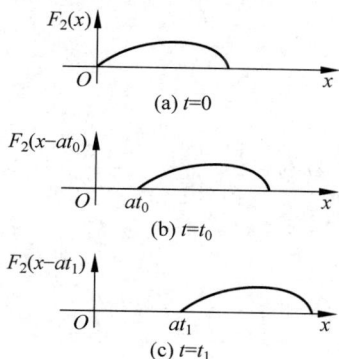

图 6.2 不同时刻的 $F_2(x-at)$

例 6.3 求解无限长弦振动定解问题

$$\begin{cases} u_{tt} - a^2 u_{xx} = 0 \\ u(x,0) = \sin x \\ u_t(x,0) = x^2 \end{cases}$$

解: 由题意知

$$\varphi(x) = \sin x, \quad \psi(x) = x^2$$

代入达朗贝尔公式有

$$\begin{aligned} u(x,t) &= \frac{1}{2}\left[\varphi(x+at) + \varphi(x-at)\right] + \frac{1}{2a}\int_{x-at}^{x+at}\psi(\xi)\mathrm{d}\xi \\ &= \frac{1}{2}\left[\sin(x+at) + \sin(x-at)\right] + \frac{1}{2a}\int_{x-at}^{x+at}\xi^2\mathrm{d}\xi \\ &= \frac{1}{2}\left[\sin(x+at) + \sin(x-at)\right] + \frac{1}{6a}\left[(x+at)^3 - (x-at)^3\right] \end{aligned}$$

由上式可以得到无限长弦任意位置任意时刻的位移。

6.5.3 达朗贝尔公式应用的 MATLAB 实现(application of D'Alembert formula based on MATLAB)

例 6.4 已知无限长弦的初始速度为 0,初始位移 $\varphi(x)$ 只在区间 (x_1,x_2) 上不为 0,且在 $x = \dfrac{x_1+x_2}{2}$ 处达到最大值 u_0,如图 6.3 所示,求此振动过程中的位移。

解: 由题意知,初始速度 $\psi(x)=0$,初始位移

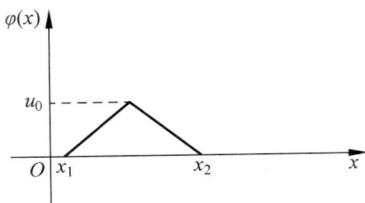

图 6.3　无限长弦的初始位移

$$\varphi(x) = \begin{cases} 2u_0 \dfrac{x - x_1}{x_2 - x_1}, & x_1 \leqslant x \leqslant \dfrac{x_1 + x_2}{2} \\[3mm] 2u_0 \dfrac{x_2 - x_1}{x_2 - x_1}, & \dfrac{x_1 + x_2}{2} \leqslant x \leqslant x_2 \\[3mm] 0, & x \leqslant x_1, x \geqslant x_2 \end{cases}$$

将其代入达朗贝尔公式

$$u(x,t) = \frac{1}{2}\varphi(x + at) + \frac{1}{2}\varphi(x - at)$$

即得到任意位置任意时刻的位移表达式。但是需讨论 $(x+at)$ 和 $(x-at)$ 的取值,步骤非常烦琐。由上述表达式看出,$u(x,t)$ 可以看作将初始位移 $\varphi(x)$ 分为两半,分别以速度 a 向左右两个方向移动,两行波的和给出了各个时刻的波形。可以使用 MATLAB 画图分析随时间推移无限长弦上各点位移的变化,MATLAB 代码如下。

```
clear; clc;
xmax=3;xmin=-3;point_number=1000;          %选定区间为(-3,3),离散点数为1000
fps=6;
speed=4;                                    %以5*delt_x为间隔画出波形
delt_x=(xmax-xmin)/point_number;            %取 u₀=2, x₁=-1, x₂=1
x1=[xmin:delt_x:-1];y1=zeros(1,length(x1)); %(-3,-1)区间上初始位移为0
x2=[-1:delt_x:0];y2=2*x2+2;                 %(-1,0)区间上初始位移方程为2x+2
x3=[0:delt_x:1];y3=-2*x3+2;                 %(0,1)区间上初始位移方程为-2x+2
x4=[1:delt_x:xmax];y4=zeros(1,length(x4));  %(1,3)区间上初始位移为0
x=[x1,x2,x3,x4]; y=[y1,y2,y3,y4];           %将所有位置和位移合成一个向量
forward_wave=0.5*y;
backward_wave=0.5*y;                        %将位移分成两部分,forward_wave 为
                                            %½φ(x+at),backward_wave 为½φ(x-at)

counter=round(point_number/speed);          %总共显示的波形数量
for n=0:counter
    plot(x,forward_wave+backward_wave,'r','LineWidth',2);   %画出½φ(x+at)+½φ(x-at),
                                            %实线
    axis([-4 4 -0.5 2.5]);                  %设置窗口显示的x,y范围
    hold on;
    plot(x,forward_wave,'g:');hold on;      %画出½φ(x+at),左侧虚线
```

```
        plot(x,backward_wave,'b−.');hold off;                              %画出 1/2 φ(x−at),右侧虚线
        M(n+1)=getframe;
        forward_wave(:,1:speed)=[];                                        %删除左侧 speed 列数据
        forward_wave=[forward_wave,zeros(1,speed)];                        %右侧补充零,列数为 speed 所给值,
                                                                           %将 forward_wave 向左移动
        backward_wave(:,length(backward_wave)−speed+1:length(backward_wave))=[];
                                                                           %删除右侧 speed 列数据
        backward_wave=[zeros(1,speed),backward_wave];                      %左侧补充零,列数为 speed 所给值,
                                                                           %将 back_wave 向右移动
        t = clock;
        while etime(clock,t)<1/fps
        end;                                                               %控制动画时间间隔
    end
    movie(M,1,fps);
```

运行结果如图 6.4 所示。初始位移被分成了相等的两部分,一部分左移,另一部分右移,合成的实曲线为无限长弦的位移。随时间推移,两部分分离开来并向两个相反的方向传播。

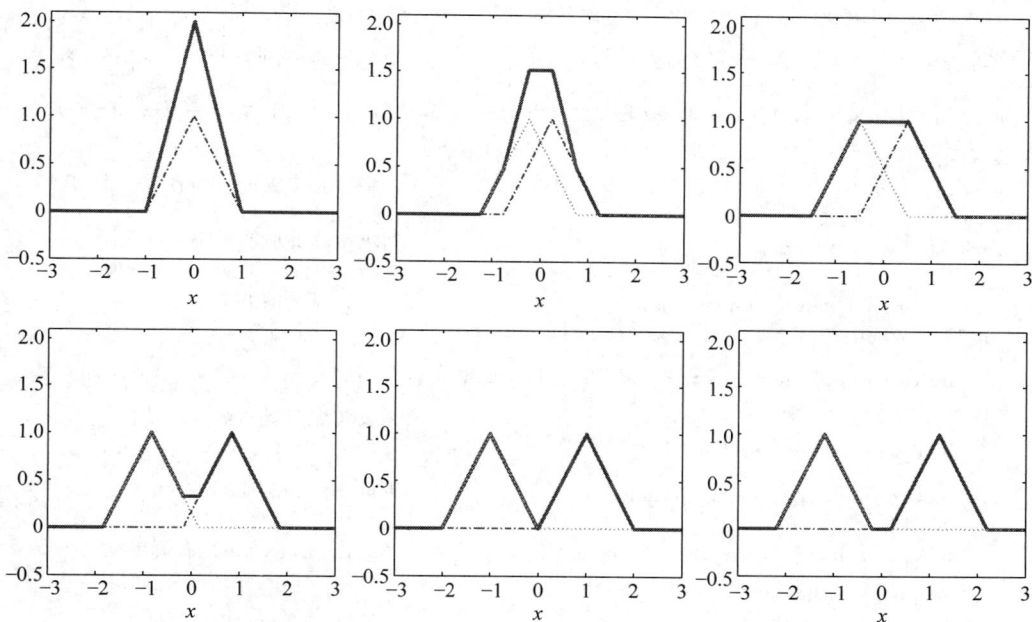

图 6.4 例 6.4 的运行结果

例 6.5 已知无限长弦的初始位移为 0,即 $\varphi(x)=0$,而且初速度 $\psi(x)$ 只在区间 (x_1,x_2) 上不为 0,且有

$$\psi(x)=\begin{cases}\psi_0, & x_1\leqslant x\leqslant x_2 \\ 0, & x\leqslant x_1,x_2\leqslant x\end{cases}$$

求此振动过程的位移分布。

解：定义函数

$$\Phi(x) = \frac{1}{2a}\int_{-\infty}^{x}\psi(\xi)\mathrm{d}\xi = \begin{cases} 0, & x \leqslant x_1 \\ \dfrac{1}{2a}(x - x_1)\psi_0, & x_1 \leqslant x \leqslant x_2 \\ \dfrac{1}{2a}(x_2 - x_1)\psi_0, & x_2 \leqslant x \end{cases}$$

由达朗贝尔公式得

$$u(x,t) = \frac{1}{2a}\int_{-\infty}^{x+at}\psi(\xi)\mathrm{d}\xi - \frac{1}{2a}\int_{-\infty}^{x-at}\psi(\xi)\mathrm{d}\xi = \Phi(x+at) - \Phi(x-at)$$

$+\Phi(x)$ 和 $-\Phi(x)$ 两个波形以速度 a 分别向左、右两个方向移动，两者的和描画出各个时刻的波形，由此即得出位移分布。可以使用 MATLAB 画图得到随时间推移无限长弦上各点位移的变化，如图 6.5 所示。MATLAB 代码如下：

```
clear; clc;
xmax=7;xmin=−3;point_number=1000;          %观察区间(−3,7),离散点数为1000
fps=6;
speed=4;                                    %以5*delt_x 为间隔画出波形
delt_x=(xmax−xmin)/point_number;           %取 ψ0=1;a=1
a1=1;a2=2;                                   %以 x1=1,x2=2
x1=[xmin:delt_x:a1];y1=zeros(1,length(x1)); %x<=x1 时,Φ(x)=0
x2=[a1:delt_x:a2];y2=1/2*(x2−a1);          %x1<x<x2 时,Φ(x)=1/2a (x−x1)ψ0
x3=[a2:delt_x:xmax];y3=1/2*(a2−a1)+x3−x3;  %x2<=x 时,Φ(x)=1/2a (x2−x1)ψ0
x=[x1,x2,x3];
y=[y1,y2,y3];                               %将所有位置和位移合成一个向量
forward_wave=y;                             %将位移分成两部分:forward_wave 为
backward_wave=−y;                          %Φ(x+at); backward_wave 为−Φ(x−at)

counter=round(point_number/speed);          %总共显示的波形数量
for n=0:counter
    plot(x,forward_wave+backward_wave,'r','LineWidth',2);  %画出 1/2 φ(x+at)+1/2 φ(x−at),实线
    axis([−3.5 5 −0.5 1]);                  %设置窗口显示的 x,y 范围
    hold on;
    plot(x,forward_wave,'g:');hold on;       %画出 1/2 φ(x+at),左侧虚线
    plot(x,backward_wave,'b−.');hold off;    %画出 1/2 φ(x−at),右侧虚线
    M(n+1)=getframe;
    forward_wave(:,1:speed)=[];             %删除左侧 speed 列数据
    forward_wave=[forward_wave,zeros(1,speed)]; %右侧补充零,列数为 speed 所给值,
                                             %将 forward_wave 向左移动
    backward_wave(:,length(backward_wave)−speed+1:length(backward_wave))=[]; %删除右侧 speed 列数据
    backward_wave=[zeros(1,speed),backward_wave]; %左侧补充零,列数为 speed 所给值,
                                             %将 back_wave 向右移动
    t = clock;
    while etime(clock,t)< 1/fps
    end;                                     %控制动画时间间隔
```

end
movie(M, 1, fps);

运行结果如图 6.5 所示。初始速度转换为位移,不断向两个相反的方向传播出去。

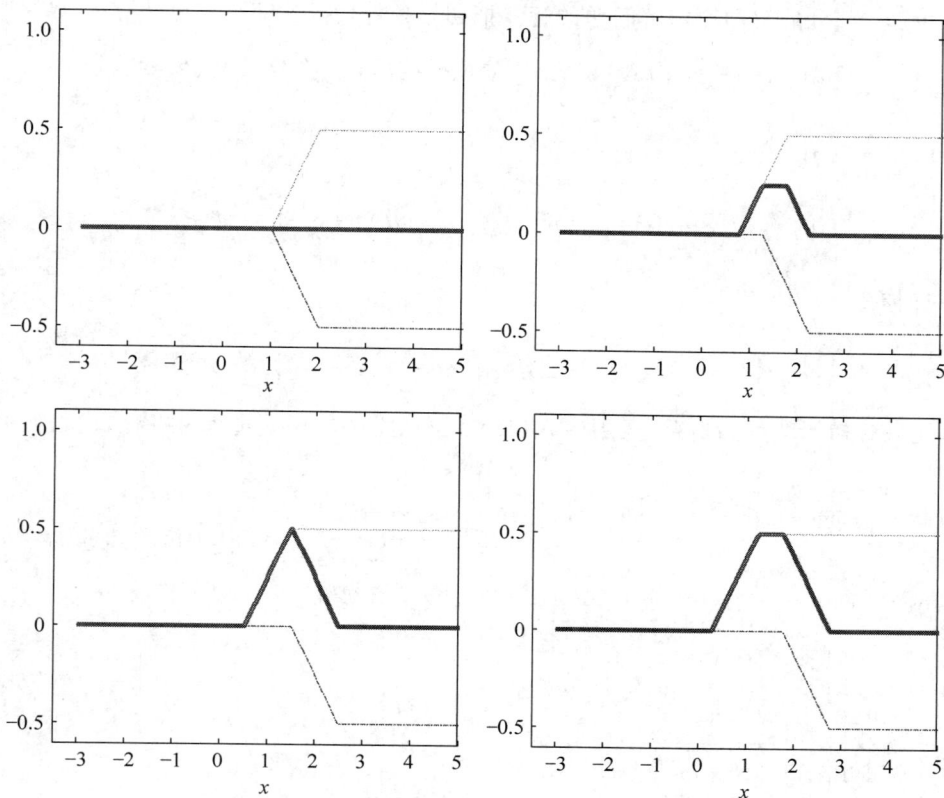

图 6.5 例 6.5 的运行结果

例 6.6 已知一半无限长弦,端点固定,初始位移为 $\varphi(x)=0$,初速度为 $\psi(x)$,定解问题写为

$$\begin{cases} u_{tt}-a^2 u_{xx}=0, & 0\leqslant x<\infty \\ u\mid_{t=0}=\varphi(x), & 0\leqslant x<\infty \\ u_t\mid_{t=0}=\psi(x), & 0\leqslant x<\infty \\ u\mid_{x=0}=0, & t\geqslant 0 \end{cases}$$

求此振动过程的位移分布。

解:将这半根弦当作某无限长弦 $x\geqslant 0$ 的组成部分,运用达朗贝尔公式求解。首先需要写出无限长弦振动的定解问题。

无限长弦的振动过程中,点 $x=0$ 的位移必须保持为 0,即 $u\mid_{x=0}=0$,那么无限长弦位移 $u(x,t)$ 应当是奇函数,因而无限长弦的初始位移 $\Phi(x)$ 和初始速度 $\Psi(x)$ 都应当是奇函数,即

$$\Phi(x)=\begin{cases} \varphi(x), & x\geqslant 0 \\ -\varphi(-x), & x<0 \end{cases}$$

$$\Psi(x) = \begin{cases} \psi(x), & x \geqslant 0 \\ -\psi(-x), & x < 0 \end{cases}$$

这样,我们把半无限长弦的定解问题延拓为无限长弦的振动问题。求得该无限长弦定解问题的解,$x \geqslant 0$ 部分的解即原定解问题的解。把初始条件代入达朗贝尔公式有

$$u(x,t) = \frac{1}{2}\left[\Phi(x+at) + \Phi(x-at)\right] + \frac{1}{2a}\int_{x-at}^{x+at}\Psi(\xi)\mathrm{d}\xi$$

可得,当 $t \leqslant \dfrac{x}{a}$ 时有

$$u(x,t) = \frac{1}{2}\left[\varphi(x+at) + \varphi(x-at)\right] + \frac{1}{2a}\int_{x-at}^{x+at}\psi(\xi)\mathrm{d}\xi$$

当 $t \geqslant \dfrac{x}{a}$ 时有

$$u(x,t) = \frac{1}{2}\left[\varphi(x+at) - \varphi(at-x)\right] + \frac{1}{2a}\int_{at-x}^{x+at}\psi(\xi)\mathrm{d}\xi$$

下面描述只有初始位移的情况,运用 MATLAB 可以将弦的振动过程可视化,代码如下:

```
clear;clc;
xmax=7;xmin=-7;point_number=1000;fps=3;speed=5;
                                %画出(-7,7)区间上的位移,离散点数为1000
delt_x=(xmax-xmin)/point_number;        %定义间隔点数
x1=[-7:delt_x:-5];y1=zeros(1,length(x1));   %定义初始位移
x2=[-5:delt_x:-4];y2=-x2-5;
x3=[-4:delt_x:-3];y3=x3+3;
x4=[-3:delt_x:3];y4=zeros(1,length(x4));
x5=[3:delt_x:4];y5=x5-3;
x6=[4:delt_x:5];y6=-x6+5;
x7=[5:delt_x:7];y7=zeros(1,length(x7));
x=[x1,x2,x3,x4,x5,x6,x7]; y=[y1,y2,y3,y4,y5,y6,y7];
forward_wave=0.5*y;
backward_wave=0.5*y;
counter=round(point_number/speed/2);
for n=0:counter
    temp=forward_wave+backward_wave;
plot(x(:,point_number/2:point_number),temp(:,point_number/2:point_number),'r','LineWidth',2);
                                %只画出 x>0 部分的合成位移
    axis([-5 5 -1.5 1.5]);
    hold on;
    plot(x,forward_wave,'g:','LineWidth',1);hold on;
    plot(x,backward_wave,'b:','LineWidth',1);hold on;
    plot(0,0,'o','Markersize',12);hold off;
    M(n+1)=getframe;
    forward_wave(:,1:speed)=[];
    forward_wave=[forward_wave,zeros(1,speed)];
    backward_wave(:,length(backward_wave)-speed+1:length(backward_wave))=[];
    backward_wave=[zeros(1,speed),backward_wave];
    t = clock;
    while etime(clock,t)<1/fps
    end;
end
movie(M,1,fps);
```

运行结果如图 6.6 所示,虚线为向左、右两个方向移动的波,左侧为其奇延拓。刚开始端点没有影响,随着时间的推移,合成的波形在端点 $x=0$ 处保持不动,端点的影响表现为反射波,反射波的相位与入射波的相位相反,即具有半波损失。

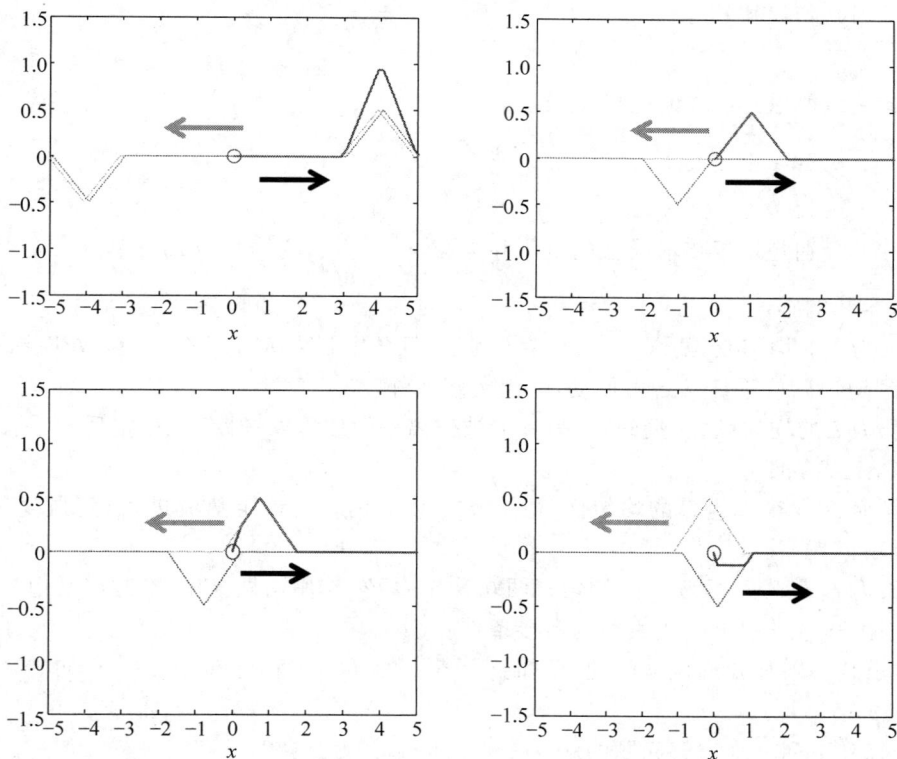

图 6.6　不同时刻半无限长弦上各点的位移

第 6 章习题

1. 用匀质材料制作细圆锥杆,试推导其纵振动方程。

2. 已知均匀物体中热传导问题满足的热传导方程为

$$u_t - a^2 \mathbf{\Delta}_3 u = f(x,t)$$

试推导稳定温度场分布满足的方程,若不存在热源或热汇,则方程的形式又如何?

3. 已知真空中电磁场的麦克斯韦方程组的微分形式为

$$\begin{cases} \mathbf{\nabla \cdot E} = 0 \\ \mathbf{\nabla \times E} = -\mu_0 \dfrac{\partial \mathbf{H}}{\partial t} \\ \mathbf{\nabla \cdot H} = 0 \\ \mathbf{\nabla \times H} = \varepsilon_0 \dfrac{\partial \mathbf{E}}{\partial t} \end{cases}$$

式中,$\mathbf{E}$ 和 $\mathbf{H}$ 分别为真空中的电场强度和磁场强度矢量,尝试从这组方程出发证明电磁波

传输中电场与磁场矢量满足齐次波动方程

$$\boldsymbol{E}_{tt} - a^2\,\boldsymbol{\nabla}^2\boldsymbol{E} = \boldsymbol{0}$$

$$\boldsymbol{H}_{tt} - a^2\,\boldsymbol{\nabla}^2\boldsymbol{H} = \boldsymbol{0}$$

其中，$a = \dfrac{1}{\sqrt{\varepsilon_0\mu_0}}$。

4. 试导出理想传输线的电报方程

$$\begin{cases} V_{tt} = a^2 V_{xx} \\ I_{tt} = a^2 I_{xx} \end{cases}$$

式中，V 和 I 分别是理想传输线上的电压和电流，$a^2 = \dfrac{1}{CL}$，C 和 L 分别是单位长度理想传输线上的电容和电感。

5. 长为 l 的均匀弦，两端 $x=0$，$x=l$ 固定，且弦中张力为 T_0，在 $x=h$ 处以横向力 F_0 拉弦，达到稳定后放手任其自由振动，写出定解条件。

6. 长为 l 的均匀弦，一端固定，另一端被拉离平衡位置 b 的距离，稳定后放手任其自由振动，写出定解条件。

7. 长为 l、导热率为 k 的均匀杆，初始温度为 0，两端有恒定热流进入，其强度为 q_0，请写出该定解问题。

8. 长为 l，横截面积为 S 的均匀杆两端受拉力 F_0 作用而做纵振动，写出其边界条件。

9. 写出静电场中电介质表面的衔接条件。

10. 求解无限长弦的振动问题，已知弦上各点的初始位移分布为 $f(x)$，初始速度分布为 $-af'(x)$。

11. 确定下列一维定解问题的解（$x \in (-\infty, \infty)$）。

(1) $u_{tt} - a^2 u_{xx} = 0, u(x,0) = 0, u_t(x,0) = 1$；

(2) $u_{tt} - a^2 u_{xx} = 0, u(x,0) = \sin x, u_t(x,0) = x^2$；

(3) $u_{tt} - a^2 u_{xx} = 0, u(x,0) = \cos x, u_t(x,0) = 1$。

12. 已知无限长理想传输线上初始电压分布为 $A\cos kx$，初始电流分布为 $\sqrt{C/L}\,A\cos kx$，波的传播速度为 $a = \dfrac{1}{\sqrt{LC}}$，已知无限长传输线上电压和电流的关系为

$$u_x = -Li_t, \quad i_x = -Cu_t$$

写出该定解问题，并求解无限长理想传输线上电压和电流的传播情况。

13. 已知半无限长弦的初始位移和初始速度都是 0，端点做微小横振动 $u(0,t) = A\sin\omega t$，求该无限长弦的振动。

14. 半无限长杆的端点受到纵向力 $F(t) = A\sin\omega t$ 作用，已知初始位移为 $\varphi(x,t)$，初始速度为 $\psi(x,t)$，求解杆的纵振动。

15. 半无限长理想传输线在端点处通过电阻 R_0 相连，且初始电压分布为 $A\cos kx$，初始电流分布为 $\sqrt{C/L}\,A\cos kx$，求半无限长理想传输线上电报方程的解，并讨论什么条件下端点无反射。

第7章

CHAPTER 7

分离变量法

　　第 6 章介绍了行波法。行波法的基本思想是：通过自变量的线性组合进行变量代换求出偏微分方程的通解，进而运用定解条件确定待定函数，从而确定定解问题的特解。这种思路与常微分方程的解法是一样的，易于理解，且用于研究波动问题也很方便。然而，一般情况下偏微分方程的通解是不易于求得的，用定解条件确定待定函数有时也很困难。因此，在求解偏微分方程时，常常直接求满足定解条件的特解，然后由叠加原理得到偏微分方程的通解。本章学习分离变量法，也称为傅里叶级数法或本征函数展开法。分离变量法是求解偏微分方程定解问题最常用的方法，适用于求解各种各样的定解问题，特别是当定解问题的区域是矩形、柱面或球面时，该方法的使用更为普遍。分离变量法是非常经典的解析方法，在科研工作中具有重要的应用价值。许多重要的科研成果都涉及分离变量法的内容，有些甚至是直接基于分离变量法完成的。

7.1　分离变量法的理论（theory of variable separation）

分离变量法
简介

　　在讲解分离变量法步骤并运用其求解具体物理问题之前，首先介绍分离变量法的基本思想及使用条件。

7.1.1　分离变量法简介（introduction of variable separation method）

　　分离变量法的基本思想：将偏微分方程的解假设为两个（二维问题）或三个（三维问题）函数的乘积形式，每个函数只包含一个变量，代入偏微分方程，将偏微分方程分解为几个常微分方程；将假设的乘积形式的解代入定解问题的齐次边界条件，得到分离变量后的边值条件，从而使得求解偏微分方程的问题简化为求解常微分方程的问题。

　　对偏微分方程分离变量得到几个常微分方程，其解的形式是不确定的，需要附加额外的条件才可以求解。这些条件可以通过将假设的乘积形式的解代入边值问题的齐次边界条件来获得，也可以通过自然边界条件（比如未知函数在无穷远处为 0 或特定的位置为有限值）或者周期边界条件（比如柱坐标系和球坐标系下未知函数是水平方位角 φ 的周期为 2π 的函数）来获得。分离变量得到的部分常微分方程和分离后的边界条件组合构成本征值问题，求解本征值问题可以得到本征值和本征函数，各常微分方程之间通过本征值联系起来。

7.1.2 偏微分方程可实施变量分离的条件(conditions for variable separation of PDEs)

对于一个给定的偏微分方程,如果要实施变量分离,这个偏微分方程应该具备什么条件? 假如有任意二阶线性齐次偏微分方程(second order linear homogeneous PDEs)

$$A(\xi,\eta)u_{\xi\xi} + B(\xi,\eta)u_{\xi\eta} + C(\xi,\eta)u_{\eta\eta} + D(\xi,\eta)u_{\xi} + E(\xi,\eta)u_{\eta} + F(\xi,\eta)u = 0$$

(7.1.1)

通过适当的自变量代换,可将其转换为下列标准形式(standardized form):

$$A_1(x,y)u_{xx} + C_1(x,y)u_{yy} + D_1(x,y)u_x + E_1(x,y)u_y + F_1(x,y)u = 0$$

(7.1.2)

令式(7.1.2)具有下列分离形式的解:

$$u(x,y) = X(x)Y(y)$$

(7.1.3)

其中,$X(x)$、$Y(y)$分别是单个变量的二次可微函数。

将式(7.1.3)代入式(7.1.2)中,可得

$$A_1(x,y)X''Y + C_1(x,y)XY'' + D_1(x,y)X'Y + E_1(x,y)XY' + F_1(x,y)XY = 0$$

(7.1.4)

1. 常系数偏微分方程(PDEs with constant coefficients)

若式(7.1.4)的系数均为常数,并分别用小写的 a、c、d、e、f 代替方程中的 $A_1(x,y)$、$C_1(x,y)$、$D_1(x,y)$、$E_1(x,y)$、$F_1(x,y)$,且将方程两边同除以 XY,则有

$$a\frac{X''}{X} + c\frac{Y''}{Y} + d\frac{X'}{X} + e\frac{Y'}{Y} + f = 0$$

(7.1.5)

进一步整理可得

$$\frac{aX'' + dX'}{X} = -\frac{cY'' + eY'}{Y} - f$$

(7.1.6)

要使等式(7.1.6)恒成立,只能让等式左右两侧等于一个既不依赖 x 也不依赖 y 的常数,记为 λ,则有

$$\frac{aX'' + dX'}{X} = -\frac{cY'' + eY'}{Y} - f = \lambda$$

(7.1.7)

λ 称为分离常数(separation constant),从而可得两个常微分方程

$$aX'' + dX' - \lambda X = 0$$

(7.1.8)

$$cY'' + eY' + (f + \lambda)Y = 0$$

(7.1.9)

2. 变系数偏微分方程(PDEs with variable coefficients)

对于变系数常微分方程,假设存在某一函数 $P(x,y) \neq 0$,使得式(7.1.4)除以 $P(x,y) \neq 0$ 后,变为可分离的形式

$$a_1(x)X''Y + b_1(y)XY'' + a_2(x)X'Y + b_2(y)XY' + [a_3(x) + b_3(y)]XY = 0$$

(7.1.10)

进一步整理可得

$$a_1\frac{X''}{X} + a_2\frac{X'}{X} + a_3 = -\left(b_1\frac{Y''}{Y} + b_2\frac{Y'}{Y} + b_3\right)$$

(7.1.11)

使式(7.1.11)恒成立,只有让等式左右两侧均等于同一个常数,记为λ,可得到两个常微分方程

$$a_1 X'' + a_2 X' + (a_3 - \lambda)X = 0 \tag{7.1.12}$$

$$b_1 Y'' + b_2 Y' + (b_3 + \lambda)Y = 0 \tag{7.1.13}$$

通过以上讨论可知,对于常系数二阶偏微分齐次方程,总是能实施变量分离,而对于变系数二阶偏微分齐次方程,需要满足一定的条件才能实施变量分离。

7.1.3 边界条件可实施变量分离的条件(conditions for variable separation of boundary conditions)

以弦的横振动为例,假设满足第一类齐次边界条件,即

$$u(0,t) = 0, \quad u(l,t) = 0 \tag{7.1.14}$$

将分离解的形式$u(x,t) = X(x)T(t)$代入式(7.1.14),可得

$$X(0)T(t) = 0, \quad X(l)T(t) = 0 \tag{7.1.15}$$

显然,所求定解问题的解$u(x,t)$不能恒等于0,那么必须满足$T(t) \neq 0$,因此可得$X(0) = 0, X(l) = 0$。同理,对第二类和第三类齐次边界条件,也可以得到类似的结论。由此可见,只有当边界条件是齐次的(homogeneous)时,才可分离出单变量未知函数的边界条件。

此外,进行变量分离时,还须根据具体情况选择适当的正交曲线坐标系,并使边值问题给定的边界面与一个或几个坐标面相重合,这样才可以实现边界条件的变量分离,从而将偏微分方程的求解问题转换为常微分方程的求解。常用的坐标系有直角坐标系(rectangular coordinate system)、圆柱坐标系(cylindrical coordinate system)和球坐标系(spherical coordinate system)。

7.2 直角坐标系中的分离变量法(variable separation method in rectangular coordinate system)

首先介绍最常用的直角坐标系中的分离变量法求解,包括试探解的引入、偏微分方程的分离变量、边界条件的分离变量、本征值问题的定义及叠加原理的运用等,初学者要注意领会分离变量法每个步骤的严谨性。

7.2.1 分离变量法的求解步骤(steps of variable separation method)

以弦的横振动为例,从齐次方程、齐次边界条件的定解问题出发讲解分离变量的具体求解步骤。

例 7.1 考虑长为l、两端固定的均匀弦的自由振动,其定解问题为

$$\begin{cases} u_{tt} - a^2 u_{xx} = 0, & 0 < x < l, t > 0 \tag{7.2.1} \\ u\big|_{x=0} = 0, \ u\big|_{x=l} = 0, & t \geq 0 \tag{7.2.2} \\ u\big|_{t=0} = \varphi(x), \ u_t\big|_{t=0} = \psi(x), & 0 < x < l \tag{7.2.3} \end{cases}$$

解:用分离变量法求解定解问题,具体分为4个步骤。

分离变量法
步骤

第1步：变量分离（separation of variables）

由第6章中半无限长弦振动的讨论得知，边界点的存在会产生反射，从而出现行进方向相反的两列波，而行进方向相反的两列波在空间叠加形成驻波。驻波的特征是任意时刻任意位置的位移可以写作空间变量函数和时间变量函数的乘积。当弦存在两个端点时，振动波会在两个端点间反射，从而形成驻波。著名数学家达朗贝尔提出使用驻波的思想求解有限长弦振动问题。

设变量分离形式的试探解为

$$u(x,t) = X(x)T(t) \tag{7.2.4}$$

将式(7.2.4)代入式(7.2.1)，则定解问题的泛定方程变为

$$X(x) \cdot T''(t) - a^2 X''(x)T(t) = 0$$

整理可得

$$\frac{X''(x)}{X(x)} = \frac{T''(t)}{a^2 T(t)}$$

要使等式恒成立，只能让等式两侧均等于一个既不依赖于 t，也不依赖于 x 的常数，设此常数为 $-\lambda$，有

$$\frac{X''(x)}{X(x)} = \frac{T''(t)}{a^2 T(t)} = -\lambda \tag{7.2.5}$$

于是，分别得到 $X(x)$ 和 $T(t)$ 的方程

$$T''(t) + a^2\lambda T(t) = 0 \tag{7.2.6}$$
$$X''(x) + \lambda X(x) = 0 \tag{7.2.7}$$

这样，偏微分方程分离为两个常微分方程。将式(7.2.4)分离变量的解代入齐次边界条件式(7.2.2)，有

$$\begin{cases} X(0)T(t) = 0 \\ X(l)T(t) = 0 \end{cases}$$

因为 $T(t) \neq 0$，故

$$X(0) = 0, \quad X(l) = 0 \tag{7.2.8}$$

难点点拨：因为边界条件是齐次的，才得出式(7.2.8)简单的结论。如果边界条件是非齐次的，需要运用叠加原理将其转换为齐次边界条件。

第2步：求解本征值问题（solving eigenvalue problems）

第一步得到的常微分方程式(7.2.7)和边界条件式(7.2.8)构成本征值问题

$$\begin{cases} X'' + \lambda X = 0 \\ X(0) = 0, X(l) = 0 \end{cases} \tag{7.2.9}$$

也称为固有值问题。该本征值问题中，常微分方程的特征方程（characteristic equation）写为 $r^2 + \lambda = 0$，对应 λ 的3种情况，方程的通解形式分别写为

$$\begin{cases} \lambda < 0, r_{1,2} = \pm\sqrt{-\lambda}, & X(x) = C_1 e^{\sqrt{-\lambda}x} + C_2 e^{-\sqrt{-\lambda}x} \\ \lambda = 0, r_{1,2} = 0, & X(x) = C_1 x + C_2 \\ \lambda > 0, r_{1,2} = \pm i\sqrt{\lambda}, & X(x) = C_1 \cos\sqrt{\lambda}x + C_2 \sin\sqrt{\lambda}x \end{cases}$$

下面对 3 种情况进行讨论。

(1) $\lambda < 0$，特征方程有两个不相等的实根 $\pm\sqrt{-\lambda}$，方程的解是

$$X(x) = C_1 e^{\sqrt{-\lambda}x} + C_2 e^{-\sqrt{-\lambda}x}$$

将其代入边界条件，有

$$\begin{cases} C_1 + C_2 = 0 \\ C_1 e^{\sqrt{-\lambda}l} + C_2 e^{-\sqrt{-\lambda}l} = 0 \end{cases}$$

可解得

$$C_1 = 0, \quad C_2 = 0$$

所以

$$X(x) \equiv 0$$

此时得到

$$u(x,t) = X(x)T(t) \equiv 0$$

对于定解问题，全零解是无意义的，因此 $\lambda < 0$ 被排除。

(2) $\lambda = 0$，方程的解是

$$X(x) = C_1 x + C_2$$

C_1 和 C_2 由边界条件确定，即有

$$\begin{cases} C_2 = 0 \\ C_1 l + C_2 = 0 \end{cases}$$

解得

$$C_1 = 0, \quad C_2 = 0$$

所以

$$X(x) \equiv 0$$

可得

$$u(x,t) = X(x)T(t) \equiv 0$$

因此，$\lambda = 0$ 也被排除。

(3) $\lambda > 0$，方程的解是

$$X(x) = C_1 \cos\sqrt{\lambda}\,x + C_2 \sin\sqrt{\lambda}\,x$$

C_1 和 C_2 由边界条件确定，即有

$$\begin{cases} C_1 = 0 \\ C_2 \sin\sqrt{\lambda}\,l = 0 \end{cases}$$

如果 $\sin\sqrt{\lambda}\,l \neq 0$，则仍然解出 $C_1 = 0, C_2 = 0$，那么依然是 $u(x,t) \equiv 0$。

只剩下一种可能性，即 $C_1 = 0, \sin\sqrt{\lambda}\,l = 0$，此时有

$$\sqrt{\lambda}\,l = n\pi, \quad n = 1,2,3,\cdots$$

由此可得

$$\lambda_n = \frac{n^2\pi^2}{l^2}, \quad n = 1,2,3,\cdots \tag{7.2.10}$$

每个 λ_n 对应一个解

$$X_n(x) = \sin\frac{n\pi x}{l}, \quad n = 1,2,3,\cdots \tag{7.2.11}$$

即常数 λ 不能任意取,只能取一些特定的值 λ_n,叫作本征值(eigenvalue)。与不同 λ 对应的解 $X_n(x)$ 叫作本征函数(eigenfunction)。可以看出,式(7.2.11)正是傅里叶正弦级数的基本函数族。求带有齐次边界条件的齐次方程的本征值和本征函数问题,就是本征值问题(eigenvalue problem)。

知识点补充:二阶常系数微分方程 $y'' + py' + qy = 0$ 的特征方程为 $r^2 + pr + q = 0$,对应特征方程根的 3 种情况,常系数常微分方程的通解写为

$$
\begin{cases}
\text{两个不相等实根 } r_1 \neq r_2, & \text{通解为 } y = C_1 e^{r_1 x} + C_2 e^{r_2 x} \\
\text{两个相等实根 } r_1 = r_2 = r, & \text{通解为 } y = C_1 e^{rx} + C_2 x e^{rx} = (C_1 + C_2 x) e^{rx} \\
\text{两个复根 } r_{1,2} = \alpha \pm i\beta, & \text{通解为 } y = e^{\alpha x}(C_1 \cos\beta x + C_2 \sin\beta x)
\end{cases}
$$

第 3 步:求特解,并叠加求出通解(general solution)

将每个本征值 λ_n 代入式(7.2.6),即得

$$T'' + a^2 \frac{n^2 \pi^2}{l^2} T = 0 \tag{7.2.12}$$

式(7.2.12)的特征方程为

$$r^2 + a^2 \frac{n^2 \pi^2}{l^2} = 0 \tag{7.2.13}$$

因此式(7.2.12)的解为

$$T_n(t) = A_n \cos \frac{n\pi a t}{l} + B_n \sin \frac{n\pi a t}{l} \tag{7.2.14}$$

其中,A_n 和 B_n 是待定常数。将式(7.2.11)和式(7.2.14)代入变量分离形式的试探解式(7.2.4),可得到变量分离形式的特解

$$u_n(x,t) = \left(A_n \cos \frac{n\pi a t}{l} + B_n \sin \frac{n\pi a t}{l} \right) \sin \frac{n\pi x}{l}, \quad n = 1,2,3,\cdots \tag{7.2.15}$$

由上述推导可知,式(7.2.15)给出的特解随本征值 λ_n 的变化而变化,所有本征值对应的特解均满足式(7.2.1)的方程与式(7.2.2)的边界条件,那么哪个才是定解问题的解呢?还需要考虑式(7.2.3)的初始条件。由 6.4.2 节中齐次二阶线性偏微分方程的性质可知,所有特解线性叠加得到的表达式仍然是方程的解,且仍然满足式(7.2.3)的齐次边界条件。于是可以写出原定解问题的通解

$$u(x,t) = \sum_{n=1}^{+\infty} u_n(x,t) = \sum_{n=1}^{+\infty} \left(A_n \cos \frac{n\pi a t}{l} + B_n \sin \frac{n\pi a t}{l} \right) \sin \frac{n\pi x}{l} \tag{7.2.16}$$

此时考虑了所有本征值的贡献,每个特解都包含在内。

第 4 步:通过非齐次初始条件或边界条件确定待定系数(determination of A_n, B_n by substituting nonhomogeneous initial/boundary conditions)

对于此波动方程定解问题,将通解代入初始条件式(7.2.3),可得

$$
\begin{cases}
\displaystyle\sum_{n=1}^{+\infty} A_n \sin \frac{n\pi x}{l} = \varphi(x) \\
\displaystyle\sum_{n=1}^{+\infty} B_n \frac{n\pi a}{l} \sin \frac{n\pi x}{l} = \psi(x)
\end{cases}
\tag{7.2.17}
$$

可以看出,两个表达式的左侧均为傅里叶正弦级数,右侧则为定义在有限区间$(0,l)$上的函数。将右侧函数展开为傅里叶正弦级数,即可确定待定系数,即

$$\begin{cases} A_n = \dfrac{2}{l} \displaystyle\int_0^l \varphi(\xi) \sin \dfrac{n\pi\xi}{l} \mathrm{d}\xi \\ B_n = \dfrac{2}{n\pi a} \displaystyle\int_0^l \psi(\xi) \sin \dfrac{n\pi\xi}{l} \mathrm{d}\xi \end{cases} \tag{7.2.18}$$

至此,得到定解问题的解。

分离变量法求解定解问题的步骤如图7.1所示。用分离变量法求解偏微分方程定解问题大致分为以下4步。

图 7.1 分离变量法求解定解问题的步骤

(1) 分离变量,将未知函数表示为若干单变量函数的乘积,代入齐次偏微分方程和齐次边界条件,得到相应的本征值问题和其他常微分方程。

(2) 求解本征值问题,得到本征值和本征函数。

(3) 代入本征值求解其他常微分方程,并将所有常微分方程的特解相乘得到一系列含有任意常数的本征解,将所有本征值对应的本征解叠加求出通解。

(4) 利用本征函数的正交归一性,确定待定系数。用初始条件或非齐次的边界条件确定系数,从而得到偏微分方程定解问题的解。

> **难点点拨**:分离变量法是有条件的,变系数的二阶线性偏微分方程并非总能实施变量分离。从分离变量法得到的最终解式(7.2.16)可以看出,每个本征值对应的本征函数都是$X(x)T(t)$乘积形式,但二阶线性偏微分方程的通解则不一定是分离变量的$X(x)T(t)$乘积形式。

7.2.2 解的物理意义(physical meaning of solution)

为了揭示所研究现象的重要物理特性,阐明解的物理意义,现以例7.1两端固定均匀弦的自由振动为例给予说明。

利用三角函数公式,可以将式(7.2.15)的特解改写为

$$u_n(x,t) = N_n \cos(\omega_n t - \varphi_n) \sin \dfrac{n\pi x}{l} \tag{7.2.19}$$

其中,$N_n = \sqrt{A_n^2 + B_n^2}$,$\varphi_n = \arctan \dfrac{B_n}{A_n}$,$\omega_n = \dfrac{n\pi a}{l}$。

可以看出,每个特解对应一个简谐振动波,振幅为 $N_n\sin\dfrac{n\pi x}{l}$,角频率为 ω_n,初始相位为 φ_n。也就是说,弦上各点以同一角频率做简谐振动,其振幅 $N_n\sin\dfrac{n\pi x}{l}$ 依赖于点 x 的位置。

在 $x=0,\dfrac{l}{n},\dfrac{2l}{n},\cdots,\dfrac{(n-1)l}{n},l$ 的点上振幅为 0,这些点称为波节。在两个波节之间,各点的振动都有相同的相位,它们同时达到自己的最大位移,同时通过平衡位置。在同一波节两边的各点,振动位移则相反,即同时达到最大位移,但符号相反;同时通过平衡位置,但速度的方向相反。

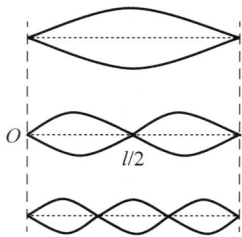

图 7.2　n 分别等于 1、2、3 时的驻波形状

在 $x=\dfrac{l}{2n},\dfrac{3l}{2n},\dfrac{5l}{2n},\cdots,\dfrac{(2n-1)l}{2n}$ 的点上,振幅达到最大值,这些点称为波腹。弦的振动情形就好像是由互不连接的几段组成的,每段的端点恰好就像固定在各个节点上,永远保持不动。显然,对 $u_n(x,t)=N_n\cos(\omega_n t-\varphi_n)\sin\dfrac{n\pi x}{l}$ 而言,连同固定的端点共有 $n+1$ 个节点,把这种包含节点的振动波称为驻波(stationary wave),驻是停的意思。如图 7.2 所示为在某一时刻 n 分别等于 1、2、3 时的驻波形状。

于是,解 $u(x,t)$ 可以看成由一系列频率不同(成倍增长)、初相位不同、振幅不同的驻波叠加而成(superposition of stationary wave),因此分离变量法又称驻波法(method of stationary wave)。各驻波振幅的大小和相位的差异由初始条件决定,而角频率 $\omega_n=\dfrac{n\pi a}{l}$ 与初始条件无关,所以也称为弦的本征频率(eigenfrequency)。

$\{\omega_n\}$ 中最小的一个 $\omega_1=\dfrac{\pi a}{l}$ 称为基频(fundamental frequency),相应的 $u_1(x,t)=N_1\sin\dfrac{\pi x}{l}\cos\left(\dfrac{\pi a}{l}t-\varphi_1\right)$ 称为基波(fundamental wave)。$\omega_2,\omega_3,\omega_4,\cdots$ 称为谐频(harmonic frequency),$u_2,u_3,u_4,\cdots$ 称为谐波(harmonic wave)。在所有驻波分量中,基波的作用往往最显著。

本节通过求解例 7.1 给出了分离变量法的解题步骤,该例中两个边界点均为第一类齐次边界条件。下面将介绍第二类齐次边界条件或既有第一类又有第二类齐次边界条件的定解问题,在此要注意本征值和本征函数的区别。

例 7.2　求以下定解问题

$$\begin{cases}\dfrac{\partial^2 u}{\partial t^2}=a^2\dfrac{\partial^2 u}{\partial x^2}, & x\in(0,l),t>0\\ u(0,t)=u_x(l,t)=0, & t>0\\ u(x,0)=\varphi(x),u_t(x,0)=\psi(x), & x\in(0,l)\end{cases}$$

解：令该定解问题的解为

$$u(x,t)=T(t)X(x)$$

代入方程及边界条件,可得本征值问题

$$\begin{cases} X''(x) + \lambda X(x) = 0 & (7.2.20) \\ X(0) = X'(l) = 0 & (7.2.21) \end{cases}$$

及常微分方程

$$T''(t) + a^2 \lambda T(t) = 0 \qquad (7.2.22)$$

下面对本征值问题进行讨论。

若 $\lambda < 0$,则式(7.2.20)的解为

$$X(x) = C_1 e^{\sqrt{-\lambda}\, x} + C_2 e^{-\sqrt{-\lambda}\, x}$$

待定常数由边界条件式(7.2.21)确定,即有

$$\begin{cases} A + B = 0 \\ A\sqrt{-\lambda}\, e^{\sqrt{-\lambda}\, l} - \sqrt{-\lambda}\, B e^{-\sqrt{-\lambda}\, l} = 0 \end{cases}$$

求得 $A = 0, B = 0$,所以 $X(x) \equiv 0$,只能得到无意义的零解,应该排除。

若 $\lambda = 0$,则式(7.2.20)的解为

$$X(x) = Ax + B$$

代入式(7.2.21)得 $A = 0, B = 0$,只能得到无意义的解 $X(x) \equiv 0$,应该排除。

若 $\lambda > 0$,则式(7.2.20)的解为

$$X(x) = A\cos\sqrt{\lambda}\, x + B\sin\sqrt{\lambda}\, x$$

由边界条件式(7.2.21)得

$$X(0) = A = 0$$
$$X'(l) = B\sqrt{\lambda}\cos\sqrt{\lambda}\, l = 0$$

只能 $\cos\sqrt{\lambda}\, l = 0$,于是

$$\sqrt{\lambda}\, l = \left(n + \frac{1}{2}\right)\pi, \quad n = 0, 1, 2, \cdots$$

可得本征值为

$$\lambda_n = \left(\frac{2n+1}{2l}\pi\right)^2, \quad n = 0, 1, 2, \cdots \qquad (7.2.23)$$

相应的本征函数为

$$X_n(x) = \sin\left(\frac{2n+1}{2l}\pi x\right), \quad n = 0, 1, 2, 3, \cdots \qquad (7.2.24)$$

系数 B 被略去。

将 λ_n 代入式(7.2.22)的常微分方程,解得

$$T_n(t) = C_n\cos\left(\frac{2n+1}{2l}\pi a t\right) + D_n\sin\left(\frac{2n+1}{2l}\pi a t\right), \quad n = 0, 1, 2, \cdots \qquad (7.2.25)$$

由 $u_n(x,t) = T_n(t)X_n(x)$ 得到特解,并将所有本征值对应的特解叠加得

$$u(x,t) = \sum_{n=0}^{\infty}\left(C_n\cos\left(\frac{2n+1}{2l}\pi a t\right) + D_n\sin\left(\frac{2n+1}{2l}\pi a t\right)\right)\sin\left(\frac{2n+1}{2l}\pi x\right)$$

$$(7.2.26)$$

待定系数由初始条件确定,即

$$u(x,0) = \varphi(x) = \sum_{n=0}^{\infty} C_n \sin\left(\frac{2n+1}{2l}\pi x\right)$$

$$u_t(x,0) = \psi(x) = \sum_{n=0}^{\infty} D_n \frac{2n+1}{2l}\pi a \sin\left(\frac{2n+1}{2l}\pi x\right)$$

利用傅里叶正弦级数的正交性,系数可确定为

$$C_n = \frac{2}{l}\int_0^l \varphi(x)\sin\left(\frac{2n+1}{2l}\pi x\right)\mathrm{d}x \tag{7.2.27}$$

$$D_n = \frac{4}{(2n+1)\pi a}\int_0^l \psi(x)\sin\left(\frac{2n+1}{2l}\pi x\right)\mathrm{d}x \tag{7.2.28}$$

例 7.3　求两端自由的棒的纵振动问题,其定解问题为

$$\begin{cases} \dfrac{\partial^2 u}{\partial t^2} = a^2\dfrac{\partial^2 u}{\partial x^2}, & x \in (0,l), t > 0 \\ u_x(0,t) = u_x(l,t) = 0, & t > 0 \\ u(x,0) = \varphi(x), u_t(x,0) = \psi(x), & x \in (0,l) \end{cases}$$

解：令该定解问题的解为

$$u(x,t) = X(x)T(t) \tag{7.2.29}$$

将边界条件代入泛定方程及边界条件,可得本征值问题

$$\begin{cases} X''(x) + \lambda X(x) = 0 \\ X'(0) = X'(l) = 0 \end{cases} \tag{7.2.30}$$

及常微分方程

$$T''(t) + a^2\lambda T(t) = 0 \tag{7.2.31}$$

下面对本征值问题进行讨论。

(1) 若 $\lambda < 0$,类似于前面的讨论,只能得到无意义的零解,因此被排除。

(2) 若 $\lambda = 0$,方程 $X''(x) + \lambda X(x) = 0$ 的解为

$$X(x) = Ax + B \tag{7.2.32}$$

将式(7.2.32)代入边界条件,有 $A = 0$,$X(x) = B$ 且 $B \neq 0$。取归一化的本征函数 $X(x) = 1$。

(3) 若 $\lambda > 0$,方程 $X''(x) + \lambda X(x) = 0$ 的解为

$$X(x) = A\cos\sqrt{\lambda}x + B\sin\sqrt{\lambda}x$$

则有

$$X'(x) = \sqrt{\lambda}(-A\sin\sqrt{\lambda}x + B\cos\sqrt{\lambda}x) \tag{7.2.33}$$

将边界条件 $X'(0) = 0$ 代入式(7.2.33)有 $B = 0$,那么

$$X'(x) = -A\sqrt{\lambda}\sin\sqrt{\lambda}x$$

又由 $X'(l) = 0$ 可得 $A\sin\sqrt{\lambda}l = 0$。因为 $A \neq 0$,因此有 $\sin\sqrt{\lambda}l = 0$,于是

$$\sqrt{\lambda}l = n\pi, \quad n = 1, 2, \cdots$$

解得本征值为

$$\lambda_n = \frac{n^2\pi^2}{l^2}, \quad n = 1, 2, \cdots \tag{7.2.34}$$

相应的本征函数为

$$X_n(x) = \cos\frac{n\pi x}{l}, \quad n = 1, 2, 3, \cdots \tag{7.2.35}$$

可以将 $\lambda \geqslant 0$ 的本征值和对应的本征函数统一表示为

$$\lambda_n = \frac{n^2\pi^2}{l^2}, \quad n = 0, 1, 2, \cdots \tag{7.2.36}$$

$$X_n(x) = \cos\frac{n\pi x}{l}, \quad n = 0, 1, 2, \cdots \tag{7.2.37}$$

将本征值代入式(7.2.31),得到 $T(t)$ 的方程

$$\begin{cases} T_0''(t) = 0, & n = 0 \\ T_n''(t) + \dfrac{n^2\pi^2 a^2}{l^2}T_n(t) = 0, & n \neq 0 \end{cases} \tag{7.2.38}$$

对应的解为

$$T_0(t) = C_0 + D_0 t, \quad n = 0 \tag{7.2.39}$$

$$T_n(t) = C_n\cos\left(\frac{n\pi a}{l}t\right) + D_n\sin\left(\frac{n\pi a}{l}t\right), \quad n = 1, 2, 3, \cdots \tag{7.2.40}$$

其中, C_0、D_0、C_n、D_n 均为独立的任意常数。

因此,相应的特解写为

$$u_0(x,t) = C_0 + D_0 t \tag{7.2.41}$$

$$u_n(x,t) = \left(C_n\cos\left(\frac{n\pi a}{l}t\right) + D_n\sin\left(\frac{n\pi a}{l}t\right)\right)\cos\left(\frac{n\pi}{l}x\right), \quad n = 1, 2, 3, \cdots \tag{7.2.42}$$

所有本征值对应的特解叠加得到定解问题的通解

$$u(x,t) = C_0 + D_0 t + \sum_{n=1}^{+\infty}\left(C_n\cos\left(\frac{n\pi a}{l}t\right) + D_n\sin\left(\frac{n\pi a}{l}t\right)\right)\cos\left(\frac{n\pi}{l}x\right) \tag{7.2.43}$$

待定系数可由初始条件确定,即

$$\begin{cases} C_0 + \displaystyle\sum_{n=1}^{+\infty}C_n\cos\left(\frac{n\pi}{l}x\right) = \varphi(x) \\ D_0 + \displaystyle\sum_{n=1}^{+\infty}\frac{n\pi a}{l}D_n\cos\left(\frac{n\pi}{l}x\right) = \psi(x) \end{cases}$$

将函数 $\varphi(x)$、$\psi(x)$ 展开为傅里叶余弦级数,然后比较两边的系数,得到

$$\begin{cases} C_0 = \dfrac{1}{l}\displaystyle\int_0^l \varphi(\xi)\mathrm{d}\xi \\ D_0 = \dfrac{1}{l}\displaystyle\int_0^l \psi(\xi)\mathrm{d}\xi \end{cases}$$

$$\begin{cases} C_n = \dfrac{2}{l}\displaystyle\int_0^l \varphi(\xi)\cos\left(\frac{n\pi}{l}\xi\right)\mathrm{d}\xi \\ D_n = \dfrac{2}{n\pi a}\displaystyle\int_0^l \psi(\xi)\cos\left(\frac{n\pi}{l}\xi\right)\mathrm{d}\xi \end{cases}$$

在一维波动方程、一维热传导方程及二维拉普拉斯方程定解问题的求解中,我们会反复

见到形如 $\dfrac{\mathrm{d}^2 X}{\mathrm{d}x^2}+\lambda X=0$ 的方程所对应的本征值问题,为了方便使用,总结如表 7.1 所示。在定解问题求解过程中遇到类似的本征值问题,可以直接根据表 7.1 写出本征值和本征函数,避免对本征值取值的复杂讨论。

表 7.1　常用本征值问题的本征值和本征函数

边 界 条 件	本 征 值	本 征 函 数
$X\big|_{x=0}=0,X\big|_{x=l}=0$	$\lambda_n=\left(\dfrac{n\pi}{l}\right)^2,\quad n=1,2,3,\cdots$	$\sin\left(\dfrac{n\pi}{l}x\right)$
$X_x\big|_{x=0}=0,X_x\big|_{x=l}=0$	$\lambda_n=\left(\dfrac{n\pi}{l}\right)^2,\quad n=0,1,2,\cdots$	$\cos\left(\dfrac{n\pi}{l}x\right)$
$X\big|_{x=0}=0,X_x\big|_{x=l}=0$	$\lambda_n=\left(\dfrac{\left(n+\frac12\right)\pi}{l}\right)^2,\quad n=0,1,2,\cdots$	$X(x)=\sin\left(\dfrac{\left(n+\frac12\right)\pi}{l}x\right)$
$X_x\big|_{x=0}=0,X\big|_{x=l}=0$	$\lambda_n=\left(\dfrac{\left(n+\frac12\right)\pi}{l}\right)^2,\quad n=0,1,2,\cdots$	$X(x)=\cos\left(\dfrac{\left(n+\frac12\right)\pi}{l}x\right)$

例 7.4　求如图 7.3 所示的半无限长带形区域内的电势分布。

解:由图 7.3 可知,半无限长带形区域内的电势分布是一个与 z 无关的二维场问题。

故定解问题写为

$$\begin{cases}\dfrac{\partial^2\phi}{\partial x^2}+\dfrac{\partial^2\phi}{\partial y^2}=0\\[2mm]\phi\big|_{x=0}=\phi\big|_{x=a}=0\\[2mm]\phi\big|_{y=0}=f(x)\end{cases}$$

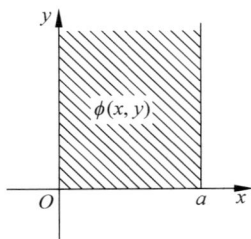

图 7.3　半无限长带形区域内的电势分布

令变量分离形式的解为

$$\phi(x,y)=X(x)Y(y)$$

将其代入泛定方程,可得 $X(x)$ 和 $Y(y)$ 的常微分方程

$$\dfrac{\mathrm{d}^2 X}{\mathrm{d}x^2}+\lambda X=0$$

$$\dfrac{\mathrm{d}^2 Y}{\mathrm{d}y^2}-\lambda Y=0$$

由边界条件 $\phi\big|_{x=0}=\phi\big|_{x=a}=0$ 可知,$X(x)$ 应该是三角函数的组合,即 $\lambda>0$,因此

$$X(x)=A_1\sin\sqrt{\lambda}x+A_2\cos\sqrt{\lambda}x$$

$$Y(y)=B_1\mathrm{e}^{\sqrt{\lambda}y}+B_2\mathrm{e}^{-\sqrt{\lambda}y}$$

由 $\phi(0,y)=0$,有 $A_2=0$,由 $\phi(a,y)=0$ 得

$$A_1\sin\sqrt{\lambda}a=0$$

因此得到本征值和本征函数分别为

$$\lambda_n=\left(\dfrac{n\pi}{a}\right)^2,\quad n=1,2,3,\cdots$$

$$X_n(x) = \sin\left(\frac{n\pi}{a}x\right)$$

将本征值代入 $Y(y)$ 有

$$Y_n(y) = B_{1n}e^{\frac{n\pi}{a}y} + B_{2n}e^{-\frac{n\pi}{a}y}$$

定解问题特解为

$$\phi_n(x,y) = \sin\left(\frac{n\pi}{a}x\right)\left(B_{1n}e^{\frac{n\pi}{a}y} + B_{2n}e^{-\frac{n\pi}{a}y}\right)$$

又因为 $y\to\infty$，$\phi(x,y)$ 为有限值，故 $B_{1n}=0$。

综上可知，该定解问题的通解为

$$\phi(x,y) = \sum_{n=1}^{\infty}B_n\sin\frac{n\pi x}{a}e^{-\frac{n\pi y}{a}}$$

运用边界条件 $\phi(x,0)=f(x)$，可得

$$f(x) = \sum_{n=1}^{\infty}B_n\sin\frac{n\pi x}{a}$$

将 $f(x)$ 展开为傅里叶正弦级数即可求得待定系数

$$B_n = \frac{2}{a}\int_0^a f(x)\sin\frac{n\pi x}{a}\mathrm{d}x$$

如果 $f(x)=\phi_0$ 为一个常数，则只有 $n=2k-1(k=1,2,3,\cdots)$ 时，系数 B_n 不为 0，此时

$$B_{2k-1} = \frac{2\phi_0}{a}\int_0^a\sin\frac{(2k-1)\pi x}{a}\mathrm{d}x = \frac{4\phi_0}{(2k-1)\pi}$$

故带形区域内的电势分布为

$$\phi(x,y) = \frac{4\phi_0}{\pi}\sum_{k=1}^{\infty}\frac{1}{2k-1}\sin\frac{(2k-1)\pi x}{a}e^{-\frac{(2k-1)\pi y}{a}}$$

例 7.5　求热传导问题，其定解问题为

$$\begin{cases} u_t - Du_{xx} = 0 \\ u_x\big|_{x=0} = u_x\big|_{x=a} = 0 \\ u(x,0)\big| = \cos\left(\frac{\pi}{a}x\right) + \cos\left(\frac{3\pi}{a}x\right) \end{cases}$$

解：令

$$u(x,t) = X(x)T(t)$$

可得本征值问题

$$\begin{cases} X''(x) + \lambda X(x) = 0 \\ X'(0) = X'(a) = 0 \end{cases}$$

和 $T(t)$ 的方程

$$T'(t) + D\lambda T(t) = 0$$

本征值和本征函数分别为

$$\lambda_0 = 0, \quad X_0(x) = 1$$

$$\lambda_n = \left(\frac{n\pi}{a}\right)^2, \quad n=1,2,3,\cdots, \quad X_n(x) = \cos\left(\frac{n\pi}{a}x\right)$$

$T(t)$方程的解分别为

$$T_0(x) = C_0$$

$$T_n(x) = C_n e^{-D\lambda_n t} = C_n e^{-D\left(\frac{n\pi}{a}\right)^2 t}, \quad n = 1,2,3,\cdots$$

可得定解问题的通解为

$$u(x,t) = C_0 + \sum_{n=1}^{\infty} C_n \cos\left(\frac{n\pi}{a}x\right) e^{-D\left(\frac{n\pi}{a}\right)^2 t} = \sum_{n=0}^{\infty} C_n \cos\left(\frac{n\pi}{a}x\right) e^{-D\left(\frac{n\pi}{a}\right)^2 t}$$

代入初始条件可以确定 C_n,即有

$$\sum_{n=0}^{\infty} C_n \cos\left(\frac{n\pi}{a}x\right) = \cos\left(\frac{\pi}{a}x\right) + \cos\left(\frac{3\pi}{a}x\right)$$

因此有

$$C_1 = C_3 = 1$$
$$C_n = 0, \quad n \neq 1,3$$

因此原定解问题的解为

$$u(x,t) = \cos\left(\frac{\pi}{a}x\right) e^{-D\left(\frac{\pi}{a}\right)^2 t} + \cos\left(\frac{3\pi}{a}x\right) e^{-D\left(\frac{3\pi}{a}\right)^2 t}$$

7.2.3 三维情况下的直角坐标分离变量(variable separation for 3D problem in rectangular coordinate)

前面例题中求解的波动问题和热传导问题都是一维问题,对于三维定解问题,分离变量法如何求解呢? 这里以直角坐标系中的三维齐次热传导方程为例来说明三维形式方程的分离变量。

直角坐标系中的齐次热传导方程可写为

$$\frac{\partial u}{\partial t} = a^2 \left[\frac{\partial^2 u}{\partial x^2} + \frac{\partial^2 u}{\partial y^2} + \frac{\partial^2 u}{\partial z^2}\right] \tag{7.2.44}$$

对于三维问题,首先将时间和空间变量分离,即假设

$$u(x,y,z,t) = V(x,y,z)T(t) \tag{7.2.45}$$

将式(7.2.45)代入式(7.2.44),可得

$$\frac{T'}{a^2 T} = \frac{1}{V}\left[\frac{\partial^2 V}{\partial x^2} + \frac{\partial^2 V}{\partial y^2} + \frac{\partial^2 V}{\partial z^2}\right] \tag{7.2.46}$$

两边相等必然等于同一个常数,假设为 $-k^2$,即

$$\frac{T'}{a^2 T} = \frac{1}{V}\left[\frac{\partial^2 V}{\partial x^2} + \frac{\partial^2 V}{\partial y^2} + \frac{\partial^2 V}{\partial z^2}\right] = -k^2 \tag{7.2.47}$$

从而可以得到两个方程

$$T'(t) + a^2 k^2 T(t) = 0 \tag{7.2.48}$$

$$\frac{\partial^2 V}{\partial x^2} + \frac{\partial^2 V}{\partial y^2} + \frac{\partial^2 V}{\partial z^2} + k^2 V = 0 \tag{7.2.49}$$

式(7.2.48)的解为

$$T(t) = e^{-R^2 a^2 t} \tag{7.2.50}$$

式(7.2.49)为亥姆霍兹方程,假设

$$V(x,y,z) = X(x)Y(y)Z(z) \qquad (7.2.51)$$

代入亥姆霍兹方程,可得

$$\frac{X''}{X} + \frac{Y''}{Y} + \frac{Z''}{Z} + k^2 = 0 \qquad (7.2.52)$$

式(7.2.52)在任一位置(x,y,z)均成立,则必然有前三项分别等于一个常数,令其为$-\lambda$、$-\mu$、$-\gamma$,可得方程

$$X'' + \lambda X = 0 \qquad (7.2.53)$$
$$Y'' + \mu Y = 0 \qquad (7.2.54)$$
$$Z'' + \nu Z = 0 \qquad (7.2.55)$$

且

$$\lambda + \mu + \nu = k^2 \qquad (7.2.56)$$

对于具体的定解问题,式(7.2.53)~式(7.2.55)三个方程结合边界条件会组成本征值问题,从而确定出本征值λ、μ、ν,以及相应的本征函数$X_l(x)$、$Y_m(y)$、$Z_n(z)$,相乘后得到特解

$$V_{lmn}(x,y,z) = X_l(x)Y_m(y)Z_n(z) \qquad (7.2.57)$$

其中,l、m、n为三个本征值所含不同整数,考虑式(7.2.50),并将所有特解线性叠加,可得原定解问题的通解

$$u(x,y,z,t) = \sum_l \sum_m \sum_n C_{l,m,n} e^{-(\lambda+\mu+\nu)a^2 t} X_l(x)Y_m(y)Z_n(z) \qquad (7.2.58)$$

以上是不失一般性的讨论,针对具体问题有不同的求解方法。

7.3　非齐次边界条件齐次化(homogenization of non-homogeneous boundary conditions)

7.2节所讨论的问题都是齐次边界条件定解问题,然而现实生活中的问题更多的是非齐次边界条件。以波动方程定解问题为例,一般定解问题形式如下:

$$\begin{cases} \dfrac{\partial^2 u}{\partial t^2} - a^2 \dfrac{\partial^2 u}{\partial x^2} = f(x,t), & 0 < x < l, t > 0 \\ u(0,t) = g_1(t), u(l,t) = g_2(t), & t > 0 \\ u(x,0) = \phi(x), u_t(x,0) = \psi(x), & 0 < x < l \end{cases} \qquad (7.3.1)$$

该定解问题中,偏微分方程、边界条件及初始条件都是非齐次的,求解该定解问题时,首先采用叠加原理将非齐次边界条件化为齐次边界条件。

7.3.1　非齐次边界条件齐次化的一般方法(general method)

通常运用叠加原理将边界条件齐次化,令

$$u(x,t) = v(x,t) + w(x,t) \qquad (7.3.2)$$

选取$w(x,t)$,使其满足非齐次边界条件,即

$$w(0,t) = g_1(t), \quad w(l,t) = g_2(t) \qquad (7.3.3)$$

那么 $v(x,t)$ 满足齐次边界条件,即

$$v(0,t) = 0, \quad v(l,t) = 0 \qquad (7.3.4)$$

满足式(7.3.3)的函数 $w(x,t)$ 非常多。为简单起见,取 $w(x,t)$ 为 x 的线性函数,即设

$$w(x,t) = A(t)x + B(t)$$

代入式(7.3.3)可以确定 $A(t)$ 和 $B(t)$,即

$$A(t) = \frac{1}{l}\left[g_2(t) - g_1(t)\right]$$

$$B(t) = g_1(t)$$

显然有

$$w(x,t) = \frac{x}{l}\left[g_2(t) - g_1(t)\right] + g_1(t) \qquad (7.3.5)$$

将式 $u(x,t) = v(x,t) + w(x,t)$ 代入式(7.3.1)的方程,有

$$\frac{\partial^2 v}{\partial t^2} - a^2 \frac{\partial^2 v}{\partial x^2} + \frac{\partial^2 w}{\partial t^2} - a^2 \frac{\partial^2 w}{\partial x^2} = f(x,t)$$

代入式(7.3.5),得到 $v(x,t)$ 的方程为

$$\frac{\partial^2 v}{\partial t^2} - a^2 \frac{\partial^2 v}{\partial x^2} = f(x,t) - \frac{x}{l}\left[g_2''(t) - g_1''(t)\right] - g_1''(t)$$

同理,将式(7.3.2)和式(7.3.5)代入边界条件 $u(0,t) = g_1(t)$,$u(l,t) = g_2(t)$,可得 $v(x,t)$ 的边界条件

$$v(0,t) = 0, \quad v(l,t) = 0$$

将式(7.3.2)和式(7.3.5)代入初始条件 $u(x,0) = \phi(x)$,$u_t(x,0) = \psi(x)$,可得 $v(x,t)$ 的初始条件

$$\begin{cases} v(x,0) = \varphi(x) - \dfrac{x}{l}\left[g_2(0) - g_1(0)\right] - g_1(0) \\ v_t(x,0) = \psi(x) - \dfrac{x}{l}\left[g_2'(0) - g_1'(0)\right] - g_1'(0) \end{cases}$$

因此,$v(x,t)$ 的定解问题为

$$\begin{cases} \dfrac{\partial^2 v}{\partial t^2} - a^2 \dfrac{\partial^2 v}{\partial x^2} = f(x,t) - \dfrac{x}{l}\left[g_2''(t) - g_1''(t)\right] - g_1''(t), & 0 < x < l, t > 0 \\ v(0,t) = 0, v(l,t) = 0, & t > 0 \\ v(x,0) = \phi(x) - \dfrac{x}{l}\left[g_2(0) - g_1(0)\right] - g_1(0), & 0 < x < l \\ v_t(x,0) = \psi(x) - \dfrac{x}{l}\left[g_2'(0) - g_1'(0)\right] - g_1'(0), & 0 < x < l \end{cases} \qquad (7.3.6)$$

这样,将一个形如式(7.3.1)的非齐次方程、非齐次边界条件的定解问题转换为形如式(7.3.6)的非齐次方程、齐次边界条件的定解问题。此类问题可运用傅里叶级数解法求解。

难点点拨:满足式(7.3.3)的函数 w 有很多,并且非常容易找到,但希望 $w(x,t)$ 越简单越好。一方面,$w(x,t)$ 容易确定;另一方面,式(7.3.6)的定解问题中由 $w(x,t)$ 引入的非齐次项也简单一些。

例 7.6 矩形金属片边长分别为 a 和 b，如图 7.4 所示，求金属片上各点稳定温度分布。

解：由图 7.4 可知，定解问题为

$$\begin{cases} u_{xx} + u_{yy} = 0 \\ u\big|_{x=0} = u_0, u\big|_{x=a} = u_0 \\ u\big|_{y=0} = u_0, u\big|_{y=b} = U \end{cases} \quad (7.3.7)$$

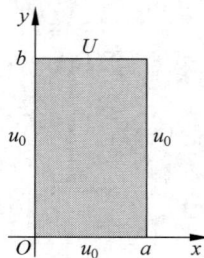

四个边界均为非齐次边界条件，运用叠加原理，假设 $u = u_0 + v(x,y)$ 可以得到 $v(x,y)$ 的定解问题

图 7.4 矩形金属片的温度分布

$$\begin{cases} v_{xx} + v_{yy} = 0 \\ v\big|_{x=0} = 0, v\big|_{x=a} = 0 \\ v\big|_{y=0} = 0, v\big|_{y=b} = U - u_0 \end{cases} \quad (7.3.8)$$

令变量分离形式的解为

$$v(x,y) = X(x)Y(y) \quad (7.3.9)$$

将式(7.3.9)代入式(7.3.8)的方程和边界条件，可得本征值问题

$$\begin{cases} X'' + \lambda X = 0 \\ X\big|_{x=0} = 0, X\big|_{x=a} = 0 \end{cases} \quad (7.3.10)$$

及 $Y(y)$ 的方程

$$Y'' - \lambda Y = 0 \quad (7.3.11)$$

通过求解式(7.3.10)的本征值问题可得本征值

$$\lambda_n = \frac{n^2 \pi^2}{a^2}, \quad n = 1, 2, 3, \cdots$$

和本征函数

$$X_n(x) = \sin\left(\frac{n\pi}{a}x\right), \quad n = 1, 2, 3, \cdots$$

将本征值代入式(7.3.11)可得

$$Y'' - \frac{n^2 \pi^2}{a^2} Y = 0$$

对于每个本征值，$Y(y)$ 方程的解为

$$Y_n(y) = A_n e^{\frac{n\pi}{a}y} + B_n e^{-\frac{n\pi}{a}y} \quad (7.3.12)$$

因此，原定解问题的特解为

$$v_n(x,y) = \left(A_n e^{\frac{n\pi}{a}y} + B_n e^{-\frac{n\pi}{a}y}\right) \sin\left(\frac{n\pi}{a}x\right) \quad (7.3.13)$$

考虑所有本征值的贡献，得到定解问题的通解为

$$v(x,y) = \sum_{n=1}^{\infty} v_n(x,y) = \sum_{n=1}^{\infty} \left(A_n e^{\frac{n\pi}{a}y} + B_n e^{-\frac{n\pi}{a}y}\right) \sin\left(\frac{n\pi}{a}x\right) \quad (7.3.14)$$

代入非齐次边界条件 $v\big|_{y=0} = 0, v\big|_{y=b} = U - u_0$，有

$$\sum_{n=1}^{\infty} (A_n + B_n) \sin\left(\frac{n\pi}{a}x\right) = 0 \quad (7.3.15)$$

$$\sum_{n=1}^{\infty} \left(A_n e^{\frac{bn\pi}{a}} + B_n e^{-\frac{bn\pi}{a}}\right) \sin\left(\frac{n\pi}{a}x\right) = U - u_0 \quad (7.3.16)$$

式(7.3.15)中左侧为傅里叶正弦级数,右侧为0,因此有

$$A_n + B_n = 0 \tag{7.3.17}$$

式(7.3.16)中左侧为傅里叶正弦级数,需要将右侧函数展开为傅里叶正弦级数,有

$$A_n e^{\frac{bn\pi}{a}} + B_n e^{-\frac{bn\pi}{a}} = \frac{2}{a} \int_0^a (U - u_0) \sin\left(\frac{n\pi}{a}x\right) dx = -\frac{2}{n\pi}(U - u_0) \cos\left(\frac{n\pi}{a}x\right) \Big|_0^a$$

$$= \begin{cases} 0, & n = 2k \, (k = 1, 2, 3, \cdots) \\ \dfrac{4(U - u_0)}{n\pi}, & n = 2k - 1 \, (k = 1, 2, 3, \cdots) \end{cases} \tag{7.3.18}$$

可解得傅里叶系数

$$A_n = -B_n = \begin{cases} 0, & n = 2k \, (k = 1, 2, 3, \cdots) \\ \dfrac{4(U - u_0)}{n\pi (e^{\frac{bn\pi}{a}} - e^{-\frac{bn\pi}{a}})}, & n = 2k - 1 \, (k = 1, 2, 3, \cdots) \end{cases} \tag{7.3.19}$$

因此有

$$v(x, y) = \sum_{k=1}^{\infty} \frac{4(U - u_0)}{(2k-1)\pi \left[e^{\frac{b(2k-1)\pi}{a}} - e^{-\frac{b(2k-1)\pi}{a}} \right]}$$

$$\left[e^{\frac{(2k-1)\pi}{a}y} - e^{-\frac{(2k-1)\pi}{a}y} \right] \sin\left[\frac{(2k-1)\pi}{a}x \right] \tag{7.3.20}$$

因此,原定解问题的解为

$$u(x, y) = u_0 + \sum_{k=1}^{\infty} \frac{4(U - u_0)}{(2k-1)\pi \left[e^{\frac{b(2k-1)\pi}{a}} - e^{-\frac{b(2k-1)\pi}{a}} \right]}$$

$$\left[e^{\frac{(2k-1)\pi}{a}y} - e^{-\frac{(2k-1)\pi}{a}y} \right] \sin\left[\frac{(2k-1)\pi}{a}x \right] \tag{7.3.21}$$

也可写为

$$u(x, y) = u_0 + \frac{4(U - u_0)}{\pi} \sum_{k=1}^{\infty} \frac{\sinh\left[\dfrac{(2k-1)\pi}{a}y \right]}{(2k-1)\sinh\dfrac{b(2k-1)\pi}{a}} \sin\left[\frac{(2k-1)\pi}{a}x \right]$$

$$\tag{7.3.22}$$

事实上,求解 $v(x, y)$ 的定解问题时,令 $Y_n(y) = A_n \sinh\left(\dfrac{n\pi}{a}y\right) + B_n \cosh\left(\dfrac{n\pi}{a}y\right)$,求解过程会更简单,这时通解可写为

$$v(x, y) = \sum_{n=1}^{\infty} \left(A_n \sinh\left(\frac{n\pi}{a}y\right) + B_n \cosh\left(\frac{n\pi}{a}y\right) \right) \sin\left(\frac{n\pi}{a}x\right) \tag{7.3.23}$$

因为 $\cosh(0) = 1$,$\sinh(0) = 0$,代入边界条件有

$$\left. \begin{array}{l} \displaystyle\sum_{n=1}^{\infty} B_n \sin\left(\frac{n\pi}{a}x\right) = 0 \\[3mm] \displaystyle\sum_{n=1}^{\infty} \left(A_n \sinh\left(\frac{n\pi}{a}b\right) + B_n \cosh\left(\frac{n\pi}{a}b\right) \right) \sin\left(\frac{n\pi}{a}x\right) = U - u_0 \end{array} \right\} \tag{7.3.24}$$

可以解得

$$B_n = 0 \tag{7.3.25}$$

$$A_n \sinh\left(\frac{n\pi}{a}b\right) = \frac{2}{a}\int_0^a (U - u_0)\sin\left(\frac{n\pi}{a}x\right)\mathrm{d}x = \begin{cases} 0, & n = 2k \\ \dfrac{4(U - u_0)}{n\pi}, & n = 2k-1 \end{cases} \tag{7.3.26}$$

从而得到

$$v(x,y) = \frac{4(U - u_0)}{\pi}\sum_{k=1}^{\infty}\frac{\sinh\left[\dfrac{(2k-1)\pi}{a}y\right]}{(2k-1)\sinh\left[\dfrac{b(2k-1)\pi}{a}\right]}\sin\left[\dfrac{(2k-1)\pi}{a}x\right]$$

可以看出，当定解问题为有限区域问题时，选择双曲函数形式的通解，求解过程会相对简单。

7.3.2　非齐次边界条件齐次化的特殊方法（special method）

观察式(7.3.6)可以看出，即使定解问题中的泛定方程是齐次方程($f(x,t)=0$)，运用非齐次边界条件齐次化的一般方法，也会引入一项 $-\dfrac{x}{l}[g_2''(t) - g_1''(t)] - g_1''(t)$，使得 $v(x,t)$ 的泛定方程为非齐次方程。非齐次方程的求解显然是更加复杂的，如果使得特解(special solution)$w(x,t)$既满足非齐次边界条件，即

$$w(0,t) = g_1(t), \quad w(l,t) = g_2(t)$$

又满足泛定方程，即

$$\frac{\partial^2 w}{\partial t^2} - a^2 \frac{\partial^2 w}{\partial x^2} = f(x,t)$$

则 $v(x,t)$ 的定解问题将大大简化，通过以下例子讲解具体方法。

例7.7　已知弦的 $x=0$ 端固定，$x=l$ 端受迫做简谐振动 $A\sin\omega t$，弦的初始位移和初始速度都是 0，求弦任意时刻的振动。

解：本定解问题可写为

$$\begin{cases} \dfrac{\partial^2 u}{\partial t^2} - a^2 \dfrac{\partial^2 u}{\partial x^2} = 0, & 0 < x < l, t > 0 \\ u(0,t) = 0, u(l,t) = A\sin\omega t, & t > 0 \\ u(x,0) = 0, u_t(x,0) = 0, & 0 < x < l \end{cases} \tag{7.3.27}$$

使用 7.3.1 节的方法处理，令 $u(x,t) = v(x,t) + w(x,t)$，取 $w(x,t) = A\dfrac{x}{l}\sin\omega t$，则有

$$\begin{cases} \dfrac{\partial^2 v}{\partial t^2} - a^2 \dfrac{\partial^2 v}{\partial x^2} = A\dfrac{x}{l}\omega^2\sin\omega t, & 0 < x < l, t > 0 \\ v(0,t) = 0, v(l,t) = 0, & t > 0 \\ v(x,0) = 0, v_t(x,0) = A\omega\dfrac{x}{l}, & 0 < x < l \end{cases} \tag{7.3.28}$$

此时，式(7.3.28)定解问题中 $v(x,t)$ 的泛定方程为非齐次方程，需要使用傅里叶级数法求解，求解过程复杂。

由于求解的是弦在 $x=l$ 端受迫做简谐振动 $A\sin\omega t$ 情况下的振动,它一定有一个特解 $w(x,t)$,既满足齐次方程,又满足非齐次边界条件,而且跟 $x=l$ 端同步振动,即其时间部分的函数亦为 $\sin\omega t$。就是说,特解具有分离变量的形式,可取

$$w(x,t)=X(x)\sin\omega t \tag{7.3.29}$$

将式(7.3.29)代入方程和边界条件,可得

$$\begin{cases} X''+\left(\dfrac{\omega}{a}\right)^2 X=0 & \text{(7.3.30)} \\ X(0)=0,\ X(l)=A & \text{(7.3.31)} \end{cases}$$

式(7.3.30)所示常微分方程的通解为

$$X(x)=C\cos\left(\frac{\omega}{a}x\right)+D\sin\left(\frac{\omega}{a}x\right)$$

代入式(7.3.31)的边界条件,可得 $C=0,D=A\big/\sin\left(\dfrac{\omega}{a}l\right)$,即

$$X(x)=\left[A\Big/\sin\left(\frac{\omega}{a}l\right)\right]\sin\left(\frac{\omega}{a}x\right)$$

从而有

$$w(x,t)=\frac{A\sin\left(\dfrac{\omega}{a}x\right)}{\sin\dfrac{\omega l}{a}}\sin\omega t \tag{7.3.32}$$

令 $u(x,t)=v(x,t)+w(x,t)$,代入式(7.3.27)的定解问题,可得关于 $v(x,t)$ 的定解问题为

$$\begin{cases} \dfrac{\partial^2 v}{\partial t^2}-a^2\dfrac{\partial^2 v}{\partial x^2}=0, & 0<x<l,t>0 \\[2mm] v(0,t)=0,v(l,t)=0, & t>0 \\[2mm] v(x,0)=0,v_t(x,0)=-A\omega\,\dfrac{\sin\left(\dfrac{\omega}{a}x\right)}{\sin\left(\dfrac{\omega}{a}l\right)}, & 0<x<l \end{cases} \tag{7.3.33}$$

这样,通过引入满足原泛定方程和边界条件的特解,得到了 $v(x,t)$ 的包含齐次方程、齐次边界条件的定解问题,可用分离变量法求解,其解为

$$v(x,t)=\frac{2aA\omega}{l}\sum_{n=1}^{\infty}\frac{(-1)^{n-1}}{\omega^2-\left(\dfrac{n\pi a}{l}\right)^2}\sin\frac{n\pi at}{l}\sin\frac{n\pi x}{l} \tag{7.3.34}$$

因此式(7.3.27)定解问题的解为

$$u(x,t)=A\,\frac{\sin\left(\dfrac{\omega}{a}x\right)}{\sin\left(\dfrac{\omega}{a}l\right)}\sin\omega t+\frac{2aA\omega}{l}\sum_{n=1}^{\infty}\frac{(-1)^{n-1}}{\omega^2-\left(\dfrac{n\pi a}{l}\right)^2}\sin\frac{n\pi at}{l}\sin\frac{n\pi x}{l} \tag{7.3.35}$$

7.4 非齐次方程（inhomogeneous equation）

边界条件齐次化之后，通常得到非齐次方程、齐次边界条件的定解问题，这样的定解问题可以运用傅里叶级数法（Fourier series method）和冲量定理法（impulse theorem method）求解。这里只讲解傅里叶级数法。

前面所讨论的两端固定弦的齐次振动方程定解问题中，得到的解具有傅里叶正弦级数形式，而且系数 A_n 和 B_n 决定于初始条件 $\varphi(x)$ 和 $\psi(x)$。采用正弦级数而不是一般的傅里叶级数形式，是因为边界条件属于第一类边界条件，若具有第二类边界条件，则解为傅里叶余弦级数。

根据分离变量法得出的结论，不妨把所求的解写为傅里叶级数，即

$$u(x,t)=\sum_n T_n(t)X_n(x) \tag{7.4.1}$$

式(7.4.1)中基本函数族 $X_n(x)$ 为定解问题齐次方程结合齐次边界条件解得的本征函数。由于解是自变量 x 和 t 的函数，因此 $u(x,t)$ 的傅里叶系数不是常数，而是时间 t 的函数，记为 $T_n(t)$。将式(7.4.1)代入非齐次方程，尝试分离出 $T_n(t)$ 的常微分方程并求解，这种求解方法即为傅里叶级数法。下面通过例题介绍傅里叶级数法的具体应用。

例 7.8 用傅里叶级数解法求解非齐次方程的定解问题

$$\begin{cases} u_{tt}-a^2u_{xx}=A\cos\dfrac{\pi x}{l}\sin\omega t, & 0<x<l,t>0 \\ u_x\mid_{x=0}=0,u_x\mid_{x=l}=0, & t>0 \\ u\mid_{t=0}=\varphi(x),u_t\mid_{t=0}=\psi(x), & 0<x<l \end{cases} \tag{7.4.2}$$

解：由齐次泛定方程

$$u_{tt}-a^2u_{xx}=0$$

和边界条件

$$u_x\mid_{x=0}=0, \quad u_x\mid_{x=l}=0$$

确定本征函数，容易得本征函数为

$$\cos\frac{n\pi x}{l}, \quad n=0,1,2,\cdots$$

这样，假设式(7.4.2)的解为傅里叶余弦级数

$$u(x,t)=\sum_{n=0}^{\infty}T_n(t)\cos\frac{n\pi x}{l} \tag{7.4.3}$$

为确定 $T_n(t)$，尝试把这个级数代入泛定方程

$$\sum_{n=0}^{\infty}\left[T_n''(t)+\left(\frac{n\pi a}{l}\right)^2T_n(t)\right]\cos\frac{n\pi x}{l}=A\cos\frac{\pi x}{l}\sin\omega t \tag{7.4.4}$$

式(7.4.4)左侧为傅里叶余弦级数，将右侧部分也展开为以 $\cos\dfrac{n\pi x}{l}$ 为基的傅里叶余弦级数。观察右侧函数发现，它是一个只有 $n=1$ 项的傅里叶余弦级数。比较两边的系数，可以得到

$$T''_1 + \left(\frac{\pi a}{l}\right)^2 T_1 = A \sin\omega t \tag{7.4.5}$$

$$T''_n + \left(\frac{n\pi a}{l}\right)^2 T_n = 0, \quad n \neq 1 \tag{7.4.6}$$

这样,我们已经得到了 $T_n(t)$ 的常微分方程。将式(7.4.3)代入初始条件,可得

$$\begin{cases} \sum_{n=0}^{\infty} T_n(0)\cos\frac{n\pi}{l}x = \varphi(x) = \sum_{n=0}^{\infty}\varphi_n\cos\frac{n\pi}{l}x \\ \sum_{n=0}^{\infty} T'_n(0)\cos\frac{n\pi}{l}x = \psi(x) = \sum_{n=0}^{\infty}\psi_n\cos\frac{n\pi}{l}x \end{cases} \tag{7.4.7}$$

式中,φ_n 和 ψ_n 分别为 $\varphi(x)$ 和 $\psi(x)$ 以 $\cos\frac{n\pi}{l}x$ 为基的傅里叶余弦级数的傅里叶系数。等式两边对应于同一基函数的傅里叶系数必然相等,于是可以得到 $T_n(t)$ 的初始条件为

$$\begin{cases} T_0(0) = \varphi_0 = \frac{1}{l}\int_0^l \varphi(\xi)\mathrm{d}\xi \\ T'_0(0) = \psi_0 = \frac{1}{l}\int_0^l \psi(\xi)\mathrm{d}\xi \end{cases} \tag{7.4.8}$$

$$\begin{cases} T_n(0) = \varphi_n = \frac{2}{l}\int_0^l \varphi(\xi)\cos\frac{n\pi\xi}{l}\mathrm{d}\xi, \quad n \neq 0 \\ T'_n(0) = \psi_n = \frac{2}{l}\int_0^l \psi(\xi)\cos\frac{n\pi\xi}{l}\mathrm{d}\xi, \quad n \neq 0 \end{cases} \tag{7.4.9}$$

$T_n(t)$ 的常微分方程结合初始条件,可以分别确定出

$$T_0(t) = \varphi_0 + \psi_0 t \tag{7.4.10}$$

$$T_1(t) = \frac{Al}{\pi a} \cdot \frac{1}{\omega^2 - \left(\frac{\pi a}{l}\right)^2}\left(\omega\sin\frac{\pi at}{l} - \frac{\pi a}{l}\sin\omega t\right) + \varphi_1\cos\frac{\pi at}{l} + \frac{l}{\pi a}\psi_1\sin\frac{\pi at}{l} \tag{7.4.11}$$

$$T_n(t) = \varphi_n\cos\frac{n\pi at}{l} + \frac{l}{n\pi a}\psi_n\sin\frac{n\pi at}{l}, \quad n \neq 0,1 \tag{7.4.12}$$

式(7.4.11)的第一项为 $T_1(t)$ 的非齐次常微分方程的特解,满足零值初始条件,第二项和第三项之和为 $T_1(t)$ 的齐次常微分方程的解,满足初始条件 $T_1(0) = \varphi_1$,$T'_1(0) = \psi_1$。

这样,所求的解为

$$u(x,t) = \frac{Al}{\pi a} \cdot \frac{1}{\omega - \left(\frac{\pi a}{l}\right)^2}\left(\omega\sin\frac{\pi at}{l} - \frac{\pi a}{l}\sin\omega t\right)\cos\frac{\pi x}{l} + \varphi_0 +$$

$$\psi_0 t + \sum_{n=1}^{\infty}\left(\varphi_n\cos\frac{n\pi at}{l} + \frac{l}{n\pi a}\psi_n\sin\frac{n\pi at}{l}\right)\cos\frac{n\pi x}{l} \tag{7.4.13}$$

很容易验证,这个解是式(7.4.2)定解问题的正确解,尝试成功。将这种方法叫作傅里叶级数法。

7.5　泊松方程(Poisson equation)

泊松方程即非齐次拉普拉斯方程,形如

$$\Delta u = \nabla^2 u = \rho(x,y,z)$$

可以采用前面介绍过的方法将边界条件齐次化,然后运用傅里叶级数法求解定解问题。但泊松方程的求解一般采用特解法,即引入一个既满足泊松方程又满足部分边界条件的特解 v,令 $u=v+w$,这样就把问题转化为求解 w,而 w 满足齐次方程 $\Delta w = \Delta u - \Delta v = \Delta u - \rho = 0$ 和部分齐次边界条件。这样,泊松方程的定解问题便转换为拉普拉斯方程的定解问题,而齐次边界条件下求解拉普拉斯方程是 7.2 节研究过的问题。

例 7.9 在矩形域上求解泊松方程的边值问题

$$
\begin{cases}
\Delta_2 u = U \\
u \big|_{x=0} = 0, u \big|_{x=a} = 0 \\
u \big|_{y=0} = 0, u \big|_{y=b} = 0
\end{cases}
\tag{7.5.1}
$$

解:先找泊松方程的一个特解 v,显然,$v = \dfrac{U}{2}x^2$ 满足 $\Delta v = U$。为使 v 满足式(7.5.1)的齐次边界条件 $u|_{x=0}=0, u|_{x=a}=0$,选取更具有一般性的函数

$$
v = \frac{U}{2}x^2 + c_1 x + c_2
$$

这里,c_1 和 c_2 是任意常数。容易看出,当 $c_1 = -\dfrac{Ua}{2}, c_2 = 0$ 时,特解 v 满足 $u|_{x=0}=0$,$u|_{x=a}=0$,因此有

$$
v(x,y) = \frac{U}{2}x(x-a)
\tag{7.5.2}
$$

令

$$
u(x,y) = v(x,y) + w(x,y) = \frac{U}{2}x(x-a) + w(x,y)
\tag{7.5.3}
$$

将式(7.5.3)代入式(7.5.1)的定解问题,可得 w 的定解问题

$$
\begin{cases}
\Delta w = 0 \\
w \big|_{x=0} = 0, w \big|_{x=a} = 0 \\
w \big|_{y=0} = -\dfrac{U}{2}x(x-a), w \big|_{y=b} = -\dfrac{U}{2}x(x-a)
\end{cases}
\tag{7.5.4}
$$

以上定解问题的通解可表示为

$$
w(x,y) = \sum_{n=1}^{\infty} \left(A_n \mathrm{e}^{\frac{n\pi y}{a}} + B_n \mathrm{e}^{-\frac{n\pi y}{a}} \right) \sin \frac{n\pi x}{a}
\tag{7.5.5}
$$

将式(7.5.5)代入非齐次边界条件有

$$
\sum_{n=1}^{\infty} (A_n + B_n) \sin \frac{n\pi x}{a} = -\frac{U}{2}x(x-a)
$$
$$
\sum_{n=1}^{\infty} \left(A_n \mathrm{e}^{\frac{n\pi b}{a}} + B_n \mathrm{e}^{-\frac{n\pi b}{a}} \right) \sin \frac{n\pi x}{a} = -\frac{U}{2}x(x-a)
\tag{7.5.6}
$$

将式(7.5.6)的右侧展开为以 $\sin \dfrac{n\pi x}{a}$ 为基的傅里叶正弦级数

$$
-\frac{U}{2}x(x-a) = \sum_{n=1}^{\infty} C_n \sin \frac{n\pi x}{a}
\tag{7.5.7}
$$

其中

$$C_n = -\frac{U}{a}\int_0^a (x^2 - ax)\sin\frac{n\pi x}{a}\mathrm{d}x = \frac{2Ua^2}{n^3\pi^3}\left[1-(-1)^n\right],\quad n=1,2,3,\cdots \quad (7.5.8)$$

比较式(7.5.6)两侧的傅里叶级数,有

$$A_n + B_n = C_n$$

$$A_n \mathrm{e}^{\frac{n\pi b}{a}} + B_n \mathrm{e}^{-\frac{n\pi b}{a}} = C_n \qquad (7.5.9)$$

由此解得

$$A_n = \frac{1-\mathrm{e}^{-n\pi b/a}}{\mathrm{e}^{n\pi b/a}-\mathrm{e}^{-n\pi b/a}}C_n = \frac{\mathrm{e}^{-n\pi b/2a}(\mathrm{e}^{n\pi b/2a}-\mathrm{e}^{-n\pi b/2a})}{\mathrm{e}^{n\pi b/a}-\mathrm{e}^{-n\pi b/a}}C_n$$

$$= \frac{\mathrm{e}^{-n\pi b/2a}}{\mathrm{e}^{n\pi b/2a}+\mathrm{e}^{-n\pi b/2a}}C_n = \frac{\mathrm{e}^{-n\pi b/2a}}{2\cosh(n\pi b/2a)}C_n \qquad (7.5.10)$$

$$B_n = \frac{\mathrm{e}^{n\pi b/a}-1}{\mathrm{e}^{n\pi b/a}-\mathrm{e}^{-n\pi b/a}}C_n = \frac{\mathrm{e}^{n\pi b/2a}(\mathrm{e}^{n\pi b/2a}-\mathrm{e}^{-n\pi b/2a})}{\mathrm{e}^{n\pi b/a}-\mathrm{e}^{-n\pi b/a}}C_n$$

$$= \frac{\mathrm{e}^{n\pi b/2a}}{\mathrm{e}^{n\pi b/2a}+\mathrm{e}^{-n\pi b/2a}}C_n = \frac{\mathrm{e}^{n\pi b/2a}}{2\cosh(n\pi b/2a)}C_n \qquad (7.5.11)$$

因此有

$$w(x,y) = \sum_{n=1}^{\infty}\frac{\cosh[n\pi(y-b/2)/a]}{\cosh(n\pi b/2a)}C_n\sin\frac{n\pi x}{a} \qquad (7.5.12)$$

又因为 $n=2k\,(k=1,2,3,\cdots)$ 时,$C_n=0$;$n=2k-1\,(k=1,2,3,\cdots)$ 时,$C_n=4Ua^2/(2k-1)^3\pi^3$,因此有

$$w(x,y) = \frac{4Ua^2}{\pi^3}\sum_{k=1}^{\infty}\frac{\cosh[(2k-1)\pi(y-b/2)/a]}{(2k-1)^3\cosh[(2k-1)\pi b/2a]}\sin\frac{(2k-1)\pi x}{a} \qquad (7.5.13)$$

将式(7.5.13)代入式(7.5.3)可得 $u(x,y)$。

例 7.10 用特解法求下列定解问题

$$\begin{cases} u_{xx}+u_{yy}=-x^2y \\ u(0,y)=u(a,y)=0 \\ u\left(x,-\dfrac{b}{2}\right)=u\left(x,\dfrac{b}{2}\right)=0 \end{cases} \qquad (7.5.14)$$

解:令

$$v = Axy + Bx^4y \qquad (7.5.15)$$

使其满足

$$\begin{cases} v_{xx}+v_{yy}=-x^2y \\ v(0,y)=v(a,y)=0 \end{cases} \qquad (7.5.16)$$

将式(7.5.15)代入式(7.5.16),可得

$$A = \frac{a^3}{12},\quad B = -\frac{1}{12}$$

所以有

$$v(x,y)=\frac{xy}{12}(a^3-x^3) \tag{7.5.17}$$

令

$$u(x,y)=v(x,y)+w(x,y) \tag{7.5.18}$$

代入式(7.5.14)的定解问题,可得 $w(x,y)$ 的定解问题为

$$\begin{cases} \Delta w=0 \\ w(0,y)=w(a,y)=0 \\ w\left(x,-\frac{b}{2}\right)=\frac{bx}{24}(a^3-x^3),\ w\left(x,\frac{b}{2}\right)=-\frac{bx}{24}(a^3-x^3) \end{cases} \tag{7.5.19}$$

类似于例7.9,用分离变量法可求得式(7.5.19)定解问题的解为

$$w(x,y)=\frac{a^4b}{\pi^5}\sum_{n=1}^{\infty}\frac{n^2\pi^2(-1)^n+2-2(-1)^n}{n^5\sinh\frac{n\pi b}{2a}}\sinh\frac{n\pi y}{a}\sin\frac{n\pi}{a}x \tag{7.5.20}$$

于是,得

$$u(x,y)=\frac{xy}{12}(a^3-x^3)+$$

$$\frac{a^4b}{\pi^5}\sum_{n=1}^{\infty}\frac{n^2\pi^2(-1)^n+2-2(-1)^n}{n^5}\frac{\sinh\frac{n\pi y}{a}}{\sinh\frac{n\pi b}{2a}}\sin\frac{n\pi}{a}x \tag{7.5.21}$$

为便于掌握式(7.3.1)一般定解问题的求解,将这类定解问题的求解步骤总结如下。

第1步,根据边界的形状选取适当的坐标系,选取的原则是区域边界与坐标变量等值面部分重合。对二维平行平面场,矩形区域选用直角坐标系,圆、圆环、扇形等区域选用极坐标系;对三维场,平面边界选用直角坐标系,圆柱形域与球形域分别选用柱坐标系与球坐标系。

第2步,若边界条件是非齐次的,又没有其他条件可以用来确定本征函数,则不论方程是否为齐次,必须先运用叠加原理转换为具有齐次边界条件的定解问题,然后再求解。

第3步,运用傅里叶级数法求解非齐次方程、齐次边界条件的定解问题。

7.6 基于 MATLAB 的数学物理方程数值求解(numerical solution of mathematical physics equation using MATLAB)

各种物理问题的求解方法归结起来可以分为解析法和数值法。如果给定一个问题,通过一定的数学推导,用具体的表达式来获得问题的解答,这样的求解方法称为解析法。在物理学以及其他科学领域中,面对复杂的问题时,解析法往往难以提供解决方案,这时数值法便显得尤为重要。随着计算机技术的发展,数值方法的应用越来越广泛,成为科学研究和工程实践中不可或缺的工具。

常见的数值求解方法有有限差分法(Finite Difference Method,FDM)、时域有限差分法(Finite-Difference Time-Domain,FDTD)、有限元法(Finite Element Method,FEM)、边界元法(BEM)及蒙特卡洛方法(Monte Carlo method)等。每种方法都有其特定的优势和适

用范围,选择合适的数值方法对于高效准确地解决问题至关重要。其中,FDM 是一种将微分方程转换为代数方程的方法,通过对空间或时间变量进行离散化处理,用差商代替导数。这种方法特别适用于求解偏微分方程,尤其是在流体动力学、热传导等领域有着广泛的应用。FDTD 是有限差分法的一种特殊形式,主要用于电磁场问题的模拟。它能够直接在时域内求解麦克斯韦方程组,因此非常适合于分析瞬态响应和宽带频谱特性。FDTD 方法在天线设计、雷达截面计算、生物电磁学等领域有重要应用。

7.6.1 有限元法介绍(introduction of the finite element method)

FEM 是 20 世纪中期伴随着计算机技术的发展,由物理学、数学、计算方法等多种学科综合发展和结合的产物,它的数学逻辑严谨,物理概念清晰,应用非常广泛,能灵活处理和求解各种复杂边界的偏微分方程定解问题。该方法的基本思想是将复杂的连续体分解成许多小而简单的子区域(即"单元"),并在每个单元上建立近似解,然后将这些局部解组合起来形成整个系统的近似解。有限元法在结构力学、热传导、电磁结构设计等多个工程领域都有广泛的应用。从数学的角度上看,有限元方法是将一个偏微分方程化成一个代数方程组,然后利用计算机进行求解的方法。由于有限元法采用了矩阵方法,因此借助计算机可以很方便地快速进行计算。

有限元法求解问题的步骤可归纳如下。

(1) 建立积分方程。根据变分原理或方程余量与权函数正交化原理,建立与微分方程初边值问题等价的积分表达式,这是有限元法的出发点。

(2) 区域单元剖分。根据求解区域的形状及实际问题的物理特点,将区域剖分为若干相互连接、不重叠的单元。区域单元划分是有限元方法的前期准备工作,这部分工作量比较大,除了给计算单元和节点进行编号和确定相互之间的关系之外,还要表示节点的位置坐标,同时还需要列出自然边界和本质边界的节点序号和相应的边界值。

(3) 确定单元基函数。根据单元中节点数目及对近似解精度的要求,选择满足一定插值条件的插值函数作为单元基函数。有限元方法中的基函数是在单元中选取的,由于各单元具有规则的几何形状,在选取基函数时须遵循一定的法则。

(4) 单元分析。将各个单元中的函数解用单元基函数的线性组合表达式进行逼近;再将近似函数代入积分方程,并对单元区域进行积分,获得含有待定系数(单元中各节点的参数值)的代数方程组,称为单元有限元方程。

(5) 总体合成。在得出单元有限元方程之后,将区域中所有单元有限元方程按一定法则进行累加,形成总体有限元方程。

(6) 处理边界条件。一般边界条件有三种形式,分为本质边界条件、自然边界条件、混合边界条件。对于自然边界条件,一般在积分表达式中可自动得到满足。对于本质边界条件和混合边界条件,需按一定法则对总体有限元方程进行修正。

(7) 解有限元方程。修正后的有限元方程组,是含所有待定未知量的封闭方程组,采用适当的数值计算方法,可求得各节点的函数值。

因为 FEM 擅长求解复杂形状区域的定解问题,很多基于 FEM 的软件被开发。软件中集成了求解各类物理问题的方程,将建立积分方程、基函数的选取、单元分析、总体合成及边界条件处理等程序化。FEM 的计算步骤简化为我们更容易理解和掌握的流程:建立几何模型,选择求解的偏微分方程,设置边界条件,网格划分,计算,解的后处理,等等,使得从事物理相关学科工作的人员能够非常容易地掌握并使用有限元法。MATLAB 中的 PDEtool 便是这样一种易学易用的 FEM 工具箱。由 MATLAB 代码实现有限元法的建模及分析部分见 10.3 节。

7.6.2　MATLAB PDE 工具箱（MATLAB PDE toolbox）

MATLAB 的偏微分方程（Partial Differential Equation，PDE）工具箱是基于有限元法开发的，PDE 工具箱的出现为二维偏微分方程定解问题的求解提供了捷径，其主要步骤如下。

（1）设置 PDE 的定解问题，即设置二维定解区域、边界条件及方程的形式和系数。

（2）用有限元法求解 PDE，即网格的生成（mesh generation）、方程的离散（equation discretization）及求出数值解（numerical solution）。

（3）解的可视化（visualization of solution）。

用 PDE Toolbox 可以求解的基本方程有：椭圆型方程（elliptic equation）、抛物型方程（parabolic equation）、双曲型方程（hyperbolic equation）及特征值方程（eigenvalue equation），四种方程的具体形式如下。

椭圆型方程

$$-\nabla\cdot(c\nabla u)+au=f \tag{7.6.1}$$

抛物型方程

$$d\frac{\partial u}{\partial t}-\nabla\cdot(c\nabla u)+au=f \tag{7.6.2}$$

双曲型方程

$$d\frac{\partial^2 u}{\partial t^2}-\nabla\cdot(c\nabla u)+au=f \tag{7.6.3}$$

特征值方程

$$-\nabla\cdot(c\nabla u)+au=\lambda du \tag{7.6.4}$$

式中，a、c、d 为方程中的系数，f 为自由项，不同的 a、c、d、f 对应不同方程。

例如，拉普拉斯方程 $\nabla^2 u=0$ 属于椭圆型方程（$c=1,a=0,f=0$）；输运方程 $u_t-D\nabla^2 u=0$ 属于抛物型方程（$c=D,d=1,a=0,f=0$）；波动方程 $u_{tt}-4\nabla^2 u=0$ 属于双曲型方程（$c=4,d=1,a=0,f=0$）；亥姆霍兹方程 $\nabla^2 u+k^2 u=0$（$c=1,d=1,a=0$，本征值 $\lambda=k^2$）属于特征值方程。

边界条件包括狄利克雷条件和诺伊曼条件两种，定义式分别如下。

狄利克雷（Dirichlet）条件

$$hu=r \tag{7.6.5}$$

诺伊曼（Neumann）条件

$$\boldsymbol{n}\cdot(c\nabla u)+qu=g \tag{7.6.6}$$

式中，c、h、r、q、g 为系数，通过设置系数的值设定不同的边界条件。例如，第一类齐次边界条件 $u=0$，设置为 Dirichlet 条件，且 $h=1,r=0$，第二类齐次边界条件 $\frac{\partial u}{\partial n}=0$，设置为 Neumann 条件，且 $c=1,q=0,g=0$。

例 7.11　在矩形区域 $0\leqslant x\leqslant 1,-1\leqslant y\leqslant 1$ 上，用 MATLAB 工具箱求解波动方程 $u_{tt}-\Delta u=1$，边界条件 $u|_{x=0}=u|_{x=1}=0,u|_{y=-1}=u|_{y=1}=0$，初始条件为 $u|_{t=0}=$

$u_t\big|_{t=0}=0$ 并实现 u 分布的动态可视化。

解：第 1 步，打开 PDE 工具箱。在 MATLAB 命令行输入 pdetool 并按下 Enter 键，弹出 PDE Modeler 窗口，如图 7.5 所示。

第 2 步，画出求解区域。选定 PDE Modeler 中的小矩形按钮，在网格区域拖动，双击如图 7.6 所示的选定区域并设置定义域 $0\leqslant x\leqslant1,-1\leqslant y\leqslant1$，可得如图 7.7 所示的矩形求解区域。

图 7.5　PDE Modeler 窗口

图 7.6　设置选定区域大小

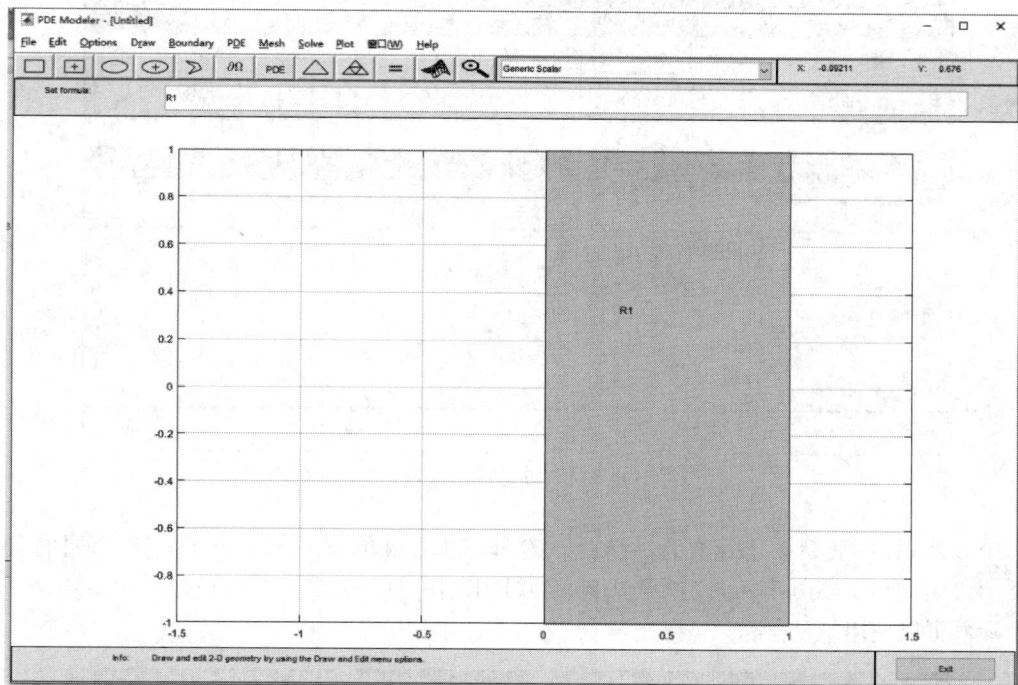

图 7.7　矩形求解区域

第 3 步,设定求解方程。选择 PDE 选项中的子选项 PDE Specification,出现如图 7.8 所示窗口。设置方程类型,这里波动方程是双曲型,选择 Hyperbolic。同时设置参数 $c=1$, $d=1,a=0,f=1$,单击确定。

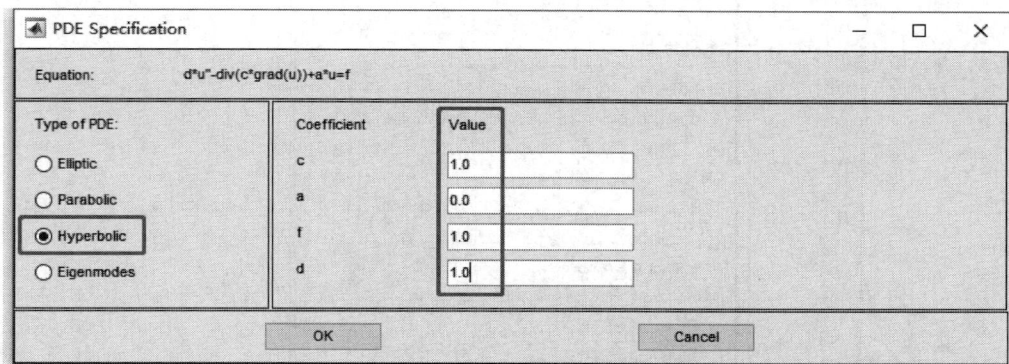

图 7.8　设置方程类型

第 4 步,根据题目要求设置边界条件。选择 Boundary 菜单下的 Boundary mode 选项进行边界条件的设定,选择 Boundary 菜单下的 Specify boundary conditions,如图 7.9 所示。选 Dirichlet 类型的边界条件,并设定 $h=1,r=0$。本例中四个边界均为第一类齐次边界条件,若四个边界的边界条件类型不同,在边界模式下双击对应边界即可分别进行设定。

图 7.9　设置边界条件

第 5 步,根据题目要求设置初始条件。选择 Solve 菜单下的 Parameters 选项进行初始条件的设定,如图 7.10 所示,设置需要展示的时间范围 Time 为 $0 : 100$,$u(t_0)=0$,$u'(t_0)=0$,其余参数可以使用默认参数。

图 7.10　设置初始条件

第 6 步,网格划分。单击如图 7.11 中所示的三角形进行网格划分,也可以选择旁边的按钮进行网格细化。细化次数越多则计算量越大。

图 7.11　网格划分

第 7 步,求解偏微分方程并显示求解结果。选择菜单栏 Solve 下的 Solve PDE 选项,即可求解方程。求得的结果如图 7.12 所示,不同颜色代表不同取值。

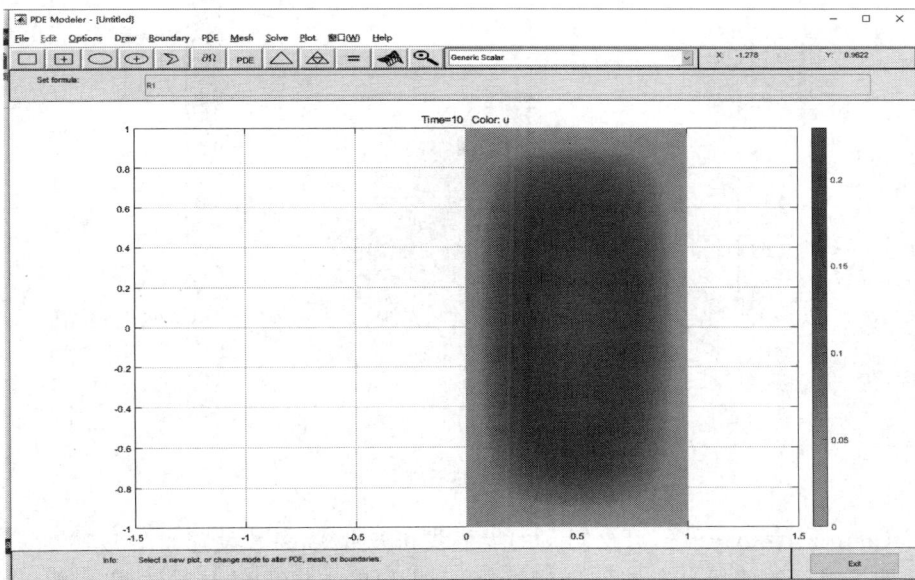

图 7.12　二维场分布

第 8 步,解的可视化。单击图 7.13 中的小方框,弹出 Plot Selection 窗口如图 7.14 所示。选择 Height(3-D plot),可以显示三维图形,如图 7.15 所示。

图 7.13   解的可视化

图 7.14   Plot Selection 窗口

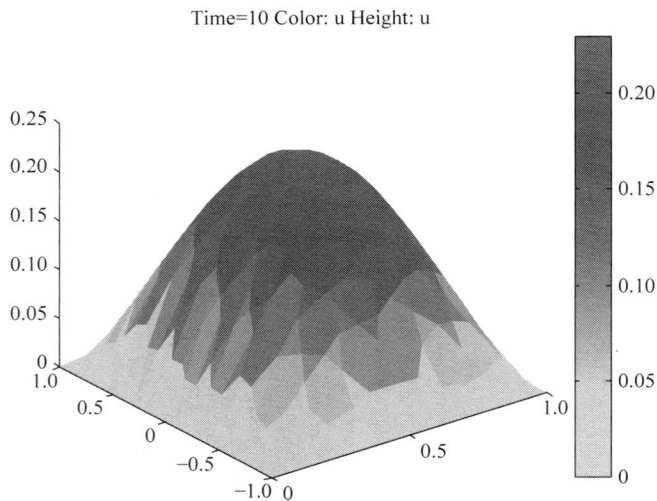

图 7.15   解的三维分布图

选择 Contour 和 Arrows,可绘制 u 的等值线和矢量线,参数设置如图 7.16 所示。设置完成之后即可得到等值线分布如图 7.17 所示。对于波动方程、热传导方程问题,也可以选择 Animation,观察在一定时间段内的二维场分布变化。

图 7.16 等值线参数设置

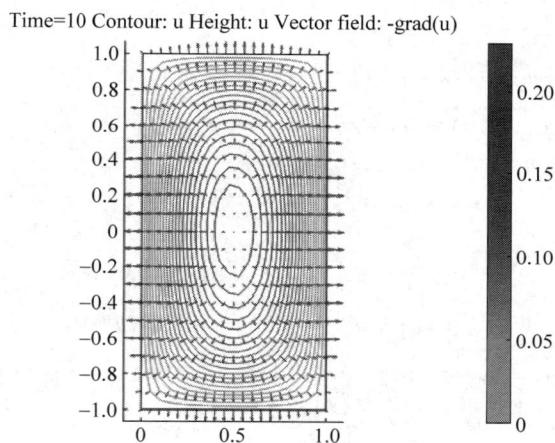

Time=10 Contour: u Height: u Vector field: -grad(u)

图 7.17 等值线的分布图

第 7 章 习题

1. 求有界弦的自由振动的定解问题

$$
\begin{cases}
\dfrac{\partial^2 u}{\partial t^2} = a^2 \dfrac{\partial^2 u}{\partial x^2}, & 0 < x < l,\ t > 0 \\[2mm]
u\big|_{t=0} = \begin{cases} \dfrac{F(l-c)x}{Tl}, & 0 \leq x \leq c \\[2mm] \dfrac{Fc(l-x)}{Tl}, & c \leq x \leq l \end{cases} \\[4mm]
\dfrac{\partial u}{\partial t}\bigg|_{t=0} = 0, & 0 \leq x \leq l \\[2mm]
u\big|_{x=0} = 0,\ u\big|_{x=l} = 0, & t > 0
\end{cases}
$$

式中, $l=1$, $c=\dfrac{1}{3}$, $\dfrac{F}{T}=\dfrac{9}{20}$ 。

2. 将下列方程分离变量。

(1) $a_1(x)\dfrac{\partial^2 u}{\partial x^2}+b_1(y)\dfrac{\partial^2 u}{\partial y^2}+a_2(x)\dfrac{\partial u}{\partial x}+b_2(y)\dfrac{\partial u}{\partial y}=0$;

(2) $\dfrac{1}{r}\dfrac{\partial}{\partial r}\left(r\dfrac{\partial u}{\partial r}\right)+\dfrac{1}{r^2}\dfrac{\partial^2 u}{\partial \phi^2}=0$;

(3) $\dfrac{1}{r^2}\dfrac{\partial}{\partial r}\left(r^2\dfrac{\partial u}{\partial r}\right)+\dfrac{1}{r^2\sin\theta}\dfrac{\partial}{\partial \theta}\left(\sin\theta\dfrac{\partial u}{\partial \theta}\right)=0$;

(4) $\dfrac{\partial}{\partial \alpha}\left(\dfrac{\sin\alpha}{\cosh\beta-\cos\alpha}\dfrac{\partial u}{\partial \alpha}\right)+\dfrac{\partial}{\partial \beta}\left(\dfrac{\sin\alpha}{\cosh\beta-\cos\alpha}\dfrac{\partial u}{\partial \beta}\right)+\dfrac{1}{\sin\alpha(\cosh\beta-\cos\alpha)}\dfrac{\partial^2 u}{\partial \phi^2}=0$ 。

3. 解定解问题

$$\begin{cases} \dfrac{\partial u}{\partial t}=a^2\dfrac{\partial^2 u}{\partial x^2}, & x\in(0,l),t>0 \\ u_x(0,t)=u_x(l,t)=0, & t>0 \\ u(x,0)=\varphi(x), & x\in(0,l) \end{cases}$$

4. 求解下列定解问题。

(1) $\begin{cases} u_{tt}=a^2 u_{xx}, & 0<x<\pi,t>0 \\ u(x,0)=3\sin x, & 0\leqslant x\leqslant\pi \\ u_t(x,0)=0, & 0\leqslant x\leqslant\pi \\ u(0,t)=u(\pi,t)=0, & t>0 \end{cases}$
(2) $\begin{cases} u_{tt}-a^2 u_{xx}=0, & 0<x<\pi,t>0 \\ u(x,0)=x^3, & 0\leqslant x\leqslant\pi \\ u_t(x,0)=0, & 0\leqslant x\leqslant\pi \\ u(0,t)=u_x(\pi,t)=0, & t>0 \end{cases}$

(3) $\begin{cases} u_t=4u_{xx}, & 0<x<\pi,t>0 \\ u(x,0)=0, & 0\leqslant x\leqslant 1 \\ u(0,t)=u(1,t)=N_0 \end{cases}$
(4) $\begin{cases} u_{xx}+u_{yy}=0, & 0<x<1,0<y<1 \\ u(x,0)=x(x-1), & 0\leqslant x\leqslant 1 \\ u(x,1)=0, & 0\leqslant x\leqslant 1 \\ u(0,y)=u(1,y)=0, & 0\leqslant y\leqslant 1 \end{cases}$

5. 解定解问题

$$\begin{cases} \dfrac{\partial^2 u}{\partial r^2}+\dfrac{1}{r}\dfrac{\partial u}{\partial r}+\dfrac{1}{r^2}\dfrac{\partial^2 u}{\partial \theta^2}=0, & 0<r<R,0<\theta<\alpha \\ u|_{\theta=0}=u|_{\theta=\alpha}=0, & 0<r<R \\ u|_{r=R}=f(\theta), & 0<\theta<\alpha \end{cases}$$

6. 将定解问题化为齐次边界条件的定解问题。

$$\begin{cases} u_t=a^2 u_{xx}, & 0<x<l,t>0 \\ u_x(0,t)=\theta_1(t),u(l,t)=\theta_2(t), & t\geqslant 0 \\ u(x,0)=\varphi(x),u_t(x,0)=\psi(x), & 0\leqslant x\leqslant l \end{cases}$$

7. 用分离变量法求解下列定解问题

$$\begin{cases} \dfrac{\partial^2 u}{\partial t^2} = a^2 \dfrac{\partial^2 u}{\partial x^2}, & x \in (0,l), t > 0 \\[2mm] u(0,t) = u(l,t) = 0, & t > 0 \\[2mm] u(x,0) = A\sin\dfrac{5\pi}{l}x, & x \in (0,l) \\[2mm] u_t(x,0) = 0, & x \in (0,l) \end{cases}$$

8. 求解下列定解问题

$$\begin{cases} \dfrac{\partial^2 u}{\partial t^2} - a^2 \dfrac{\partial^2 u}{\partial x^2} = 0, & 0 < x < l, t > 0 \\[2mm] u\big|_{x=0} = 0, \dfrac{\partial u}{\partial x}\bigg|_{x=l} = A\sin\omega t, & t \geqslant 0 \\[2mm] u\big|_{t=0} = 0, \dfrac{\partial u}{\partial t}\bigg|_{t=0} = 0, & 0 \leqslant x \leqslant l \end{cases}$$

9. 散热片的横截面为矩形（边长为 a 和 b），它的一边（$y=b$）处于较高的温度 T，其他三边处于冷却介质中保持零度。求出这个横截面上的稳态温度分布。

10. 求解下列有源热传导的定解问题

$$\begin{cases} \dfrac{\partial u}{\partial t} = a^2 \dfrac{\partial^2 u}{\partial x^2} + \cos\dfrac{x}{2}, & 0 < x < \pi, t > 0 \\[2mm] u\big|_{t=0} = x + \cos\dfrac{x}{2}, & 0 \leqslant x \leqslant \pi \\[2mm] \dfrac{\partial u}{\partial x}\bigg|_{x=0} = 1, \quad u\big|_{x=\pi} = \pi, & t > 0 \end{cases}$$

11. 求解下列定解问题

$$\begin{cases} u_{xx} + u_{yy} = -x^2 y \\[2mm] u(0,y) = u(a,y) = 0 \\[2mm] u\left(x, -\dfrac{b}{2}\right) = u\left(x, \dfrac{b}{2}\right) = 0 \end{cases}$$

12. 求解下列定解问题

$$\begin{cases} \dfrac{\partial u}{\partial t} = a^2 \dfrac{\partial^2 u}{\partial x^2} + x, & 0 < x < L, t > 0 \\[2mm] u\big|_{x=0} = A, u\big|_{x=l} = B, & t \geqslant 0 \\[2mm] u\big|_{t=0} = \varphi(x), & 0 \leqslant x \leqslant l \end{cases}$$

13. 求解下列定解问题

$$\begin{cases} u_{xx} + u_{yy} = 0, & 0 < x < a, 0 < y < \infty \\[2mm] u\big|_{x=0} = 0, u\big|_{x=a} = u_0, & 0 \leqslant y \leqslant \infty \\[2mm] u\big|_{y=0} = 0, & 0 \leqslant x \leqslant a \end{cases}$$

14. 求解下列定解问题

$$\begin{cases} \dfrac{\partial^2 u}{\partial t^2} - a^2 \dfrac{\partial^2 u}{\partial x^2} + 2b \dfrac{\partial u}{\partial t} = 0, & 0 < x < L, t > 0 \\[2mm] u\big|_{t=0} = \varphi(x), \dfrac{\partial u}{\partial t}\Big|_{t=0} = \psi(x), & 0 \leqslant x \leqslant L \\[2mm] u\big|_{x=0} = 0, u\big|_{x=L} = 0, & t > 0 \end{cases}$$

其中,$b > 0$。

15. 求解下列定解问题

$$\begin{cases} \dfrac{\partial^2 u}{\partial t^2} = a^2 \dfrac{\partial^2 u}{\partial x^2} + 2b \dfrac{\partial u}{\partial t} + cu, & 0 < x < L, t > 0 \\[2mm] u\big|_{t=0} = \varphi(x), \dfrac{\partial u}{\partial t}\big|_{t=0} = \psi(x), & 0 \leqslant x \leqslant L \\[2mm] u\big|_{x=0} = 0, u\big|_{x=L} = 0, & t > 0 \end{cases}$$

其中,$b, c > 0$。

16. 求解下列定解问题

$$\begin{cases} \dfrac{\partial^2 u}{\partial t^2} = a^2 \dfrac{\partial^2 u}{\partial x^2}, & 0 < x < L, t > 0 \\[2mm] u\big|_{t=0} = \varphi(x), \dfrac{\partial u}{\partial t}\big|_{t=0} = \psi(x), & 0 \leqslant x \leqslant L \\[2mm] u\big|_{x=0} = 0, \dfrac{\partial u}{\partial x}\big|_{x=L} = 0, & t > 0 \end{cases}$$

17. 求解下列定解问题

$$\begin{cases} \dfrac{\partial u}{\partial t} = c^2 \left(\dfrac{\partial^2 u}{\partial x^2} + \dfrac{\partial^2 u}{\partial y^2} \right), & 0 < x < a, 0 < y < b, t > 0 \\[2mm] u\big|_{t=0} = \varphi(x, y), & 0 \leqslant x \leqslant a, 0 \leqslant y \leqslant b \\[2mm] u\big|_{x=0} = u\big|_{x=a} = 0, & 0 \leqslant y \leqslant b, t > 0 \\[2mm] u\big|_{y=0} = u\big|_{y=b} = 0, & 0 \leqslant x \leqslant a, t > 0 \end{cases}$$

18. 求解下列定解问题

$$\begin{cases} u_t = D u_{xx}, 0 < x < \pi, t > 0 \\ u(0, t) = u(\pi, t) = 0 \\ u(x, 0) = \sin x + 2\sin 3x \end{cases}$$

19. 求解下列定解问题

$$\begin{cases} u_t = 4 u_{xx}, 0 < x < 1, t > 0 \\ u(0, t) = u(1, t) = N_0 \\ u(x, 0) = 0 \end{cases}$$

二阶常微分方程的级数
解法和本征值问题

学习第 7 章的内容发现,运用分离变量法求解数理方程定解问题时,不但需要对方程分离变量,还需要对边界条件分离变量。第 7 章中的所有定解问题都是在直角坐标系中求解的,其共同特点是:求得的本征函数都是三角函数。然而,实际问题是多样的,不可能总是在直角坐标系下进行,坐标系的选择必须根据问题的边界而定。例如,对于以下平面圆域上的边值问题

$$\begin{cases} \nabla^2 u = 0 \\ u\big|_{r=a} = 0 \end{cases}$$

其中,a 是圆的半径。现对这一边界条件分离变量,若选用直角坐标系,即令 $u = X(x)Y(y)$,则代入边界条件有 $X(x)Y(y)\big|_{\sqrt{x^2+y^2}=a} = 0$。可以看出,边界条件不可能分离成单变量形式。若选用极坐标系,即 $u = R(r)\Phi(\varphi)$,代入边界条件有

$$u\big|_{r=a} = R(a)\Phi(\varphi) = 0$$

则得到分离后的单变量条件为 $R(a) = 0$。

由这个例子可以看出,适当选择坐标系对分离变量法是很重要的。

学习目标:

■ 了解圆柱坐标系、球坐标系下各类方程分离变量的过程;

■ 掌握三类方程在圆柱坐标系、球坐标系中分离变量得到的方程类型;

■ 了解求解变系数常微分方程的级数解法;

■ 掌握施图姆-刘维尔本征值问题的定义与性质。

8.1 柱坐标系和球坐标系下的分离变量法(variable separation in spherical and cylindrical coordinate system)

除直角坐标系外,常用的坐标系还有圆柱坐标系、球坐标系等。本节介绍这三种坐标系的坐标变量、基本单位矢量及相关的运算。在圆柱坐标系和球坐标系下,对拉普拉斯方程、波动方程、输运方程及亥姆霍兹方程进行分离变量,归纳得到方程类型和特点。

8.1.1 三种常用的正交坐标系(three types of coordinates)

三维空间中任意一点的位置可以通过三条相互正交曲线的交点来确定。三条正交曲线组成的确定三维空间中任意点的体系称为坐标系,三条正交线称为坐标轴,描述坐标轴的量

三种坐标

称为坐标变量。三种常用的正交曲线坐标系为直角坐标系、圆柱坐标系和球坐标系,其坐标变量和基本单位矢量如表 8.1 所示。基本单位矢量即基矢,其大小为 1,方向就是该坐标变量增加的方向,如图 8.1 所示。

表 8.1　三种正交坐标系的坐标变量及基本单位矢量

坐标系 (coordinates)	坐标变量 (coordinate variables)	基本单位矢量 (unit vectors)
直角坐标系(rectangular)	x,y,z	$\boldsymbol{i},\boldsymbol{j},\boldsymbol{k}$
圆柱坐标系(cylindrical)	ρ,φ,z	$\boldsymbol{e}_\rho,\boldsymbol{e}_\varphi,\boldsymbol{e}_z$
球坐标系(spherical)	r,θ,φ	$\boldsymbol{e}_r,\boldsymbol{e}_\theta,\boldsymbol{e}_\varphi$

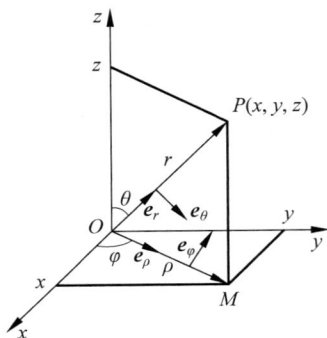

图 8.1　三种坐标系的坐标变量及基本单位矢量

这里需要强调的是,球坐标系的坐标变量与高等数学中有所不同。

各坐标变量的关系如下。

直角坐标系与圆柱坐标系:

$$\begin{cases} x=\rho\cos\varphi, & \rho=\sqrt{x^2+y^2} \\ y=\rho\sin\varphi, & \varphi=\arctan\dfrac{y}{x} \\ z=z, & z=z \end{cases} \tag{8.1.1}$$

圆柱坐标系与球坐标系:

$$\begin{cases} \rho=r\sin\theta, & r=\sqrt{\rho^2+z^2} \\ \varphi=\varphi, & \theta=\arctan\dfrac{\rho}{z} \\ z=r\cos\theta, & \varphi=\varphi \end{cases} \tag{8.1.2}$$

直角坐标系与球坐标系:

$$\begin{cases} x=r\sin\theta\cos\varphi, & r=\sqrt{x^2+y^2+z^2} \\ y=r\sin\theta\sin\varphi, & \theta=\arctan\dfrac{\sqrt{x^2+y^2}}{z} \\ z=r\cos\theta, & \varphi=\arctan\dfrac{y}{x} \end{cases} \tag{8.1.3}$$

可以看出,直角坐标系和圆柱坐标系有相同的坐标变量 z,圆柱坐标系和球坐标系有相同的坐标变量 φ。三种坐标系中坐标变量的取值范围分别是

$$\begin{cases} -\infty < x < +\infty \\ -\infty < y < +\infty \\ -\infty < z < +\infty \end{cases} \tag{8.1.4}$$

$$\begin{cases} 0 \leqslant \rho < +\infty \\ 0 \leqslant \varphi < 2\pi \\ -\infty < z < +\infty \end{cases} \tag{8.1.5}$$

$$\begin{cases} 0 \leqslant r < +\infty \\ 0 \leqslant \theta \leqslant \pi \\ 0 \leqslant \varphi < 2\pi \end{cases} \tag{8.1.6}$$

> **难点点拨**：在球坐标系中,方位角 φ 决定了点 $P(r,\theta,\varphi)$ 在 XOY 平面上的投影位于第几象限(同圆柱坐标系),θ 则决定了点在上半空间还是下半空间,$0 \leqslant \theta \leqslant \dfrac{\pi}{2}$ 对应 $z \geqslant 0$,$\dfrac{\pi}{2} < \theta \leqslant \pi$ 对应 $z < 0$。理解这一点对于球坐标系中问题的求解非常重要。

三种坐标系中基本单位矢量的叉乘可以由右手螺旋规则得到,表达式如下。

$$\begin{aligned} \boldsymbol{i} \times \boldsymbol{j} &= \boldsymbol{k} \\ \boldsymbol{i} \times \boldsymbol{k} &= -\boldsymbol{j} \\ \boldsymbol{j} \times \boldsymbol{k} &= \boldsymbol{i} \\ \boldsymbol{k} \times \boldsymbol{k} &= \boldsymbol{i} \times \boldsymbol{i} = \boldsymbol{j} \times \boldsymbol{j} = 0 \end{aligned} \tag{8.1.7}$$

$$\begin{aligned} \boldsymbol{e}_\rho \times \boldsymbol{e}_\varphi &= \boldsymbol{e}_z \\ \boldsymbol{e}_\rho \times \boldsymbol{e}_z &= -\boldsymbol{e}_\varphi \\ \boldsymbol{e}_\varphi \times \boldsymbol{e}_z &= \boldsymbol{e}_\rho \\ \boldsymbol{e}_\rho \times \boldsymbol{e}_\rho &= \boldsymbol{e}_\varphi \times \boldsymbol{e}_\varphi = \boldsymbol{e}_z \times \boldsymbol{e}_z = 0 \end{aligned} \tag{8.1.8}$$

$$\begin{aligned} \boldsymbol{e}_r \times \boldsymbol{e}_\varphi &= -\boldsymbol{e}_\theta \\ \boldsymbol{e}_r \times \boldsymbol{e}_\theta &= \boldsymbol{e}_\varphi \\ \boldsymbol{e}_\theta \times \boldsymbol{e}_\varphi &= \boldsymbol{e}_r \\ \boldsymbol{e}_r \times \boldsymbol{e}_r &= \boldsymbol{e}_\varphi \times \boldsymbol{e}_\varphi = \boldsymbol{e}_\theta \times \boldsymbol{e}_\theta = 0 \end{aligned} \tag{8.1.9}$$

8.1.2　拉普拉斯方程的分离变量(Laplace equation)

本节讨论球坐标系和柱坐标系下拉普拉斯方程的分离变量过程、分离得到的常微分方程及相应的本征值问题。

1. 球坐标系中的拉普拉斯方程(Laplace equation in spherical coordinate)

直角坐标系的拉普拉斯方程为

球坐标系
分离变量

$$\frac{\partial^2 u}{\partial x^2} + \frac{\partial^2 u}{\partial y^2} + \frac{\partial^2 u}{\partial z^2} = 0 \tag{8.1.10}$$

结合式(8.1.3),运用复合函数求导规则,可以得到球坐标系中的拉普拉斯方程为(这里略去了推导过程)

$$\frac{1}{r^2}\frac{\partial}{\partial r}\left(r^2\frac{\partial u}{\partial r}\right) + \frac{1}{r^2\sin\theta}\frac{\partial}{\partial\theta}\left(\sin\theta\frac{\partial u}{\partial\theta}\right) + \frac{1}{r^2\sin^2\theta}\frac{\partial^2 u}{\partial\varphi^2} = 0 \tag{8.1.11}$$

令

$$u(r,\theta,\varphi) = R(r)\Theta(\theta)\Phi(\varphi) \tag{8.1.12}$$

代入式(8.1.11),得

$$\frac{\Theta\Phi}{r^2}\frac{\mathrm{d}}{\mathrm{d}r}\left(r^2\frac{\mathrm{d}R}{\mathrm{d}r}\right) + \frac{R\Phi}{r^2\sin\theta}\frac{\mathrm{d}}{\mathrm{d}\theta}\left(\sin\theta\frac{\mathrm{d}\Theta}{\mathrm{d}\theta}\right) + \frac{R\Theta}{r^2\sin^2\theta}\frac{\mathrm{d}^2\Phi}{\mathrm{d}\varphi^2} = 0 \tag{8.1.13}$$

两边分别乘以 $\dfrac{r^2\sin^2\theta}{R\Theta\Phi}$,有

$$\frac{\sin^2\theta}{R}\frac{\mathrm{d}}{\mathrm{d}r}\left(r^2\frac{\mathrm{d}R}{\mathrm{d}r}\right) + \frac{\sin\theta}{\Theta}\frac{\mathrm{d}}{\mathrm{d}\theta}\left(\sin\theta\frac{\mathrm{d}\Theta}{\mathrm{d}\theta}\right) + \frac{1}{\Phi}\frac{\mathrm{d}^2\Phi}{\mathrm{d}\varphi^2} = 0 \tag{8.1.14}$$

观察式(8.1.14),最容易实现分离的是含变量 φ 的部分,将其移至等号右侧,有

$$\frac{\sin^2\theta}{R}\frac{\mathrm{d}}{\mathrm{d}r}\left(r^2\frac{\mathrm{d}R}{\mathrm{d}r}\right) + \frac{\sin\theta}{\Theta}\frac{\mathrm{d}}{\mathrm{d}\theta}\left(\sin\theta\frac{\mathrm{d}\Theta}{\mathrm{d}\theta}\right) = -\frac{1}{\Phi}\frac{\mathrm{d}^2\Phi}{\mathrm{d}\varphi^2} \tag{8.1.15}$$

等式左侧为 θ 和 r 的函数,右侧为 φ 的函数,两边必然同时等于某个常数,令其为 λ,即

$$\frac{\sin^2\theta}{R}\frac{\mathrm{d}}{\mathrm{d}r}\left(r^2\frac{\mathrm{d}R}{\mathrm{d}r}\right) + \frac{\sin\theta}{\Theta}\frac{\mathrm{d}}{\mathrm{d}\theta}\left(\sin\theta\frac{\mathrm{d}\Theta}{\mathrm{d}\theta}\right) = -\frac{1}{\Phi}\frac{\mathrm{d}^2\Phi}{\mathrm{d}\varphi^2} = \lambda \tag{8.1.16}$$

从而得到两个方程

$$\Phi'' + \lambda\Phi = 0 \tag{8.1.17}$$

$$\frac{\sin^2\theta}{R}\frac{\mathrm{d}}{\mathrm{d}r}\left(r^2\frac{\mathrm{d}R}{\mathrm{d}r}\right) + \frac{\sin\theta}{\Theta}\frac{\mathrm{d}}{\mathrm{d}\theta}\left(\sin\theta\frac{\mathrm{d}\Theta}{\mathrm{d}\theta}\right) = \lambda \tag{8.1.18}$$

φ 为方位角,因为空间中任意点处 $u(r,\theta,\varphi) = R(r)\Theta(\theta)\Phi(\varphi)$ 是唯一的,即

$$u(r,\theta,\varphi+2\pi) = u(r,\theta,\varphi) \tag{8.1.19}$$

因此有

$$\Phi(\varphi+2\pi) = \Phi(\varphi) \tag{8.1.20}$$

式(8.1.20)称为 Φ 的自然边界条件(natural boundary condition),该式与 Φ 的方程组成边值问题

$$\begin{cases} \Phi'' + \lambda\Phi = 0 \\ \Phi(\varphi+2\pi) = \Phi(\varphi) \end{cases} \tag{8.1.21}$$

可以解得本征值 $\lambda = m^2$,本征解为

$$\Phi_m(\varphi) = A_m\sin m\varphi + B_m\cos m\varphi \tag{8.1.22}$$

代入本征值后,式(8.1.18)写为

$$\frac{\sin^2\theta}{R}\frac{\mathrm{d}}{\mathrm{d}r}\left(r^2\frac{\mathrm{d}R}{\mathrm{d}r}\right) + \frac{\sin\theta}{\Theta}\frac{\mathrm{d}}{\mathrm{d}\theta}\left(\sin\theta\frac{\mathrm{d}\Theta}{\mathrm{d}\theta}\right) = m^2 \tag{8.1.23}$$

两边分别乘以 $\dfrac{1}{\sin^2\theta}$，有

$$\frac{1}{R}\frac{\mathrm{d}}{\mathrm{d}r}\left(r^2\frac{\mathrm{d}R}{\mathrm{d}r}\right)+\frac{1}{\Theta\sin\theta}\frac{\mathrm{d}}{\mathrm{d}\theta}\left(\sin\theta\frac{\mathrm{d}\Theta}{\mathrm{d}\theta}\right)=\frac{m^2}{\sin^2\theta} \tag{8.1.24}$$

将含 θ 的项移到等式右侧，有

$$\frac{1}{R}\frac{\mathrm{d}}{\mathrm{d}r}\left(r^2\frac{\mathrm{d}R}{\mathrm{d}r}\right)=-\frac{1}{\Theta\sin\theta}\frac{\mathrm{d}}{\mathrm{d}\theta}\left(\sin\theta\frac{\mathrm{d}\Theta}{\mathrm{d}\theta}\right)+\frac{m^2}{\sin^2\theta} \tag{8.1.25}$$

等式左侧为 r 的函数，右侧为 θ 的函数，两边必然同时等于某个常数，令其为 $l(l+1)$，即

$$\frac{1}{R}\frac{\mathrm{d}}{\mathrm{d}r}\left(r^2\frac{\mathrm{d}R}{\mathrm{d}r}\right)=-\frac{1}{\Theta\sin\theta}\frac{\mathrm{d}}{\mathrm{d}\theta}\left(\sin\theta\frac{\mathrm{d}\Theta}{\mathrm{d}\theta}\right)+\frac{m^2}{\sin^2\theta}=l(l+1) \tag{8.1.26}$$

可以写出 R 和 Θ 的方程，即

$$\frac{\mathrm{d}}{\mathrm{d}r}\left(r^2\frac{\mathrm{d}R}{\mathrm{d}r}\right)-l(l+1)R=0 \tag{8.1.27}$$

$$\frac{1}{\sin\theta}\frac{\mathrm{d}}{\mathrm{d}\theta}\left(\sin\theta\frac{\mathrm{d}\Theta}{\mathrm{d}\theta}\right)+\left(l(l+1)-\frac{m^2}{\sin^2\theta}\right)\Theta=0 \tag{8.1.28}$$

整理式(8.1.27)，有

$$r^2\frac{\mathrm{d}^2R}{\mathrm{d}r^2}+2r\frac{\mathrm{d}R}{\mathrm{d}r}-l(l+1)R=0 \tag{8.1.29}$$

难点点拨：式(8.1.26)的常数为 $l(l+1)$，而没有写为 μ，实际上如果令 $l(l+1)=\mu$，可以解得对应的 l。也就是说，每个常数 μ 都可以写成 $l(l+1)$ 的形式，那么选用哪种表示都是可以的。实际上，在式(8.1.28)的求解过程中我们会理解为什么写成这样的形式，见第 9 章。

该方程是欧拉方程(Euler's equation)，令 $r=\mathrm{e}^t$，有

$$\frac{\mathrm{d}R}{\mathrm{d}r}=\frac{\mathrm{d}R}{\mathrm{d}t}\frac{\mathrm{d}t}{\mathrm{d}r}=\frac{\mathrm{d}R}{\mathrm{d}t}\frac{1}{\mathrm{e}^t} \tag{8.1.30}$$

$$\frac{\mathrm{d}}{\mathrm{d}r}\left(\frac{\mathrm{d}R}{\mathrm{d}r}\right)=\frac{\mathrm{d}}{\mathrm{d}t}\left(\frac{\mathrm{d}R}{\mathrm{d}r}\right)\frac{\mathrm{d}t}{\mathrm{d}r}=\frac{\mathrm{d}}{\mathrm{d}t}\left(\frac{\mathrm{d}R}{\mathrm{d}t}\frac{1}{\mathrm{e}^t}\right)\frac{1}{\mathrm{e}^t}=\frac{\mathrm{d}^2R}{\mathrm{d}t^2}\frac{1}{\mathrm{e}^{2t}}-\frac{\mathrm{d}R}{\mathrm{d}t}\frac{1}{\mathrm{e}^{2t}} \tag{8.1.31}$$

代入式(8.1.29)，有

$$\mathrm{e}^{2t}\left(\frac{\mathrm{d}^2R}{\mathrm{d}t^2}\frac{1}{\mathrm{e}^{2t}}-\frac{\mathrm{d}R}{\mathrm{d}t}\frac{1}{\mathrm{e}^{2t}}\right)+2\mathrm{e}^t\left(\frac{\mathrm{d}R}{\mathrm{d}t}\frac{1}{\mathrm{e}^t}\right)-l(l+1)R=0$$

化简得

$$\frac{\mathrm{d}^2R}{\mathrm{d}t^2}+\frac{\mathrm{d}R}{\mathrm{d}t}-l(l+1)R=0 \tag{8.1.32}$$

该式为常系数常微分方程，其特征方程(characteristic equation)为 $r^2+r-l(l+1)=0$，有两个实根，因此方程(8.1.32)的解为

$$R(t)=C\mathrm{e}^{lt}+D\mathrm{e}^{-(l+1)t}$$

做 $r=\mathrm{e}^t$ 替换得到原方程(8.1.29)的解

$$R(r)=Cr^l+\frac{D}{r^{l+1}} \tag{8.1.33}$$

式(8.1.28)中,令 $\cos\theta = x$,运用复合函数求导规则有

$$\frac{\mathrm{d}\Theta}{\mathrm{d}\theta} = \frac{\mathrm{d}\Theta}{\mathrm{d}x}\frac{\mathrm{d}x}{\mathrm{d}\theta} = -\sin\theta\,\frac{\mathrm{d}\Theta}{\mathrm{d}x} \tag{8.1.34}$$

代入方程(8.1.28)左边第一项有

$$\frac{1}{\sin\theta}\frac{\mathrm{d}}{\mathrm{d}\theta}\left(\sin\theta\,\frac{\mathrm{d}\Theta}{\mathrm{d}\theta}\right) = \frac{1}{\sin\theta}\frac{\mathrm{d}}{\mathrm{d}\theta}\left(-\sin^2\theta\,\frac{\mathrm{d}\Theta}{\mathrm{d}x}\right)$$

$$= \frac{1}{\sin\theta}\frac{\mathrm{d}}{\mathrm{d}\theta}\left[-(1-x^2)\frac{\mathrm{d}\Theta}{\mathrm{d}x}\right] = \frac{1}{\sin\theta}\frac{\mathrm{d}}{\mathrm{d}x}\left[-(1-x^2)\frac{\mathrm{d}\Theta}{\mathrm{d}x}\right]\frac{\mathrm{d}x}{\mathrm{d}\theta}$$

$$= \frac{\mathrm{d}}{\mathrm{d}x}\left[(1-x^2)\frac{\mathrm{d}\Theta}{\mathrm{d}x}\right]$$

于是,式(8.1.28)变为

$$\frac{\mathrm{d}}{\mathrm{d}x}\left[(1-x^2)\frac{\mathrm{d}\Theta}{\mathrm{d}x}\right] + \left[l(l+1) - \frac{m^2}{1-x^2}\right]\Theta = 0$$

即

$$(1-x^2)\frac{\mathrm{d}^2\Theta}{\mathrm{d}x^2} - 2x\,\frac{\mathrm{d}\Theta}{\mathrm{d}x} + \left[l(l+1) - \frac{m^2}{1-x^2}\right]\Theta = 0 \tag{8.1.35}$$

式(8.1.35)称为 l 阶连带勒让德方程(associated Legendre equation)。我们知道,函数 $\Theta(\theta)$ 的自变量 θ 取值范围为 $0 \leqslant \theta \leqslant \pi$。对所有的物理问题,两个边界 $\theta = 0$ 和 $\theta = \pi$ 都自然包含在求解区域中,Θ 满足自然边界条件

$$\Theta(0) = 有限值, \quad \Theta(\pi) = 有限值$$

因此,$\Theta(\theta)$ 满足以下本征值问题(eigenvalue problem)

$$\begin{cases} (1-x^2)\dfrac{\mathrm{d}^2\Theta}{\mathrm{d}x^2} - 2x\,\dfrac{\mathrm{d}\Theta}{\mathrm{d}x} + \left[l(l+1) - \dfrac{m^2}{1-x^2}\right]\Theta = 0 \\ \Theta(0) = 有限值, \Theta(\pi) = 有限值 \end{cases} \tag{8.1.36}$$

该本征值问题中方程为变系数常微分方程,8.2节讨论求解这类本征值问题的幂级数解法。

2. 柱坐标系下的拉普拉斯方程(Laplace equation in cylindrical coordinate)

结合式(8.1.1)和式(8.1.10),运用复合函数求导规则,可以得到柱坐标系中的拉普拉斯方程为

$$\frac{1}{\rho}\frac{\partial}{\partial\rho}\left(\rho\,\frac{\partial u}{\partial\rho}\right) + \frac{1}{\rho^2}\frac{\partial^2 u}{\partial\varphi^2} + \frac{\partial^2 u}{\partial z^2} = 0 \tag{8.1.37}$$

令其解为

$$u(\rho,\varphi,z) = R(\rho)\Phi(\varphi)Z(z) \tag{8.1.38}$$

代入式(8.1.37)得

$$\frac{\rho}{R}\frac{\mathrm{d}}{\mathrm{d}\rho}\left(\rho\,\frac{\mathrm{d}R}{\mathrm{d}\rho}\right) + \frac{1}{\Phi}\frac{\mathrm{d}^2\Phi}{\mathrm{d}\varphi^2} + \frac{\rho^2}{Z}\frac{\mathrm{d}^2 Z}{\mathrm{d}z^2} = 0 \tag{8.1.39}$$

将含 φ 的表达式移至右侧,有

$$\frac{\rho}{R}\frac{\mathrm{d}}{\mathrm{d}\rho}\left(\rho\,\frac{\mathrm{d}R}{\mathrm{d}\rho}\right) + \frac{\rho^2}{Z}\frac{\mathrm{d}^2 Z}{\mathrm{d}z^2} = -\frac{1}{\Phi}\frac{\mathrm{d}^2\Phi}{\mathrm{d}\varphi^2} \tag{8.1.40}$$

令其两边等于同一个常数 λ，有

$$\frac{\rho}{R}\frac{\mathrm{d}}{\mathrm{d}\rho}\left(\rho\frac{\mathrm{d}R}{\mathrm{d}\rho}\right)+\frac{\rho^2}{Z}\frac{\mathrm{d}^2Z}{\mathrm{d}z^2}=-\frac{1}{\Phi}\frac{\mathrm{d}^2\Phi}{\mathrm{d}\varphi^2}=\lambda \tag{8.1.41}$$

从而得到两个方程

$$\frac{\mathrm{d}^2\Phi}{\mathrm{d}\varphi^2}+\lambda\Phi=0 \tag{8.1.42}$$

$$\frac{1}{R\rho}\frac{\mathrm{d}}{\mathrm{d}\rho}\left(\rho\frac{\mathrm{d}R}{\mathrm{d}\rho}\right)-\frac{\lambda}{\rho^2}+\frac{1}{Z}\frac{\mathrm{d}^2Z}{\mathrm{d}z^2}=0 \tag{8.1.43}$$

和球坐标系中类似，结合自然边界条件，可以得到式(8.1.42)的本征值 $\lambda=m^2$，本征解为

$$\Phi_m(\varphi)=A_m\sin m\varphi+B_m\cos m\varphi$$

式中，A_m 和 B_m 为待定系数。式(8.1.43)重新写为

$$\frac{1}{R\rho}\frac{\mathrm{d}}{\mathrm{d}\rho}\left(\rho\frac{\mathrm{d}R}{\mathrm{d}\rho}\right)-\frac{m^2}{\rho^2}+\frac{1}{Z}\frac{\mathrm{d}^2Z}{\mathrm{d}z^2}=0 \tag{8.1.44}$$

令

$$\frac{1}{R\rho}\frac{\mathrm{d}}{\mathrm{d}\rho}\left(\rho\frac{\mathrm{d}R}{\mathrm{d}\rho}\right)-\frac{m^2}{\rho^2}=-\frac{1}{Z}\frac{\mathrm{d}^2Z}{\mathrm{d}z^2}=-\mu \tag{8.1.45}$$

则有

$$\frac{\mathrm{d}^2Z}{\mathrm{d}z^2}-\mu Z=0 \tag{8.1.46}$$

$$\frac{\mathrm{d}^2R}{\mathrm{d}\rho^2}+\frac{1}{\rho}\frac{\mathrm{d}R}{\mathrm{d}\rho}+\left(\mu-\frac{m^2}{\rho^2}\right)R=0 \tag{8.1.47}$$

对上述两个方程分三种情况讨论。

(1) 当 $\mu=0$ 时，有

$$Z''=0 \tag{8.1.48}$$

$$\rho^2\frac{\mathrm{d}^2R}{\mathrm{d}\rho^2}+\rho\frac{\mathrm{d}R}{\mathrm{d}\rho}-m^2R=0 \tag{8.1.49}$$

Z 方程的解为

$$Z(z)=C+Dz \tag{8.1.50}$$

当 $m=0$ 时，式(8.1.49)可写为

$$\rho\frac{\mathrm{d}^2R}{\mathrm{d}\rho^2}+\frac{\mathrm{d}R}{\mathrm{d}\rho}=\frac{\mathrm{d}}{\mathrm{d}\rho}\left(\rho\frac{\mathrm{d}R}{\mathrm{d}\rho}\right)=0$$

其解为

$$R_0(\rho)=A_0+B_0\ln\rho \tag{8.1.51}$$

如果 $m\neq0$，式(8.1.49)为欧拉型方程(Euler's equation)，运用变量替换法可解得

$$R_m(\rho)=A_m\rho^m+B_m\rho^{-m} \tag{8.1.52}$$

总结 $\mu=0$ 时的解如下：

$$\begin{cases}R(\rho)=\begin{cases}A_0+B_0\ln\rho, & m=0\\ A_m\rho^m+B_m\rho^{-m}, & m\neq0\end{cases}\\ Z(z)=C+Dz\end{cases} \tag{8.1.53}$$

（2）当 $\mu > 0$ 时，式(8.1.46)的解为

$$Z(z) = C\mathrm{e}^{\sqrt{\mu}z} + D\mathrm{e}^{-\sqrt{\mu}z} \tag{8.1.54}$$

式中，C 和 D 为待定常数。

式(8.1.47)可以写为

$$\rho^2 \frac{\mathrm{d}^2 R}{\mathrm{d}\rho^2} + \rho \frac{\mathrm{d}R}{\mathrm{d}\rho} + (\mu\rho^2 - m^2)R = 0 \tag{8.1.55}$$

令 $\sqrt{\mu}\rho = x$，则式(8.1.55)写为

$$x^2 \frac{\mathrm{d}^2 R}{\mathrm{d}x^2} + x \frac{\mathrm{d}R}{\mathrm{d}x} + (x^2 - m^2)R = 0 \tag{8.1.56}$$

式(8.1.56)为标准的贝塞尔方程(Bessel equation)，为变系数常微分方程，可以由 8.2 节中的幂级数解法求得其解。

（3）当 $\mu < 0$ 时，式(8.1.46)的解为

$$Z(z) = C\sin\sqrt{-\mu}z + D\cos\sqrt{-\mu}z \tag{8.1.57}$$

式中，R 的方程变为

$$\rho^2 \frac{\mathrm{d}^2 R}{\mathrm{d}\rho^2} + \rho \frac{\mathrm{d}R}{\mathrm{d}\rho} + (\mu\rho^2 - m^2)R = 0 \tag{8.1.58}$$

若令 $\sqrt{-\mu}\rho = x$，则式(8.1.58)变为

$$x^2 \frac{\mathrm{d}^2 R}{\mathrm{d}x^2} + x \frac{\mathrm{d}R}{\mathrm{d}x} + (-x^2 - m^2)R = 0 \tag{8.1.59}$$

式(8.1.59)为标准的虚宗量贝塞尔方程(Bessel equation of imaginary argument)，为变系数常微分方程，可以由 8.2 节中的幂级数解法求得其解。

8.1.3　三维波动方程的分离变量(3D wave equation)

考虑三维波动方程

$$u_{tt}(\boldsymbol{r}, t) - a^2 \Delta_3 u(\boldsymbol{r}, t) = 0 \tag{8.1.60}$$

方程中同时含有时间变量 t 和空间变量 $\boldsymbol{r} = x\boldsymbol{i} + y\boldsymbol{j} + z\boldsymbol{k}$，首先假设

$$u(\boldsymbol{r}, t) = V(\boldsymbol{r})T(t) \tag{8.1.61}$$

代入式(8.1.60)有

$$V(\boldsymbol{r})T''(t) - a^2 T(t)\Delta_3 V(\boldsymbol{r}) = 0 \tag{8.1.62}$$

两边同时除以 $a^2 V(\boldsymbol{r})T(t)$，有

$$\frac{T''(t)}{a^2 T(t)} = \frac{\Delta_3 V(\boldsymbol{r})}{V(\boldsymbol{r})} \tag{8.1.63}$$

方程左侧是 t 的函数，右侧是 $\boldsymbol{r}$ 的函数，两边相等则必然等于同一个常数，令常数为 $-k^2$，即

$$\frac{T''(t)}{a^2 T(t)} = \frac{\Delta_3 V(\boldsymbol{r})}{V(\boldsymbol{r})} = -k^2 \tag{8.1.64}$$

因此，三维波动方程分离成 $V(\boldsymbol{r})$ 和 $T(t)$ 的两个方程

$$T''(t) + k^2 a^2 T(t) = 0 \tag{8.1.65}$$

$$\Delta_3 V(\boldsymbol{r}) + k^2 V(\boldsymbol{r}) = 0 \tag{8.1.66}$$

柱坐标系
分离变量

式(8.1.65)的解为

$$\begin{cases} T(t) = C_0 + D_0 t, & k = 0 \\ T(t) = C\cos kat + D\sin kat, & k \neq 0 \end{cases} \tag{8.1.67}$$

偏微分方程式(8.1.66)称为亥姆霍兹方程(Helmholtz equation),我们将在 8.1.5 节讨论。

8.1.4　三维输运方程/热传导方程的分离变量(3D transport equation/heat-conduct equation)

考虑三维输运方程/热传导方程

$$u_t(\boldsymbol{r}, t) - a^2 \Delta_3 u(\boldsymbol{r}, t) = 0 \tag{8.1.68}$$

方程中同时含有时间变量 t 和空间变量 $\boldsymbol{r} = x\boldsymbol{i} + y\boldsymbol{j} + z\boldsymbol{k}$,首先假设

$$u(\boldsymbol{r}, t) = V(\boldsymbol{r}) T(t) \tag{8.1.69}$$

代入式(8.1.68)有

$$V(\boldsymbol{r}) T'(t) - a^2 T(t) \Delta_3 V(\boldsymbol{r}) = 0 \tag{8.1.70}$$

两边同时除以 $a^2 V(\boldsymbol{r}) T(t)$,有

$$\frac{T'(t)}{a^2 T(t)} = \frac{\Delta_3 V(\boldsymbol{r})}{V(\boldsymbol{r})} \tag{8.1.71}$$

方程左侧是 t 的函数,右侧是 $\boldsymbol{r}$ 的函数,两边相等则必然等于同一个常数,令常数为 $-k^2$,即有

$$\frac{T'(t)}{a^2 T(t)} = \frac{\Delta_3 V(\boldsymbol{r})}{V(\boldsymbol{r})} = -k^2 \tag{8.1.72}$$

因此,三维波动方程分离成 $V(\boldsymbol{r})$ 和 $T(t)$ 的两个方程

$$T'(t) + k^2 a^2 T(t) = 0 \tag{8.1.73}$$

$$\nabla^2 V(\boldsymbol{r}) + k^2 V(\boldsymbol{r}) = 0 \tag{8.1.74}$$

式(8.1.73)的解为

$$T(t) = C e^{-a^2 k^2 t} \tag{8.1.75}$$

偏微分方程式(8.1.74)仍为亥姆霍兹方程,我们在 8.1.5 节讨论。

8.1.5　亥姆霍兹方程的分离变量(Helmholtz equation)

1. 球坐标系

球坐标系下亥姆霍兹方程表达式写为

$$\frac{1}{r^2} \frac{\partial}{\partial r}\left(r^2 \frac{\partial v}{\partial r}\right) + \frac{1}{r^2 \sin\theta} \frac{\partial}{\partial \theta}\left(\sin\theta \frac{\partial v}{\partial \theta}\right) + \frac{1}{r^2 \sin^2\theta} \frac{\partial^2 v}{\partial \varphi^2} + k^2 v = 0 \tag{8.1.76}$$

令

$$v(r, \theta, \varphi) = R(r) \Theta(\theta) \Phi(\varphi) \tag{8.1.77}$$

代入式(8.1.76),得

$$\frac{\Theta\Phi}{r^2} \frac{\mathrm{d}}{\mathrm{d}r}\left(r^2 \frac{\mathrm{d}R}{\mathrm{d}r}\right) + \frac{R\Phi}{r^2 \sin\theta} \frac{\mathrm{d}}{\mathrm{d}\theta}\left(\sin\theta \frac{\mathrm{d}\Theta}{\mathrm{d}\theta}\right) + \frac{R\Theta}{r^2 \sin^2\theta} \frac{\mathrm{d}^2\Phi}{\mathrm{d}\varphi^2} + k^2 R(r)\Theta(\theta)\Phi(\varphi) = 0$$

$$\tag{8.1.78}$$

两边分别乘以 $\dfrac{r^2\sin^2\theta}{R\Theta\Phi}$，有

$$\frac{\sin^2\theta}{R}\frac{\mathrm{d}}{\mathrm{d}r}\left(r^2\frac{\mathrm{d}R}{\mathrm{d}r}\right)+\frac{\sin\theta}{\Theta}\frac{\mathrm{d}}{\mathrm{d}\theta}\left(\sin\theta\frac{\mathrm{d}\Theta}{\mathrm{d}\theta}\right)+\frac{1}{\Phi}\frac{\mathrm{d}^2\Phi}{\mathrm{d}\varphi^2}+k^2r^2\sin^2\theta=0 \tag{8.1.79}$$

将含变量 φ 的部分移至等号右侧，有

$$\frac{\sin^2\theta}{R}\frac{\mathrm{d}}{\mathrm{d}r}\left(r^2\frac{\mathrm{d}R}{\mathrm{d}r}\right)+\frac{\sin\theta}{\Theta}\frac{\mathrm{d}}{\mathrm{d}\theta}\left(\sin\theta\frac{\mathrm{d}\Theta}{\mathrm{d}\theta}\right)+k^2r^2\sin^2\theta=-\frac{1}{\Phi}\frac{\mathrm{d}^2\Phi}{\mathrm{d}\varphi^2}=\lambda \tag{8.1.80}$$

从而得到两个方程

$$\Phi''+\lambda\Phi=0 \tag{8.1.81}$$

$$\frac{\sin^2\theta}{R}\frac{\mathrm{d}}{\mathrm{d}r}\left(r^2\frac{\mathrm{d}R}{\mathrm{d}r}\right)+\frac{\sin\theta}{\Theta}\frac{\mathrm{d}}{\mathrm{d}\theta}\left(\sin\theta\frac{\mathrm{d}\Theta}{\mathrm{d}\theta}\right)+k^2r^2\sin^2\theta=\lambda \tag{8.1.82}$$

由 Φ 的自然边界条件可以解得本征值为 $\lambda=m^2$，本征解为

$$\Phi_m(\varphi)=A_m\sin m\varphi+B_m\cos m\varphi \tag{8.1.83}$$

将本征值代入，式(8.1.82)写为

$$\frac{\sin^2\theta}{R}\frac{\mathrm{d}}{\mathrm{d}r}\left(r^2\frac{\mathrm{d}R}{\mathrm{d}r}\right)+\frac{\sin\theta}{\Theta}\frac{\mathrm{d}}{\mathrm{d}\theta}\left(\sin\theta\frac{\mathrm{d}\Theta}{\mathrm{d}\theta}\right)+k^2r^2\sin^2\theta=m^2 \tag{8.1.84}$$

两边分别乘以 $\dfrac{1}{\sin^2\theta}$，有

$$\frac{1}{R}\frac{\mathrm{d}}{\mathrm{d}r}\left(r^2\frac{\mathrm{d}R}{\mathrm{d}r}\right)+\frac{1}{\Theta\sin\theta}\frac{\mathrm{d}}{\mathrm{d}\theta}\left(\sin\theta\frac{\mathrm{d}\Theta}{\mathrm{d}\theta}\right)+k^2r^2=\frac{m^2}{\sin^2\theta} \tag{8.1.85}$$

将含 θ 的项移到等式右侧，有

$$\frac{1}{R}\frac{\mathrm{d}}{\mathrm{d}r}\left(r^2\frac{\mathrm{d}R}{\mathrm{d}r}\right)+k^2r^2=-\frac{1}{\Theta\sin\theta}\frac{\mathrm{d}}{\mathrm{d}\theta}\left(\sin\theta\frac{\mathrm{d}\Theta}{\mathrm{d}\theta}\right)+\frac{m^2}{\sin^2\theta} \tag{8.1.86}$$

等式左侧为 r 的函数，右侧为 θ 的函数，两边必然同时等于某个常数，令其为 $l(l+1)$，即

$$\frac{1}{R}\frac{\mathrm{d}}{\mathrm{d}r}\left(r^2\frac{\mathrm{d}R}{\mathrm{d}r}\right)+k^2r^2=-\frac{1}{\Theta\sin\theta}\frac{\mathrm{d}}{\mathrm{d}\theta}\left(\sin\theta\frac{\mathrm{d}\Theta}{\mathrm{d}\theta}\right)+\frac{m^2}{\sin^2\theta}=l(l+1) \tag{8.1.87}$$

可以写出 R 和 Θ 的方程，即

$$\frac{\mathrm{d}}{\mathrm{d}r}\left(r^2\frac{\mathrm{d}R}{\mathrm{d}r}\right)+\left[k^2r^2-l(l+1)\right]R=0 \tag{8.1.88}$$

$$\frac{1}{\sin\theta}\frac{\mathrm{d}}{\mathrm{d}\theta}\left(\sin\theta\frac{\mathrm{d}\Theta}{\mathrm{d}\theta}\right)+\left[l(l+1)-\frac{m^2}{\sin^2\theta}\right]\Theta=0 \tag{8.1.89}$$

整理式(8.1.88)，有

$$r^2\frac{\mathrm{d}^2R}{\mathrm{d}r^2}+2r\frac{\mathrm{d}R}{\mathrm{d}r}+\left[k^2r^2-l(l+1)\right]R=0 \tag{8.1.90}$$

该方程是球贝塞尔方程，令 $x=kr$，$R(r)=\sqrt{\dfrac{\pi}{2x}}y(x)$，则有

$$x^2\frac{\mathrm{d}^2y}{\mathrm{d}x^2}+x\frac{\mathrm{d}y}{\mathrm{d}x}+\left(x^2-\left(l+\frac{1}{2}\right)^2\right)y=0 \tag{8.1.91}$$

式(8.1.91)为 $l+\dfrac{1}{2}$ 阶的贝塞尔方程。运用变量替换 $\cos\theta=x$，式(8.1.89)可以转换为 l 阶

连带勒让德方程。

2. 柱坐标系

柱坐标系中的亥姆霍兹方程写为

$$\frac{1}{\rho}\frac{\partial}{\partial\rho}\left(\rho\frac{\partial v}{\partial\rho}\right) + \frac{1}{\rho^2}\frac{\partial^2 v}{\partial\varphi^2} + \frac{\partial^2 v}{\partial z^2} + k^2 v = 0 \tag{8.1.92}$$

令其解为

$$v(\rho,\varphi,z) = R(\rho)\Phi(\varphi)Z(z) \tag{8.1.93}$$

代入式(8.1.92)得

$$\frac{\rho}{R}\frac{\mathrm{d}}{\mathrm{d}\rho}\left(\rho\frac{\mathrm{d}R}{\mathrm{d}\rho}\right) + \frac{1}{\Phi}\frac{\mathrm{d}^2\Phi}{\mathrm{d}\varphi^2} + \frac{\rho^2}{Z}\frac{\mathrm{d}^2 Z}{\mathrm{d}z^2} + \rho^2 k^2 = 0 \tag{8.1.94}$$

将含 φ 的表达式移至右侧,有

$$\frac{\rho}{R}\frac{\mathrm{d}}{\mathrm{d}\rho}\left(\rho\frac{\mathrm{d}R}{\mathrm{d}\rho}\right) + \frac{\rho^2}{Z}\frac{\mathrm{d}^2 Z}{\mathrm{d}z^2} + k^2\rho^2 = -\frac{1}{\Phi}\frac{\mathrm{d}^2\Phi}{\mathrm{d}\varphi^2} \tag{8.1.95}$$

令其两边等于同一个常数 λ,有

$$\frac{\rho}{R}\frac{\mathrm{d}}{\mathrm{d}\rho}\left(\rho\frac{\mathrm{d}R}{\mathrm{d}\rho}\right) + \frac{\rho^2}{Z}\frac{\mathrm{d}^2 Z}{\mathrm{d}z^2} + k^2\rho^2 = -\frac{1}{\Phi}\frac{\mathrm{d}^2\Phi}{\mathrm{d}\varphi^2} = \lambda \tag{8.1.96}$$

从而得到两个方程

$$\frac{\mathrm{d}^2\Phi}{\mathrm{d}\varphi^2} + \lambda\Phi = 0 \tag{8.1.97}$$

$$\frac{1}{R\rho}\frac{\mathrm{d}}{\mathrm{d}\rho}\left(\rho\frac{\mathrm{d}R}{\mathrm{d}\rho}\right) + k^2 - \frac{\lambda}{\rho^2} + \frac{1}{Z}\frac{\mathrm{d}^2 Z}{\mathrm{d}z^2} = 0 \tag{8.1.98}$$

结合自然边界条件可以得到式(8.1.97)的本征值为 $\lambda = m^2$,本征解为

$$\Phi_m(\varphi) = A_m\sin m\varphi + B_m\cos m\varphi$$

式中,A_m 和 B_m 为待定系数。式(8.1.98)重新写为

$$\frac{1}{R\rho}\frac{\mathrm{d}}{\mathrm{d}\rho}\left(\rho\frac{\mathrm{d}R}{\mathrm{d}\rho}\right) + k^2 - \frac{m^2}{\rho^2} + \frac{1}{Z}\frac{\mathrm{d}^2 Z}{\mathrm{d}z^2} = 0 \tag{8.1.99}$$

令

$$\frac{1}{R\rho}\frac{\mathrm{d}}{\mathrm{d}\rho}\left(\rho\frac{\mathrm{d}R}{\mathrm{d}\rho}\right) + k^2 - \frac{m^2}{\rho^2} = -\frac{1}{Z}\frac{\mathrm{d}^2 Z}{\mathrm{d}z^2} = -\mu \tag{8.1.100}$$

则有

$$\frac{\mathrm{d}^2 Z}{\mathrm{d}z^2} - \mu Z = 0 \tag{8.1.101}$$

$$\frac{\mathrm{d}^2 R}{\mathrm{d}\rho^2} + \frac{1}{\rho}\frac{\mathrm{d}R}{\mathrm{d}\rho} + \left(k^2 + \mu - \frac{m^2}{\rho^2}\right)R = 0 \tag{8.1.102}$$

式(8.1.101)是我们熟悉的常系数常微分方程,而式(8.1.102)和拉普拉斯方程分离变量得到的式(8.1.47)形式类似,根据 $k^2 + \mu$ 取值的不同,判断为贝塞尔方程或虚宗量贝塞尔方程。

总之,对球坐标系和柱坐标系中的拉普拉斯方程、波动方程、输运方程及亥姆霍兹方程分离变量,总是可以得到连带勒让德方程、勒让德方程、贝塞尔方程、虚宗量贝塞尔方程及球

贝塞尔方程等变系数常微分方程。在其他广义正交曲线坐标系中对这类偏微分方程分离变量,还会出现其他各种各样的变系数常微分方程。这就向我们提出了求解带一定条件的线性二阶变系数常微分方程的任务。

通常的方法对这类常微分方程的求解是不适用的,但可用级数解法求出,8.2节介绍级数解法。

8.2 常点邻域的级数解法(power series solution around ordinary points)

幂级数解法

为不失一般性,我们讨论复变函数 $w(z)$ 的线性二阶常微分方程(two order linear ODEs)

$$\begin{cases} \dfrac{\mathrm{d}^2 w(z)}{\mathrm{d}z^2} + p(z)\dfrac{\mathrm{d}w(z)}{\mathrm{d}z} + q(z)w(z) = 0 \\ w(z_0) = C_0, \quad w'(z_0) = C_1 \end{cases} \tag{8.2.1}$$

其中,z 为复变量,z_0、C_0 和 C_1 为复常数。这些线性二阶常微分方程可用幂级数解法解出。所谓幂级数解法,就是在某个任意点 z_0 的邻域上,把待求的解表示为系数待定的幂级数,然后代入常微分方程逐个确定系数。幂级数解法是一个比较普遍的方法,适用范围较广。因为该解法求得的解是级数,因此涉及是否收敛及收敛范围的问题,可借助解析函数的理论进行讨论。尽管幂级数解法较为烦琐,但它可广泛应用于微分方程问题的求解中。

方程的常点和奇点概念 如果方程式(8.2.1)的系数函数 $p(z)$ 和 $q(z)$ 在选定点 z_0 的域中是解析的,则点 z_0 叫作方程式(8.2.1)的常点(ordinary points),如果选定点 z_0 是 $p(z)$ 或 $q(z)$ 的奇点,则点 z_0 叫作方程式(8.2.1)的奇点(singular points)。如果 z_0 是 $p(z)$ 不高于一阶的极点,且是 $q(z)$ 不高于二阶的极点,则称 z_0 是该方程的正则奇点(regular singular points)。

观察 l 阶连带勒让德方程

$$(1-x^2)\frac{\mathrm{d}^2\Theta}{\mathrm{d}x^2} - 2x\frac{\mathrm{d}\Theta}{\mathrm{d}x} + \left[l(l+1) - \frac{m^2}{1-x^2}\right]\Theta = 0$$

可以得到

$$p(x) = -\frac{2x}{1-x^2}, \quad q(x) = \frac{\left[l(l+1) - \dfrac{m^2}{1-x^2}\right]}{1-x^2}$$

因为 $p(x)$、$q(x)$ 在 $x=0$ 点解析,因此 $x=0$ 是 l 阶连带勒让德方程的常点。

观察贝塞尔方程

$$x^2\frac{\mathrm{d}^2 R}{\mathrm{d}x^2} + x\frac{\mathrm{d}R}{\mathrm{d}x} + (x^2 - m^2)R = 0$$

和虚宗量贝塞尔方程

$$x^2\frac{\mathrm{d}^2 R}{\mathrm{d}x^2} + x\frac{\mathrm{d}R}{\mathrm{d}x} + (-x^2 - m^2)R = 0$$

可以看出,$x=0$ 是两类方程的正则奇点。本书只简单介绍常点邻域的级数解法,奇点邻域的级数解法应用不属于本书范围。

关于线性二阶常微分方程在常点邻域上的级数解,有下面的定理。

常点邻域上的幂级数解定理　若线性二阶常微分方程的系数 $p(z)$ 和 $q(z)$ 为点 z_0 的邻域 $|z-z_0|<R$ 中的解析函数,则方程在该圆域中存在唯一的解析解 $w(z)$,满足条件 $w(z_0)=C_0,w'(z_0)=C_1$。

Theorem of power series solution in the neighborhood of ordinary point If the functions $p(z)$ and $q(z)$ is analytic in domain $|z-z_0|<R$, then in this domain the equation has a unique analytic solution $w(z)$, which satisfy the conditions $w(z_0)=C_0,w'(z_0)=C_1$.

既然线性二阶常微分方程在常点 z_0 的邻域 $|z-z_0|<R$ 上存在唯一的解析解(unique analytic solution),那么可以将其表示为此邻域上的泰勒级数(Taylor series)

$$w(z)=\sum_{k=0}^{\infty}a_k(z-z_0)^k \tag{8.2.2}$$

式中,$a_0,a_1,\cdots,a_k,\cdots$ 为待定系数。

为确定级数解中的系数,具体的做法是:第一步,将级数解代入常微分方程,合并同幂项;第二步,令合并后的所有系数为零,找出系数 $a_0,a_1,\cdots,a_k,\cdots$ 的递推关系;第三步,用给定的条件 $w(z_0)=C_0,w'(z_0)=C_1$ 确定各个系数 $a_k(k=0,1,2,\cdots)$,从而求得确定的级数解。最后,因为解是级数形式,判定级数解的收敛性(convergence)是必需的。

例 8.1　用级数解法求解方程 $y''(x)+\omega^2 y(x)=0(\omega$ 为常数)在 $x=0$ 的邻域上的解。

解:由方程得

$$p(x)=0,\quad q(x)=\omega^2$$

可以判断,$x=0$ 是方程的常点,因此令方程在 $x=0$ 的邻域上解为

$$y(x)=\sum_{k=0}^{\infty}a_k x^k \tag{8.2.3}$$

代入原方程有

$$\sum_{k=0}^{\infty}a_k k(k-1)x^{k-2}+\omega^2\sum_{k=0}^{\infty}a_k x^k=0 \tag{8.2.4}$$

式(8.2.4)的第一部分级数前两项为 0,所以式(8.2.4)可以写为

$$\sum_{k=2}^{\infty}a_k k(k-1)x^{k-2}+\omega^2\sum_{k=0}^{\infty}a_k x^k=0 \tag{8.2.5}$$

对第一项 $\sum_{k=2}^{\infty}a_k k(k-1)x^{k-2}$ 运用变量替换 $k'=k-2$,有

$$\sum_{k=2}^{\infty}a_k k(k-1)x^{k-2}=\sum_{k'=0}^{\infty}a_{k'+2}(k'+2)(k'+1)x^{k'}$$

当然,也可以写为

$$\sum_{k=0}^{\infty}a_{k+2}(k+2)(k+1)x^k$$

因此,原方程写为

$$\sum_{k=0}^{\infty}a_{k+2}(k+2)(k+1)x^k+\omega^2\sum_{k=0}^{\infty}a_k x^k=0 \tag{8.2.6}$$

合并同类项,有

$$\sum_{k=0}^{\infty} \left[a_{k+2}(k+2)(k+1) + \omega^2 a_k \right] x^k = 0 \tag{8.2.7}$$

令系数为 0,有

$$a_{k+2}(k+2)(k+1) + \omega^2 a_k = 0 \tag{8.2.8}$$

从而得到递推关系(recursion relation)

$$a_{k+2} = -\frac{\omega^2 a_k}{(k+2)(k+1)} \tag{8.2.9}$$

可以看出,递推关系式给出的是隔项关系,因此分别对偶数项和奇数项总结规律,有

$$a_2 = -\frac{\omega^2 a_0}{2 \cdot 1}, \quad a_4 = -\frac{\omega^2 a_2}{4 \cdot 3} = \frac{\omega^4 a_0}{4 \cdot 3 \cdot 2 \cdot 1} = \frac{\omega^4 a_0}{4!}$$

$$a_3 = -\frac{\omega^2 a_1}{3 \cdot 2}, \quad a_5 = -\frac{\omega^2 a_3}{5 \cdot 4} = \frac{\omega^4 a_1}{5 \cdot 4 \cdot 3 \cdot 2 \cdot 1} = \frac{\omega^4 a_1}{5!}$$

依此类推,可以得到

$$a_{2n} = (-1)^n \frac{\omega^{2n} a_0}{(2n)!}$$

$$a_{2n+1} = (-1)^n \frac{\omega^{2n} a_1}{(2n+1)!} \tag{8.2.10}$$

因此,原方程的解写为

$$y(x) = \sum_{k=0}^{\infty} a_k x^k = \sum_{n=0}^{\infty} a_{2n} x^{2n} + \sum_{n=0}^{\infty} a_{2n+1} x^{2n+1}$$

$$= \sum_{n=0}^{\infty} (-1)^n \frac{\omega^{2n} a_0}{(2n)!} x^{2n} + \sum_{n=0}^{\infty} (-1)^n \frac{\omega^{2n} a_1}{(2n+1)!} x^{2n+1}$$

$$= a_0 \sum_{n=0}^{\infty} \frac{(-1)^n}{(2n)!} (\omega x)^{2n} + \frac{a_1}{\omega} \sum_{n=0}^{\infty} \frac{(-1)^n}{(2n+1)!} (\omega x)^{2n+1}$$

观察两个级数容易得到,级数在 $|x| < \infty$ 的条件下是收敛的,且收敛于三角函数,因此原方程的解写为

$$y(x) = a_0 \cos\omega x + \frac{a_1}{\omega} \sin\omega x \tag{8.2.11}$$

实际上,观察本例可以看出,该方程是一个常系数常微分方程,通过求解特征方程很容易得到其解。这里运用级数解法求解该方程,只是想以一个简单的例子介绍级数解法求解常微分方程的过程。

由前面的讨论得知,$x=0$ 是 l 阶连带勒让德方程的常点,因此可以运用常点邻域的级数解法求解式(8.1.36)的本征值问题。求得的级数解只有 l 为非负整数时才是收敛的,因而确定了其本征值为 $l(l+1)$,且 $l=0,1,2,\cdots$,详细见 9.1 节。在以后的讨论中,将连带勒让德方程对应的本征值问题写为

$$\begin{cases}(1-x^2)\dfrac{\mathrm{d}^2\Theta}{\mathrm{d}x^2}-2x\dfrac{\mathrm{d}\Theta}{\mathrm{d}x}+\left[l(l+1)-\dfrac{m^2}{1-x^2}\right]\Theta=0, \quad l=0,1,2,\cdots\\ \Theta(0)=\text{有限值},\Theta(\pi)=\text{有限值}\end{cases}$$

8.3 施图姆-刘维尔本征值问题（Sturm-Liouville eigenvalue problem）

施-刘
本征值问题

运用分离变量法求解数学物理偏微分方程问题，我们将偏微分方程和齐次定解条件进行分离变量，得到的部分常微分方程和分离后的定解条件结合，从而求得该常微分方程的解。求解过程中大家会发现，那些方程进行分离变量过程中引入的常数只能取某些特定值。这些特定值叫作本征值（eigenvalue），也称特征值或固有值，相应的非零解叫作本征函数（eigenfunction），又称特征函数或固有函数，而常微分方程及定解条件构成的用于求本征值和本征函数的问题叫作本征值问题（eigenvalue problem）。

常见的本征值问题都可以归结为施图姆（J.C.F.Sturm）-刘维尔（J.Liouville）本征值问题，本节讨论具有普遍意义的施图姆-刘维尔本征值问题。

8.3.1 施图姆-刘维尔型方程及本征值问题（Sturm-Liouville equation and eigenvalue problem）

8.1节中得到很多变系数常微分方程，如连带勒让德方程、贝塞尔方程、虚宗量贝塞尔方程，只要稍加变形，都可以写作施图姆-刘维尔型方程形式。本节对这种施图姆-刘维尔型方程及其本征值问题进行讨论。

定义 施图姆-刘维尔型方程 形如

$$\frac{\mathrm{d}}{\mathrm{d}x}\left[k(x)\frac{\mathrm{d}y}{\mathrm{d}x}\right]-q(x)y+\lambda P(x)y=0 \tag{8.3.1}$$

且满足 $k(x)\geqslant0,q(x)\geqslant0,P(x)\geqslant0$ 的二阶常微分方程叫作施图姆-刘维尔型方程（Sturm-Liouville equation），简称施-刘方程（S-L equation）。假设 a 和 b 为具体问题中 x 的两个边界，则式(8.3.1)中有 $a\leqslant x\leqslant b$。$P(x)$ 为权函数（weight function），λ 为参数，通常对应本征值。

可以将一般的二阶常微分方程

$$y''+a(x)y'+b(x)y+\lambda c(x)y=0 \tag{8.3.2}$$

化作施图姆-刘维尔型方程形式，下面进行证明。

首先，两边乘以 $k(x)$ 有

$$k(x)y''+k(x)a(x)y'+k(x)b(x)y+\lambda k(x)c(x)y=0 \tag{8.3.3}$$

其次，将式(8.3.3)的左侧第一项分成两项，有

$$\frac{\mathrm{d}}{\mathrm{d}x}\left[k(x)\frac{\mathrm{d}y}{\mathrm{d}x}\right]-k'(x)\frac{\mathrm{d}y}{\mathrm{d}x}+k(x)a(x)y'+k(x)b(x)y+\lambda k(x)c(x)y=0 \tag{8.3.4}$$

对比式(8.3.1)和式(8.3.4)可以看出，令

$$-k'(x)+k(x)a(x)=0 \tag{8.3.5}$$

可以消去 y'。

求解方程式(8.3.5),有

$$k(x) = e^{\int a(x)dx} \tag{8.3.6}$$

由此得证,只要方程两边乘以 $k(x) = e^{\int a(x)dx}$,任意二阶常微分方程均可化为

$$\frac{d}{dx}\left[e^{\int a(x)dx} \frac{dy}{dx}\right] + \left[b(x)e^{\int a(x)dx}\right]y + \lambda\left[c(x)e^{\int a(x)dx}\right]y = 0 \tag{8.3.7}$$

的施图姆-刘维尔型方程,即

$$q(x) = -b(x)e^{\int a(x)dx}$$

$$P(x) = c(x)e^{\int a(x)dx}$$

施图姆-刘维尔型方程附加以齐次的第一类、第二类或第三类边界条件,或自然边界条件,就构成施图姆-刘维尔本征值问题。例如,求解一维谐振子问题中遇到的厄密特方程(Hermite equation)

$$y''(x) - 2xy'(x) + 2ny(x) = 0 \tag{8.3.8}$$

有 $k(x) = e^{-x^2}$,式(8.3.8)化为

$$\frac{d}{dx}\left(e^{-x^2} \frac{dy}{dx}\right) + 2ne^{-x^2}y = 0 \tag{8.3.9}$$

因为 $k(x)e^{-x^2} \geq 0, q(x) = 0, P(x) = 2e^{-x^2} \geq 0$,式(8.3.9)为施图姆-刘维尔形式。

同理,拉盖尔方程(Laguerre equation)

$$xy''(x) + (1-x)y'(x) + \alpha y(x) = 0 \tag{8.3.10}$$

可以化为施图姆-刘维尔型方程形式

$$\frac{d}{dx}\left(xe^{-x} \frac{dy}{dx}\right) + \alpha e^{-x}y(x) = 0 \tag{8.3.11}$$

下面总结本书中的施图姆-刘维尔本征值问题。

(1) 第 7 章中多次遇到的本征值问题。

$$\begin{cases} X'' + \lambda X = 0 \\ X(0) = X(l) = 0 \end{cases} \tag{8.3.12}$$

属于施图姆-刘维尔本征值问题,对应参数分别为

$$a = 0, \quad b = l$$
$$k(x) = 1, \quad q(x) = 0, \quad P(x) = 1$$

(2) 勒让德方程本征值问题。

$$\begin{cases} \dfrac{d}{dx}\left[(1-x^2)\dfrac{dy(x)}{dx}\right] + l(l+1)y(x) = 0 \\ y(\pm 1) \text{ 有界} \end{cases} \tag{8.3.13}$$

属于勒让德方程本征值问题,对应参数分别为

$$a = -1, \quad b = +1$$
$$k(x) = 1 - x^2, \quad q(x) = 0, \quad P(x) = 1$$

同样,作变量替换前的本征值问题

$$\begin{cases} \dfrac{\mathrm{d}}{\mathrm{d}\theta}\left(\sin\theta\,\dfrac{\mathrm{d}\Theta(\theta)}{\mathrm{d}\theta}\right) + l(l+1)\sin\theta\Theta(\theta) = 0 \\ \Theta(0),\Theta(\pi)\ 有界 \end{cases} \tag{8.3.14}$$

也属于勒让德方程本征值问题,对应参数分别为

$$a = 0,\quad b = \pi$$

$$k(\theta) = \sin\theta,\quad q(\theta) = 0,\quad P(\theta) = \sin\theta$$

(3) 连带勒让德方程本征值问题。

$$\begin{cases} \dfrac{\mathrm{d}}{\mathrm{d}x}\left[(1-x^2)\dfrac{\mathrm{d}y}{\mathrm{d}x}\right] - \dfrac{m^2}{1-x^2}y + l(l+1)y = 0 \\ y(-1),y(+1)\ 有界 \end{cases} \tag{8.3.15}$$

属于勒让德方程本征值问题,对应参数分别为

$$a = -1,\quad b = +1$$

$$k(x) = 1-x^2,\quad q(x) = \dfrac{m^2}{1-x^2},\quad P(x) = 1$$

变量替换前的本征值问题

$$\begin{cases} \dfrac{\mathrm{d}}{\mathrm{d}\theta}\left(\sin\theta\,\dfrac{\mathrm{d}\Theta(\theta)}{\mathrm{d}\theta}\right) - \dfrac{m^2}{\sin^2\theta}\Theta(\theta) + l(l+1)\sin\theta\Theta(\theta) = 0 \\ \Theta(0),\Theta(\pi)\ 有界 \end{cases} \tag{8.3.16}$$

也属于勒让德方程本征值问题,对应参数分别为

$$a = 0,\quad b = \pi$$

$$k(\theta) = \sin\theta,\quad q(\theta) = \dfrac{m^2}{\sin\theta},\quad P(\theta) = \sin\theta$$

(4) 贝塞尔方程本征值问题。

8.1.2 节中,在柱坐标系下对拉普拉斯方程分离变量,得到的贝塞尔方程附加一定的边界条件,可以构成施图姆-刘维尔本征值问题,如

$$\begin{cases} \dfrac{\mathrm{d}^2 R}{\mathrm{d}\rho^2} + \dfrac{1}{\rho}\dfrac{\mathrm{d}R}{\mathrm{d}\rho} + \left(\mu - \dfrac{m^2}{\rho^2}\right)y = 0 \\ R(\rho_0) = 0 \end{cases} \tag{8.3.17}$$

式(8.3.17)中方程可化为

$$\dfrac{\mathrm{d}}{\mathrm{d}\rho}\left[\rho\,\dfrac{\mathrm{d}R(\rho)}{\mathrm{d}\rho}\right] - \dfrac{m^2}{\rho}R(\rho) + \mu\rho R(\rho) = 0 \tag{8.3.18}$$

可见该贝塞尔方程本征值问题仍属于施图姆-刘维尔本征值问题,对应参数分别为

$$a = 0,\quad b = \rho_0$$

$$k(\rho) = \rho \geqslant 0,\quad q(\rho) = \dfrac{m^2}{\rho} \geqslant 0,\quad P(\rho) = \rho \geqslant 0$$

8.3.2　施图姆-刘维尔本征值问题的性质及广义傅里叶级数（characteristics of Sturm-Liouville eigenvalue problem and generalized Fourier series）

施图姆-刘维尔本征值问题具有以下共同性质。

(1) 如果 $k(x)$、$k'(x)$、$q(x)$ 连续或者最多以边界点 a、b 为一阶极点,则存在无限多个本征值

$$\lambda_1 \leqslant \lambda_2 \leqslant \lambda_3 \leqslant \lambda_4 \leqslant \cdots \tag{8.3.19}$$

相应地,有无限多个本征函数

$$y_1(x), y_2(x), y_3(x), y_4(x), \cdots \tag{8.3.20}$$

(2) 所有的本征值为非负实数,即 $\lambda_n \geqslant 0, n = 1, 2, 3, \cdots$;

(3) 对应于不同本征值的本征函数在区间 (a,b) 上带权正交(orthogonal with respect to a weight function),即当 $m \neq n$ 时

$$\int_a^b y_m(x) y_n(x) P(x) \mathrm{d}x = 0 \tag{8.3.21}$$

当 $m = n$ 时,有

$$N_n^2 = \int_a^b [y_n(x)]^2 P(x) \mathrm{d}x \tag{8.3.22}$$

其中,$P(x)$ 为权函数(weight function),N_n 为 $y_n(x)$ 的模(norms)。

(4) 本征函数族 $y_1(x), y_2(x), y_3(x), y_4(x), \cdots$ 是完备的。即如果函数 $f(x)$ 具有连续一阶导数和分段连续二阶导数且满足本征函数族所满足的边界条件,则 $f(x)$ 必可展开为绝对且一致收敛的级数(absolutely and uniformly convergent series)

$$f(x) = \sum_{n=1}^{\infty} f_n y_n(x) \tag{8.3.23}$$

叫作广义傅里叶级数(generalized Fourier series),$y_1(x), y_2(x), y_3(x), y_4(x), \cdots$ 叫作广义傅里叶级数的基,系数 f_n 叫作广义傅里叶系数(generalized Fourier coefficient),由正交归一性得

$$f_n = \frac{1}{N_n^2} \int_a^b f(x) y_n(x) P(x) \mathrm{d}x \tag{8.3.24}$$

多数施图姆-刘维尔本征值问题的解是不能用初等函数的有限形式来表示的,但可以用幂级数解法得到,前人已经对其解进行了非常完美的归纳,总结为特殊函数(special function)。常用的特殊函数,如勒让德多项式、贝塞尔函数及虚宗量贝塞尔函数,将在第 9 章中详细介绍。

第 8 章 习题

1. 有一半径为 a 的扇形区域,扇面张角为 α,其两个直边上温度为 0,弧线上温度为 $f(\varphi)$,求扇形区域中的稳定温度分布。

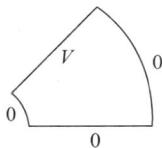

2. 一个由理想导体组成的无穷长波导管,其横截面均匀,为 $\pi/4$ 的扇形,如图 8.2 所示,内外半径分别为 a、b。管内为真空,假定一个平面电势为 V,它与两个弧面之间绝缘,其余面上电势为 0,试求波导管内的电势分布。

图 8.2 题 2 图

3. 求解下列定解问题

$$\begin{cases} \nabla^2 u = -24xy, & x^2 + y^2 < a^2 \\ u \big|_{\rho=a} = 0 \end{cases}$$

4. 已知静态场中电势 u 的分布与坐标变量 z 无关,且满足边界条件 $u\big|_{\rho=a} = A\cos\varphi$,定解问题写为

$$\begin{cases} \nabla^2 u = 0 \\ u\big|_{\rho=a} = A\cos\varphi \end{cases}$$

求 $\rho < a$ 和 $\rho > a$ 两个区域中的电势分布。

5. 运用级数解法在 $x=0$ 的邻域上求解常微分方程 $y'' + \omega^2 y = 0$(ω 为已知常数)。

6. 运用级数解法在 $x=0$ 的邻域上求解常微分方程 $y'' - xy = 0$。

7. 求解下列本征值问题,证明各题中不同的本征函数互相正交,并求出模的平方。

(1) $\begin{cases} X'' + \lambda X = 0 \\ X(0) = 0, X(a) = 0 \end{cases}$; (2) $\begin{cases} X'' + \lambda X = 0 \\ X(a) = 0, X(b) = 0 \end{cases}$;

(3) $\begin{cases} X'' + \lambda X = 0 \\ X'(0) = 0, X(l) + hX'(l) = 0 \end{cases}$; (4) $\begin{cases} X'' + \lambda X = 0 \\ X(0) = 0, X'(l) = 0 \end{cases}$。

8. 将超球方程

$$(1 - x^2)\frac{d^2 y}{dx^2} - 2(m+1)x\frac{dy}{dx} + [\lambda - m(m+1)]y = 0$$

化为施图姆-刘维尔型方程的标准形式。

第9章

CHAPTER 9

特 殊 函 数

在分离变量法求解数理方程的过程中,得到很多变系数常微分方程,该类方程的求解必须通过级数解法完成。前人对这些经典的变系数常微分方程的级数解进行了比较全面的总结,归纳了解的特征与性质,称其为特殊函数。常见的特殊函数有勒让德多项式、贝塞尔函数、雅可比多项式、切比雪夫多项式、埃米特多项式、拉盖尔多项式等。特殊函数在物理学、工程技术等领域有非常广泛的应用。

第8章中,在柱坐标系及球坐标系下各类方程的分离变量法求解过程中,得到了勒让德方程、贝塞尔方程及虚宗量贝塞尔方程等变系数常微分方程。本章运用级数法对勒让德方程进行求解,并对两类重要的特殊函数——勒让德多项式、贝塞尔函数的性质及在具体问题求解中的应用进行详细讨论,然后介绍特殊函数的应用。

学习目标:

■ 掌握勒让德方程本征值问题及其级数解;

■ 掌握勒让德多项式的性质及傅里叶-勒让德级数展开;

■ 掌握球坐标系下轴对称定解问题的求解;

■ 掌握贝塞尔函数、虚宗量贝塞尔函数及其性质;

■ 了解柱坐标系下轴对称定解问题的求解。

9.1 勒让德多项式(Legendre polynomials)

本节通过求解勒让德方程进一步讲解级数解法的求解要领,然后对勒让德方程的解勒让德多项式进行详细讨论,包括曲线特征、特殊点取值及广义傅里叶级数展开等。应用学科的同学可以跳过级数解法求解勒让德方程部分,直接学习勒让德方程的解及其性质。

9.1.1 勒让德方程及其级数解(Legendre equation and power series solution)

勒让德方程
的解

第8章中,在球坐标系下对拉普拉斯方程及亥姆霍兹方程分离变量,得到关于变量 θ 的连带勒让德方程(associated Legendre equation)

$$\frac{1}{\sin\theta}\frac{\mathrm{d}}{\mathrm{d}\theta}\left(\sin\theta\frac{\mathrm{d}\Theta}{\mathrm{d}\theta}\right)+\left[l(l+1)-\frac{m^2}{\sin^2\theta}\right]\Theta=0 \tag{9.1.1}$$

然后运用变量替换 $x=\cos\theta$ 和 $y=\Theta(\theta)$,得到 x 的 l 阶连带勒让德方程(l order associated Legendre equation)

$$(1-x^2)\frac{\mathrm{d}^2 y}{\mathrm{d}x^2} - 2x\frac{\mathrm{d}y}{\mathrm{d}x} + \left[l(l+1) - \frac{m^2}{1-x^2}\right]y = 0 \qquad (9.1.2)$$

若所讨论的问题具有旋转轴对称性(axisymmetric),即定解问题与 φ 无关,则 $m=0$,式(9.1.1)写为

$$\frac{1}{\sin\theta}\frac{\mathrm{d}}{\mathrm{d}\theta}\left(\sin\theta\frac{\mathrm{d}\Theta}{\mathrm{d}\theta}\right) + l(l+1)\Theta = 0 \qquad (9.1.3)$$

式(9.1.2)写为

$$\frac{\mathrm{d}}{\mathrm{d}x}\left[(1-x^2)\frac{\mathrm{d}y}{\mathrm{d}x}\right] + l(l+1)y = 0 \qquad (9.1.4)$$

称为 l 阶勒让德方程(l order Legendre equation)。本节将在 $x=0$ 的邻域上求解勒让德方程,并讨论其特解勒让德多项式的性质。

首先,将勒让德方程写为

$$(1-x^2)y'' - 2xy' + l(l+1)y = 0 \qquad (9.1.5)$$

可以判断 $x=0$ 是勒让德方程的常点(ordinary point),因此设其在 $x=0$ 邻域上的解为

$$y = \sum_{k=0}^{\infty} a_k x^k \qquad (9.1.6)$$

代入式(9.1.5)有

$$(1-x^2)\sum_{k=0}^{\infty} a_k k(k-1)x^{k-2} - 2x\sum_{k=0}^{\infty} a_k k x^{k-1} + l(l+1)\sum_{k=0}^{\infty} a_k x^k = 0$$

即

$$\sum_{k=2}^{\infty} a_k k(k-1)x^{k-2} - \sum_{k=2}^{\infty} a_k k(k-1)x^k - 2x\sum_{k=1}^{\infty} a_k k x^{k-1} + l(l+1)\sum_{k=0}^{\infty} a_k x^k = 0$$

整理得

$$\sum_{k=0}^{\infty} a_{k+2}(k+2)(k+1)x^k - \sum_{k=2}^{\infty} a_k k(k-1)x^k - 2\sum_{k=1}^{\infty} a_k k x^k + l(l+1)\sum_{k=0}^{\infty} a_k x^k = 0$$

令方程左侧的幂级数各次幂的系数为 0,有

常数项 $\qquad 2\times 1 a_2 + l(l+1)a_0 = 0$

一次幂系数 $\qquad 3\times 2 a_3 + [l(l+1)-2]a_1 = 0$

k 次幂($k>1$)系数 $\qquad (k+2)(k+1)a_{k+2} + [l(l+1)-k(k+1)]a_k = 0$

从而得到一组系数递推公式,即

$$a_2 = -\frac{l(l+1)}{2\times 1}a_0$$

$$a_3 = -\frac{l(l+1)-2}{3\times 2}a_1 \qquad (9.1.7)$$

$$\vdots$$

$$a_{k+2} = -\frac{l(l+1)-k(k+1)}{(k+2)(k+1)}a_k, \quad k=0,1,2,\cdots$$

由式(9.1.7)有

$$a_4 = -\frac{l(l+1)-2\times 3}{4\times 3}a_2 = (-1)^2\frac{(l-2)l(l+1)(l+3)}{4!}a_0$$

$$a_5 = -\frac{l(l+1)-3\times 4}{5\times 4}a_3 = (-1)^2\frac{(l-3)(l-1)(l+2)(l+4)}{5!}a_1$$

依此类推,有

$$a_{2n} = (-1)^n\frac{(l-2n+2)(l-2n+4)\cdots l(l+1)\cdots(l+2n-1)}{(2n)!}a_0 \qquad (9.1.8)$$

$$a_{2n+1} = (-1)^n\frac{(l-2n+1)(l-2n+3)\cdots(l-1)(l+2)\cdots(l+2n)}{(2n+1)!}a_1 \qquad (9.1.9)$$

式中,$n=1,2,3,\cdots$,将以上系数代入式(9.1.6)有

$$y = \sum_{k=0}^{\infty}a_k x^k = \sum_{n=0}^{\infty}a_{2n}x^{2n} + \sum_{n=0}^{\infty}a_{2n+1}x^{2n+1} = y_0(x) + y_1(x) \qquad (9.1.10)$$

其中,$y_0(x)$只含偶次幂,即

$$y_0(x) = \sum_{n=0}^{\infty}a_{2n}x^{2n}$$

$$= a_0\sum_{n=0}^{\infty}(-1)^n\frac{(l-2n+2)(l-2n+4)\cdots l(l+1)\cdots(l+2n-1)}{(2n)!}x^{2n}$$

$$(9.1.11)$$

$y_1(x)$只含奇次幂,即

$$y_1(x) = \sum_{n=0}^{\infty}a_{2n+1}x^{2n+1}$$

$$= a_1\sum_{n=0}^{\infty}(-1)^n\frac{(l-2n+1)(l-2n+3)\cdots(l-1)(l+2)\cdots(l+2n)}{(2n+1)!}x^{2n+1}$$

$$(9.1.12)$$

接下来讨论解的敛散性(convergence and divergence)。

由比值判别法可得 $y_0(x)$的收敛半径(radius of convergence)

$$R = \lim_{n\to\infty}\sqrt{\left|\frac{a_{2n}}{a_{2n+2}}\right|} = \lim_{n\to\infty}\sqrt{\left|\frac{(2n+2)(2n+1)}{(l+2n+1)(l-2n)}\right|} = 1 \qquad (9.1.13)$$

同理,可得 $y_1(x)$的收敛半径为

$$R = \lim_{n\to\infty}\sqrt{\left|\frac{a_{2n+1}}{a_{2n+3}}\right|} = \lim_{n\to\infty}\sqrt{\left|\frac{(2n+3)(2n+2)}{(l+2n+2)(l-2n-1)}\right|} = 1 \qquad (9.1.14)$$

也就是说,当 $|x|<1$ 时,$y_0(x)$和 $y_1(x)$绝对收敛,因此原级数绝对收敛;当 $|x|>1$ 时两级数均发散,原级数发散;当 $|x|=1$ 时则需要进一步考察。事实上,勒让德方程中的 x 是由 $x=\cos\theta(\theta\in[0,\pi])$变量替换而来的,因此只关心区间 $x\in[-1,1]$ 上级数解的收敛性。那么当 $x=-1$ 或 $x=+1$ 时,级数解是否收敛呢?可以得到,当 $x=1$ 时,有

$$y_0(x) = \sum_{n=0}^{\infty}a_{2n} \qquad (9.1.15)$$

$$y_1(x) = \sum_{n=0}^{\infty} a_{2n+1} \qquad (9.1.16)$$

当 $x = -1$ 时,有

$$y_0(x) = \sum_{n=0}^{\infty} a_{2n} \qquad (9.1.17)$$

$$y_1(x) = -\sum_{n=0}^{\infty} a_{2n+1} \qquad (9.1.18)$$

级数 $y_0(x)$ 和 $y_1(x)$ 均为常数项级数。

﹡对于以上级数,常运用高斯判别法判定其收敛性。

高斯判别法 对于正数项级数 $\sum\limits_{n=0}^{\infty} f_k$,若 $\lim\limits_{k \to \infty} \left| \dfrac{a_k}{a_{k+1}} \right| = 1$,则比值判别法失效,运用高斯判别法判别级数是否收敛,设

$$\frac{f_k}{f_{k+1}} = 1 + \frac{\mu}{k} + O\left(\frac{1}{k^{\lambda}}\right), \quad \lambda > 1$$

式中,$O\left(\dfrac{1}{k^{\lambda}}\right)$ 表示数量级比 $\dfrac{1}{k}$ 更高的无穷小量,μ 可以为复数;则当 $\mathrm{Re}(\mu) > 1$ 时,级数 $\sum\limits_{n=0}^{\infty} f_k$ 绝对收敛;当 $\mathrm{Re}(\mu) \leqslant 1$ 时,级数 $\sum\limits_{n=0}^{\infty} |f_k|$ 发散,原级数发散。

这样,对于式(9.1.15)和式(9.1.17)的 $y_0(x)$,有

$$\begin{aligned}
\frac{f_n}{f_{n+1}} &= \frac{(2n+2)(2n+1)}{(l+2n+1)(2n-l)} = \frac{4n^2 + 6n + 2}{4n^2 + 2n - l(l+1)} \\
&= 1 + \frac{4n + 2 + l(l+1)}{4n^2 + 2n - l(l+1)} \\
&= 1 + \frac{4n + 2 - l(l+1)/n + l(l+1)/n + l(l+1)}{n[4n + 2 - l(l+1)/n]} \\
&= 1 + \frac{1}{n} + \frac{l(l+1)(1+1/n)}{[4n^2 + 2n - l(l+1)]} \\
&= 1 + \frac{1}{n} + O\left(\frac{1}{n^2}\right)
\end{aligned}$$

可见,级数是发散的。再看式(9.1.16)和式(9.1.18)的 $y_1(x)$,有

$$\begin{aligned}
\frac{g_n}{g_{n+1}} &= \frac{(2n+3)(2n+2)}{(l+2n+2)(2n+1-l)} = \frac{4n^2 + 10n + 6}{4n^2 + 6n - (l-1)(l+2)} \\
&= 1 + \frac{4n + 6 + (l-1)(l+2)}{4n^2 + 6n - (l-1)(l+2)} = 1 + \frac{1}{n} + \frac{(l-1)(l+2)(1+1/n)}{4n^2 + 6n - (l-1)(l+2)} \\
&= 1 + \frac{1}{n} + O\left(\frac{1}{n^2}\right)
\end{aligned}$$

因此,两个级数 $y_0(x)$ 和 $y_1(x)$ 均发散。于是得到结论,l 阶勒让德方程没有形如 $y(x) = c_0 y_0(x) + c_1 y_1(x)$ 且在 $x = \pm 1$ 均有限的无穷级数解。

那么还有其他方法使得级数解式(9.1.10)在区间 $x \in [-1,1]$ 为有意义的解吗?答案

是肯定的。如果无穷级数解能退化成具有有限项的多项式,在 $x=\pm1$ 处必然是有限值,发散问题也就不存在了。仔细观察发现,$y_0(x)$ 和 $y_1(x)$ 确实有退化成多项式的可能。如果 l 为偶数,即 $l=2n$,代入式(9.1.11)可知,因 $y_0(x)$ 中的 x^{2n+2},x^{2n+4},x^{2n+6},…项均含有系数 $(l-2n)$,从而都为 0,$y_0(x)$ 退化为只含有偶次幂的 $2n$ 次多项式。$y_1(x)$ 则仍然是发散的无穷项级数。令 $c_1=0$,即得到一个只含偶次幂的 l 阶多项式 $c_0y_0(x)$,适当取 c_0 可得勒让德方程的一个特解。如果 l 为奇数,即 $l=2n+1$,代入式(9.1.12)可知,$y_1(x)$ 中的 x^{2n+3},x^{2n+5},x^{2n+7},…项中均含有系数 $(l-2n-1)$,从而都为 0,$y_1(x)$ 退化为只含有奇次幂的 $(2n+1)$ 次多项式。$y_0(x)$ 则仍然是发散的无穷项级数。令 $c_0=0$ 即得到一个只含奇次幂的 l 阶多项式 $c_1y_1(x)$,适当取 c_1 可得勒让德方程的一个特解。

这样,当 l 为整数时,能找到收敛的特解。考虑所有特解的贡献,即可得到勒让德方程有意义的解。通常归结为勒让德多项式,9.1.3 节中进行讨论。

9.1.2　本征值问题(eigenvalue problem)

简而言之,由区间 $x\in[-1,1]$ 中级数解的收敛性得到,只有 l 为 0 或正整数时勒让德方程才有解。换句话说,球坐标系下对拉普拉斯方程进行分离变量时引入的常数 $l(l+1)$ 中,l 必须是 0 或者正整数。

通常将"解在 $x=\pm1$ 有限"称为勒让德方程的自然边界条件(natural boundary condition)。勒让德方程和该自然边界条件构成了施图姆-刘维尔本征值问题,即

$$(1-x^2)y''-2xy'+l(l+1)y=0 \tag{9.1.19}$$
$$y|_{\pm1}=\text{有限值} \tag{9.1.20}$$

该本征值问题的本征值(eigenvalue)为 $l(l+1)(l=0,1,2,\cdots)$,本征函数(eigenfunction)则是 9.1.3 节要讲的勒让德多项式 $P_l(x)$。

9.1.3　勒让德多项式的表达式(the expression of Legendre polynomials)

在自然边界条件下,勒让德方程的解归结为多项式 $P_l(x)$

$$P_l(x)=\sum_{k=0}^{\left[\frac{l}{2}\right]}(-1)^k\frac{(2l-2k)!}{2^lk!(l-k)!(l-2k)!}x^{l-2k} \tag{9.1.21}$$

式中

$$\left[\frac{l}{2}\right]=\begin{cases}\dfrac{l}{2}, & l=2n\ (n=0,1,2,\cdots)\\[2mm]\dfrac{l-1}{2}, & l=2n+1\ (n=0,1,2,\cdots)\end{cases}$$

式(9.1.21)称为 l 阶勒让德多项式(Legendre polynomials of order l),也称为第一类勒让德函数(Legendre function of the first kind)。容易由式(9.1.21)写出以下前几阶勒让德多项式($l=0,1,2,3,4,5,6$)。

$P_0(x)=1$
$P_1(x)=x=\cos\theta$

$$P_2(x)=\frac{1}{2}(3x^2-1)=\frac{1}{4}(3\cos2\theta+1)$$

$$P_3(x)=\frac{1}{2}(5x^3-3x)=\frac{1}{8}(5\cos3\theta+3\cos\theta)$$

$$P_4(x)=\frac{1}{8}(35x^4-30x^2+3)=\frac{1}{64}(35\cos4\theta+20\cos2\theta+9)$$

$$P_5(x)=\frac{1}{8}(63x^5-70x^3+15x)=\frac{1}{128}(63\cos5\theta+35\cos3\theta+30\cos\theta)$$

$$P_6(x)=\frac{1}{16}(231x^6-315x^4+105x^2-5)=\frac{1}{512}(231\cos6\theta+126\cos4\theta+105\cos2\theta+50)$$

需要强调的是，数学上通常将 9.1.1 节中讨论的无穷级数部分写为 $Q_l(x)$，因此勒让德方程的完整通解为

$$y(x)=C_1P_l(x)+C_2Q_l(x) \tag{9.1.22}$$

其中，$Q_l(x)$ 称为第二类勒让德函数（Legendre function of the second kind），它在区间 $[-1,1]$ 内是无界的，在区间 $|x|>1$ 内有界，且可以用勒让德多项式表示为

$$Q_l(x)=P_l(x)\int_x^\infty\frac{\mathrm{d}x}{(x^2-1)[P_l(x)]^2} \tag{9.1.23}$$

但对于拉普拉斯方程在球坐标系下的分离变量问题，总是有 $|x|\leqslant1$，因此总是有 $C_2=0$，即

$$y(x)=C_1P_l(x)=C_1P_l(\cos\theta) \tag{9.1.24}$$

下面主要讨论勒让德多项式 $P_l(x)$ 的性质。

9.1.4　勒让德多项式的性质（characteristics of Legendre polynomials）

1. 奇偶性（odevity）

奇数阶勒让德多项式为奇函数，偶数阶勒让德多项式为偶函数，即

$$P_l(-x)=(-1)^lP_l(x) \tag{9.1.25}$$

2. 特殊点（special points）

当 $x=0$ 时，由勒让德多项式的定义式（9.1.21）知，奇数阶勒让德多项式没有常数项，因此有

$$P_{2n+1}(0)=0 \tag{9.1.26}$$

$l=2n$ 的勒让德多项式则含有常数项，且此时有 $k=l/2=n$，即

$$P_{2n}(0)=(-1)^n\frac{(2n)!}{2^nn!\,2^nn!}=(-1)^n\frac{(2n-1)!!}{(2n)!!} \tag{9.1.27}$$

其中

$$(2n)!!=(2n)(2n-2)(2n-4)\cdots6\cdot4\cdot2$$
$$(2n-1)!!=(2n-1)(2n-3)(2n-5)\cdots5\cdot3\cdot1 \tag{9.1.28}$$
$$(2n)!=(2n)!!\cdot(2n-1)!!$$

可以证明，当 $x=\pm1$ 时

$$P_l(1)=1,\quad P_l(-1)=(-1)^l \tag{9.1.29}$$

3. 正交归一性（orthonormality）

勒让德方程为施图姆-刘维尔本征值问题，根据其性质式（8.3.21）可得，不同阶的勒让

德多项式在区间[−1,1]上加权正交,权函数(weight function)P(x)=1,即

$$\int_{-1}^{1} P_n(x)P_l(x)dx = 0, \quad n \neq l \tag{9.1.30}$$

变量替换回去有

$$\int_{0}^{\pi} P_n(\cos\theta)P_l(\cos\theta)\sin\theta d\theta = 0, \quad n \neq l \tag{9.1.31}$$

当 $n = l$ 时则有

$$\int_{-1}^{1} P_l^2(x)dx = N_l^2 = \frac{2}{2l+1} \tag{9.1.32}$$

$N_l = \sqrt{\dfrac{2}{2l+1}}$ ($l = 0,1,2,\cdots$) 称为 l 阶勒让德多项式 $P_l(x)$ 的模(norms of Legendre polynomial of order l)。

4. 勒让德多项式的微分表示(differential formula)和积分表示(integral formula)

勒让德多项式有微分表示

$$P_l(x) = \frac{1}{2^l l!} \frac{d^l}{dx^l}(x^2-1)^l \tag{9.1.33}$$

又称为勒让德多项式的罗德里格斯表示式。

运用柯西积分的高阶导数公式

$$f^{(l)}(z) = \frac{l!}{2\pi i} \oint_C \frac{f(\xi)}{(\xi-z)^{l+1}}d\xi$$

可以得到勒让德多项式的积分表示

$$P_l(x) = \frac{1}{2\pi i} \frac{1}{2^l} \oint_C \frac{(\xi^2-1)^l}{(\xi-x)^{l+1}}dx \tag{9.1.34}$$

又叫作勒让德多项式的施列夫利积分表示式。

类似9.1.1节的方法,可以解得连带勒让德方程的解为连带勒让德多项式 $P_l^m(x)$

$$P_l^m(x) = \frac{(1-x^2)^{\frac{m}{2}}}{2^l l!} \frac{d^{l+m}}{dx^{l+m}}(x^2-1)^l \tag{9.1.35}$$

其中,$m = 0,1,2,\cdots,l$。此书不对 $P_l^m(x)$ 进行讨论。

9.1.5 勒让德多项式的 MATLAB 可视化(visualization of Legendre polynomials based on MATLAB)

MATLAB 中内置了勒让德多项式,方便相关函数的使用,调用格式如下。

```
P=legendre(n, x);
%计算连带勒让德函数(m=0,1,…,n)的值,并返回给矩阵 P
%n 为连带勒让德函数的阶,是整数,x 为区间[−1,1]上的实数。如果 x 为向量,则 P 为(n+1)
%×q 的矩阵,其中 q=length(x)。P(m+1,i)的每个元素对应于 x(i)作为自变量的 n 阶连带勒让德函
%数。第一列对应 n 阶勒让德函数(m=0 的情况)
```

下面的 MATLAB 代码画出 1~6 阶勒让德多项式的曲线,如图 9.1 所示。

```
x=0:0.01:1;                      %定义自变量向量
y1=legendre(1,x);                %1阶连带勒让德多项式
y2=legendre(2,x);                %2阶连带勒让德多项式
y3=legendre(3,x);                %3阶连带勒让德多项式
y4=legendre(4,x);                %4阶连带勒让德多项式
y5=legendre(5,x);                %5阶连带勒让德多项式
y6=legendre(6,x);                %6阶连带勒让德多项式
plot(x,y1(1,:),x,y2(1,:),x,y3(1,:),x,y4(1,:),x,y5(1,:), x,y6(1,:))
                      %取1~6阶勒让德多项式值(m=0时)并画图
title('Legendre')
legend('P_1','P_2','P_3','P_4','P_5','P_6');
```

图 9.1 1~6 阶的勒让德多项式曲线

9.1.6 广义傅里叶级数(generalized Fourier series)

由 9.1.4 节可知,区间[−1,1]上,不同阶数的本征函数勒让德多项式构成了一个正交完备集(orthonormal set),即

$$\{\mathrm{P}_l(x)\}, \quad l=0,1,2,\cdots \tag{9.1.36}$$

且有

$$\int_{-1}^{1}\mathrm{P}_n(x)\mathrm{P}_l(x)\mathrm{d}x=\begin{cases}0, & n\neq l\\ \dfrac{2}{2l+1}, & n=l\end{cases} \tag{9.1.37}$$

由施图姆-刘维尔本征值问题的性质(3)和性质(4)可以得到以下定理。

定理　如果函数 $f(x)$ 是定义在区间[−1,1]上的任意分段连续函数,具有连续一阶导数和分段连续二阶导数,且满足本征函数族所满足的边界条件,则 $f(x)$ 必可展开为绝对且一致收敛的以勒让德多项式为基的级数

$$f(x)=\sum_{l=0}^{+\infty}C_l\mathrm{P}_l(x) \tag{9.1.38}$$

其中系数

$$C_l = \frac{2l+1}{2}\int_{-1}^{1} f(x) P_l(x) dx \tag{9.1.39}$$

该级数称为以勒让德多项式为基的广义傅里叶级数,也称勒让德级数(Legendre series)。

将 $x = \cos\theta$ 代入,式(9.1.38)和式(9.1.39)也可写为

$$f(\cos\theta) = \sum_{l=0}^{+\infty} C_l P_l(\cos\theta) \tag{9.1.40}$$

$$C_l = \frac{2l+1}{2}\int_{0}^{\pi} f(\cos\theta) P_n(\cos\theta) \sin\theta d\theta \tag{9.1.41}$$

例 9.1 将函数 $f(x) = x^3$ 展开为以勒让德多项式为基的广义傅里叶级数。

解:设 $x^3 = C_0 P_0(x) + C_1 P_1(x) + C_2 P_2(x) + C_3 P_3(x)$,代入各阶勒让德多项式有

$$x^3 = C_0 * 1 + C_1 * x + C_2 * \frac{1}{2}(3x^2 - 1) + C_3 * \frac{1}{2}(5x^3 - 3x)$$

显然有

$$C_0 = C_2 = 0, \quad C_1 = \frac{3}{5}, \quad C_3 = \frac{2}{5}$$

即

$$x^3 = \frac{3}{5}P_1(x) + \frac{2}{5}P_3(x)$$

系数也可由勒让德级数的定义式(9.1.39)求得,即

$$C_1 = \frac{3}{2}\int_{-1}^{1} x^3 P_1(x) dx = \frac{3}{2}\int_{-1}^{1} x^3 \cdot x dx = \frac{3}{5}$$

$$C_3 = \frac{7}{2}\int_{-1}^{1} x^3 P_3(x) dx = \frac{7}{2}\int_{-1}^{1} x^3 \cdot \frac{1}{2}(5x^3 - 3x) dx = \frac{2}{5}$$

但显然第一种方法更简单。

例 9.2 以勒让德多项式为基,在 $[-1,1]$ 区间上将函数 $f(x) = 2x^3 + 3x + 4$ 展开为广义傅里叶级数。

解:因为 $f(x)$ 是三次多项式,设

$$2x^3 + 3x + 4 = \sum_{n=0}^{3} C_n P_n(x)$$

$$= C_0 \cdot 1 + C_1 \cdot x + C_2 \cdot \frac{1}{2}(3x^2 - 1) + C_3 \cdot \frac{1}{2}(5x^3 - 3x)$$

$$= \left(C_0 - \frac{1}{2}C_2\right) + \left(C_1 - \frac{3}{2}C_3\right)x + \frac{3}{2}C_2 x^2 + \frac{5}{2}C_3 x^3$$

比较同次幂得

$$C_3 = \frac{4}{5}, \quad C_2 = 0, \quad C_1 = \frac{21}{5}, \quad C_0 = 4$$

因此

$$2x^3 + 3x + 4 = 4P_0(x) + \frac{21}{5}P_1(x) + \frac{4}{5}P_3(x)$$

例 9.3　将函数 $\cos2\theta(0\leqslant\theta\leqslant\pi)$ 展开为以勒让德多项式 $P_n(\cos\theta)$ 为基的广义傅里叶级数。

解：令 $\cos\theta=x$，则由 $\cos2\theta=2\cos^2\theta-1=2x^2-1$，设 $2x^2-1=C_0P_0(x)+C_1P_1(x)+C_2P_2(x)$，这里考虑函数特点，舍去 $l\geqslant3$ 的高阶勒让德多项式。

考虑勒让德多项式的奇偶性，显然有 $C_1=0$，有

$$2x^2-1=C_0+C_2\frac{1}{2}(3x^2-1)$$

解得

$$C_2=\frac{4}{3},\quad C_0=-\frac{1}{3}$$

故

$$\cos(2\theta)=-\frac{1}{3}P_0(x)+\frac{4}{3}P_2(x)=-\frac{1}{3}P_0(\cos\theta)+\frac{4}{3}P_2(\cos\theta)$$

根据勒让德多项式的奇偶性，若函数 $f(x)$ 为奇函数，则展开式系数 $C_{2k}=0(k=0,1,2,\cdots)$；若函数 $f(x)$ 为偶函数，则展开式系数 $C_{2k+1}=0(k=0,1,2,\cdots)$，即

$$x^{2k}=C_{2k}P_{2k}(x)+C_{2k-2}P_{2k-2}(x)+\cdots+C_0P_0(x)$$
$$x^{2k-1}=C_{2k-1}P_{2k-1}(x)+C_{2k-3}P_{2k-3}(x)+\cdots+C_1P_1(x) \tag{9.1.42}$$

9.1.7　轴对称定解问题（axisymmetric problems in spherical coordinate）

由 8.1.2 节的分析可知，运用分离变量法求解球坐标系下的拉普拉斯方程，可以得到 $\Phi(\varphi)$ 和 $R(r)$ 的解分别为式(8.1.22)和式(8.1.33)，$\Theta(\theta)$ 的方程为连带勒让德方程，其解为式(9.1.35)给出的连带勒让德函数。将柱坐标系下拉普拉斯方程分离变量后的所有解重新列出，有

$$\begin{cases} R_l(r)=C_lr^l+\dfrac{D_l}{r^{l+1}} \\[2mm] \Phi_m(\varphi)=A_m\sin m\varphi+B_m\cos m\varphi \\[2mm] \Theta_{m,l}(\theta)=P_l^m(\cos\theta) \end{cases}$$

于是，球坐标系下拉普拉斯方程的本征解为

$$u_{m,l}(\theta,\varphi,r)=P_l^m(\cos\theta)(A_m\sin m\varphi+B_m\cos m\varphi)\left(C_lr^l+\frac{D_l}{r^{l+1}}\right) \tag{9.1.43}$$

考虑所有本征值的贡献，将所有本征解叠加，可以得到球坐标系下拉普拉斯方程的通解

$$u(\theta,\varphi,r)=\sum_{l=0}^{\infty}\left(C_lr^l+\frac{D_l}{r^{l+1}}\right)\sum_{m=0}^{l}P_l^m(\cos\theta)(A_m\sin m\varphi+B_m\cos m\varphi) \tag{9.1.44}$$

对于某些定解问题，其边界条件满足轴对称，通常将对称轴置于极轴（z 轴），解必然也满足轴对称。根据轴对称性，解与参量 φ 无关，从而有 $m=0$，拉普拉斯方程的本征解写为

$$u_l(\theta,r)=P_l(\cos\theta)\left(C_lr^l+\frac{D_l}{r^{l+1}}\right) \tag{9.1.45}$$

通解写为

$$u(\theta,r)=\sum_{l=0}^{\infty}\mathrm{P}_l(\cos\theta)\left(C_l r^l+\frac{D_l}{r^{l+1}}\right) \tag{9.1.46}$$

例 9.4 设有一内半径为 a、外半径为 $2a$ 的均匀球壳,如图 9.2 所示。其内外表面的温度分布分别保持为 0 和 u_0,试求球壳的稳定温度分布。

解: 将稳定温度分布问题归结为求解拉普拉斯方程的问题,结合边界条件可写出其定解问题,即

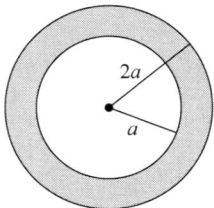

$$\begin{cases} \Delta u=0 \\ u\mid_{r=a}=0 \\ u\mid_{r=2a}=u_0 \end{cases}$$

方程为齐次且边界条件满足轴对称,因此假设解为

$$u(\theta,r)=\sum_{l=0}^{\infty}\mathrm{P}_l(\cos\theta)\left(C_l r^l+\frac{D_l}{r^{l+1}}\right)$$

图 9.2 例 9.4 均匀球壳

代入边界条件有

$$\sum_{l=0}^{\infty}\mathrm{P}_l(\cos\theta)\left(C_l a^l+\frac{D_l}{a^{l+1}}\right)=0$$

$$\sum_{l=0}^{\infty}\mathrm{P}_l(\cos\theta)\left(C_l 2^l a^l+\frac{D_l}{2^{l+1}a^{l+1}}\right)=u_0$$

观察方程两边,左侧是以勒让德多项式为基的广义傅里叶级数,需要将右侧函数展开为以勒让德多项式为基的广义傅里叶级数。事实上,观察可以发现,右侧为两个常数,而常数可以看作只含有 $\mathrm{P}_0(\cos\theta)=1$ 的广义傅里叶级数,因此有

$$\begin{cases} C_0+\dfrac{D_0}{a}=0 \\[2mm] C_0+\dfrac{D_0}{2a}=u_0 \\[2mm] C_l a^l+\dfrac{D_l}{a^{l+1}}=0, \quad l\neq 0 \\[2mm] C_l 2^l a^l+\dfrac{D_l}{2^{l+1}a^{l+1}}=0, \quad l\neq 0 \end{cases}$$

解得

$$C_0=2u_0 \quad D_0=-2au_0$$

$$C_l=D_l=0, \quad l\neq 0$$

代入原式,有

$$u(\theta,r)=2u_0\mathrm{P}_0(\cos\theta)\left(1-\frac{a}{r}\right)=2u_0\left(1-\frac{a}{r}\right)$$

例 9.5 设有一半径为 a 的均匀球壳(厚度忽略),球壳内表面静电势分布为 $\cos^2\theta$,试求球壳内部的静电势分布。

解：静电势分布满足拉普拉斯方程,其定解问题为

$$\begin{cases} \Delta u = 0, r < a \\ u\big|_{r=a} = \cos^2\theta \end{cases}$$

假设通解为

$$u(\theta,r) = \sum_{l=0}^{\infty} P_l(\cos\theta)\left(C_l r^l + \frac{D_l}{r^{l+1}}\right)$$

运用自然边界条件,$u\big|_{r=0}$ 为有限值,可得 $D_l = 0$,即通解写为

$$u(\theta,r) = \sum_{l=0}^{\infty} C_l r^l P_l(\cos\theta)$$

代入边界条件有

$$\sum_{l=0}^{\infty} C_l a^l P_l(\cos\theta) = \cos^2\theta$$

将方程右侧展开为以勒让德多项式为基的广义傅里叶级数,有

$$\cos^2\theta = \frac{1}{3}P_0(\cos\theta) + \frac{2}{3}P_2(\cos\theta)$$

从而得

$$C_0 = \frac{1}{3}, \quad C_2 = \frac{2}{3a^2}, \quad C_l = 0 (l \neq 0, 2)$$

将系数代入通解,可得定解问题的解

$$u(\theta,r) = \frac{1}{3}P_0(\cos\theta) + \frac{2r^2}{3a^2}P_2(\cos\theta)$$

即

$$u(\theta,r) = \frac{1}{3} + \frac{r^2}{3a^2}(3\cos^2\theta - 1)$$

讨论：例 9.5 中如果求解球壳外的电势分布,则运用自然边界条件

$$u\big|_{r=\infty} 为有限值$$

得到电势通解

$$u(\theta,r) = \sum_{l=0}^{\infty} \frac{D_l}{r^{l+1}}P_l(\cos\theta)$$

读者可以自行求解。

9.1.8 勒让德多项式的生成函数(generating function of Legendre polynomial)

本节运用点电荷的电势问题引出勒让德多项式的生成函数。设有一半径为 1 的球面,球心位于原点,球面和 z 轴正半轴的交点 P 处有一带电量为 $4\pi\varepsilon_0$ 的正电荷,如图 9.3 所示。球内任意点 $M(r,\theta,\varphi)$ 的静电势表示为

$$\frac{1}{d} = \frac{1}{\sqrt{1 - 2r\cos\theta + r^2}} \tag{9.1.47}$$

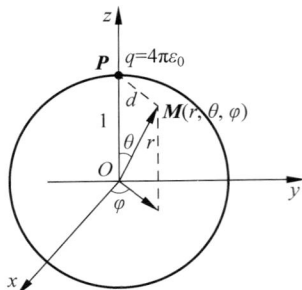

图 9.3　带电量为 $4\pi\varepsilon_0$ 的
正电荷电势

该点电荷的静电势满足拉普拉斯方程,且静电势是轴对称分布的,z 轴为对称轴。因此,$\frac{1}{d}$ 应该具有球坐标系下拉普拉斯方程在轴对称情况下的一般解形式,即

$$\frac{1}{d} = \sum_{l=0}^{\infty} \left(C_l r^l + \frac{D_l}{r^{l+1}} \right) \mathrm{P}_l(\cos\theta) \quad (9.1.48)$$

运用自然边界条件,因为 $r=0$ 处电势为有限值,因此 $D_l = 0$,即有

$$\frac{1}{\sqrt{1 - 2r\cos\theta + r^2}} = \sum_{l=0}^{\infty} C_l r^l \mathrm{P}_l(\cos\theta) \quad (9.1.49)$$

将左侧函数展开为傅里叶勒让德级数,可以确定 C_l。这里运用简便方法,令 $\theta=0$ 有

$$\frac{1}{\sqrt{1 - 2r + r^2}} = \sum_{l=0}^{\infty} C_l r^l \mathrm{P}_l(1) \quad (9.1.50)$$

即

$$\frac{1}{1-r} = \sum_{l=0}^{\infty} C_l r^l \quad (9.1.51)$$

式(9.1.51)左侧在 $|r|<1$ 域内可以展开为泰勒级数

$$\frac{1}{1-r} = \sum_{l=0}^{\infty} r^l \quad (9.1.52)$$

因此有 $C_l = 1$,代入式(9.1.49)有

$$\frac{1}{\sqrt{1 - 2r\cos\theta + r^2}} = \sum_{l=0}^{\infty} \mathrm{P}_l(\cos\theta) r^l, \quad r < 1 \quad (9.1.53)$$

同理,求球外任意点的电势可以证明

$$\frac{1}{\sqrt{1 - 2r\cos\theta + r^2}} = \sum_{l=0}^{\infty} \mathrm{P}_l(\cos\theta) \frac{1}{r^{l+1}}, \quad r > 1 \quad (9.1.54)$$

因此,$\dfrac{1}{\sqrt{1 - 2rx + r^2}}$ 或 $\dfrac{1}{\sqrt{1 - 2r\cos\theta + r^2}}$ 叫作勒让德多项式的生成函数,又称为母函数。

从生成函数出发,可以完成勒让德多项式的奇偶性、正交性的证明及一些积分的求解,还可以完成勒让德多项式模的计算、递推公式的导出等。

9.1.9　勒让德多项式的递推公式(recurrence formula of Legendre polynomials)

利用勒让德多项式的母函数可以导出勒让德多项式的递推公式,如

$$(n+1)\mathrm{P}_{n+1}(x) - (2n+1)x\mathrm{P}_n(x) + n\mathrm{P}_{n-1}(x) = 0 \quad (9.1.55)$$

$$\mathrm{P}_n(x) = \mathrm{P}'_{n+1}(x) - 2x\mathrm{P}'_n(x) + \mathrm{P}'_{n-1}(x), \quad n \geqslant 1 \quad (9.1.56)$$

也可由式(9.1.55)和式(9.1.56)导出以下递推公式

$$(2n+1)\mathrm{P}_n(x) = \mathrm{P}'_{n+1}(x) - \mathrm{P}'_{n-1}(x), \quad n \geqslant 1 \quad (9.1.57)$$

$$P'_{n+1}(x) = (n+1)P_n(x) + xP'_n(x), \quad n \geqslant 0 \tag{9.1.58}$$

$$nP_n(x) = xP'_n(x) - P'_{n-1}(x), \quad n \geqslant 1 \tag{9.1.59}$$

$$(x^2-1)P'_n(x) = nxP_n(x) - kP_{n-1}(x), \quad n \geqslant 1 \tag{9.1.60}$$

上述递推公式可用于勒让德多项式定积分的灵活计算。

例 9.6　求积分 $I = \displaystyle\int_{-1}^{1} P_l(x)\,\mathrm{d}x$。

解：当 $l \geqslant 1$ 时，运用式(9.1.57)的递推公式有

$$P_l(x) = \frac{1}{(2l+1)}\left[P'_{l+1}(x) - P'_{l-1}(x)\right], \quad l \geqslant 1$$

因此

$$\begin{aligned}
I &= \int_{-1}^{1} P_l(x)\,\mathrm{d}x \\
&= \frac{1}{(2l+1)}\int_{-1}^{1}\left[P'_{l+1}(x) - P'_{l-1}(x)\right]\mathrm{d}x \\
&= \frac{1}{(2l+1)}\left\{\left[P_{l+1}(1) - P_{l-1}(1)\right] - \left[P_{l+1}(-1) - P_{l-1}(-1)\right]\right\}
\end{aligned}$$

又因为

$$P_{l+1}(1) = P_{l-1}(1) = 1, \quad P_{l+1}(-1) = (-1)^{l+1}, \quad P_{l-1}(-1) = (-1)^{l-1}$$

代入有

$$I = 0$$

当 $l = 0$ 时，则易求得

$$I = \int_{-1}^{1} P_0(x)\,\mathrm{d}x = 2$$

因此有

$$I = \int_{-1}^{1} P_l(x)\,\mathrm{d}x = \begin{cases} 0, & l \neq 0 \\ 2, & l = 0 \end{cases}$$

运用勒让德多项式的正交性求解本例也是可行的，原积分可以写作

$$I = \int_{-1}^{1} P_l(x)\,\mathrm{d}x = \int_{-1}^{1} P_0(x)P_l(x)\,\mathrm{d}x$$

当 $l \neq 0$ 时，由正交性得原积分为 0；当 $l = 0$ 时，原积分

$$I = \int_{-1}^{1} 1 \cdot \mathrm{d}x = 2$$

例 9.7　求 $\displaystyle\int_0^{\pi} P_n(\cos\theta)\sin(2\theta)\,\mathrm{d}\theta$。

解：原积分

$$\begin{aligned}
\int_0^{\pi} P_n(\cos\theta)\sin(2\theta)\,\mathrm{d}\theta &= -2\int_0^{\pi} P_n(\cos\theta)\cos\theta\,\mathrm{d}(\cos\theta) \\
&= -2\int_1^{-1} P_n(x)x\,\mathrm{d}x \\
&= 2\int_{-1}^{1} P_n(x)P_1(x)\,\mathrm{d}x
\end{aligned}$$

$$= \begin{cases} \dfrac{4}{3}, & n=1 \\ 0, & n \neq 1 \end{cases}$$

例 9.8 求积分 $I = \displaystyle\int_{-1}^{1} x\,\mathrm{P}_l(x)\,\mathrm{P}_n(x)\,\mathrm{d}x$。

解：利用递推公式(9.1.55)有

$$I = \int_{-1}^{1} x\,\mathrm{P}_l(x)\,\mathrm{P}_n(x)\,\mathrm{d}x = \int_{-1}^{1} \left\{ \frac{1}{2l+1}\big[(l+1)\mathrm{P}_{l+1}(x) + l\,\mathrm{P}_{l-1}(x)\big] \right\} \mathrm{P}_n(x)\,\mathrm{d}x$$

$$= \frac{l+1}{2l+1}\int_{-1}^{1} \mathrm{P}_{l+1}(x)\,\mathrm{P}_n(x)\,\mathrm{d}x + \frac{l}{2l+1}\int_{-1}^{1} \mathrm{P}_{l-1}(x)\,\mathrm{P}_n(x)\,\mathrm{d}x$$

当 $l=n-1$ 时,原积分为

$$I = \frac{l+1}{2l+1}\int_{-1}^{1} \mathrm{P}_{l+1}(x)\,\mathrm{P}_n(x)\,\mathrm{d}x = \frac{n-1+1}{2(n-1)+1}N_n^2$$

$$= \frac{n-1+1}{2(n-1)+1}\frac{2}{2n+1} = \frac{2n}{4n^2-1}$$

当 $l=n+1$ 时,原积分为

$$I = \frac{l}{2l+1}\int_{-1}^{1} \mathrm{P}_{l-1}(x)\,\mathrm{P}_n(x)\,\mathrm{d}x = \frac{n+1}{2(n+1)+1}N_n^2$$

$$= \frac{n+1}{2(n+1)+1}\frac{2}{2n+1} = \frac{2(n+1)}{(2n+3)(2n+1)}$$

当 $l+1 \neq n$ 且 $l-1 \neq n$ 时,原积分为 0,因此有

$$I = \int_{-1}^{1} x\,\mathrm{P}_l(x)\,\mathrm{P}_n(x)\,\mathrm{d}x = \begin{cases} \dfrac{2n}{4n^2-1}, & l=n-1 \\[2mm] \dfrac{2(n+1)}{(2n+3)(2n+1)}, & l=n+1 \\[2mm] 0, & l-n \neq \pm 1 \end{cases}$$

9.2 贝塞尔函数(Bessel function)

8.1.2 节中运用分离变量法,令

$$u(\rho,\varphi,z) = R(\rho)\Phi(\varphi)Z(z) \tag{9.2.1}$$

对柱坐标系中的拉普拉斯方程分离变量,得到了 $R(\rho)$、$\Phi(\varphi)$、$Z(z)$ 的常微分方程

$$\frac{\mathrm{d}^2 R}{\mathrm{d}\rho^2} + \frac{1}{\rho}\frac{\mathrm{d}R}{\mathrm{d}\rho} + \left(\mu - \frac{m^2}{\rho^2}\right)R = 0 \tag{9.2.2}$$

$$\frac{\mathrm{d}^2 \Phi}{\mathrm{d}\varphi^2} + m^2\Phi = 0 \tag{9.2.3}$$

$$\frac{\mathrm{d}^2 Z}{\mathrm{d}z^2} - \mu Z = 0 \tag{9.2.4}$$

式中,μ 为本征值。

当 $\mu > 0$ 时,运用变量替换 $x = \sqrt{\mu}\rho$,将式(9.2.2) ρ 的方程写为

$$x^2 \frac{\mathrm{d}^2 R}{\mathrm{d}x^2} + x \frac{\mathrm{d}R}{\mathrm{d}x} + (x^2 - m^2)R = 0 \qquad (9.2.5)$$

称作标准的贝塞尔方程(Bessel equation),式(9.2.4)的解为

$$Z(z) = C\mathrm{e}^{\sqrt{\mu}z} + D\mathrm{e}^{-\sqrt{\mu}z} \qquad (9.2.6)$$

当 $\mu < 0$ 时,运用变量替换 $x = \sqrt{-\mu}\rho$,将式(9.2.2)方程写为

$$x^2 \frac{\mathrm{d}^2 R}{\mathrm{d}x^2} + x \frac{\mathrm{d}R}{\mathrm{d}x} + (-x^2 - m^2)R = 0 \qquad (9.2.7)$$

称为标准的虚宗量贝塞尔方程(Bessel equation of imaginary argument),式(9.2.4)解为

$$Z(z) = C\sin\sqrt{-\mu}z + D\cos\sqrt{-\mu}z \qquad (9.2.8)$$

同理,对圆柱坐标系中的亥姆霍兹方程分离变量,也可得到 m 阶贝塞尔方程,对球坐标系中的亥姆霍兹方程分离变量可得到以下形式的贝塞尔方程

$$x^2 \frac{\mathrm{d}^2 y}{\mathrm{d}x^2} + x \frac{\mathrm{d}y}{\mathrm{d}x} + \left[x^2 - \left(l + \frac{1}{2}\right)^2\right]y = 0 \qquad (9.2.9)$$

称作半奇数阶贝塞尔方程(semi-odd order Bessel equation)。考虑整数阶和半奇数阶两种情况,本节对贝塞尔方程的讨论统一将阶数写为 ν,即

$$x^2 \frac{\mathrm{d}^2 y}{\mathrm{d}x^2} + x \frac{\mathrm{d}y}{\mathrm{d}x} + (x^2 - \nu^2)y = 0 \qquad (9.2.10)$$

9.2.1 三类柱函数(three types of cylindrical functions)

可以看出,$x = 0$ 是式(9.2.10)贝塞尔方程的正则奇点,运用奇点邻域的幂级数解法可以得到 $x = 0$ 邻域上贝塞尔方程的通解。本书中对贝塞尔方程的级数解法详细求解过程不做讨论,直接运用前人所得结论,详细求解过程请参考其他书籍。通解形式为

$$y(x) = C_1 y_1(x) + C_2 y_2(x) \qquad (9.2.11)$$

其中

$$y_1(x) = \sum_{n=0}^{\infty} \frac{(-1)^n c_0 \Gamma(\nu+1)}{2^{2n} n! \Gamma(\nu+n+1)} x^{2n+\nu} \qquad (9.2.12)$$

$$y_2(x) = \sum_{n=0}^{\infty} \frac{(-1)^n c_0 \Gamma(-\nu+1)}{2^{2n} n! \Gamma(-\nu+n+1)} x^{2n-\nu} \qquad (9.2.13)$$

式中

$$\Gamma(\nu+n+1) = (\nu+n)(\nu+n-1)\cdots 2 \cdot 1 \qquad (9.2.14)$$

$$\Gamma(\nu+1) = \nu(\nu-1)\cdots 2 \cdot 1 \qquad (9.2.15)$$

$$\Gamma(-\nu+n+1) = (-\nu+n)(-\nu+n-1)\cdots 2 \cdot 1 \qquad (9.2.16)$$

$$\Gamma(-\nu+1) = -\nu(-\nu-1)\cdots 2 \cdot 1 \qquad (9.2.17)$$

级数 $y_1(x)$ 只有正幂项,其收敛域为 $|x| < \infty$,$y_2(x)$ 的收敛域为环域 $0 < |x| < \infty$。

为方便贝塞尔方程类定解问题的求解,将贝塞尔方程的解整理总结,特解 $y_1(x)$ 中选常数 $c_0 = \dfrac{1}{2^\nu \Gamma(\nu+1)}$,记 $y_1(x)$ 为 $\mathrm{J}_\nu(x)$,称其为 ν 阶贝塞尔函数(Bessel function),即

$$\mathrm{J}_\nu(x) = y_1(x) = \sum_{n=0}^{\infty} \frac{(-1)^n}{n! \Gamma(\nu+n+1)} \left(\frac{x}{2}\right)^{2n+\nu} \qquad (9.2.18)$$

特解 $y_2(x)$ 中选常数 $c_0 = \dfrac{1}{2^{-\nu}\Gamma(-\nu+1)}$，记 $y_2(x)$ 为 $J_{-\nu}(x)$，称其为 $-\nu$ 阶贝塞尔函数，即

$$J_{-\nu}(x) = y_2(x) = \sum_{n=0}^{\infty} \frac{(-1)^n}{n!\,\Gamma(-\nu+n+1)}\left(\frac{x}{2}\right)^{2n-\nu} \tag{9.2.19}$$

$J_\nu(x)$ 和 $J_{-\nu}(x)$ 又称为第一类柱函数。当 ν 不为整数时，$J_\nu(x)$ 和 $J_{-\nu}(x)$ 是线性无关的，此时贝塞尔方程的通解写为

$$y(x) = A_\nu J_\nu(x) + B_\nu J_{-\nu}(x) \tag{9.2.20}$$

其中，A_ν、B_ν 为待定常数。但是，当 $\nu = m$ 整数时，$J_{-m}(x) = (-1)^m J_m(x)$，式(9.2.20)中的 $J_\nu(x)$ 与 $J_{-\nu}(x)$ 线性相关，因此不能组合为通解。需要按照常微分方程的级数解法寻找另一个和 $J_m(x)$ 线性无关的解，常运用第二个通解形式

$$y(x) = A_\nu J_\nu(x) + B_\nu N_\nu(x) \tag{9.2.21}$$

其中

$$N_\nu(x) = \frac{\cos\nu\pi J_\nu(x) - J_{-\nu}(x)}{\sin\nu\pi} \tag{9.2.22}$$

定义为第二类柱函数，又称诺伊曼函数(Neumann function)。式(9.2.21)中无论 ν 是否为整数，$N_\nu(x)$ 和 $J_\nu(x)$ 始终是线性无关的，因此通解式(9.2.21)适用于 ν 取任意值的情况。

在实际应用中，例如讨论电磁波的辐射和散射问题时，还常常用到另外一种通解形式，即

$$y(x) = A_\nu H_\nu^{(1)}(x) + B_\nu H_\nu^{(2)}(x) \tag{9.2.23}$$

其中，$H_\nu^{(1)}(x)$、$H_\nu^{(2)}(x)$ 称为第三类柱函数，又称为汉克尔函数(Hankel function)，且

$$\begin{cases} H_\nu^{(1)}(x) = J_\nu(x) + iN_\nu(x) \\ H_\nu^{(2)}(x) = J_\nu(x) - iN_\nu(x) \end{cases} \tag{9.2.24}$$

分别将 $H_\nu^{(1)}(x)$、$H_\nu^{(2)}(x)$ 称为第一种和第二种汉克尔函数。由定义式可以看出这两个汉克尔函数是线性无关的。通常把上述三类柱函数统称为柱函数，用 $Z_\nu(x)$ 表示。也可以看出三类柱函数之间的关系有

$$J_\nu(x) = \frac{H_\nu^{(1)}(x) + H_\nu^{(2)}(x)}{2} \tag{9.2.25}$$

$$N_\nu(x) = \frac{H_\nu^{(1)}(x) - H_\nu^{(2)}(x)}{2i} \tag{9.2.26}$$

可以看出，三类柱函数之间的关系类似三角函数与指数函数

$$\cos(x) = \frac{e^{ix} + e^{-ix}}{2}$$

$$\sin(x) = \frac{e^{ix} - e^{-ix}}{2i}$$

在求解实际定解问题时，需要选择合适的通解形式以简化求解过程。通常研究 ρ 方向为有限域内问题时选择特解式(9.2.21)，研究 ρ 方向为无限域的问题时选择特解式(9.2.23)。

9.2.2 贝塞尔函数和诺伊曼函数的 MATLAB 可视化(visualization of Bessel function and Neumann function based on MATLAB)

MATLAB 中内置了贝塞尔函数和诺伊曼函数,方便相关函数的使用,调用格式如下。

y1＝besselj(nu, x);
y2＝bessely(nu, x);
%为数组 x 中的每个元素计算贝塞尔函数 $J_\nu(z)$ 和诺伊曼函数 $N_\nu(z)$ 并返回给矩阵 y1,y2;nu 为贝塞
%尔函数和诺伊曼函数的阶

下面的 MATLAB 代码画出 0～6 阶贝塞尔函数和 0～2 阶诺伊曼函数的曲线,如图 9.4 所示。

```
clear
x＝(0:,0.2:10)';          %定义自变量 x
y1＝besselj(0:6,x);        %计算 0～6 阶贝塞尔函数
figure(1);
plot(x,y1);               %在自变量 0～10 区间上画出贝塞尔函数
Grid on

Clear
x＝(0:,0.2:10)';          %定义自变量 x
y2＝bessely(0:1,x);       %计算 0 阶和 1 阶诺伊曼函数
figure(1)
plot(x,y2)                %在自变量 0～10 区间上画出诺伊曼函数
Grid on
```

(a) 贝塞尔函数　　　　　　　　(b) 诺伊曼函数

图 9.4 柱函数曲线图

9.2.3 贝塞尔函数的性质(characteristics of Bessel functions)

1. 特殊点的值(special points)

在物理问题的求解中,贝塞尔函数在某些特殊点的取值非常有用,由 9.2.2 节的图 9.4 容易看出,在 $x \to 0, x \to \infty$ 特殊点函数的取值分别为

$$J_0(0) = 1, \quad J_\nu(0) = 0, \quad \lim_{x \to 0} J_{-\nu}(x) \to \infty, \quad \lim_{x \to 0} N_\nu(x) \to -\infty$$

$$\lim_{x \to \infty} J_\nu(x) \to 0, \quad \lim_{x \to \infty} J_{-\nu}(x) \to 0, \quad \lim_{x \to \infty} N_\nu(x) \to 0$$

2. 贝塞尔函数的递推公式(recurrence formula)

不难证明,贝塞尔函数、诺伊曼函数及汉克尔函数都具有相同的递推公式,用 $Z_\nu(x)$ 代表 ν 阶的三类柱函数,总是有

$$\frac{\mathrm{d}}{\mathrm{d}x}\left[x^\nu Z_\nu(x)\right] = x^\nu Z_{\nu-1}(x) \tag{9.2.27}$$

$$\frac{\mathrm{d}}{\mathrm{d}x}\left[x^{-\nu} Z_\nu(x)\right] = -x^{-\nu} Z_{\nu+1}(x) \tag{9.2.28}$$

将两式左端展开,又可写为

$$Z_\nu'(x) + \frac{\nu}{x} Z_\nu(x) = Z_{\nu-1}(x) \tag{9.2.29}$$

$$Z_\nu'(x) - \frac{\nu}{x} Z_\nu(x) = -Z_{\nu+1}(x) \tag{9.2.30}$$

消去 $Z_\nu(x)$ 或消去 $Z_\nu'(x)$,可得

$$Z_{\nu+1}(x) = Z_{\nu-1}(x) - 2Z_\nu'(x) \tag{9.2.31}$$

$$Z_{\nu+1}(x) = -Z_{\nu-1}(x) + \frac{2\nu}{x} Z_\nu(x) \tag{9.2.32}$$

对于三类柱函数的积分求解,式(9.2.27)~式(9.2.32)的灵活应用是非常重要的。

下面列出以下几个常用的推论。

$$J_0'(x) = -J_1(x) \tag{9.2.33}$$

$$\left[x J_1(x)\right]' = x J_0(x) \tag{9.2.34}$$

$$x J_1(x) = \int_0^x \xi J_0(\xi) \mathrm{d}\xi \tag{9.2.35}$$

在后续专业课程的学习中,使用最多的是 0 阶和 1 阶贝塞尔函数,所以需要熟悉式(9.2.33)、式(9.2.34)和式(9.2.35)。

例 9.9 求 $I = \int x J_2(x) \mathrm{d}x$。

解:根据式(9.2.31)有

$$J_2(x) = J_0(x) - 2J_1'(x)$$

$$I = \int x J_2(x) \mathrm{d}x = \int x J_0(x) \mathrm{d}x - 2\int x J_1'(x) \mathrm{d}x$$

运用式(9.2.35)及分部积分法有

$$I = x J_1(x) - 2\left[x J_1(x) - \int J_1(x) \mathrm{d}x\right] = -x J_1(x) + 2\int J_1(x) \mathrm{d}x$$

运用式(9.2.33)得

$$I = -x J_1(x) - 2J_0(x) + C$$

例 9.10 求 $I = \int_0^a x^3 J_0(x) \mathrm{d}x$。

解:原积分可写为

$$I = \int_0^a x^3 J_0(x) \mathrm{d}x = \int_0^a x^2 \left(x J_0(x)\right) \mathrm{d}x = \int_0^a x^2 \mathrm{d}\left(x J_1(x)\right)$$

运用分部积分法有

$$I = x^2 x \mathrm{J}_1(x) \Big|_0^a - \int_0^a x \mathrm{J}_1(x) \mathrm{d}(x^2) = a^3 \mathrm{J}_1(a) - 2 \int_0^a x^2 \mathrm{J}_1(x) \mathrm{d}x$$

运用式(9.2.27)有

$$I = a^3 \mathrm{J}_1(a) - 2 \int_0^a \mathrm{d}(x^2 \mathrm{J}_2(x))$$

$$= a^3 \mathrm{J}_1(a) - 2a^2 \mathrm{J}_2(a)$$

3. 贝塞尔函数的母函数(Generating function of Bessel function)

以贝塞尔函数为系数的幂级数在环域 $0 < |z| < \infty$ 内收敛于函数 $\mathrm{e}^{\frac{x}{2}(z - \frac{1}{z})}$,即

$$\mathrm{e}^{\frac{x}{2}(z - \frac{1}{z})} = \sum_{n=-\infty}^{\infty} \mathrm{J}_n(x) z^n, \quad 0 < |z| < \infty \tag{9.2.36}$$

函数 $\mathrm{e}^{\frac{x}{2}(z - \frac{1}{z})}$ 称为贝塞尔函数的生成函数,又称为母函数。

9.2.4　贝塞尔方程本征值问题(Bessel equation eigenvalue problem)

考察圆柱坐标系下圆柱体内的定解问题

$$\begin{cases} \nabla^2 u = 0, & 0 \leqslant \rho \leqslant a \\ u(\rho, \varphi, z)\big|_{\rho=a} = 0 \\ u(\rho, \varphi, z)\big|_{z=0} = f_1(\rho, \varphi) \\ u(\rho, \varphi, z)\big|_{z=h} = f_2(\rho, \varphi) \end{cases} \tag{9.2.37}$$

实际上,因为求解区域包含了 $\rho = 0$ 的轴线,该定解问题还隐含了一个自然边界条件,即 $u(\rho, \varphi, z)\big|_{\rho=0}$ 为有限值。定解问题的求解中通常首先运用自然边界条件,从而简化整个求解过程。

对拉普拉斯方程及齐次边界条件分别分离变量,可以得到 $R(\rho)$ 的本征值问题

$$\begin{cases} \dfrac{1}{\rho} \dfrac{\mathrm{d}}{\mathrm{d}\rho}\left[\rho \dfrac{\mathrm{d}R(\rho)}{\mathrm{d}\rho}\right] + \left(\mu - \dfrac{m^2}{\rho^2}\right) R(\rho) = 0, & 0 \leqslant \rho \leqslant \rho_0 \\ R(\rho_0) = 0 \end{cases} \tag{9.2.38}$$

9.3 节讨论会得到结论,柱侧 $\rho = \rho_0$ 处的第一类齐次边界条件必然对应 $\mu > 0$,也就是说,式(9.2.38)中 $R(\rho)$ 的方程必为贝塞尔方程,因此本征值问题的解为

$$R(\rho) = A_m \mathrm{J}_m(\sqrt{\mu}\rho) + B_m \mathrm{N}_m(\sqrt{\mu}\rho) \tag{9.2.39}$$

接下来,将式(9.2.39)代入边界条件以确定本征值及本征函数。因为 $\rho \to 0$ 时有 $\mathrm{N}_m(\sqrt{\mu}\rho) \to -\infty$,因此由自然边界条件 $u(\rho, \varphi, z)\big|_{\rho=0}$ 为有限值可得,常数 B_m 为 0,即

$$R(\rho) = A_m \mathrm{J}_m(\sqrt{\mu}\rho) \tag{9.2.40}$$

将式(9.2.40)代入边界条件 $R(a) = 0$,可得

$$\mathrm{J}_m(\sqrt{\mu}a) = 0 \tag{9.2.41}$$

否则得到无意义的全零解。式(9.2.41)就是决定本征值的方程,也就是说,$\sqrt{\mu}a$ 是方程 $\mathrm{J}_m(x) = 0$ 的解,或者说,$\sqrt{\mu}a$ 是 $\mathrm{J}_m(x)$ 曲线与 x 轴的一系列交点。用 $x_n^{(m)}$ 表示 $\mathrm{J}_m(x) = 0$ 的第 n 个正根,即有

贝塞尔
本征值问题

$$\sqrt{\mu}\, a = x_n^{(m)} \qquad\qquad (9.2.42)$$

于是得到本征值 μ 的一系列取值

$$\mu_n^{(m)} = \left[\frac{x_n^{(m)}}{a}\right]^2, \quad n = 1,2,3,\cdots \qquad\qquad (9.2.43)$$

式(9.2.43)中,m 表示贝塞尔函数的阶,n 表示 $J_m(x) = 0$ 的第 n 个根。当定解问题关于 z 轴满足轴对称时,有 $m = 0$,式(9.2.43)写为

$$\mu_n^{(0)} = \left[\frac{x_n^{(0)}}{a}\right]^2, \quad n = 1,2,3,\cdots \qquad\qquad (9.2.44)$$

由 8.3 节的讨论可知,式(9.2.38)给出的本征值问题属于施图姆-刘维尔本征值问题。观察式(9.2.44)可以看出,本征值存在且都是非负的实数,且可编成单调递增的序列(monotonically increasing sequence),即

$$\left(\frac{x_1^{(m)}}{a}\right)^2 < \left(\frac{x_2^{(m)}}{a}\right)^2 < \cdots < \left(\frac{x_n^{(m)}}{a}\right)^2 < \cdots \qquad\qquad (9.2.45)$$

每个本征值都对应一个本征函数(eigenfunction)

$$J_m\left(\frac{x_1^{(m)}}{a}\rho\right), \ J_m\left(\frac{x_2^{(m)}}{a}\rho\right), \cdots, J_m\left(\frac{x_n^{(m)}}{a}\rho\right), \cdots \qquad\qquad (9.2.46)$$

同理,若式(9.2.37)中边界条件为第二类齐次边界条件(second homogeneous boundary condition) $\frac{\partial u}{\partial \rho}\Big|_{\rho=a} = 0$,可以得到

$$R'(a) = 0 \qquad\qquad (9.2.47)$$

从而有

$$\frac{\mathrm{d}}{\mathrm{d}\rho}\left[J_m(\sqrt{\mu}\,\rho)\right]\Big|_{\rho=a} = \sqrt{\mu}\, J_m'(\sqrt{\mu}\,a) = 0$$

本征值为

$$\mu_n'^{(m)} = (x_n'^{(m)}/a)^2 \qquad\qquad (9.2.48)$$

其中,$x_n'^{(m)}$ 是 $J_m'(x)$ 的第 n 个零点。$J_m'(x)$ 的零点在一般的数学用表中并未列出。不过,$m = 0$ 的特例还是容易得到的。因为 $J_0'(x) = -J_1(x)$,$J_0'(x)$ 的零点就是 $J_1(x)$ 的零点,可从许多数学用表中查出。

当 $m \neq 0$ 时,由递推公式

$$J_m'(x) = \frac{1}{2}\left[J_{m-1}(x) - J_{m+1}(x)\right] \qquad\qquad (9.2.49)$$

可知,$J_m'(x)$ 的零点 $x_n'^{(m)}$ 可从曲线 $J_{m-1}(x)$ 和 $J_{m+1}(x)$ 的交点得出。当然,也可以由 MATLAB 编程求解方程 $J_{m-1}(x) - J_{m+1}(x) = 0$ 得到。

若式(9.2.37)中边界条件为第三类齐次边界条件(third homogeneous boundary condition),则有

$$R(a) + HR'(a) = 0 \qquad\qquad (9.2.50)$$

即

$$J_m(\sqrt{\mu}\,a) + H\sqrt{\mu}\, J_m'(\sqrt{\mu}\,a) = 0 \qquad\qquad (9.2.51)$$

运用递推公式可以得到本征值满足的方程为

$$J_m(\sqrt{\mu}a) = \frac{\sqrt{\mu}a}{\frac{a}{H}+m}J_{m+1}(\sqrt{\mu}a) \tag{9.2.52}$$

求解此方程可得本征值 μ。

9.2.5 傅里叶-贝塞尔级数(Fourier-Bessel series)

1. 正交性(orthogonality)

对应不同本征值的同阶贝塞尔函数在区间 $(0,a)$ 上带权 ρ 正交,即

$$\int_0^a J_m(\sqrt{\mu_i^{(m)}}\rho)J_m(\sqrt{\mu_j^{(m)}}\rho)\rho\mathrm{d}\rho = 0, \quad i \neq j \tag{9.2.53}$$

2. 贝塞尔函数的模(norms)

$J_m(\sqrt{\mu_n^{(m)}}\rho)$ 的模 $N_n^{(m)}$

$$[N_n^{(m)}]^2 = \int_0^a [J_m(\sqrt{\mu_n^{(m)}}\rho)]^2 \rho\mathrm{d}\rho = \frac{a^2}{2}J_{m+1}^2(\sqrt{\mu_n^{(m)}}a) \tag{9.2.54}$$

根据施图姆-刘维尔本征值问题的性质,本征函数族 $J_m(\sqrt{\mu_n^{(m)}}\rho)$ 是完备的,可作为广义傅里叶级数展开的基。如果函数 $f(\rho)$ 在区间 $(0,a)$ 上平方可积,且有连续的一阶导数和分段连续的二阶导数,则 $f(\rho)$ 在区间 $(0,a)$ 上可展开为绝对且一致收敛的级数

$$f(\rho) = \sum_{n=1}^{\infty} f_n J_m(\sqrt{\mu_n^{(m)}}\rho) \tag{9.2.55}$$

称式(9.2.55)为以贝塞尔函数为基的广义傅里叶级数(generalized Fourier series),又称为傅里叶-贝塞尔级数(Fourier-Bessel series),f_n 称为广义傅里叶系数(generalized Fourier coefficient),由正交性可得

$$f_n = \frac{1}{\frac{a^2}{2}J_{m+1}^2(\sqrt{\mu_n^{(m)}}a)}\int_0^a f(\rho)J_m(\sqrt{\mu_n^{(m)}}\rho)\rho\mathrm{d}\rho \tag{9.2.56}$$

9.3 虚宗量贝塞尔函数(Bessel function of imaginary argument)

当 $\mu<0$ 时,运用变量替换 $x=\sqrt{-\mu}\rho$,式(9.2.2) ρ 的方程写为

$$x^2\frac{\mathrm{d}^2y}{\mathrm{d}x^2} + x\frac{\mathrm{d}y}{\mathrm{d}x} + (-x^2-\nu^2)y = 0 \tag{9.3.1}$$

其中,x 是实数。容易看出,只要令 $z=\mathrm{i}x$,式(9.3.1)便可化为自变量 z 的贝塞尔方程

$$z^2\frac{\mathrm{d}^2w}{\mathrm{d}z^2} + z\frac{\mathrm{d}w}{\mathrm{d}z} + (z^2-\nu^2)w = 0$$

因此式(9.3.1)称为虚宗量贝塞尔方程。

9.3.1 虚宗量贝塞尔方程的解(solution of modified Bessel equation)

由 9.2 节的式(9.2.20)可得,虚宗量贝塞尔方程的解为

$$y(x) = A_\nu J_\nu(ix) + B_\nu J_{-\nu}(ix) \tag{9.3.2}$$

且有

$$J_{\pm\nu}(ix) = \sum_{n=0}^\infty \frac{(-1)^n}{n!\,\Gamma(\pm\nu+n+1)}\left(\frac{ix}{2}\right)^{2n\pm\nu} \tag{9.3.3}$$

为了应用方便,习惯定义新的函数

$$I_\nu(x) = i^{-\nu}J_\nu(ix)$$
$$I_{-\nu}(x) = i^\nu J_{-\nu}(ix) \tag{9.3.4}$$

将解表示为实数形式。称 $I_\nu(x)$ 为虚宗量贝塞尔函数(modified Bessel function),又称为第一类虚宗量柱函数,有

$$I_{\pm\nu}(x) = \sum_{n=0}^\infty \frac{1}{n!\,\Gamma(\pm\nu+n+1)}\left(\frac{x}{2}\right)^{2n\pm\nu} \tag{9.3.5}$$

当 ν 为整数,即 $\nu=m$ 时,有

$$I_{-m}(x) = I_m(x) \tag{9.3.6}$$

即二者线性相关,必须寻找另一线性无关的解,通常定义

$$K_\nu(x) = \frac{\pi}{2}\frac{I_{-\nu}(x) - I_\nu(x)}{\sin\nu\pi} \tag{9.3.7}$$

为虚宗量汉克尔函数(modified Hankel function),又称为第二类虚宗量贝塞尔函数。于是,当 ν 为任意值时,虚宗量贝塞尔方程的解都可写为

$$y(x) = C_\nu I_\nu(x) + D_\nu K_\nu(x) \tag{9.3.8}$$

其中,C_ν、D_ν 为任意常数。

9.3.2 虚宗量贝塞尔函数和虚宗量汉克尔函数的 MATLAB 可视化(visualization of modified Bessel function and modified Hankel function based on MATLAB)

MATLAB 中内置了虚宗量贝塞尔函数和虚宗量汉克尔函数,方便相关函数的使用,调用格式如下。

```
I= besseli(nu, x);
K= besselk(nu, x);
%为数组 x 中的每个元素计算虚宗量贝塞尔函数 I_ν(z)和虚宗量汉克尔函数 K_ν(z)并返回给矩阵 I,
%K; nu 为虚宗量贝塞尔函数和虚宗量汉克尔函数的阶
```

下面的 MATLAB 代码画出了 0~1 阶虚宗量贝塞尔函数和 0~2 阶虚宗量汉克尔函数的曲线,如图 9.5 所示。从图 9.5 中可以看出,$I_\nu(x)$ 和 $K_\nu(x)$ 两类曲线与 x 轴均无交点。

```
clear
I= besseli(0:1,(0.1:0.1:5)');        %调用虚宗量贝塞尔函数
plot((0.1:0.1:5)',I)

clear
K= besselk(0:2,(0.1:0.1:5)');        %调用虚宗量汉克尔函数
plot((0.1:0.1:5)',K)
```

(a) 虚宗量贝塞尔函数   (b) 虚宗量汉克尔函数

图 9.5   函数曲线图

9.3.3   虚宗量贝塞尔函数和虚宗量汉克尔函数的性质 （characteristics of modified Bessel function and modified Hankel function）

1. 奇偶性（odevity）

两类函数奇数阶为奇函数，偶数阶为偶函数，即

$$I_m(-x) = (-1)^m I_m(x) \tag{9.3.9}$$

$$K_m(-x) = (-1)^m K_m(x) \tag{9.3.10}$$

2. 特殊点的值（special points）

$$I_0(0) = 1, \quad I_m(0) = 0, \quad m > 0 \tag{9.3.11}$$

$$I_m(\infty) \to \infty \tag{9.3.12}$$

$$K_m(0) \to \infty, \quad K_m(\infty) \to 0 \tag{9.3.13}$$

3. 常用递推公式（recurrence relations）

$$I_{m-1}(x) - I_{m+1}(x) = \frac{2m}{x} I_m(x) \tag{9.3.14}$$

$$I_{m+1}(x) + I_{m-1}(x) = 2I'_m(x) \tag{9.3.15}$$

$$I'_m(x) + \frac{m}{x} I_m(x) = I_{m-1}(x) \tag{9.3.16}$$

$$I'_m(x) - \frac{m}{x} I_m(x) = I_{m+1}(x) \tag{9.3.17}$$

$$K_{m+1}(x) - K_{m-1}(x) = \frac{2m}{x} K_m(x) \tag{9.3.18}$$

$$K_{m+1}(x) + K_{m-1}(x) = -2K'_m(x) \tag{9.3.19}$$

$$K'_m(x) + \frac{m}{x} K_m(x) = -K_{m-1}(x) \tag{9.3.20}$$

$$K'_m(x) - \frac{m}{x} K_m(x) = -K_{m+1}(x) \tag{9.3.21}$$

9.4 特殊函数的应用实例(application examples of special functions)

在求解实际问题时,对于柱坐标系下建立的拉普拉斯方程定解问题,不需要重新对柱坐标系下的方程和边界条件分离变量,只需要根据齐次边界条件判定本征值类型,写出通解,进而代入非齐次边界条件确定待定常数即可。在定解问题的求解过程中,将介绍自然边界条件的使用,以及贝塞尔函数、虚宗量贝塞尔函数在特殊点取值的灵活运用等。

9.4.1 拉普拉斯方程定解问题(Laplace equation problems)

例 9.11 底面半径为 a,高为 h 的圆柱空心腔,上底面电位 U,下底面、侧面接地,求圆柱内的静电位分布。

解:静电位满足拉普拉斯方程,定解问题写为

$$\begin{cases} \Delta u = 0 \\ u\big|_{z=0}=0, \ u\big|_{z=h}=U \\ u\big|_{\rho=a}=0 \end{cases} \tag{9.4.1}$$

由 8.1.2 节知,对拉普拉斯方程分离变量可以得到三个方程

$$\begin{cases} \dfrac{d^2\Phi}{d\varphi^2}+m^2\Phi=0 \\ \dfrac{d^2 Z}{dz^2}-\mu Z=0 \\ \dfrac{d^2 R}{d\rho^2}+\dfrac{1}{\rho}\dfrac{dR}{d\rho}+\left(\mu-\dfrac{m^2}{\rho^2}\right)R=0 \end{cases} \tag{9.4.2}$$

因为边界条件满足轴对称,因此解与方位角 φ 无关,即 $m=0$。对边界条件 $u\big|_{\rho=a}=0$ 分离变量可得

$$R(a)=0$$

分三种情况讨论。

(1)如果 $\mu=0$,有

$$R(\rho)=A+B\ln\rho \tag{9.4.3}$$
$$Z(z)=C+Dz \tag{9.4.4}$$

运用自然边界条件 $u\big|_{\rho\to 0}$ 为有限值,可得 $B=0$。又因 $R(a)=0$,可得 $A=0$,即 $R(\rho)=0$,于是有 $u=R(\rho)\Phi(\varphi)Z(z)=0$。全零解无意义,因此 $\mu=0$ 的情况排除。

(2)如果 $\mu<0$,ρ 方程写为标准的虚宗量贝塞尔方程($x=\sqrt{-\mu}\rho$)

$$x^2\frac{d^2 R}{dx^2}+x\frac{dR}{dx}+(-x^2-0^2)R=0 \tag{9.4.5}$$

其解为

$$R(\rho)=A\,I_0(\sqrt{-\mu}\rho)+B\,K_0(\sqrt{-\mu}\rho) \tag{9.4.6}$$

z 方程的解为

$$Z(z) = C\sin\sqrt{-\mu}\,z + D\cos\sqrt{-\mu}\,z \tag{9.4.7}$$

首先运用自然边界条件 $u\big|_{\rho=0}$ 为有限值。因为 $\lim\limits_{\rho\to0}K_0(\sqrt{-\mu}\,\rho)\to\infty$，于是有 $B=0$，即

$$R(\rho) = A\,I_0(\sqrt{-\mu}\,\rho) \tag{9.4.8}$$

将边界条件 $u\big|_{\rho=a}=0$ 代入式(9.4.8)，有

$$I_0(\sqrt{-\mu}\,a) = 0 \tag{9.4.9}$$

又因为 $I_0(x)$ 与 x 轴无交点，方程式(9.4.9)无解。也就是说，当 $\mu<0$ 时 ρ 方程的解不能满足圆柱侧面齐次边界条件，因此 $\mu<0$ 的情况排除。

（3）如果 $\mu>0$，ρ 方程写为标准贝塞尔方程（$x=\sqrt{\mu}\,\rho$）

$$x^2\frac{\mathrm{d}^2R}{\mathrm{d}x^2} + x\frac{\mathrm{d}R}{\mathrm{d}x} + (x^2-0^2)R = 0 \tag{9.4.10}$$

其解为

$$R(\rho) = A\,J_0(\sqrt{\mu}\,\rho) + B\,N_0(\sqrt{\mu}\,\rho) \tag{9.4.11}$$

z 方程的解为

$$Z(z) = C\sinh\sqrt{\mu}\,z + D\cosh\sqrt{\mu}\,z \tag{9.4.12}$$

首先运用自然边界条件 $u\big|_{\rho=0}$ 为有限值。因为 $\lim\limits_{\rho\to0}N_0(\sqrt{\mu}\,\rho)\to-\infty$，于是有 $B=0$，即

$$R(\rho) = A\,J_0(\sqrt{\mu}\,\rho) \tag{9.4.13}$$

将 $u\big|_{\rho=a}=0$ 代入式(9.4.13)有

$$R(a) = A\,J_0(\sqrt{\mu}\,a) = 0 \tag{9.4.14}$$

既然 $A\neq0$，必然有

$$J_0(\sqrt{\mu}\,a) = 0 \tag{9.4.15}$$

从而得到本征值

$$\mu_n^{(0)} = \left(\frac{x_n^{(0)}}{a}\right)^2, \quad n=1,2,3,\cdots \tag{9.4.16}$$

其中，$x_n^{(0)}$ 为零阶贝塞尔函数 $J_0(x)$ 和 x 轴的第 n 个交点（从小到大排列），本征函数为

$$R_n(\rho) = J_0\left(\frac{x_n^{(0)}}{a}\rho\right), \quad n=1,2,3,\cdots \tag{9.4.17}$$

z 方程的解为

$$Z_n(z) = C_n\sinh\frac{x_n^{(0)}}{a}z + D_n\cosh\frac{x_n^{(0)}}{a}z$$

因此，定解问题的本征解写为

$$u_n(\rho,z) = J_0\left(\frac{x_n^{(0)}}{a}\rho\right)\left(C_n\sinh\frac{x_n^{(0)}}{a}z + D_n\cosh\frac{x_n^{(0)}}{a}z\right) \tag{9.4.18}$$

叠加得到通解

$$u(\rho,z) = \sum_{n=1}^{\infty}J_0\left(\frac{x_n^{(0)}}{a}\rho\right)\left(C_n\sinh\frac{x_n^{(0)}}{a}z + D_n\cosh\frac{x_n^{(0)}}{a}z\right) \tag{9.4.19}$$

又因为 $u\big|_{z=0}=0$，因此有 $D_n=0$，通解为

$$u(\rho,z) = \sum_{n=1}^{\infty} C_n \mathrm{J}_0\left(\frac{x_n^{(0)}}{a}\rho\right)\sinh\frac{x_n^{(0)}}{a}z \qquad (9.4.20)$$

代入非齐次边界条件 $u\,|_{z=h}=U$ 得

$$u(\rho,z) = \sum_{n=1}^{\infty} C_n \sinh\frac{x_n^{(0)}}{a}h\, \mathrm{J}_0\left(\frac{x_n^{(0)}}{a}\rho\right) = U$$

需要将 U 展开为以贝塞尔函数 $\mathrm{J}_0\left(\dfrac{x_n^{(0)}}{a}\rho\right)$ 为基的广义傅里叶级数,即

$$C_n\sinh\frac{x_n^{(0)}}{a}h = \frac{U}{\dfrac{a^2}{2}\mathrm{J}_1^2(x_n^{(0)})}\int_0^a \mathrm{J}_0\left(\frac{x_n^{(0)}}{a}\rho\right)\rho\mathrm{d}\rho$$

运用式(9.2.35)计算可得

$$C_n = \frac{2U}{a\sinh\dfrac{x_n^{(0)}}{a}h\,\mathrm{J}_1(x_n^{(0)})}$$

原定解问题的解为

$$u(\rho,z) = \sum_{n=1}^{\infty} \frac{2U}{a\sinh\dfrac{x_n^{(0)}}{a}h\cdot\mathrm{J}_1(x_n^{(0)})}\mathrm{J}_0\left(\frac{x_n^{(0)}}{a}\rho\right)\sinh\frac{x_n^{(0)}}{a}z$$

例 9.12　求定解问题

$$\begin{cases} \Delta u = 0 \\ u\,|_{z=0} = u\,|_{z=h} = 0 \\ u\,|_{\rho=a} = U \end{cases}$$

解：分析该定解问题,边界条件满足轴对称,因此解与方位角 φ 无关,即有 $m=0$。对齐次边界条件分离变量可得

$$Z(0) = 0 \quad Z(h) = 0$$

仍需分三种情况讨论。

(1) 当 $\mu=0$ 时,将 z 方向的边界条件代入式 $Z(z)=C+Dz$ 可解得 $C=D=0$,即得 u 为全零解,因此排除 $\mu=0$ 的情况。

(2) 当 $\mu>0$ 时,将 z 方向的边界条件代入式 $Z(z)=C\sinh\sqrt{\mu}z+D\cosh\sqrt{\mu}z$,可得 $D=0$。双曲正弦函数和双曲余弦函数的曲线如图 9.6 所示,跟 x 轴无交点,也可解得 $C=0$,即得 u 为全零解,排除 $\mu>0$ 的情况。

(3) 当 $\mu<0$ 时,有

$$R(\rho) = A\mathrm{I}_0(\sqrt{-\mu}\rho) + B\mathrm{K}_0(\sqrt{-\mu}\rho)$$

$$Z(z) = C\sin\sqrt{-\mu}z + D\cos\sqrt{-\mu}z$$

考虑自然边界条件 $u\,|_{\rho=0}$ 为有限值,有 $B=0$,即

$$R(\rho) = A\mathrm{I}_0(\sqrt{-\mu}\rho)$$

因为 $u\,|_{z=0}=0$,可得

$$Z(z) = C\sin\sqrt{-\mu}z$$

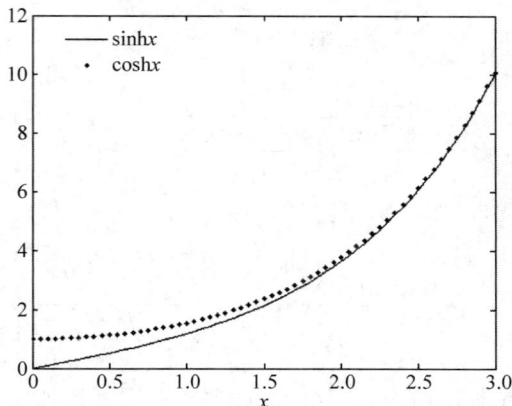

图 9.6　双曲正弦函数和双曲余弦函数曲线

代入 $u\big|_{z=h}=0$ 可得

$$C\sin\sqrt{-\mu}\,h=0$$

解得本征值

$$\mu=-\left(\frac{n\pi}{h}\right)^2,\quad n=1,2,3,\cdots$$

当 μ 取定为这一系列本征值时，两个方程的特解分别为

$$R_n(\rho)=A_n\,\mathrm{I}_0\left(\frac{n\pi}{h}\rho\right)$$

$$Z_n(z)=\sin\frac{n\pi}{h}z$$

于是，本征解

$$u_n(\rho,z)=A_n\,\mathrm{I}_0\left(\frac{n\pi}{h}\rho\right)\sin\frac{n\pi}{h}z$$

叠加得到定解问题的通解

$$u(\rho,z)=\sum_{n=1}^{\infty}A_n\,\mathrm{I}_0\left(\frac{n\pi}{h}\rho\right)\sin\frac{n\pi}{h}z$$

代入非齐次边界条件 $u\big|_{\rho=a}=U$，有

$$\sum_{n=1}^{\infty}A_n\,\mathrm{I}_0\left(\frac{n\pi}{h}a\right)\sin\frac{n\pi}{h}z=U$$

方程左侧为傅里叶正弦级数，将右侧函数 U 展开为以 $\sin\frac{n\pi}{h}z$ 为基的傅里叶正弦级数，$A_n\,\mathrm{I}_0\left(\frac{n\pi}{h}a\right)$ 是傅里叶系数，即

$$A_n\,\mathrm{I}_0\left(\frac{n\pi}{h}a\right)=\frac{2}{h}\int_0^h U\sin\frac{n\pi}{h}z\,\mathrm{d}z$$

$$=\frac{2U}{h}\left(-\frac{h}{n\pi}\right)\cos\frac{n\pi}{h}z\,\Big|_0^h=\begin{cases}0,&n=2k\\[2mm]\dfrac{4U}{n\pi},&n=2k+1\end{cases}$$

因此有

$$A_{2k} = 0$$

$$A_{2k+1} = \frac{4U}{(2k+1)\pi} \frac{1}{\mathrm{I}_0 \left[\dfrac{(2k+1)\pi}{h} a \right]}, \quad k = 0,1,2,\cdots$$

将系数代入通解,得原定解问题的解

$$u(\rho,z) = \sum_{k=0}^{\infty} \frac{4U}{(2k+1)\pi} \frac{\mathrm{I}_0 \left[\dfrac{(2k+1)\pi}{h}\rho \right] \sin \dfrac{(2k+1)\pi}{h}z}{\mathrm{I}_0 \left[\dfrac{(2k+1)\pi}{h}a \right]}$$

如果定解问题的边界条件均为非齐次的,如何求解呢? 比如定解问题

$$\begin{cases} \Delta u = 0 \\ u\big|_{z=0} = 0 \quad u\big|_{z=h} = U \\ u\big|_{\rho=a} = f(z) \end{cases}$$

实际上,运用叠加原理可以将该定解问题分解为两个定解问题:

$$\begin{cases} \Delta u_1 = 0 \\ u_1\big|_{z=0} = 0 \quad u_1\big|_{z=h} = U \\ u_1\big|_{\rho=a} = 0 \end{cases}$$

和

$$\begin{cases} \Delta u_2 = 0 \\ u_2\big|_{z=0} = 0 \quad u_2\big|_{z=h} = 0 \\ u_2\big|_{\rho=a} = f(z) \end{cases}$$

按照例9.11和例9.12的方法分别求解这两个定解问题得到 u_1 和 u_2,叠加可得原定解问题的解,即

$$u = u_1 + u_2$$

9.4.2 阶跃光纤的分析(analysis of step optical fibre)

在通信领域其他问题的求解中也会遇到贝塞尔方程或虚宗量贝塞尔方程问题,比如在光纤通信中,对阶跃光纤的理论建模与分析。

图 9.7 光纤横截面示意图

阶跃光纤由纤芯、包层和涂敷层组成,横截面如图9.7所示。常用的商用光纤,其纤芯为高纯度 SiO_2 掺杂 P_2O_5 等材料制备,折射率为 n_1;包层则由高纯度 SiO_2 掺杂硼制备,折射率为 n_2。 n_1 略大于 n_2,因此,当光纤端面上光的入射角在一定的范围内时,入射光在纤芯和包层的界面上发生全反射,从而将光线约束在纤芯中传播。也就是说光纤正常工作时,几乎所有的能量都集中在纤芯中,包层中能量很少。纤芯和包层是光纤的

主要组成部分,涂敷层起保护作用。

光能量主要集中于光纤纤芯,包层中光能量极少,且主要集中于纤芯和包层界面上。对光纤建模时,忽略涂覆层并将包层扩展到无穷远,即取光纤纤芯折射率为 n_1,半径为 a,包层折射率为 n_2,半径为无穷。

光纤将电磁场约束到波导内沿 z 轴传输,研究光纤中简谐波的传输问题时,通常将电场和磁场矢量写为

$$\begin{cases} \boldsymbol{E} = \boldsymbol{E}(r,\varphi) \mathrm{e}^{\mathrm{i}(\omega t - k_z z)} \\ \boldsymbol{H} = \boldsymbol{H}(r,\varphi) \mathrm{e}^{\mathrm{i}(\omega t - k_z z)} \end{cases}$$

式中,ω 为简谐波的频率,k_z 为光纤模式沿 z 方向的传播常数。上式中任意一个电场分量 $E_i(r,\varphi)$、磁场分量 $H_i(r,\varphi)(i=x,y,z)$ 均满足亥姆霍兹方程。这里,将光纤的纤芯和包层中的场量分别写作 $\Psi_1(r,\varphi)$、$\Psi_2(r,\varphi)$,即

$$\begin{cases} \nabla_T^2 \Psi_1 + (k_1 - k_z^2) \Psi_1 = 0 \\ \nabla_T^2 \Psi_2 + (k_2 - k_z^2) \Psi_2 = 0 \end{cases} \tag{9.4.21}$$

式中,$k_1 = k_0 n_1$,$k_2 = k_0 n_2$,n_1、n_2 分别为纤芯和包层的折射率,令

$$\begin{cases} \Psi_1(r,\varphi) = R_1(r)\Phi_1(\varphi) \\ \Psi_2(r,\varphi) = R_2(r)\Phi_2(\varphi) \end{cases} \tag{9.4.22}$$

代入式(9.4.21),对方程分离变量可以得到纤芯中 $R_1(r)$ 和 $\Phi_1(\varphi)$ 的常微分方程

$$\begin{cases} r^2 \dfrac{\mathrm{d}^2 R_1(r)}{\mathrm{d}r^2} + r \dfrac{\mathrm{d}R_1(r)}{\mathrm{d}r} + \left[(k_0^2 n_1^2 - k_z^2)r^2 - m^2 \right] R_1(r) = 0 \\ \dfrac{\mathrm{d}^2 \Phi_1(\varphi)}{\mathrm{d}\varphi^2} + m^2 \Phi_1(\varphi) = 0 \end{cases} \tag{9.4.23}$$

式中,$k_0^2 n_1^2 - k_z^2 > 0$,$R_1(r)$ 的方程可化作标准的贝塞尔方程,其解为

$$R_1(r) = A \mathrm{J}_m \left(\sqrt{n_1^2 k_0^2 - k_z^2} \, r \right) + B \mathrm{N}_m \left(\sqrt{n_1^2 k_0^2 - k_z^2} \, r \right) \tag{9.4.24}$$

纤芯包括了 $r = 0$ 的点,该点场量必为有限值。又由于

$$\lim_{r \to 0} \mathrm{N}_m \left(\sqrt{n_1^2 k_0^2 - k_z^2} \, r \right) = \pm \infty$$

因此有 $B = 0$,即

$$R_1(r) = A \mathrm{J}_m \left(\sqrt{n_1^2 k_0^2 - k_z^2} \, r \right) \tag{9.4.25}$$

包层中 $R_2(r)$ 和 $\Phi_2(\varphi)$ 的常微分方程

$$\begin{cases} r^2 \dfrac{\mathrm{d}^2 R_2(r)}{\mathrm{d}r^2} + r \dfrac{\mathrm{d}R_2(r)}{\mathrm{d}r} + \left[(k_0^2 n_1^2 - k_z^2)r^2 - m^2 \right] R_2(r) = 0 \\ \dfrac{\mathrm{d}^2 \Phi_2(\varphi)}{\mathrm{d}\varphi^2} + m^2 \Phi_2(\varphi) = 0 \end{cases} \tag{9.4.26}$$

式中,$k_0^2 n_2^2 - k_z^2 < 0$,$R_2(r)$ 的方程可化为标准的虚宗量贝塞尔方程,其解为

$$R_2(r) = C \mathrm{I}_m \left(\sqrt{k_z^2 - n_2^2 k_0^2} \, r \right) + D \mathrm{K}_m \left(\sqrt{k_z^2 - n_2^2 k_0^2} \, r \right) \tag{9.4.27}$$

包层包括了 $r = \infty$ 的点,该点处场量必为有限值。又由于

$$\lim_{r \to \infty} I_m\left(\sqrt{n_1^2 k_0^2 - k_z^2}\, r\right) = \infty$$

因此有 $C=0$,即

$$R_2(r) = D K_m\left(\sqrt{k_z^2 - n_2^2 k_0^2}\, r\right) \tag{9.4.28}$$

可以看出,自然边界条件的应用使得解的形式得到了大大简化,在工程问题的求解中,模型的合理简化与自然边界条件的使用是非常重要的。观察式(9.4.25)和式(9.4.28)也可以看出,光纤纤芯中场量沿 r 方向振荡,包层中则随 r 的增大迅速衰减,只有这样光纤才能实现远距离的信号传输。

9.4.3 表面等离激元(plasmonics)

本节运用经典的数学物理方法求解表面等离激元。表面等离激元具有很强的局域场增

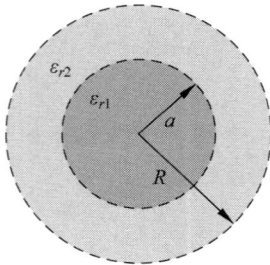

图 9.8 金属纳米线横截面示意图
(ε_{r1} 为复数且 $\text{Re}(\varepsilon_{r1}) < 0$,
ε_{r2} 为正实数)

强特点,可以突破衍射极限实现纳米尺度的光信息传输与处理,在光学各领域应用具有巨大的潜力。此外,表面等离激元的独特性质使得其在高灵敏生物检测、传感和新型光源等领域中也获得了广泛的应用。本节运用柱坐标系中的分离变量法完成金属纳米线上表面模式的分析,并结合数值仿真软件 COMSOL 绘制几种模式的电场图。

金属纳米线横截面示意图如图 9.8 所示,为简化模型取 $R \to \infty$。因为表面模式场集中于两种媒质界面,这种假设是合理的。运用纵向场法,假设光波沿 z 方向传输,则电场 z 分量可写为

$$\widetilde{E}_z = E_z(x,y)\mathrm{e}^{-\mathrm{i}\beta z}$$
$$\widetilde{H}_z = H_z(x,y)\mathrm{e}^{-\mathrm{i}\beta z} \tag{9.4.29}$$

在 $0 \leqslant r \leqslant a$ 和 $r \geqslant a$ 的两种不同媒质中,E_{z1}、H_{z1} 和 E_{z2}、H_{z2} 分别满足以下亥姆霍兹方程

$$\nabla_T^2 E_{z1} + (k_1^2 - \beta^2) E_{z1} = 0, \quad 0 \leqslant r \leqslant a$$
$$\nabla_T^2 H_{z1} + (k_1^2 - \beta^2) H_{z1} = 0, \quad 0 \leqslant r \leqslant a \tag{9.4.30}$$

$$\nabla_T^2 E_{z2} + (k_2^2 - \beta^2) E_{z2} = 0, \quad r \geqslant a$$
$$\nabla_T^2 H_{z2} + (k_2^2 - \beta^2) H_{z2} = 0, \quad r \geqslant a \tag{9.4.31}$$

其中,$k_1 = k_0 n_1$,$k_2 = k_0 n_2$。$n_1 = \sqrt{\varepsilon_{r1}}$ 和 $n_2 = \sqrt{\varepsilon_{r2}}$ 分别为金属和周围介质的折射率,ε_{r1} 和 ε_{r2} 分别为金属和周围介质的相对介电常数。根据表面模的场分布特征有 $\dfrac{\beta}{k_0} > n_1^2, n_2^2$,因此有 $k_0^2 n_1^2 - \beta^2 < 0$,$k_0^2 n_2^2 - \beta^2 < 0$。运用分离变量法,由式(9.4.30)和式(9.4.31)均可得到 $R(r)$ 的虚宗量贝塞尔方程,定义

$$U_1^2 = a^2(\beta^2 - k_0^2 n_1^2)$$
$$U_2^2 = a^2(\beta^2 - k_0^2 n_2^2)$$
$$V^2 = U_1^2 - U_2^2 = a^2 k_0^2 (n_2^2 - n_1^2)$$

运用 $r=0$ 和 $r\to\infty$ 的自然边界条件及边界条件 $E_{z1}=E_{z2}|_{r=a}$，$H_{z1}=H_{z2}|_{r=a}$，有

$$E_{z1}=A'\frac{\mathrm{I}_m\left(\dfrac{U_1}{a}r\right)}{\mathrm{I}_m(U_1)}\mathrm{e}^{\mathrm{i}m\varphi}\mathrm{e}^{-\mathrm{i}\beta z}$$

$$\text{(9.4.32)}$$

$$H_{z1}=B'\frac{\mathrm{I}_m\left(\dfrac{U_1}{a}r\right)}{\mathrm{I}_m(U_1)}\mathrm{e}^{\mathrm{i}m\varphi}\mathrm{e}^{-\mathrm{i}\beta z}$$

$$E_{z2}=A'\frac{\mathrm{K}_m\left(\dfrac{U_2}{a}r\right)}{\mathrm{K}_m(U_2)}\mathrm{e}^{\mathrm{i}m\varphi}\mathrm{e}^{-\mathrm{i}\beta z}$$

$$\text{(9.4.33)}$$

$$H_{z2}=B'\frac{\mathrm{K}_m\left(\dfrac{U_2}{a}r\right)}{\mathrm{K}_m(U_2)}\mathrm{e}^{\mathrm{i}m\varphi}\mathrm{e}^{-\mathrm{i}\beta z}$$

运用纵向场法可以求出其他场分量，进而分别得到 $m=0$ 时 TM 模的色散方程为

$$\frac{n_1^2\mathrm{I}_1(U_1)}{U_1\mathrm{I}_0(U_1)}+\frac{n_2^2\mathrm{K}_1(U_2)}{U_2\mathrm{K}_0(U_2)}=0$$

$$\text{(9.4.34)}$$

及 $m\neq0$ 时 HE 模的色散方程

$$(\beta m)^2\left(\frac{1}{U_1^2}-\frac{1}{U_2^2}\right)^2=-k_0^2\left[\frac{n_1^2}{U_1}\frac{\mathrm{I}_m'(U_1)}{\mathrm{I}_m(U_1)}-\frac{n_2^2}{U_2}\frac{\mathrm{K}_m'(U_2)}{\mathrm{K}_m(U_2)}\right]\left[\frac{1}{U_2}\frac{\mathrm{K}_m'(U_2)}{\mathrm{K}_m(U_2)}-\frac{1}{U_1}\frac{\mathrm{I}_m'(U_1)}{\mathrm{I}_m(U_1)}\right]$$

$$\text{(9.4.35)}$$

运用 MATLAB 求解式(9.4.34)和式(9.4.35)可以得到各模式的重要参数，包括传播常数、传输距离、场分布等。表 9.1 对比了分离变量法和数值仿真软件 COMSOL 得到的银纳米线(二氧化硅包层 $\varepsilon_{r2}=1.45^2$)的各表面模归一化传播常数，两组数值的微小误差是由模型采用包层无限厚近似导致的。

表 9.1　TM_0 模和 $\mathrm{HE}_m(m=1,2,3,4,5)$ 模的归一化传播常数

a	TM	HE_1	HE_2	HE_3	HE_4	HE_5	模式数量
20nm	2.9680(2.9680)	截止	截止	截止	截止	截止	1
30nm	2.3451(2.3451)	截止	截止	截止	截止	截止	1
40nm	2.0816(2.0816)	1.4560(1.4560)	截止	截止	截止	截止	2
60nm	1.8655(1.8655)	1.4969(1.4969)	截止	截止	截止	截止	2
200nm	1.6437(1.6438)	1.5912(1.5913)	1.4544(1.4544)	截止	截止	截止	3
300nm	1.6154(1.6159)	1.5895(1.5900)	1.5130(1.5135)	截止	截止	截止	3
500nm	1.5922(1.5949)	1.5818(1.5848)	1.5505(1.5535)	1.4984(1.5013)	截止	截止	4
700nm	1.5819(1.5895)	1.5763(1.5843)	1.5594(1.5675)	1.5311(1.5392)	1.4913(1.4993)	截止	5

注：工作波长 $\lambda_0=633\mathrm{nm}$，Ag 的相对折射率为 $\varepsilon_{r1}=-16.22+\mathrm{i}0.52$

运用 COMSOL Multiphysics 的波动光学模块，求解在工作波长分别为 633nm、785nm、1064nm 和 1550nm 时，半径 $a=700\mathrm{nm}$ 的银纳米线中的表面等离激元模式，如图 9.9 所示。从图 9.9 中看出，所有的表面模在金属芯和介质包层的界面上场最强，沿远离界面的方向场

强呈指数衰减。基模为 TM_0 模,次模为 HE_1 模,阶数越高,模式沿角向的周期数越多。波长较短时($\lambda_0 = 633\mathrm{nm}$),银纳米线存在 5 种不同模式($\mathrm{TM}_0$、$\mathrm{HE}_1$、$\mathrm{HE}_2$、$\mathrm{HE}_3$、$\mathrm{HE}_4$),而波长增大到 1550nm 时,该银纳米线只支持两种模式(TM_0 和 HE_1)。

图 9.9　银纳米线的 $|\boldsymbol{E}|$ 模场分布($a = 700\mathrm{nm}$)

第 9 章 习题

1. 将下列函数在区间 $[-1,1]$ 上展开为以勒让德多项式为基的广义傅里叶级数。

(1) $y = 2x^2$；　　　　　　(2) $y = |x|$；

(3) $y = 2x^2 + 3x + 4$；　　(4) $f(x) = 3x^2 + 5x - \dfrac{1}{2}$。

2. 计算下列表达式的值。

(1) $\displaystyle\int_{-1}^1 \mathrm{P}_l(x)\,\mathrm{d}x$，$l = 1,2,3,\cdots$；

(2) $\displaystyle\int_{-1}^1 x\,\mathrm{P}_l(x)\mathrm{P}_{l+1}(x)\,\mathrm{d}x$，$l = 1,2,3,\cdots$；

(3) $\displaystyle\int_0^1 \mathrm{P}_l(x)\,\mathrm{d}x$，$l = 0,1,2,3,\cdots$；

(4) $\displaystyle\int_0^{\rho_0} \mathrm{J}_1(x_1^{(1)}\rho/\rho_0)\mathrm{J}_1(x_2^{(1)}\rho/\rho_0)\rho\,\mathrm{d}\rho$；

(5) $\displaystyle\int_0^a x^3 \mathrm{J}_0(x)\,\mathrm{d}x$；

(6) $\int_0^1 x J_0(x) dx$。

3. 写出 m 阶贝塞尔方程及虚宗量贝塞尔方程解的形式,并讨论各特殊函数在自变量趋近零和无穷时的性质。

4. 如图 9.10 所示,高为 L、上下底半径为 a 的空心导体圆柱,假设底面及侧面厚度忽略不计,上下底与侧面之间绝缘。上、下底面的外加电压分别为 $f(\rho)$ 和 0,侧面接地,写出定解问题并求解该定解问题。

5. 球坐标系下,对拉普拉斯方程分离变量得到 $R(r)$、$\Theta(\theta)$ 和 $\Phi(\varphi)$ 满足的常微分方程,在轴对称情况下,即 $m=0$ 时可以得到 $\Theta(\theta)$ 的本征值问题

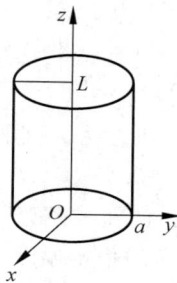
图 9.10　题 4 图空心导体圆柱

$$\begin{cases} \dfrac{d}{dx}\left[(1-x^2)\dfrac{dy}{dx}\right]+l(l+1)y=0 \\ y\big|_{x=\pm 1}=\text{有限值} \end{cases}$$

试写出该本征值问题的本征值和本征函数,并讨论拉普拉斯方程的通解。

6. 设一半径为 1 的球,球面边界上温度分布为

$$u\big|_{r=1}=\frac{1}{4}(\cos 3\theta + 3\cos\theta)$$

求球内的稳定温度分布。

7. 设有一半径为 a 的均匀介质球,介电常数为 ε,与球心距离为 $b(b>a)$ 的位置放一点电荷 $4\pi\varepsilon_0 Q$,求介质球内外的电势分布。

8. 一单位球的表面温度分布为 $1+2\cos\theta+3\cos^2\theta$,求单位球上任意点的稳定温度分布。

9. 半径为 a 的空心半球,其球面与底面之间绝缘,球面接电压 U_0,底面接地,求半球内的电势分布。

10. 在区间 $[0,\rho_0]$ 上,以 $J_0\left(\dfrac{x_n^{(0)}}{\rho_0}\rho\right)$ 为基($x_n^{(0)}$ 为 $J_0(x)=0$ 的正根),把函数 $f(\rho)=u_0$ 展开为广义傅里叶级数。

11. 已知一匀质圆柱体,底面半径为 a,高为 h,圆柱侧面绝热,上下底面温度分别为 $u\big|_{z=0}=f_1(\rho), u\big|_{z=h}=f_2(\rho)$,求解圆柱体内部的稳定温度分布。

12. 在圆柱形结构,比如同轴线或圆形截面波导中,电场纵向分量 E_z 满足方程

$$\frac{\partial^2 E_z}{\partial r^2}+\frac{1}{r}\frac{\partial E_z}{\partial r}+\frac{1}{r^2}\frac{\partial^2 E_z}{\partial \varphi^2}+k^2 E_z=0$$

用分离变量法求解 E_z。

13. 一高为 h,底面半径为 a 的圆柱形空腔,其内部电磁振荡模式的定解问题如下

$$\begin{cases} \Delta u + k^2 u = 0, \ k=\dfrac{\omega}{c} \\ u\big|_{r=a}=0 \\ \dfrac{\partial u}{\partial z}\bigg|_{z=0}=\dfrac{\partial u}{\partial z}\bigg|_{z=h}=0 \end{cases}$$

其中,ω 为频率,c 为光速。试证明电磁振荡模式的固有频率为

$$\omega_{nm} = kc = c\sqrt{\left(\frac{x_n^{(0)}}{a}\right)^2 + \left(\frac{m\pi}{h}\right)^2}$$

式中,$x_n^{(0)}$ 为 $J_0(x)=0$ 的第 n 个根。

14. 设有一半径为 R 的无穷长圆柱体,整个圆柱体的初始温度为 $u|_{t=0}=u_0$,圆柱表面温度保持为 $u=0$,求柱体内的温度分布。

15. 半径为 R 的圆形膜边缘固定,膜上各点做横振动,假设膜的初始形状为旋转抛物面 $u|_{t=0}=H(1-\rho^2/R^2)$,初始速度为 0,求解膜的振动情况。

16. 已知半径为 a,高为 h 的导热介质圆柱,其侧面保持温度 u_0,上下两底保持恒温 0,求柱体内的稳定温度分布。

17. 已知一半径为 a,高为 h 的空心导体圆柱体,两个底面和侧面绝缘,下底面电势为 $u|_{z=0}=u_1$,上底面电势为 $u|_{z=h}=u_2$,侧面电势分布为

$$f(z) = \frac{2u_1}{h^2}\left(z-\frac{h}{2}\right)z + \frac{u_2}{h}(h-z)$$

求柱内各点的电势分布。

18. 半径为 $2a$ 的匀质球,初始温度为 $u|_{t=0}=\begin{cases} A, & 0\leqslant r\leqslant a \\ 0, & a\leqslant r\leqslant 2a \end{cases}$,$A$ 为常数,运用将球面温度保持为零度的方法使得该球冷却,试求得球内的温度变化。

数理方程的其他方法

在电学、热学、光学、流体力学及弹性力学等学科中,经常会遇到一些三维物理场问题,其中物理量沿某一维度上的变化可以忽略,从而归结为求解二维平面场的拉普拉斯方程(Laplace equation)、泊松方程(Poisson equation)或亥姆霍兹方程(Helmholtz equation)的问题。尽管这类问题也可以用分离变量法来解决,但当边值问题中的边界形状变得复杂时,分离变量法求解便十分困难,本章中介绍的保角变换法为这类问题提供了简洁的解析求解方法。

随着计算机和计算方法的飞速发展,几乎所有学科都走向定量化和精确化,从而产生了一系列计算性的学科分支,如计算物理、计算化学、计算生物学、计算地质学、计算气象学和计算材料学等,而数值计算法(numerical solution)是解决“计算”问题的桥梁和工具。数值计算法是研究并解决数学物理问题的数值近似解法,是在计算机上使用的求解偏微分方程、常微分方程、线性方程组等数学问题的方法。当场域边界的几何形状过于复杂,很难用解析法进行计算时,数值计算法的优势便发挥出来了。数值计算方法中,通常以差分(difference)代替微分(differential),以有限求和(finite summation)代替积分(integral),从而将偏微分方程(partial differential equation)问题化为求解差分方程(difference equation)或代数方程(algebraic equation)的过程。近年来,数值计算方法得到越来越广泛的应用,在电磁场计算方法中占有重要的地位。这里主要讨论有限差分法(finite difference method)、有限元法(finite element method)及简单应用。

10.1 保角变换法(conformal mapping)

保角变换法又叫作保角映射法,是一种重要的二维平面场求解方法。其基本思想是通过解析函数的变换或映射将 z 平面上具有复杂边界形状的边值问题变换为 w 平面上具有简单形状的边值问题,然后在 w 平面上求解边值问题,最后通过逆变换求得原始定解问题的解。圆域问题、上半平面问题、带形域问题是容易通过简单方法求解的,因此通常选择合适的解析函数将复杂区域边值问题变换为以上的三类简单边值问题。

根据第 1 章介绍的解析函数保角性,拉普拉斯方程、泊松方程及亥姆霍兹方程经过变换后形式不变。也就是说,如果待求物理量在 z 平面上满足这三类方程,经过变换后在 w 平面上仍然满足相同类型的方程。因此,可以在 w 平面上求解同类型的方程得到其解,然后经过逆变换得到 z 平面上原始定解问题的解。本章将讲解常用的保角变换函数及应用。

保角变换法
介绍

10.1.1 常用的保角变换函数(analytic functions for conformal mapping)

运用保角变换法求解边值问题,最重要的是选择合适的解析函数,完成求解区域到目标区域的变换。为了能够在问题求解中灵活选择解析函数完成变换,首先需要了解各类解析函数的特征和映射关系。具体应用中,根据区域特征选取合适的变换关系式即可。

1. 平移变换(translation transformation)

解析函数

$$w = z + a \tag{10.1.1}$$

其中,a 为复常数。令 $z = x + \mathrm{i}y$ 可得

$$w = z + a = x + \mathrm{i}y + \mathrm{Re}a + \mathrm{iIm}a = u + \mathrm{i}v$$

即

$$
\begin{aligned}
u &= x + \mathrm{Re}a \\
v &= y + \mathrm{Im}a
\end{aligned} \tag{10.1.2}
$$

可以看出,z 平面上的任意点都做相同的运算,因此 z 平面上任意形状的区域变换到 w 平面后仍然保持原形状,只是整体平移一个矢量。

2. 线性变换(linear transformation)

解析函数

$$w = az + b \tag{10.1.3}$$

其中,a、b 为复常数。令 $z = x + \mathrm{i}y$ 可得

$$w = az + b = a\left(z + \frac{b}{a}\right) = |a|\mathrm{e}^{\mathrm{i}\arg a}\left(z + \frac{b}{a}\right)$$

该变换可以拆分成以下两个变换

$$z_1 = \left(z + \frac{b}{a}\right), \quad z_2 = az_1 = |a|\mathrm{e}^{\mathrm{i}\arg a}z_1 \tag{10.1.4}$$

即 z 平面上的图形先平移一个矢量 $\dfrac{b}{a}$,然后整体转动角度 $\arg a$,最后整体缩放 $|a|$。总之,单独使用平移变换和线性变换是无意义的,通常和其他变换结合使用。

3. 幂函数变换(power function transformation)

幂函数

$$w = z^n, \quad n > 0 \tag{10.1.5}$$

在全平面可导,且导函数为

$$w' = nz^{n-1}$$

为考查幂函数变换的特点,令

$$z = r\mathrm{e}^{\mathrm{i}\theta}, \quad w = \rho\mathrm{e}^{\mathrm{i}\varphi} \tag{10.1.6}$$

可得

$$\rho = r^n, \quad \varphi = n\theta \tag{10.1.7}$$

由式(10.1.7)可知,幂函数变换有以下特点。

幂函数变换

（1）将 z 平面上以原点为圆心的圆周 $|z|=r_0$（circles）变换成 w 平面上从以原点为圆心的圆周 $|w|=r_0^n$；单位圆周 $|z|=1$ 变换成单位圆周 $|w|=1$。

（2）将 z 平面上从原点出发的射线 $\theta=\theta_0$（rays）变换为 w 平面上从原点出发的射线 $\varphi=n\theta_0$；正实轴 $\theta=0$ 变换为正实轴 $\varphi=0$。

（3）将 z 平面上的圆环域（annular domain）$r_1<|z|<r_2$ 变换到 w 平面上的圆环域 $r_1^n<|w|<r_2^n$。

（4）将 z 平面上以原点为顶点的角形域（angular domain）$0<\theta<\theta_0$ 变换为 w 平面上以原点为顶点的角形域 $0<\varphi<n\theta_0,\theta_0<\dfrac{2\pi}{n}$。

可以看出，第（4）个特点是最有实际意义的，幂函数变换可以将一个夹角为 θ_0 的角形域变换为夹角为 $n\theta_0$ 的角形域。再具体一些，z 平面上以原点为顶点、夹角为 $\dfrac{\pi}{n}$ 的角形域经过幂函数 z^n 变换后，变成夹角为 π 的角形域，即上半平面。

例如，幂函数变换 $w=z^2$ 将 z 平面上的正实轴变换为 w 平面上的正实轴，将 z 平面上的正虚轴变换为 w 平面上的负实轴，将大小为 $\dfrac{\pi}{2}$ 的角形域变换为 w 平面上大小为 π 的角形域，即上半平面。由

$$w=u+\mathrm{i}v=z^2=(x+\mathrm{i}y)^2=x^2-y^2+2xy\mathrm{i}$$

得

$$u=x^2-y^2,\quad v=2xy$$

可以看出，$w=z^2$ 将 z 平面上相互正交的两簇曲线 $x^2-y^2=c$ 和 $2xy=d$ 变换为 w 平面上的两簇正交曲线 $u=c$ 和 $v=d$，如图 10.1 所示。

图 10.1　二次幂函数变换示意图

观察可知，幂函数的导数在原点处为 0，即 $w'(0)=0$，因此幂函数在原点处并不保角。实际上，幂函数变换正是基于这一点来完成角形域变换的。

例 10.1　设 z 平面上有半径为 2，且在 $0<\arg z<\dfrac{\pi}{5}$ 内的扇形域。请问：经过 $w=z^5$ 映射后扇形域变换成什么图形？

解：圆弧 $|z|=2$ 经映射 $w=z^5$ 后变成圆弧 $|w|=2^5=32$，角形域 $0<\arg z<\dfrac{\pi}{5}$ 经映射 $w=z^5$ 后变成角形域 $0<\arg w<5\times\dfrac{\pi}{5}=\pi$，即扇形域经映射 $w=z^5$ 后变成半径为 32 的上半圆域。

例 10.2　假设有一个非常大的金属导体，挖去一个二面角，大小为 60°，让导体充电到电势为 V_0，求二面角内电势和电场分布。

解：导体无限大，可以认为挖去的二面角棱无限长，那么二面角内电势分布问题简化成二维平行平面场问题，在 z 平面上画出二面角截面，如图 10.2 所示。因为整个无限大导体是等势体，二面角的两个边界处电势为 V_0。

选取幂函数变换 $w=z^3$，将 z 平面上的 $60°$ 角形域变换为 w 平面上的上半平面。在 w 平面上，电势函数仍然满足拉普拉斯方程，容易解得电势分布为

$$\phi = V_0 + Cv$$

即电势沿 v 轴线性变化，等势面平行于无限大导体板。

由变换函数

$$w = z^3 = (re^{i\theta})^3 = r^3 e^{i3\theta} = r^3 \cos3\theta + ir^3 \sin3\theta = u + iv$$

可得

$$r^3 \sin3\theta = v$$

变换回去得到 z 平面上的电势分布

$$\phi = V_0 + Cr^3 \sin3\theta$$

由电势求得电场

$$\boldsymbol{E} = -\nabla\phi = -\frac{\partial\phi}{\partial r}\boldsymbol{e}_r - \frac{1}{r}\frac{\partial\phi}{\partial\theta}\boldsymbol{e}_\theta$$

$$= -3Cr^2 \sin3\theta \boldsymbol{e}_r - 3Cr^2 \cos3\theta \boldsymbol{e}_\theta$$

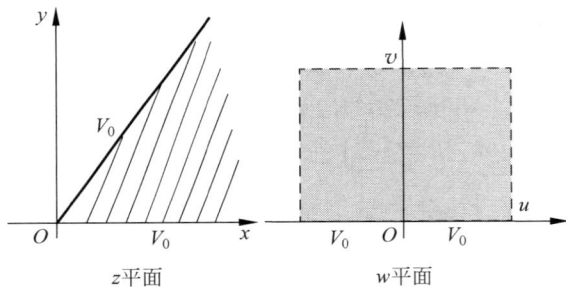

图 10.2 幂函数变换 $w=z^3$ 示意图

这里用到球坐标系中的梯度公式，参考 12.3.1 节。

4. 对数函数变换(logarithmic transformation)

对数函数

$$w = \ln z \tag{10.1.8}$$

在主值分支内解析，且有

$$w' = \frac{1}{z} \tag{10.1.9}$$

令 $z = re^{i\theta}$，且 $0 \leqslant \theta < 2\pi$（主值分支），代入函数有

$$w = \ln re^{i\theta} = \ln r + i\theta = u + iv$$

故有

$$u = \ln r, \quad v = \theta(0 \leqslant r < \infty, 0 \leqslant \theta < 2\pi) \tag{10.1.10}$$

由式(10.1.10)可知,对数函数变换有以下特点。

(1) z 平面的圆周 $|z|=r_0$(circles)变换到 w 平面的线段 $u=\ln r_0$($0\leqslant v<2\pi$);这里因为考虑主值分支,圆周变换到 w 平面是线段,而非直线或射线。

(2) z 平面的射线(rays starting from the origin)$\theta=\theta_0$ 变换到 w 平面的直线 $v=\theta_0$($u\in(-\infty,+\infty)$),如图 10.3 所示。需要特别强调的是,射线上 r 从 0 变化到无穷,相应的 $u=\ln r$ 从负无穷变化到正无穷,因此 z 平面原点出发的射线变换为 w 平面的直线,而非线段或射线。

(3) z 平面的圆环域 $r_1<|z|<r_2$ 变换到 w 平面的带形域 $\ln r_1<u<\ln r_2$($0<v<2\pi$)。

(4) z 平面上以原点为顶点的角形域 $0<\theta<\theta_0$ 变换为 w 平面上平行于 u 轴的无限长带形域 $0<v<\theta_0$,如图 10.4 所示。

图 10.3 对数函数实现曲线的变换

图 10.4 对数函数实现区域的变换(例 10.2)

因此,对数变换可以将圆环区域、角形区域变换为带形域,从而简化求解。运用对数函数变换时一定要注意使用条件,即主值分支内函数解析($0\leqslant\theta<2\pi$)。

例 10.3 试求平面静电场的电势分布 $\phi(x,y)$,其中

$$\Delta\phi=0 \quad (\mathrm{Im}z>0)$$

$$\phi(x,0)=\begin{cases}V_2, & x<0 \\ V_1, & x>0\end{cases}$$

如图 10.5(a)所示。

解: 观察发现,待求区域是一个特殊的角形域:上半平面。但由于无限大平板并不是等势体,因此不能直接计算上半平面电势。如果能将图 10.5(a)中的角形域变换为带形域,则很容易利用无限大平行板电容器的相关内容求解,因此选取对数函数变换

$$w = \ln z$$

由 $u = \ln r, v = \theta$ 可得 z 平面上 $\theta = 0 (0 < r < \infty)$ 的射线边界变换为直线边界

$$v = 0 \quad (-\infty < r < \infty)$$

z 平面上 $\theta = \pi (0 < r < \infty)$ 的射线边界变换为直线边界

$$v = \pi \quad (-\infty < r < \infty)$$

从而将上半平面变换为两直线间的带形域。在 w 平面上求定解问题,假设

$$\phi(u, v) = Av + B$$

运用边界条件 $\phi(u, 0) = V_1, \phi(u, \pi) = V_2$ 可得

$$\phi(u, v) = \frac{V_2 - V_1}{\pi} v + V_1$$

又由变换式(10.1.10)对 w 平面上的解进行反变换,可得原定解问题的解

$$\phi(x, y) = \frac{V_2 - V_1}{\pi} \theta + V_1$$

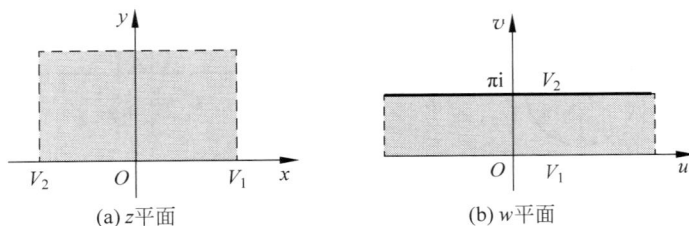

图 10.5 对数函数实现区域的变换(例 10.3)

观察前面的例子可以看出,保角变换法是一种非常简便的方法。保角变换法在二维平行平面场的求解过程特别是拉普拉斯方程定解问题中应用非常广泛。在静电场问题中,不但可以求解电势问题,还可以求解电场、电容、电导等问题,保角变换的变与不变性质总结如表 10.1。常运用保角变换法将复杂形状变换为平行板电容器,求其电容,见例 10.4。

表 10.1 保角变换的变与不变

变 化 的 量	不 变 的 量
边界形状	方程形式
$f'(z) = 0$ 处的角度	$f'(z) \neq 0$ 处的角度
源的强度(电荷密度)	整个系统的总电量
电场强度矢量	电势
线度改变	电容/电导

例 10.4 有一无限长同轴线电容器,横截面结构如图 10.6 所示,极板间填充介电常数为 ε 的介质,用保角变换法求该电容器沿轴向单位长度的电容。

解:运用对数函数 $w = \ln z$ 将 z 平面上的 $r = R_1 (0 \leqslant \theta < 2\pi)$ 和 $r = R_2 (0 \leqslant \theta < 2\pi)$ 两个圆形边界变换为 w 平面的两条线段

$$u = \ln R_1, u = \ln R_2, \quad (0 \leqslant \nu < 2\pi)$$

这样,同轴线电容器变换为平行板电容器,而平行板电容器的电容可以在 w 平面直接求得,即

图 10.6 保角变换示意图一

$$C = \frac{\varepsilon S}{d}$$

其中

$$S = 2\pi \times 1$$

$$d = \ln R_2 - \ln R_1 = \ln \frac{R_2}{R_1}$$

变换前后电容保持不变,因此原电容器单位长电容为

$$C = \frac{\varepsilon 2\pi}{\ln \dfrac{R_2}{R_1}}$$

例 10.4 中,运用对数函数变换实现了圆环区域到带形域的变换。实际上,圆环域和角形域的交集,如图 10.7(a)所示的区域也可以变换为带形区域,只是带形域宽度由 2π 变为 $\pi/2$,同理可求得其单位长度电容为

$$C = \frac{\varepsilon \pi}{2\ln \dfrac{R_2}{R_1}}$$

图 10.7 保角变换示意图二

5. 施瓦茨-克里斯托费尔变换(Schwarz-Christoffel transformation)

在实际工程领域中有很多平面场问题,其边界由直线段组成,或者边界可以处理为若干段直线段,比如有限宽度的平行板电容器、微波技术中的微带线等,如图 10.8 所示。这些场域或开或封闭,开放区域可被看作封闭于无穷远处,这样的多边形均可被看作广义多角形区域。不论广义多边形相邻边相交于无限远还是有限远,均视为顶点,其夹角视为顶角。

(a) 平行板电容器   (b) 带状线

图 10.8　多角形区域

运用施瓦兹-克里斯托费尔变换,可以将 n 边形区域变换为 w 平面上的上半平面区域,如图 10.9 所示。假设 $z_i(i=1,2,\cdots,n)$ 为 z 平面上 n 边形的各个顶点复数坐标,$\alpha_i(i=1,2,\cdots,n)$ 为各顶点对应内角,$b_i(i=1,2,\cdots,n)$ 为各顶点变换到 w 平面之后的复数坐标,变换函数可以由下面的微分方程得到:

$$\frac{\mathrm{d}z}{\mathrm{d}w}=A(w-b_1)^{\frac{\alpha_1}{\pi}-1}(w-b_2)^{\frac{\alpha_2}{\pi}-1}\cdots(w-b_n)^{\frac{\alpha_n}{\pi}-1}$$

$$=A\prod_{i=1}^{n}(w-b_i)^{\frac{\alpha_i}{\pi}-1} \tag{10.1.11}$$

称作施瓦兹-克里斯托费尔变换式。式中,A 为待定常数。无穷远点可忽略,不出现在变换式中。对式(10.1.11)两边求积分可得变换函数

$$z=A\int(w-b_1)^{\frac{\alpha_1}{\pi}-1}(w-b_2)^{\frac{\alpha_2}{\pi}-1}\cdots(w-b_n)^{\frac{\alpha_n}{\pi}-1}\mathrm{d}w+B \tag{10.1.12}$$

容易证明,这个变换具有保角性,又称为多角形变换。

(a) z平面上的多角形边界   (b) w平面上的实轴

图 10.9　多角形变换

运用施瓦兹-克里斯托费尔变换求变换函数时,首先要根据 z 平面上的给定顶点 z_i 找到 w 平面上对应的顶点 b_i,此时需要充分利用顶点和区域的对称性,z 平面上相互对称的点到 w 平面上仍然对称。这样,实现区域形状改变的同时也能得到较为简洁的变换函数。

例 10.5　找到一个解析函数,将图 10.10 所示的以原点为顶点的角形域 $\frac{\pi}{4}$ 变换为上半平面。

解:观察图 10.10 的角形域,广义多边形有两个顶点,一个顶点在原点,另一个顶点在无限远处。顶点信息如表 10.2 所示。

(a) 角形域　　　　(b) w平面的上半平面

图 10.10　角形域的变换

表 10.2　例 10.5 顶点信息

i	z_i	α_i	b_i
1	0	$\dfrac{\pi}{4}$	0
2	∞	—	—

顶点 z_1 经过角形域的对称轴（虚线所示），因此 z_1 变换到 w 平面上的 b_1 也经过变换后新区域的对称轴，那么 b_1 必定仍在原点，将顶点 1 的对应信息代入施瓦兹-克里斯托费尔变换

$$\frac{\mathrm{d}z}{\mathrm{d}w} = A(w - b_1)^{\frac{\alpha_1}{\pi} - 1}$$

有

$$\mathrm{d}z = A(w - 0)^{\frac{1}{4} - 1} \mathrm{d}w$$

积分得

$$z = A \int (w - 0)^{\frac{1}{4} - 1} \mathrm{d}w + B = 4Aw^{\frac{1}{4}} + B$$

当 $z = 0$、$w = 0$ 时，$B = 0$。若取 $z = 1$ 与 $w = 1$ 的点相对应，则 $A = \dfrac{1}{4}$。因此，变换式为

$$z = w^{\frac{1}{4}} \quad \text{或} \quad w = z^4$$

这就是前面介绍过的幂函数变换。

从例 10.5 可以看出，能够实现角形域到上半平面区域变换的函数不是唯一的，实际应用时，通常根据点的对称性等性质选取最简单的形式。

例 10.6　求得一个解析函数，将如图 10.11 所示的广义角形域变换为上半平面。

(a) 角形域　　　　(b) w平面的上半平面

图 10.11　广义多边形角形域的变换

顶点信息如表 10.3 所示。

表 10.3　例 10.6 顶点信息

i	z_i	α_i	b_i
1	∞		
2	0	$\dfrac{\pi}{2}$	$-h$
3	$h\mathrm{i}$	2π	0
4	0	$\dfrac{\pi}{2}$	h

顶点 z_3 经过角形域的对称轴，因此 z_3 变换到 w 平面上的 b_3 经过新区域的对称轴，那么 b_3 必定仍在原点，z_2 和 z_4 关于 z_3 对称，令 $b_2=-h$，则根据对称性有 $b_4=h$，将表 10.3 数据代入(10.1.11)有

$$\frac{\mathrm{d}z}{\mathrm{d}w}=A(w-b_2)^{\frac{\alpha_2}{\pi}-1}(w-b_3)^{\frac{\alpha_3}{\pi}-1}(w-b_4)^{\frac{\alpha_4}{\pi}-1}$$

即

$$\mathrm{d}z=A(w+h)^{\frac{1}{2}-1}w^{2-1}(w-h)^{\frac{1}{2}-1}\mathrm{d}w=A(w^2-h^2)^{-\frac{1}{2}}w\mathrm{d}w$$

积分得

$$z=A\int(w^2-h^2)^{-\frac{1}{2}}w\mathrm{d}w+B=A(w^2-h^2)^{\frac{1}{2}}+B$$

当 $z=h\mathrm{i}$ 时，$w=0$，可得，$B=0$，$A=1$。因此，变换式为

$$z=\sqrt{w^2-h^2}\quad\text{或}\quad w=\sqrt{z^2+h^2}$$

10.1.2　应用举例(examples)

例 10.7　相互绝缘且夹角为 α 的两半无限大导体平板，截面如图 10.12 所示，两导体板静电势分别为 V_0 和 V_1，计算角形区域内部的静电势分布。

(a) 角形域　　　　(b) w 平面的平行板域

图 10.12　角形区域内部的电势分布

解：该定解问题为二维平行平面场问题，静电势满足拉普拉斯方程定解问题，即

$$\begin{cases}\nabla^2\phi=0\\\phi\,|_{\varphi=0}=V_0\\\phi\,|_{\varphi=\alpha}=V_1\end{cases}$$

方法一：保角变换法

选取对数函数变换，将两条从原点出发的射线边界转换为 w 平面上的两条平行直线边界，然后在 w 平面上求解。

由对数函数

$$w = \ln z = \ln r e^{i\varphi} = \ln r + i\varphi = u + iv$$

可得

$$u = \ln r, \quad v = \varphi$$

z 平面上相交的两条射线 $\varphi = 0$ 和 $\varphi = \alpha$ 变换为 w 平面上两条平行线 $v = 0$ 和 $v = \alpha$。角形区域内部则变换为两平行线之间的带状区域，如图 10.12 所示。

两无限大平行板电容器之间为匀强电场，因此 w 平面上电势

$$\phi = Av + B$$

代入边界条件 $\phi\big|_{\varphi=0} = V_0, \phi\big|_{\varphi=\alpha} = V_1$ 可求得

$$\phi = \frac{V_1 - V_0}{\alpha} v + V_0$$

由变换式有 $v = \varphi$，因此上式用 z 平面的变量表示为

$$\phi = \frac{V_1 - V_0}{\alpha} \varphi + V_0$$

方法二：分离变量法

选取柱坐标系求解定解问题，柱坐标系下的拉普拉斯方程写为

$$\frac{1}{\rho} \frac{\partial}{\partial \rho} \left(\rho \frac{\partial \phi}{\partial \rho} \right) + \frac{1}{\rho^2} \frac{\partial^2 \phi}{\partial \varphi^2} + \frac{\partial^2 \phi}{\partial z^2} = 0$$

对于齐次泛定方程定解问题，边界条件的特征决定解的特征。若边界条件和某个坐标变量无关，则解与该坐标变量无关；若边界条件为轴对称分布，则解与方位角 φ 无关。

观察可知，以上定解问题中边界条件与坐标变量 z 和 ρ 无关，因此原方程写为

$$\frac{1}{\rho^2} \frac{\partial^2 \phi}{\partial \varphi^2} = 0 \tag{10.1.13}$$

方程式(10.1.13)的解为

$$\phi = \frac{V_1 - V_0}{\alpha} \varphi + V_0 \tag{10.1.14}$$

可以看出，两种不同的方法求解同一个问题，解是完全相同的。

例 10.8 试求平面静电场的电势分布 $\phi_1(x, y)$，其中

$$\begin{cases} \Delta \phi_1 = 0, & y > 0, -\infty < x < \infty \\ \phi_1(x, 0) = W_1, & x < -1 \\ \phi_1(x, 0) = W_2, & x > -1 \end{cases}$$

解：观察可知，待求区域是夹角为 π 的角形域，但角的顶点不在原点，因此首先选择平移变换 $z_1 = z + 1$，然后再运用对数函数变换 $w = \ln z_1$ 即可将原来的角形域变换为带状区域，如图 10.13 所示。

在 w 平面上求定解问题，可得

图 10.13　角形域变换为带形域

$$\phi_1(u,v) = \frac{W_1 - W_2}{\pi}v + W_2$$

对 w 平面上的解进行两次反变换,可求得原定解问题的解

$$\phi_1(x,y) = \frac{W_1 - W_2}{\pi}\arg z_1 + W_2 = \frac{W_1 - W_2}{\pi}\arg(z+1) + W_2 \qquad (10.1.15)$$

同理也可以证明

$$\phi_2(x,y) = \frac{U_1 - U_2}{\pi}\arg(z-1) + U_2 \qquad (10.1.16)$$

是定解问题

$$\begin{cases} \Delta\phi_2 = 0, & y > 0, -\infty < x < \infty \\ \phi_2(x,0) = U_1, & x < 1 \\ \phi_2(x,0) = U_2, & x > 1 \end{cases} \qquad (10.1.17)$$

的解。由叠加原理可得

$$\begin{aligned} \phi(x,y) &= \phi_1(x,y) + \phi_2(x,y) \\ &= \frac{W_1 - W_2}{\pi}\arg(z+1) + W_2 + \frac{U_1 - U_2}{\pi}\arg(z-1) + U_2 \end{aligned} \qquad (10.1.18)$$

为定解问题

$$\begin{cases} \Delta\phi = 0, & y > 0, -\infty < x < \infty \\ \phi(x,0) = V_0, & -\infty < x < -1 \\ \phi(x,0) = V_1, & -1 < x < 1 \\ \phi(x,0) = V_2, & 1 < x < \infty \end{cases} \qquad (10.1.19)$$

的解。其中

$$V_0 = W_1 + U_1, \quad V_1 = W_2 + U_1, \quad V_2 = W_2 + U_2 \qquad (10.1.20)$$

表达式(10.1.18)也可以写为

$$\phi(x,y) = \frac{V_0 - V_1}{\pi}\arg(z+1) + \frac{V_1 - V_2}{\pi}\arg(z-1) + V_2 \qquad (10.1.21)$$

同理可以证明

$$\begin{aligned} \phi(x,y) = {}&\frac{V_0 - V_1}{\pi}\arg(z-x_1) + \frac{V_1 - V_2}{\pi}\arg(z-x_2) + \cdots + \\ &\frac{V_{n-1} - V_n}{\pi}\arg(z-x_n) + V_n \end{aligned} \qquad (10.1.22)$$

是定解问题

$$
\begin{cases}
\Delta\phi = 0, & y > 0, -\infty < x < \infty \\
\phi(x,0) = V_0, & -\infty < x < x_1 \\
\phi(x,0) = V_1, & x_1 < x < x_2 \\
\phi(x,0) = V_2, & x_2 < x < x_3 \\
\vdots \\
\phi(x,0) = V_n, & x_n < x < \infty
\end{cases}
\tag{10.1.23}
$$

的解。因此，如果已知实轴上电势边界条件，可以运用式(10.1.22)直接求得上半空间的电势分布。

10.2 有限差分法(finite difference method)

在电磁场数值分析的计算方法中，有限差分法是应用最早的一种方法，具有简单、直观的特点，至今仍在常微分方程初值问题、边值问题和偏微分方程初值问题、边值问题中具有广泛应用。它的基本思想是先把连续的定解区域(continuous region)用由有限个离散点(discrete points)构成的网格来代替，这些离散点称为网格的节点；然后在网格节点上按适当的数值微分公式把定解问题中的微分项用差分来近似，从而把原问题离散化为差分格式，将微分方程(differential equation)转换为代数方程组(algebraic equations)，最终将连续场域(continuous field)内的问题转换为离散系统(discrete systems)的问题，解此方程组即可得到原问题在离散的网格节点上的近似解(approximate solution)。利用插值算法(interpolation algorithm)便可从离散解得到定解问题在整个区域上的近似解。有限差分方法具有简单、灵活及通用性强等特点，容易在计算机上实现。

10.2.1 差分的基本概念(concepts)

设有 x 的解析函数 $y = f(x)$，函数 y 对 x 的导数(derivative)

$$
\frac{dy}{dx} = \lim_{\Delta x \to 0} \frac{\Delta y}{\Delta x} = \lim_{\Delta x \to 0} \frac{f(x + \Delta x) - f(x)}{\Delta x}
\tag{10.2.1}
$$

其中，dy、dx 分别为函数 $f(x)$ 及自变量 x 的微分(differential)，$\frac{dy}{dx}$ 为函数 $f(x)$ 对自变量 x 的导数，又称微商。式(10.2.1)中的 Δy、Δx 分别称为函数 $f(x)$ 及自变量 x 的差分(difference)。$\frac{\Delta y}{\Delta x}$ 为函数 $f(x)$ 对自变量 x 的差商(difference quotient)。函数的差分有三种形式：

$$
\Delta y = f(x + \Delta x) - f(x)
\tag{10.2.2}
$$

$$
\Delta y = f(x) - f(x - \Delta x)
\tag{10.2.3}
$$

$$
\Delta y = f(x + \Delta x) - f(x - \Delta x)
\tag{10.2.4}
$$

式(10.2.2)、式(10.2.3)和式(10.2.4)分别称为前向差分(forward difference)、后向差分(backward difference)及中心差分(centered difference)，与这三种差分形式对应的差商形

有限差分法介绍

式写为

$$\frac{\Delta y}{\Delta x} = \frac{f(x + \Delta x) - f(x)}{\Delta x} \tag{10.2.5}$$

$$\frac{\Delta y}{\Delta x} = \frac{f(x) - f(x - \Delta x)}{\Delta x} \tag{10.2.6}$$

$$\frac{\Delta y}{2\Delta x} = \frac{f(x + \Delta x) - f(x - \Delta x)}{2\Delta x} \tag{10.2.7}$$

由式(10.2.1)可知,当自变量 x 的差分 Δx 趋于 0 时,差商可以近似表示导数 $\dfrac{\mathrm{d}y}{\mathrm{d}x}$。在数值计算中常用差商近似代替导数。

为讨论差分公式的精度,通常运用泰勒级数(Taylor series)展开得到函数导数的有限差分形式。解析函数 $f(x)$ 在 x_0 附近点的泰勒级数展开为

$$f(x) = f(x_0) + f'(x_0)(x - x_0) + \cdots + \frac{f^{(n)}(x_0)}{n!}(x - x_0)^n + \cdots \tag{10.2.8}$$

任意点 x 处的泰勒级数写为

$$f(x + h) = f(x) + f'(x)h + \frac{f''(x)}{2!}h^2 \cdots + \frac{f^{(n)}(x)}{n!}h^n + \cdots \tag{10.2.9}$$

$$f(x - h) = f(x) - f'(x)h + \frac{f''(x)}{2!}h^2 \cdots + (-1)^n \frac{f^{(n)}(x)}{n!}h^n + \cdots \tag{10.2.10}$$

其中,h 为 x 的微小变化量,以上两式相减有

$$f(x + h) - f(x - h) = 2f'(x)h + 2\frac{f^{(3)}(x)}{3!}h^3 + \cdots \tag{10.2.11}$$

根据不同精度要求,可以用泰勒展开式的有限项来近似表示 $f'(x)$。若忽略三阶及以上的高阶项,可得

$$f'(x) \approx \frac{f(x + h) - f(x - h)}{2h} \tag{10.2.12}$$

式(10.2.12)称为 $f'(x)$ 的精度为 $O(h^2)$ 的中心差分公式,$O(h^2)$ 表示省略了高于二阶的项。也可以运用泰勒展开式推得精度为 $O(h^2)$ 的 $f''(x)$ 的差分式,将式(10.2.9)和式(10.2.10)相加,有

$$f(x + h) + f(x - h) = 2f(x) + \frac{2f''(x)}{2!}h^2 + \frac{2f^{(4)}(x)}{4!}h^4 + \cdots \tag{10.2.13}$$

将级数在四阶导数处截断,可得二阶导数(second derivative)的近似公式

$$f''(x) = \frac{f(x + h) - 2f(x) + f(x - h)}{h^2} \tag{10.2.14}$$

式(10.2.14)称为 $f''(x)$ 的精度为 $O(h^4)$ 的中心差分公式。

这样,可以将常微分方程转换为差分方程。仿照式(10.2.8)~式(10.2.14),可以将偏微分近似为差商,这样偏微分方程(differential equation)就转换成差分方程(difference equation)。

10.2.2 二维拉普拉斯方程的差分方程(difference equation of 2D Laplace equation)

二维静态电磁场域中,每点的电势函数 ϕ 均满足泊松方程(Poisson equation),即

$$\nabla^2 \phi = \frac{\partial^2 \phi}{\partial x^2} + \frac{\partial^2 \phi}{\partial y^2} = F(x, y) \tag{10.2.15}$$

其中，$F(x, y)$ 为场源。

首先将场域划分为许多足够小的正方形网格（square grids），如图 10.14 所示。每个网格的边长为 h，称为步长（step length），两组平行线的交点称为网格的节点（nodes）。设 0 点电势为 ϕ_0，0 点周围节点 1、2、3、4 的电位分别为 ϕ_1、ϕ_2、ϕ_3 和 ϕ_4。

图 10.14　正方形网格节点及第 i 点的相邻节点表示

电势函数 ϕ 在场域内处处可微，运用式（10.2.9）和式（10.2.10）可得

$$\phi_1 = \phi_0 - h \frac{\partial \phi}{\partial x}\Big|_{(x_0, y_0)} + \frac{1}{2!} h^2 \frac{\partial^2 \phi}{\partial x^2}\Big|_{(x_0, y_0)} - \frac{1}{3!} h^3 \frac{\partial^3 \phi}{\partial x^3}\Big|_{(x_0, y_0)} + \cdots \tag{10.2.16}$$

$$\phi_3 = \phi_0 + h \frac{\partial \phi}{\partial x}\Big|_{(x_0, y_0)} + \frac{1}{2!} h^2 \frac{\partial^2 \phi}{\partial x^2}\Big|_{(x_0, y_0)} + \frac{1}{3!} h^3 \frac{\partial^3 \phi}{\partial x^3}\Big|_{(x_0, y_0)} + \cdots \tag{10.2.17}$$

将式（10.2.16）和式（10.2.17）相加，有

$$\phi_1 + \phi_3 = 2\phi_0 + h^2 \frac{\partial^2 \phi}{\partial x^2}\Big|_{(x_0, y_0)} + \cdots \tag{10.2.18}$$

忽略四阶以上的高次项，得

$$\frac{\partial^2 \phi}{\partial x^2}\Big|_{(x_0, y_0)} = \frac{(\phi_1 + \phi_3 - 2\phi_0)}{h^2} \tag{10.2.19}$$

同理可得

$$\frac{\partial^2 \phi}{\partial y^2}\Big|_{(x_0, y_0)} = \frac{(\phi_2 + \phi_4 - 2\phi_0)}{h^2} \tag{10.2.20}$$

将式（10.2.19）和式（10.2.20）相加有

$$\left(\frac{\partial^2 \phi}{\partial x^2} + \frac{\partial^2 \phi}{\partial y^2}\right)\Big|_{(x_0, y_0)} = \frac{(\phi_1 + \phi_2 + \phi_3 + \phi_4 - 4\phi_0)}{h^2} \tag{10.2.21}$$

代入式（10.2.15）可得

$$\frac{(\phi_1 + \phi_2 + \phi_3 + \phi_4 - 4\phi_0)}{h^2} = F(x, y) \tag{10.2.22}$$

由式（10.2.22）写出泊松方程的有限差分形式（difference form of Poisson equation），即

$$\phi_0 = \frac{1}{4}(\phi_1 + \phi_2 + \phi_3 + \phi_4) - \frac{1}{4} h^2 F(x, y) \tag{10.2.23}$$

令 $F(x,y)=0$ 可得拉普拉斯方程(Laplace equation)的有限差分形式

$$\phi_0 = \frac{1}{4}(\phi_1 + \phi_2 + \phi_3 + \phi_4) \tag{10.2.24}$$

设网格的 (i,j) 节点的电势为 $\phi_{i,j}$，其上、下、左、右四个节点的电势分别为 $\phi_{i,j+1}$、$\phi_{i,j-1}$、$\phi_{i-1,j}$、$\phi_{i+1,j}$，则它们之间的关系为

$$\phi_{i,j} = \frac{1}{4}(\phi_{i,j+1} + \phi_{i,j-1} + \phi_{i-1,j} + \phi_{i+1,j}) \tag{10.2.25}$$

这就得到了网格内 (i,j) 点处拉普拉斯方程的差分形式，又称差分方程(difference equation)。

10.2.3 边界上的差分方程(difference equation on boundary grids)

如果求解的问题边界较复杂，对于紧邻边界的节点，其边界点不一定正好落在正方形网格的节点上，而可能是如图10.15所示的情况。其中，2、3 为边界上的节点，p、q 为小于1的正数。仿照上面的过程可得

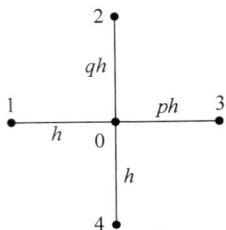

图 10.15 边界附近的节点

$$\phi_1 = \phi_0 - h\frac{\partial \phi}{\partial x}\bigg|_{(x_0,y_0)} + \frac{1}{2!}(h)^2\frac{\partial^2 \phi}{\partial x^2}\bigg|_{(x_0,y_0)} - \frac{1}{3!}(h)^3\frac{\partial^3 \phi}{\partial x^3}\bigg|_{(x_0,y_0)} + \cdots \tag{10.2.26}$$

$$\phi_3 = \phi_0 + ph\frac{\partial \phi}{\partial x}\bigg|_{(x_0,y_0)} + \frac{1}{2!}(ph)^2\frac{\partial^2 \phi}{\partial x^2}\bigg|_{(x_0,y_0)} + \frac{1}{3!}(ph)^3\frac{\partial^3 \phi}{\partial x^3}\bigg|_{(x_0,y_0)} + \cdots \tag{10.2.27}$$

于是，有

$$p\phi_1 + \phi_3 = (1+p)\phi_0 + \frac{1}{2}p(1+p)h^2\frac{\partial^2 \phi}{\partial x^2}\bigg|_{(x_0,y_0)} + \cdots \tag{10.2.28}$$

忽略高阶项有

$$\frac{\partial^2 \phi}{\partial x^2}\bigg|_{(x_0,y_0)} = \frac{2[\phi_3 + p\phi_1 - (1+p)\phi_0]}{p(1+p)h^2} \tag{10.2.29}$$

同理得

$$\frac{\partial^2 \phi}{\partial y^2}\bigg|_{(x_0,y_0)} = \frac{2[\phi_2 + q\phi_4 - (1+q)\phi_0]}{q(1+q)h^2} \tag{10.2.30}$$

从而得到邻近边界节点处拉普拉斯方程的差分格式为

$$\frac{\phi_1}{1+p} + \frac{\phi_2}{q(1+q)} + \frac{\phi_3}{p(1+p)} + \frac{\phi_4}{1+q} - \left(\frac{1}{p}+\frac{1}{q}\right)\phi_0 = 0 \tag{10.2.31}$$

其中，ϕ_2、ϕ_3 是函数 ϕ 在边界上的值，对于第一类边界条件对应的定解问题其值为已知量。

10.2.4 二维静态电磁场差分方程的迭代法求解(iterative method solution for 2D static electromagnetic field difference equation)

由 10.2.2 节可以看出，场域内的每个节点都有一个类似式(10.2.25)的差分方程，对场

域中各节点逐一列出其差分方程,组成差分方程组。定解问题中给出的边界条件在离散化后则成为边界上节点的已知电位值,选择一定的代数解法,可以算出各离散节点上待求的电位值。先看一个简单的迭代法例子。

已知一无限长金属盒,截面为正方形,如图 10.16 所示。截面两侧及底部电位为 0,顶部电位为 1000V,求盒内的电位分布。

在盒内截面上取 3×3 个离散的电位节点,电位在场域内分布满足拉普拉斯方程,因此其差分方程为式(10.2.25),用简单迭代法求解,步骤如下:

第一步,给场域内节点赋电位初始值,为简单起见,取 $\phi_1^{(0)}=\phi_2^{(0)}=\cdots=\phi_9^{(0)}=0$,上标 0 表示初始值。

图 10.16　有限差分法求正方形截面的金属盒内电位

第二步,代入差分方程式(10.2.25),可得内部节点电位值的一次迭代解,分别为

$$\phi_1^{(1)}=\frac{\phi_2^{(0)}+1000+0+\phi_4^{(0)}}{4}=250$$

$$\phi_2^{(1)}=\frac{\phi_3^{(0)}+1000+\phi_1^{(0)}+\phi_5^{(0)}}{4}=250$$

$$\phi_3^{(1)}=\frac{\phi_2^{(0)}+1000+0+\phi_6^{(0)}}{4}=250$$

$$\phi_4^{(1)}=\frac{\phi_1^{(0)}+0+\phi_5^{(0)}+\phi_7^{(0)}}{4}=0$$

同理有

$$\phi_5^{(1)}=\phi_6^{(1)}=\phi_7^{(1)}=\phi_8^{(1)}=\phi_9^{(1)}=0$$

求出一次解的 9 个节点电位值后,零次解中的 9 个节点电位值在计算机内存中不保留,将被一次解中的相应电位值取代,从而节约存储空间。

第三步,重复上述步骤,令每个内部节点上的电位值二次解等于该节点周围四个相邻节点电位值一次解的平均值,并用电位值二次解覆盖内存中电位值的原一次解。

这样一次又一次地迭代下去,各节点电位值变化将越来越小,这时可以取这些节点上的电位值为该边值问题的数值解。

从有限差分法的原理可以看出,节点数量越多,计算越准确。由于编写计算机程序的需要,每一网格节点的位置用双下标(i,j)予以识别,如图 10.17 所示。规定迭代的运算顺序为:从左下角开始进行迭代计算,即从第 1 行第 1 列的节点开始迭代计算,完成第 1 行所有节点计算后开始第 2 行节点计算。由式(10.2.25)可得,节点(i,j)迭代到第$(n+1)$次时的近似值应由式(10.2.32)计算。

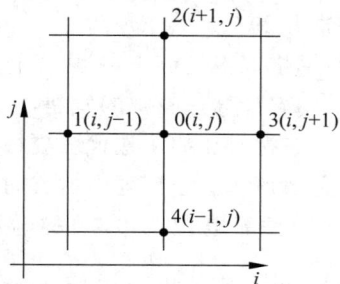

图 10.17　节点用双下标(i,j)表示

$$\phi_{i,j}^{(n+1)}=\frac{1}{4}(\phi_{i-1,j}^{(n+1)}+\phi_{i,j-1}^{(n+1)}+\phi_{i+1,j}^{(n)}+\phi_{i,j+1}^{(n)})$$

$$(10.2.32)$$

在迭代法应用中,还会涉及迭代解收敛程度的检验问题。通常的处理方法是:迭代一直进行,直到所有内节点上相邻两次迭代解的近似值满足条件

$$|\phi_{i,j}^{(n+1)} - \phi_{i,j}^{(n)}| < W \qquad (10.2.33)$$

即将式(10.2.33)作为检查迭代解收敛程度的依据,W 给出最大的允许误差。

对应的 MATLAB 程序如下:

```
%M,N 分别为分割的行列向量
M=5;N=5;                          %设置网格节点数 5×5
X=ones(M,N);                      %设置行列二维数组
X(M,:)=ones(1,N)*1000;            %设置上边界条件
X(1,:)=zeros(1,N);                %设置下边界条件
X(:,1)=zeros(M,1);                %设置左边界条件
X(:,N)=zeros(M,1);                %设置右边界条件
XX=X;maxw=1;w=0;                  %maxw,w 赋初值
n=0;                              %迭代次数 n 赋初值
while(maxw>1e-9)
    n=n+1;                        %迭代次数加 1
    maxw=0;
    for i=2:M-1
        for j=2:N-1
            XX(i,j)=1/4*(XX(i-1,j)+XX(i,j-1)+X(i+1,j)+X(i,j+1));
                                  %运用迭代公式
            w=abs(XX(i,j)-X(i,j));
            if(w>maxw) maxw=w; end
        end
    end
    X=XX;
end
contour(XX,20)
```

运行后得到各节点上的电位值为

0	1000	1000	1000	0
0	428.571428570864	526.785714285149	428.571428571146	0
0	187.499999999435	249.999999999435	187.499999999718	0
0	71.4285714282889	98.2142857140032	71.4285714284302	0
0	0	0	0	0

可以运用 MATLAB 中的 contour() 函数绘制等位线如图 10.18(a)所示,如果需要提高计算精度,只需要减小最大允许误差 W 的值,如果希望得到区域中较好的电位连续性,可以将 M、N 值增大。图 10.18(b)所示为 $M=N=12$,迭代次数为 297。

使用有限差分法求解电磁场边值问题是可行的,只要将网格取得足够小,就可以将离散的点看成连续的,从而达到求解连续场域电位分布的目的。随着计算机技术的发展,求解差分方程的过程变得越来越简单,也有人提出了超松弛迭代法,它拥有比简单迭代法更快的收敛。如何保证计算精度、减少计算工作量和提高计算速度,是数值算法长期努力的方向。

若将上例中的无限长槽横截面改为矩形,盒子两侧及底部电位为 0,槽的盖板接 $\phi\big|_{y=b}=\sin\dfrac{\pi}{a}x$,求矩形槽内的电位分布。在直角坐标系中,矩形槽的电位函数 ϕ 满足拉普拉斯方程,即

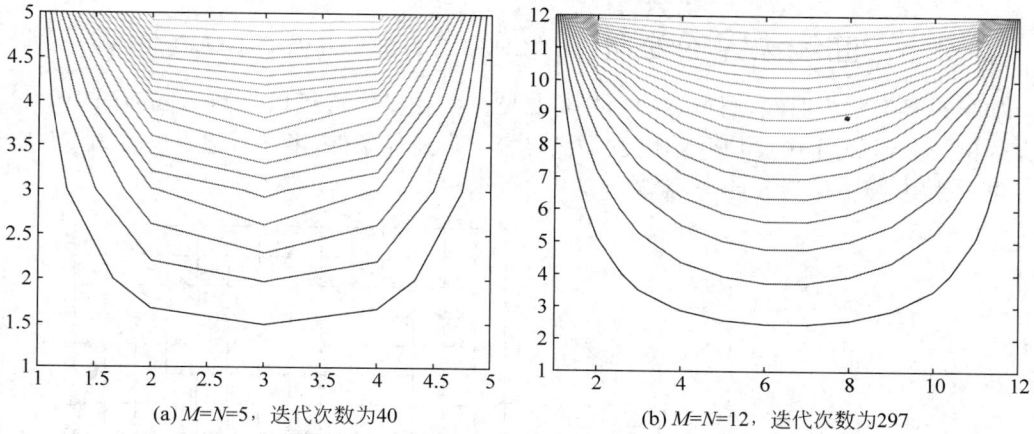

(a) $M=N=5$,迭代次数为40   (b) $M=N=12$,迭代次数为297

图 10.18　金属盒横截面的等位线分布

$$\frac{\partial^2 \phi}{\partial^2 x}+\frac{\partial^2 \phi}{\partial^2 y}=0$$

在四个边界上,ϕ 满足第一类边界条件,即

$$\phi(x,y)\big|_{x=0}=0, \quad \phi(x,y)\big|_{x=a}=0$$

$$\phi(x,y)\big|_{y=0}=0, \quad \phi(x,y)\big|_{y=b}=\sin\frac{\pi}{a}x$$

设 $a=40,b=20$,利用有限差分法求解。取步长 $h=1$,x、y 方向的网格数分别为 $M=21,N=41$,共有 $20\times40=800$ 个网孔,$21\times41=861$ 个节点,其中槽内节点(电位待求点)有 $19\times39=741$ 个,边界节点(电位已知点)有 $861-741=120$ 个,MATLAB 程序只需要将前三行程序替换为以下内容,便可求解该问题,等势线如图 10.19 所示。

```
a=40;b=20;                %矩形区域的长为40,宽为20
M=21;N=41;                %设置网格节点数5×10
X=ones(M,N);              %设置行列二维数组
for ii=1:1:N
X(M,ii)=sin(pi*(ii-1)/a); %设置上边界条件
end
```

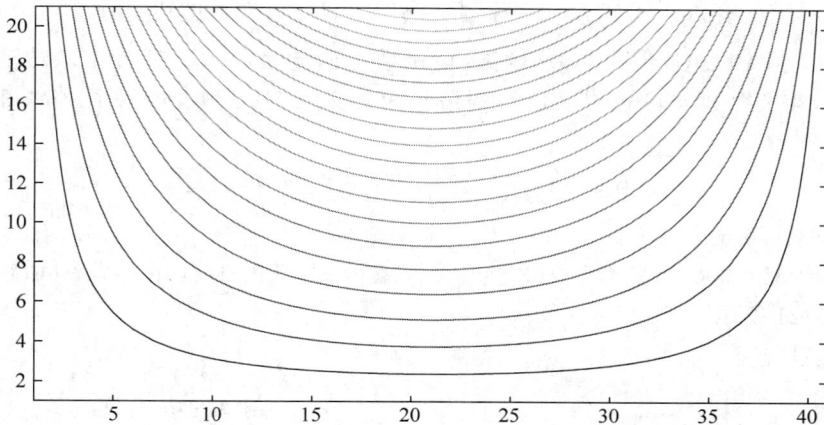

图 10.19　改变边界条件之后的等位线分布($M=21,N=41$,迭代次数为1078)

10.2.5　曲线边界的处理(processing of curved boundary)

如果边界形状为曲线,则节点的划分需要更多工作量。这里以半圆形截面的无限长金属盒为例。截面如图 10.20 所示,电位 ϕ 满足第一类边界条件,半圆形边界电位为 1V,直线边界电位为 0,圆半径为 $R=10$,求盒内的电位分布。

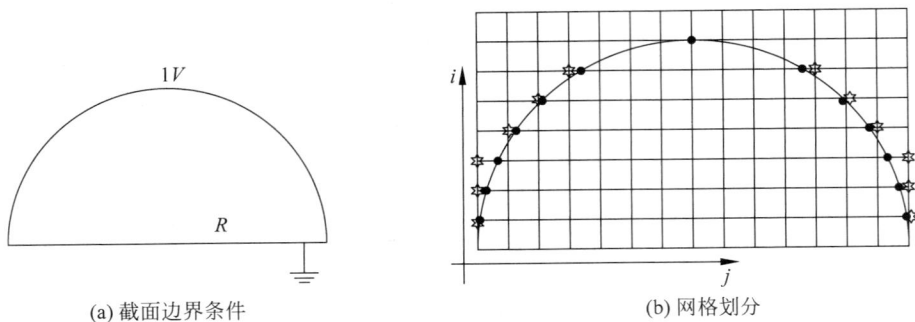

(a) 截面边界条件　　　　　　　　(b) 网格划分

图 10.20　无限长金属盒截面及网格划分

仍然沿用正方形网格,取步长为 h,直线边界节点数为 $n+1$,即有 $n=2R/h$。观察图 10.20(b)可以看出,圆形边界只有非常少数的点落到矩形网格节点上,本例中使用圆外最近的节点来构造近似的圆形边界,当网格划分足够细时这样的近似是合理的。

网格节点仍用双下标 (i,j) 予以识别,从第 1 行第 1 列的节点开始迭代运算,且有 $i\geqslant 1$, $j\geqslant 1$。本例中省去了定义二维数组存取区域内各点位置坐标的步骤。将半圆圆心置于直角坐标系 $(R,0)$ 处,则 (jh,ih) 表示区域各节点的位置坐标。那么满足条件 $(ih)^2+(jh-R)^2>R^2$ 的节点处于圆边界外,满足 $(ih)^2+(jh-R)^2<R^2$ 的节点则处于边界内,只有少数的满足 $(ih)^2+(jh-R)^2=R^2$ 的节点刚好处于圆边界上。

先处理半圆边界和所有网格横线的交点,如图 10.20(b)所示的 · 点,用网格上的 ☆ 点代替这些点,对于和第 i 行网格线相交的边界曲线,取 j 分别为以下两值的节点代替曲线边界。

$$\text{floor}\left[\left(\sqrt{R^2-(ih)^2}+R\right)/h\right]（右半圆边界）$$
$$\text{floor}\left[\left(-\sqrt{R^2-(ih)^2}+R\right)/h\right]+1（左半圆边界）$$

此处用了 MATLAB 中的 floor 函数,该函数返回的是不大于括号中表达式的最大整数。下一步,需要处理半圆边界和所有网格竖线的交点,对于和第 j 列网格线相交的边界点,取 i 为

$$\text{floor}\left[\left(\sqrt{R^2-(jh-R)^2}\right)/h\right]+1$$

的节点代替曲线边界。

本例中取 $M=200$,节点总数为 20000 个。编写 MATLAB 程序求解该问题,运行后等势线如图 10.21 所示。

MATLAB 代码:

```
clc;clear;                          %求解半圆形区域定解问题
R=10;                               %圆半径;
```

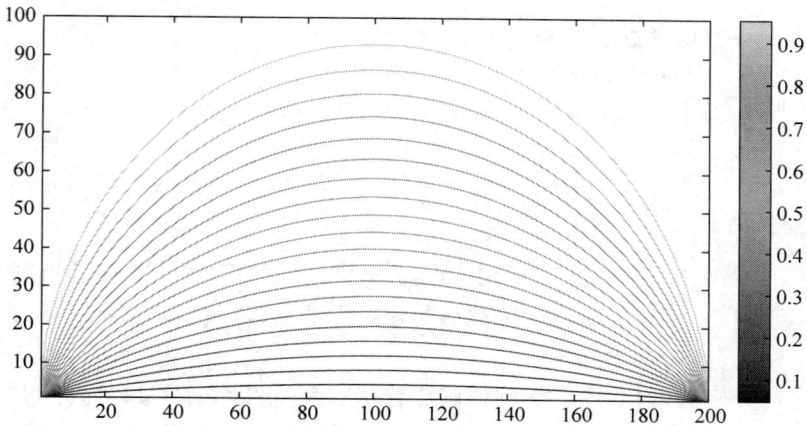

图 10.21 无限长金属盒截面中的等势线分布

```
h=0.1;                                              %步长;
V=1;                                                %圆形边界上的电势值;
M=2*R/h;                                            %直线边界上的节点数 M;
X=zeros(M/2,M);
%设定边界条件,圆边界条件电势为 V
for i=1:1:M/2
    for j=1:1:M
        if((j*h−R)^2+(i*h)^2==R^2)                  %圆上的节点
            X(i,j)=V;
        elseif j==floor((−sqrt(R^2−(i*h)^2)+R)/h)+1 %左半圆边界最近的节点
            X(i,j)=V;
        elseif j==floor((sqrt(R^2−(i*h)^2)+R)/h)     %右半圆边界最近的节点
            X(i,j)=V;
        elseif i==floor((sqrt(R^2−(j*h−R)^2))/h)+1   %上半圆边界最近的节点
            X(i,j)=V;
        elseif (j*h−R)^2+(i*h)^2>R^2                 %圆外区域设定和边界相同
            X(i,j)=V;
        end
    end
end
%设定边界条件,直线边界条件电势为 0
for j=1:1:M
    X(1,j)=0;
end
XX=X;maxw=1;w=0;                                    %maxw,w 赋初值
n=0;                                                %迭代次数 n 赋初值
while(maxw>1e−9)
    n=n+1;                                          %迭代次数加 1
    maxw=0;
    for i=2:M/2−1
        for j=2:M−1
            if (j*h−R)^2+(i*h)^2<=R^2                %圆内及圆上节点
            XX(i,j)=1/4*(XX(i−1,j)+XX(i,j−1)+X(i+1,j)+X(i,j+1));
                                                    %迭代公式
```

```
        end
        w=abs(XX(i,j)-X(i,j));
        if(w>maxw) maxw=w; end
    end
  end
  X=XX;
end
contour(XX,20)
```

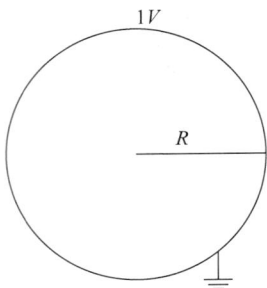

图 10.22　无限长圆形金属盒截面

迭代次数为 18186 次,如图 10.21 所示为画出的等势线图。运用类似的建模方法,可以编程求解图 10.22 所示的定解问题。

将圆的圆心置于直角坐标系 (R,R) 处,则 (jh,ih) 表示区域各节点的位置坐标。那么满足条件 $(ih-R)^2+(jh-R)^2>R^2$ 的节点处于圆边界外,满足 $(ih-R)^2+(jh-R)^2<R^2$ 的节点则处于边界内,只有少数满足 $(ih-R)^2+(jh-R)^2=R^2$ 的节点刚好处于圆边界上。

对于和第 i 行网格线相交的边界曲线,取 j 分别为以下两值的节点

$$\mathrm{floor}\left[\left(\sqrt{R^2-(ih-R)^2}+R\right)/h\right]（右半圆边界）$$

$$\mathrm{floor}\left[\left(-\sqrt{R^2-(ih-R)^2}+R\right)/h\right]+1（左半圆边界）$$

代替曲线边界。

对于和第 j 列网格线相交的边界点,取 i 为

$$\mathrm{floor}\left[\left(\sqrt{R^2-(jh-R)^2}+R\right)/h\right]$$

$$\mathrm{floor}\left[\left(-\sqrt{R^2-(jh-R)^2}+R\right)/h\right]+1$$

的节点代替曲线边界。

MATLAB 代码如下:

```
clc;clear;                                    %求解圆形区域定解问题
R=10;                                         %圆半径;
h=0.1;                                        %步长;
V1=1;                                         %上圆边界;
V2=0;                                         %下圆边界;
M=2*R/h;                                       %节点数;
X=zeros(M,M);
%设定边界条件,下半圆边界条件电势为 0
for i=1:1:M/2-1
    for j=1:1:M
        if((-R+j*h)^2+(-R+i*h)^2==R^2)         %下半圆上的节点
            X(i,j)=V2;
        elseif j==floor((sqrt(R^2-(i*h-R)^2)+R)/h)
                                               %下半圆右侧边界节点
            X(i,j)=V2;
        elseif j==floor((-sqrt(R^2-(i*h-R)^2)+R)/h)+1
```

```
                                                    %下半圆左侧边界节点
            X(i,j)=V2;
        elseif i==floor((-sqrt(R^2-(j*h-R)^2)+R)/h)+1
                                                    %下半圆其余节点
            X(i,j)=V2;
        elseif (-R+j*h)^2+(-R+i*h)^2>R^2
            X(i,j)=V2;
        end
    end
end
%设定边界条件,上半圆边界条件电势为 V1
for i=M/2:1:M
    for j=1:1:M
        if((-R+j*h)^2+(-R+i*h)^2==R^2)      %上半圆上的节点
            X(i,j)=V1;
        elseif j==floor((sqrt(R^2-(i*h-R)^2)+R)/h)
                                                    %上半圆右侧边界节点
            X(i,j)=V1;
        elseif j==floor((-sqrt(R^2-(i*h-R)^2)+R)/h)+1
                                                    %上半圆左侧边界节点
            X(i,j)=V1;
            elseif i==floor((sqrt(R^2-(j*h-R)^2)+R)/h)
                                                    %上半圆剩余节点
            X(i,j)=V1;
        elseif (-R+j*h)^2+(-R+i*h)^2>R^2
            X(i,j)=V1;
        end
    end
end
XX=X;maxw=1;w=0;                                    %maxw,w 赋初值
n=0;                                                % 迭代次数 n 赋初值
while(maxw>1e-9)
    n=n+1;                                          %迭代次数加一
    maxw=0;
    for i=2:M-1
        for j=2:M-1
            if (j*h-R)^2+(i*h-R)^2<=R^2             %刚好在圆内
                XX(i,j)=1/4*(XX(i-1,j)+XX(i,j-1)+X(i+1,j)+X(i,j+1));
                                                    %迭代公式
            end
            w=abs(XX(i,j)-X(i,j));
            if(w>maxw) maxw=w; end
        end
    end
    X=XX;
end
contour(XX)
```

本例中取 $M=200$,节点总数为 40000 个,迭代次数为 42971,如图 10.23 所示为画出的等势线图。

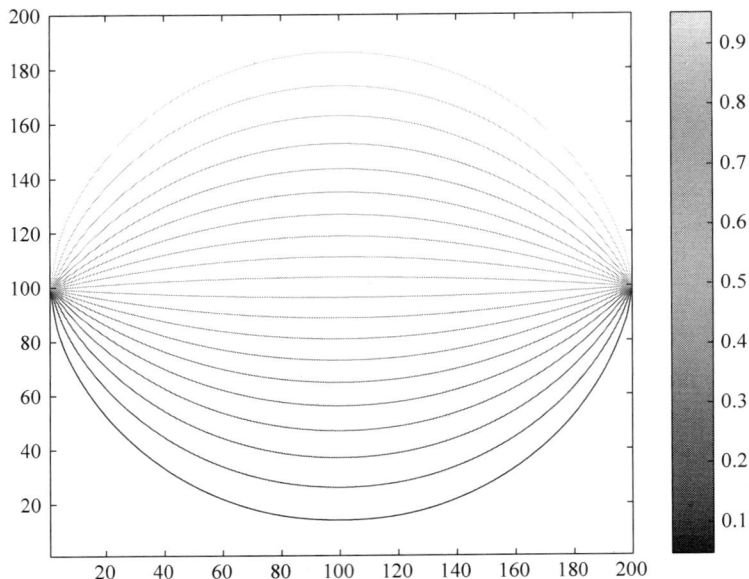

图 10.23   无限长圆形截面金属盒截面中的等势线分布

10.3   有限元法(finite element method)

有限元以变分原理为基础,将所要求解的边值问题转换为相应的变分问题,即泛函求极值问题,然后将待解区域进行分割,离散成有限个单元的集合,称为有限单元。二维问题一般采用三角形单元或矩形单元,三维空间采用四面体或多面体单元,每个单元的顶点称为节点。进而将变分问题离散化为普通多元函数的极值问题,最终归结为一组多元的代数方程组,编程求解该代数方程组即可得到待求边值问题的数值解。

与其他数值方法相比,有限元法在适应场域边界几何形状及媒质物理性质变化情况的复杂问题求解上有突出优点。

(1) 不受几何形状和媒质分布的复杂程度限制。

(2) 自动满足不同媒质分界面上的边界条件。

(3) 不必单独处理第二、三类边界条件。

(4) 离散点配置相对灵活,通过有限单元剖分密度的控制和单元插值函数的选取,可以充分保证所需的数值计算精度。

(5) 方便编写通用计算程序,使之构成模块化的子程序集合。

从数学理论意义上讲,作为应用数学的一个分支,有限元法使得微分方程的解法与理论面目一新,从而推动了泛函分析与计算方法的发展。

10.3.1   有限元法的基本原理(principle of FEM)

本节以二维问题为例对有限元法的基本原理作较为详尽的阐释。在几何上,已知三个顶点即可确定一个三角形,而三角形内部各处的物理量可以由三个顶点处物理量的线性组合表示,称为线性插值原理。将平面区域划分为有限个三角形单元 e,如图 10.24(a)所示。令每个单元 e 上三个节点的物理量分别为 ϕ_i、ϕ_j 和 ϕ_k,如图 10.24(b)所示。

(a) 三角形单元 (b) 网格上各点的物理量

图 10.24 有限元的网格划分

对任意一个三角形单元 e,其内部物理量 ϕ_e 可以由三个顶点的物理量线性插值得到。假设顶点 i 的贡献表示为

$$\phi_i = (a_i + b_i x + c_i y)\phi_i = \psi_i \phi_i \tag{10.3.1}$$

其中,$\psi_i = a_i + b_i x + c_i y$ 称为形函数,且有

$$\psi_i = \begin{cases} 1, & (x,y)=(x_i,y_i) \\ 0, & (x,y)=(x_j,y_j) \text{ 或} (x,y)=(x_k,y_k) \end{cases} \tag{10.3.2}$$

也可以写成线性方程组

$$1 = a_i + b_i x_i + c_i y_i \tag{10.3.3a}$$

$$0 = a_i + b_i x_j + c_i y_j \tag{10.3.3b}$$

$$0 = a_i + b_i x_k + c_i y_k \tag{10.3.3c}$$

或矩阵形式

$$\begin{pmatrix} 1 & x_i & y_i \\ 1 & x_j & y_j \\ 1 & x_k & y_k \end{pmatrix} \begin{pmatrix} a_i \\ b_i \\ c_i \end{pmatrix} = \begin{pmatrix} 1 \\ 0 \\ 0 \end{pmatrix} \tag{10.3.4}$$

由式(10.3.4)可以求得形函数

$$a_i = \frac{x_j y_k - x_k y_j}{2s} \tag{10.3.5}$$

$$b_i = \frac{y_i - y_k}{2s} \tag{10.3.6}$$

$$c_i = \frac{x_k - x_j}{2s} \tag{10.3.7}$$

其中,s 为三角形面积,由式(10.3.8)确定

$$s = \frac{1}{2} \begin{vmatrix} 1 & x_i & y_i \\ 1 & x_j & y_j \\ 1 & x_k & y_k \end{vmatrix} \tag{10.3.8}$$

为保证三角形面积 s 始终大于 0,要求三角形单元的顶点 i、j、k 按照逆时针顺序。同理有

$$\phi_j = (a_j + b_j x + c_j y)\phi_j = \psi_j \phi_j \tag{10.3.9}$$

$$\phi_k = (a_k + b_k x + c_k y)\phi_k = \psi_k \phi_k \tag{10.3.10}$$

则单元 e 内部物理量 ϕ_e 为

$$\phi_e(x,y) = (a_i + b_i x + c_i y)\phi_i + (a_j + b_j x + c_j y)\phi_j + (a_k + b_k x + c_k y)\phi_k$$
$$= \psi_i \phi_i + \psi_j \phi_j + \psi_k \phi_k \tag{10.3.11}$$

由式(10.3.5)～式(10.3.8)可知,若已知三角形单元的顶点坐标,可以求得形函数的系数。因此,当三角形各顶点物理量 ϕ_i、ϕ_j 和 ϕ_k 已知时,可以由式(10.3.11)确定三角形单元中任意位置的物理量。

根据有限元法的基本思想,为求得整个区域中的物理量 ϕ,下一步需要将 ϕ 的边值问题转换为其等价的变分问题。此处以静电场为例,已知静电场的边值问题为

$$\begin{cases} \dfrac{\partial^2 \phi}{\partial x^2} + \dfrac{\partial^2 \phi}{\partial y^2} = 0 \\ \phi\,|_{L_i} = C_i \end{cases} \tag{10.3.12}$$

边值问题式(10.3.12)对应的变分问题为泛函

$$J[\phi] = \iint \frac{\varepsilon}{2}\left[\left(\frac{\partial \phi}{\partial x}\right)^2 + \left(\frac{\partial \phi}{\partial y}\right)^2\right]\mathrm{d}x\,\mathrm{d}y \tag{10.3.13}$$

的极小值求解。其中,$\phi\,|_{L_i} = C_i$,这里略去了推导过程。单元 e 内部电势 ϕ_e 对应的泛函写为

$$J[\phi_e] = \iint \frac{\varepsilon}{2}\left[\left(\frac{\partial \phi_e}{\partial x}\right)^2 + \left(\frac{\partial \phi_e}{\partial y}\right)^2\right]\mathrm{d}x\,\mathrm{d}y = \iint \frac{\varepsilon}{2}\left(\frac{\partial \phi_e}{\partial x}\right)^2 \mathrm{d}x\,\mathrm{d}y + \iint \frac{\varepsilon}{2}\left(\frac{\partial \phi_e}{\partial y}\right)^2 \mathrm{d}x\,\mathrm{d}y$$

$$\tag{10.3.14}$$

因为

$$\frac{\partial \phi_e}{\partial x} = b_i \phi_i + b_j \phi_j + b_k \phi_k \tag{10.3.15}$$

$$\frac{\partial \phi_e}{\partial y} = c_i \phi_i + c_j \phi_j + c_k \phi_k \tag{10.3.16}$$

在一个单元 e 上有

$$\iint \frac{\varepsilon}{2}\left(\frac{\partial \phi_e}{\partial x}\right)^2 \mathrm{d}x\,\mathrm{d}y = \frac{\varepsilon s}{2}(b_i \phi_i + b_j \phi_j + b_k \phi_k)^2 = \frac{\varepsilon s}{2}\left\{(b_i \quad b_j \quad b_k)\begin{pmatrix}\phi_i \\ \phi_j \\ \phi_k\end{pmatrix}\right\}^2$$

$$= \frac{\varepsilon s}{2}(\phi_i \quad \phi_j \quad \phi_k)\begin{pmatrix} b_i b_i & b_i b_j & b_i b_k \\ b_j b_i & b_j b_j & b_j b_k \\ b_k b_i & b_k b_j & b_k b_k \end{pmatrix}\begin{pmatrix}\phi_i \\ \phi_j \\ \phi_k\end{pmatrix}$$

$$= \frac{\varepsilon s}{2}\boldsymbol{A}\boldsymbol{K}_1 \boldsymbol{A}^{\mathrm{T}} \tag{10.3.17}$$

其中

$$\mathbf{K}_1 = \begin{pmatrix} b_i b_i & b_i b_j & b_i b_k \\ b_j b_i & b_j b_j & b_j b_k \\ b_k b_i & b_k b_j & b_k b_k \end{pmatrix} \tag{10.3.18}$$

$$\mathbf{A} = \begin{bmatrix} \phi_i & \phi_j & \phi_k \end{bmatrix} \tag{10.3.19}$$

同理有

$$\iint \frac{\varepsilon}{2}\left(\frac{\partial \phi_e}{\partial y}\right)^2 \mathrm{d}x\,\mathrm{d}y = \frac{\varepsilon s}{2}\begin{bmatrix} \phi_i & \phi_j & \phi_k \end{bmatrix}\begin{bmatrix} c_i c_i & c_i c_j & c_i c_k \\ c_j c_i & c_j c_j & c_j c_k \\ c_k c_i & c_k c_j & c_k c_k \end{bmatrix}\begin{bmatrix} \phi_i \\ \phi_j \\ \phi_k \end{bmatrix}$$

$$= \frac{\varepsilon s}{2}\mathbf{A}\mathbf{K}_2\mathbf{A}^{\mathrm{T}} \tag{10.3.20}$$

其中

$$\mathbf{K}_2 = \begin{bmatrix} c_i c_i & c_i c_j & c_i c_k \\ c_j c_i & c_j c_j & c_j c_k \\ c_k c_i & c_k c_j & c_k c_k \end{bmatrix} \tag{10.3.21}$$

代入式(10.3.14)有

$$J\left[\phi_e\right] = \frac{\varepsilon s}{2}\mathbf{A}\mathbf{K}_e\mathbf{A}^{\mathrm{T}} \tag{10.3.22}$$

其中

$$\mathbf{K}_e = \mathbf{K}_1 + \mathbf{K}_2 \tag{10.3.23}$$

也可写为

$$\mathbf{K}_e = \begin{bmatrix} K_{ii}^{(e)} & K_{ij}^{(e)} & K_{ik}^{(e)} \\ K_{ji}^{(e)} & K_{jj}^{(e)} & K_{jk}^{(e)} \\ K_{ki}^{(e)} & K_{kj}^{(e)} & K_{kk}^{(e)} \end{bmatrix} \tag{10.3.24}$$

且有

$$K_{\xi\eta}^{(e)} = b_\xi b_\eta + c_\xi c_\eta, \quad \xi,\eta = i,j,k \tag{10.3.25}$$

需要说明的是，矩阵中的 i、j、k 需要运用节点的整体编号。接下来在 $\mathbf{K}_e$ 的基础上，按照节点编号顺序设置行与列，将 $\mathbf{K}_e$ 扩充为 $\mathbf{K}_e'$，构成 N 阶方阵（N 为单元个数）。具体的扩充方法：对每个单元 e，原 $\mathbf{K}_e$ 的 9 个元素按照其节点 i、j、k 的编号放入 N 阶矩阵的相应位置，其余元素都为 0。比如，元素 $K_{ij}^{(e)}$ 在整体矩阵中的实际位置是第 i 行、第 j 列，因此必须作为扩充矩阵 $\mathbf{K}_e'$ 的第 i 行、第 j 列的元素。$\mathbf{A}$ 中的所有元素也按照上述整体编号处理，扩充为由 N 个元素组成的矩阵 $\mathbf{B}$。从而得到

$$J\left[\phi_e'\right] = \frac{\varepsilon s}{2}\mathbf{B}\mathbf{K}_e'\mathbf{B}^{\mathrm{T}} \tag{10.3.26}$$

这样，我们得到了某一个单元 e 的泛函 $J\left[\phi_e'\right]$。要得到式(10.3.13)，需要将所有三角单元对应的泛函 $J\left[\phi_e'\right]$ 叠加，在整个二维区域内有

$$J\left[\phi\right] = \sum_{n=1}^{N} J\left[\phi_e'\right] = \frac{\varepsilon s}{2}\mathbf{B}\mathbf{K}\mathbf{B}^{\mathrm{T}} \tag{10.3.27}$$

其中

$$K = \sum_{n=1}^{N} K'_e \qquad (10.3.28)$$

令

$$\frac{\partial J}{\partial \phi} = 0 \qquad (10.3.29)$$

使得 $J[\phi]$ 取最小值,有

$$KB^{\mathrm{T}} = 0 \qquad (10.3.30)$$

这样,对所求区域内部所有节点建立起了一个代数方程,称此式为有限元方程。在具体的电磁场问题中,除方程外,还需要满足一定的边界条件。结合边界条件,求解代数方程式(10.3.30)可得到拉普拉斯方程边值问题的解,即所有节点上的电势 $\{\phi_i\}$。

边界条件分为媒质交界面衔接条件和场域边界条件。其中,媒质交界面衔接条件不须另行处理。场域边界条件中的第二类或第三类边界条件在变分问题中已被包含在泛函达到极值的要求之中,是自动满足的,也不必另行处理。对于第一类边界条件,则必须作为定解条件列出,故其变分问题求极值函数时必须在满足这一类边界条件的函数中去寻求。因此,称这类边界条件为加强边界条件,其相应的变分问题称为条件变分问题。

图 10.25   FEM 编程流程图

第一类非齐次边界条件的处理最复杂,具体处理方法是:合成整体系数阵之后对矩阵 K 及方程式(10.3.30)等号右侧零向量进行修正,将该节点编号对应行的主元素置 1,其他元素均置 0,将方程式(10.3.30)右侧列向量对应元素设为边界上的已知值。假设第 i 个节点处为第一类边界条件,且 $\phi_i = v_i$;对于右侧列向量中节点编号不是 i 的元素,将其数值上减去 $\phi_i = K_{ji}v_i$,即修正矩阵

$$
\begin{array}{ccc}
K & B & G
\end{array}
$$

$$
\begin{array}{c}
\text{第 } i \text{ 列} \\
\begin{array}{c}
\\
\\
\text{第 } i \text{ 行} \\
\\
\text{第 } j \text{ 行} \\
\\
\end{array}
\left[
\begin{array}{ccccc}
& & 0 & & \\
& & 0 & & \\
& & \vdots & & \\
0 & 0\cdots & 1 & \cdots 0 & 0 \\
& & \vdots & & \\
& & 0 & & \\
& & 0 & &
\end{array}
\right]
\left[
\begin{array}{c}
\vdots \\
\phi_i \\
\vdots \\
\phi_j \\
\vdots
\end{array}
\right]
=
\left[
\begin{array}{c}
\vdots \\
v_i \\
\vdots \\
g_j - K_{ji}v_i \\
\vdots
\end{array}
\right]
\end{array}
$$

$$(10.3.31)$$

求解式(10.3.31)即可得到各节点电位。图 10.25 给出了应用有限单元法求解电磁场问题时的编程流程图。11.3.2 节的例题给出第一类边界条件的具体处理过程。

10.3.2   有限元法求解案例(examples)

图 10.26 所示为一微波传输系统的横截面,外导体长

$a_1=1.2\text{m}$，宽 $b_1=0.9\text{m}$，电压为 0V，内导体极薄，宽为 $a_2=0.4\text{m}$，距离底面 $b_2=0.1\text{m}$，假设内导体电压为 1V。运用有限元方法计算内部电位并画出截面内电位的等值线。

为使问题简单化，暂不考虑介质，即在全空气下进行计算，且假设内导体无限薄。网格划分及编号如图 10.27 所示。

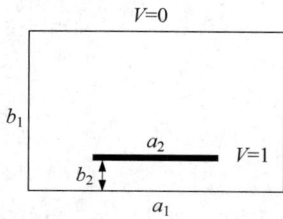

图 10.26 微波传输系统横截面   图 10.27 横截面网格划分及编号规则

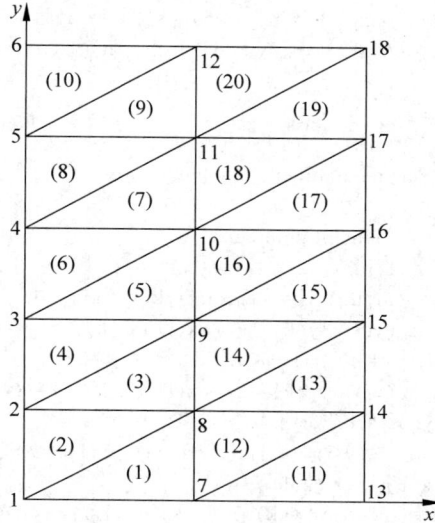

MATLAB 程序代码如下：

```
%%%%%%%%%%%模型定义及[K]矩阵计算%%%%%%%%%%%%%
lx=1.2; ly=0.9;                         %设置矩形长度
llx=0.4;lrx=0.8;                        %导体金属左端和右端的横坐标
lyy=0.1;                                %内导体在纵坐标下的位置,导体无限薄
dx=0.04; dy=0.01;                       %三角有限单元 x 和 y 方向长度分别为 0.04 和 0.01
square=dx*dy/2;                         %三角有限单元面积
nx=lx/dx;
nx=round(nx);
ny=ly/dy;                               %nx,ny 为 x 和 y 方向有限元个数
node_number=(nx+1)*(ny+1);             %节点个数
node_number=round(node_number);
x=zeros(1,node_number);                %定义一维数组,存放节点横坐标
y=zeros(1,node_number);                %定义一维数组,存放节点纵坐标
for nxi = 1:(nx+1)
    for nyi = 1:(ny+1)
        x((nxi-1)*(ny+1)+nyi) = (nxi-1)*dx;    %节点横坐标
        y((nxi-1)*(ny+1)+nyi) = (nyi-1)*dy;    %节点纵坐标
    end
end
element_number=2*nx*ny;               %有限元个数
e=zeros(element_number,3);            %每行三个元素,表示单元的逆时针节点
for nxj = 1:nx
  for nyj = 1:ny
```

```
                    e(2 * ((nxj−1) * ny+nyj)−1,1) = nyj+(nxj−1) * ny+nxj−1;
                    e(2 * ((nxj−1) * ny+nyj),1) = nyj+(nxj−1) * ny+nxj−1;
                                              %单元节点 1,i
                    e(2 * ((nxj−1) * ny+nyj)−1,2) = nyj+(nxj−1) * ny+nxj+ny;
                    e(2 * ((nxj−1) * ny+nyj),2) = nyj+(nxj−1) * ny+nxj+ny+1;
                                              %单元节点 2,j
                    e(2 * ((nxj−1) * ny+nyj)−1,3) = nyj+(nxj−1) * ny+nxj+ny+1;
                    e(2 * ((nxj−1) * ny+nyj),3) = nyj+(nxj−1) * ny+nxj;
                                              %单元节点 3,k
                end
            end
            K=zeros(node_number,node_number);        %定义矩阵 K,共 element_number 个有限元,计算每
                                                     %个有限元子矩阵[Ke],并组合成大矩阵[K]
            for m = 1:element_number
                mi = 1;mj = 2;mk = 3;
                i = e(m,mi);j = e(m,mj);k = e(m,mk);       %产生节点编号 i,j,k
                Kii=((y(j)−y(k))^2+(x(j)−x(k))^2)/(4 * square);    %计算组合后的矩阵 K
                K(i,i) = K(i,i)+Kii;
                Kjj=((y(i)−y(k))^2+(x(i)−x(k))^2)/(4 * square);
                K(j,j) = K(j,j)+Kjj;
                Kkk = ((y(i)−y(j))^2+(x(i)−x(j))^2)/(4 * square);
                K(k,k) = K(k,k)+Kkk;
                Kij = ((y(j)−y(k)) * (y(k)−y(i))+(x(j)−x(k)) * (x(k)−x(i)))/(4 * square);
                K(i,j) = K(i,j)+Kij;
                K(j,i) = K(j,i)+Kij;                    %运用对称性
                Kjk = ((y(k)−y(i)) * (y(i)−y(j))+(x(k)−x(i)) * (x(i)−x(j)))/(4 * square);
                K(j,k) = K(j,k)+Kjk;
                K(k,j) = K(k,j)+Kjk;
                Kki = ((y(i)−y(j)) * (y(j)−y(k))+(x(i)−x(j)) * (x(j)−x(k)))/(4 * square);
                K(k,i) = K(k,i)+Kki;
                K(i,k) = K(i,k)+Kki;
            end
            %%%强制边界处理(即中间有一个电压为1V的导体带),假设导体无限薄
            KK=K;
            V1=1;                                        %内导体上电压
            nd1_start = llx/dx * (ny+1)+lyy/dy+1;
            nd1_end = lrx/dx * (ny+1)+lyy/dy+1;
            nd1 = nd1_start:(ny+1):nd1_end;              %计算内导体上节点全局编码
            %计算外导体上节点全局编码
            nd2_1 = 1:ny+1;                              %左侧边缘的节点编号
            nd2_2 = ny+2:(ny+1):round(lx/dx * (ny+1))+1;   %下侧边缘的节点编号
            nd2_3 = ny+2+ny:(ny+1):round(lx/dx * (ny+1))+1+ny;
                                                         %上侧边缘的节点编号
            nd2_4 = round(lx/dx * (ny+1))+2: round(lx/dx * (ny+1))+ny;
                                                         %右侧边缘的节点编号
            nd2 = [nd2_1 nd2_2 nd2_3 nd2_4];             %一维数组,元素为边界节点编号
            N1=length(nd1);                              %内导体节点个数
            N2=length(nd2);                              %外导体节点个数
            g=zeros(node_number,1);                      %[K]{B}={g},初始化,全部元素为 0
            for i = 1:N1
                for j = 1:node_number
```

```
            if j ~= nd1(i)
                g(j) = g(j)−K(j,nd1(i)) * V1;      %对所有内导体对应节点处修正 g
            end
        end
    end
    for i = 1:N1
        g(nd1(i)) = V1;                            %内导体强制边界条件
    end
    for i = 1:N2
        g(nd2(i)) = 0;                             %外导体强制边界条件
    end
    for i = 1:N1
        K(nd1(i),nd1(i)) = 1;
        for j = 1:node_number
            if j ~= nd1(i)
                K(nd1(i),j) = 0;
                K(j,nd1(i)) = 0;                   %修改内边界处系数矩阵
            end
        end
    end
    for i = 1:N2
        K(nd2(i),nd2(i)) = 1;
        for j = 1:node_number
            if j ~= nd2(i)
                K(nd2(i),j) = 0;
                K(j,nd2(i)) = 0;                   %外边界强制齐次边界条件
            end
        end
    end
    u=K\g;                                          %解方程得到电势 u
    u_updown = u';
    u1= reshape(u_updown,ny+1,nx+1);                %将求得的以节点编号排序的列向量转换成平面排布
    xx=0:dx:lx;
    yy=0:dy:ly;
    [X, Y]=meshgrid(xx,yy);                         %形成栅格
    figure
    mesh(X,Y,u1);                                   %画电位三维曲面图
    axis equal
    figure
    contour(X,Y,u1,20)                              %画等电位线图
    hold on
    [Gx, Gy] = gradient(u1,dx,dy);                  %计算电场矢量
    quiver(X,Y,−Gx,−Gy,1,'r');                      %画出电场矢量
    axis equal
    axis([0 1.2 0 0.9])
```

求解得到矩形区域中的电位及电场,并画出等位线及电场矢量,如图 10.28 所示。电力线由内导体发出,在外导体终止。

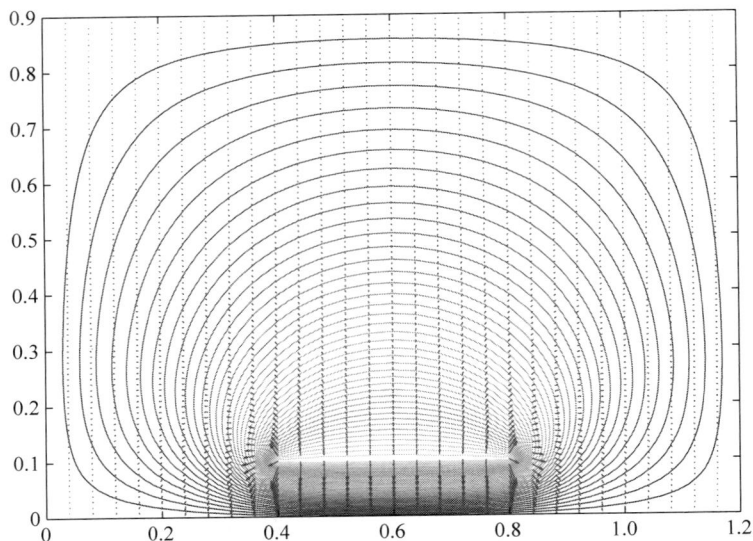

图 10.28　矩形区域中的等位线及电场矢量(箭头指向电场方向)

第 10 章习题

1. 由两个半无限大导体平板构成夹角为 α 的角形域,两导体板的电势分别为 V_0 和 V_1,如图 10.29 所示,求角形域内的电势分布。

2. 已知一无限长同轴线电容器,横截面如图 10.30 所示,内导体半径为 R_1,外导体半径为 R_2,中间填充材料介电常数为 ε,求单位长度电容器的电容。

图 10.29　题 1 图

图 10.30　题 2 图

3. 已知一无限长电容器的横截面如图 10.31 所示,内导体和外导体半径分别为 R_1 和 R_2,两导体之间填充材料介电常数为 ε_0,电导率为 σ,求该电容器单位长度的电容和漏电导。

4. 已知一无限长同轴线电容器,内导体半径为 R_1,外导体半径为 R_2,内导体接地,内外导体间电势差为 U,中间填充材料介电常数为 ε_0,R_1 和 R_2 相差不大,求电容器内的电势分布。

5. 一夹角为 $\frac{\pi}{3}$ 的二面角,其二等分面内有一无限长带电细导线(半径忽略,单位长带电

量 q)，平行于二面角顶角线且距离为 a，试求二面角内的电势分布。

6. 保角变换能够将复杂区域变换为简单区域，试总结对数函数变换和幂函数变换能够处理的场域问题。

7. 试运用 Schwarz-Christoffel 变换公式证明函数 $w=z^3$ 可以将夹角为 $\dfrac{\pi}{3}$ 变换为上半平面。

8. 试证明解析函数 $w=\sin\dfrac{\pi}{a}z$ 可以将如图 10.32 所示区域变换为 w 平面上以实轴为边界的上半平面。

图 10.31　题 3 图

图 10.32　题 8 图

9. 运用 MATLAB 编程，实现半径为 R 的圆域内拉普拉斯方程的有限差分法求解。

10. 试运用泰勒级数展开式推导得到边界上的差分方程式(10.2.31)。

11. 试写出拉普拉斯方程有限差分法求解的代数方程，并讨论其解法。

第三篇　线性空间与线性算子

　　经典物理学中,对于任何一个物理体系的研究就是对该体系进行理想化、线性化进而完成求解的过程。线性空间及其上的向量分析是研究线性化物理体系的强有力手段,是经典物理学中数学方法的基础。在人工智能领域,线性方程组、向量空间等概念已经成为一种基本的数学工具,在许多算法和模型中发挥着重要作用。随着人工智能技术的发展,这些知识点在机器学习、深度学习、数据挖掘等方面的应用越来越广泛。经典的卷积神经网络算法利用矩阵操作处理图像数据,通过多层卷积和池化操作提取图像特征。特征值和特征向量的概念在主成分分析等降维技术中扮演着重要角色。

　　第三篇内容包括向量、向量空间的概念,向量的标量积、向量积等基本运算,标量函数的梯度、向量函数的散度和旋度等向量分析的概念,以及内积空间、希尔伯特空间、线性算符等。

第 11 章

CHAPTER 11

向量和向量空间

向量和向量空间在物理、工程、信息科学等多个领域中有广泛的应用。在物理学中,向量用于描述物理量的大小和方向,例如位移、速度和力;在电气工程中,向量用于表示电流、电压等电气量,从而分析电路的功率、相位差等问题;在信息学科中,向量用于分析和处理空间时间序列数据,完成图像旋转、缩放和滤波等操作。总而言之,向量和向量空间在各个领域中都发挥着重要作用,帮助解决实际问题并提高工作效率。

11.1 向量的概念(concepts of vectors)

在描述物理学中电压、电流、温度、时间、质量、面积等很多物理量时,只需要大小,不需要方向,称之为标量(scalar)。标量可以用实数域内任一代数量表示,通常用斜体字母表示,比如物理量温度 T,时间 t 等。在描述一些其他物理量,比如力、速度、电场、磁场等时,则需要同时关注其大小和方向。这种既有大小又有方向的量,称为向量(vector),又称矢量。向量通常用加粗斜体字母表示,譬如电场强度向量 E、磁场强度向量 H、力向量 F、速度向量 v 等。向量的长度记为 $|E|$、$|H|$、$|F|$、$|v|$,称为向量的模。部分图书使用 α、β、γ 等希腊字母(Greek letters)表示向量,使用 a、b、c 拉丁文字母(Latin letters)表示标量。

11.1.1 向量的表示方法(vector representation)

向量可以用有向线段来表示,图 11.1 给出了二维平面空间中的若干条有向线段,这些线段非常直观地表示了向量。以有向线段 OA 为例,线段 OA 的长度表示向量的大小,箭头所指的方向表示向量的方向,O、A 分别称为始点和终点,此时,向量也记作 $\overrightarrow{OA}$。

图 11.1 中 $\overrightarrow{OA}$、$\overrightarrow{BC}$、$\overrightarrow{DE}$ 三个向量大小相等,方向一致,我们称这三个向量相等。中学物理中,我们学习的两无限大平行导体板间各点处的电场向量便具有这样的特征。从数学的角度看,既然它们大小和方向都是一样的,那么只需要用一条有向线段即可说明该向量的特点。如何表示这些大小和方向都相等的向量呢?

图 11.1 有向线段表示向量

最简单的办法便是建立一个二维平面空间的直角坐标系。如图 11.2 所示,以向量 $\overrightarrow{OA}$ 的始点为坐标原点建立直角坐标系,可以用一个符号 A 表示所有与 $\overrightarrow{OA}$ 相等的向量。需要强调的是,印刷体向量用黑斜体 A,但在手写向量时习惯使用箭头表达式,即写成 $\overrightarrow{A}$。

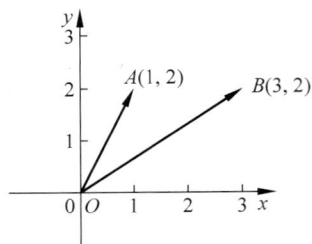

图 11.2　二维直角坐标系中的向量

图 11.2 所示向量 $\overrightarrow{OA}$ 的大小,也即向量的模为 $|A|=\sqrt{5}$,向量 A 与 x 轴的夹角为 $\theta=\arcsin\dfrac{2}{\sqrt{5}}$。图 11.2 中向量 $\overrightarrow{OA}$ 的终点 A 的坐标为 $(1,2)$,这对有序实数对唯一地表示了二维空间中的一个点 A,同时也唯一地表示了一个原点出发的向量 $\overrightarrow{OA}$。同样,B 点的坐标 $(3,2)$ 也可以唯一地表示以 B 为终点的向量 $\overrightarrow{OB}$ 以及与之相等的其他向量。显然 $\overrightarrow{OA}$ 和 $\overrightarrow{OB}$ 是两个不相等的向量。

这样,向量也可以用空间中点的坐标数字序列表示,写成行向量或列向量。图 11.2 中的向量 $\overrightarrow{OA}$ 可写成行向量 $A=\begin{bmatrix}1 & 2\end{bmatrix}$ 或列向量 $A=\begin{bmatrix}1\\2\end{bmatrix}$,本书中统一使用列向量表示向量。

将二维空间的向量表示推广,三维空间中的向量表示为列向量 $\begin{bmatrix}x_1\\x_2\\x_3\end{bmatrix}$,其中 x_1,x_2,x_3 是三维空间中某点的坐标,该向量表示起点为坐标原点终点为 (x_1,x_2,x_3) 的向量,也写为 $\begin{bmatrix}x_1 & x_2 & x_3\end{bmatrix}^{\mathrm{T}}$,右上角的符号 T 表示矩阵的转置。推广至 n 维空间,向量表示为 $\begin{bmatrix}x_1\\\vdots\\x_n\end{bmatrix}$,或 $\begin{bmatrix}x_1 & \cdots & x_n\end{bmatrix}^{\mathrm{T}}$。

向量在数学、物理、信息等领域中都有广泛的应用。在数学中,向量是线性代数的基础;在物理学中的许多物理量都用向量来表示,比如力学中的力、位移、速度,电动力学中的电场、磁场;信息学科中面对大量数据的处理和运算,数据向量化是提高代码运行效率的主要手段,可以显著提高计算速度。

下面以 MATLAB 编程为例直观展示数据向量化给代码运行效率带来的提升。使用两个定时器函数 tic 和 toc 来统计 MATLAB 运行时间。程序运行之前使用 clearvars 进行内存清除,以避免已分配内存对运行时间的影响。

```
clearvars;
close all;
clc;
num = 1e7;
freq = 0.001;                          % Normalized frequency
tic
x = zeros(1,num);
for k = 1 : num
    x(k) = sin(2 * pi * k * freq);
end
toc
```

运行结果:
时间已过 0.451795 秒。

将以上 for 循环语句用向量计算

```
k = 1 : num;
x = sin(2 * pi * k * freq);
```

替代，则运行结果为：

时间已过 0.085529 秒。

运行时间仅为使用 for 循环的 1/5，也就是说数据向量化后本例计算实现了 5 倍速提升。正因为这个特点，将计算对象向量化是机器学习模型建立与训练之前的重要操作，这样可以显著提高计算速度，降低代码复杂性。

11.1.2　向量的加减和数乘（addition and scalar multiplication of vectors）

向量的加法运算可以使用几何方式完成，如图 11.3 所示，使用平行四边形法则可得 $\overrightarrow{OA}$ 和 $\overrightarrow{OB}$ 的和为 $\overrightarrow{OC}$ 向量。也可以用定量的方式完成两个向量的加法运算，向量 $\overrightarrow{OA}$ 和 $\overrightarrow{OB}$ 分别表示为

$$\boldsymbol{A} = \begin{bmatrix} 1 \\ 2 \end{bmatrix}, \quad \boldsymbol{B} = \begin{bmatrix} 3 \\ 2 \end{bmatrix} \tag{11.1.1}$$

由线性代数中向量的运算规则可得

$$\boldsymbol{C} = \boldsymbol{A} + \boldsymbol{B} = \begin{bmatrix} 1 \\ 2 \end{bmatrix} + \begin{bmatrix} 3 \\ 2 \end{bmatrix} = \begin{bmatrix} 4 \\ 4 \end{bmatrix} \tag{11.1.2}$$

由此可知，两个向量相加，就是对应的坐标相加，如图 11.3 所示。

推广至 n 维空间，两个向量 $\boldsymbol{A} = \begin{bmatrix} a_1 \\ \vdots \\ a_n \end{bmatrix}, \boldsymbol{B} = \begin{bmatrix} b_1 \\ \vdots \\ b_n \end{bmatrix}$ 相加有

$$\boldsymbol{A} + \boldsymbol{B} = \begin{bmatrix} a_1 + b_1 \\ \vdots \\ a_n + b_n \end{bmatrix} \tag{11.1.3}$$

有了向量加法的定义，向量减法就非常容易了，即

$$\boldsymbol{A} - \boldsymbol{B} = \boldsymbol{A} + (-\boldsymbol{B}) = \begin{bmatrix} a_1 - b_1 \\ \vdots \\ a_n - b_n \end{bmatrix} \tag{11.1.4}$$

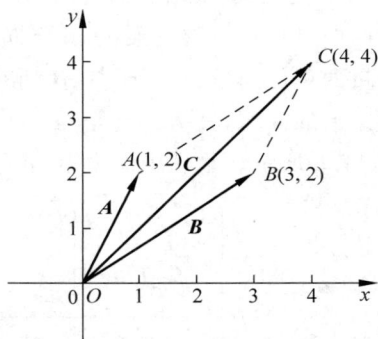

图 11.3　向量的加法

向量 $-\boldsymbol{B}$ 和向量 $\boldsymbol{B}$ 大小相等，方向相反。也就是说，将向量 $\boldsymbol{B}$ 反向即可得到向量 $-\boldsymbol{B}$。$-\boldsymbol{B}$ 可以理解为 $(-1) \times \boldsymbol{B}$，即用一个标量 -1 乘以一个向量，这样的运算称为向量的数量乘法，即数乘。

数乘即通过乘以一个标量，实现向量的缩放。若向量 $\boldsymbol{A} = \begin{bmatrix} 1 \\ 2 \end{bmatrix}$，则 $2\boldsymbol{A} = 2\begin{bmatrix} 1 \\ 2 \end{bmatrix} = \begin{bmatrix} 2\times1 \\ 2\times2 \end{bmatrix} = \begin{bmatrix} 2 \\ 4 \end{bmatrix}$，向量长度放大为原来的 2 倍，方向与原向量相同。一个负数和向量的数乘则

实现向量缩放的同时将其反向。比如,$-2\boldsymbol{A}=(-2)\begin{bmatrix}1\\2\end{bmatrix}=\begin{bmatrix}-2\\-4\end{bmatrix}$。

推广至 n 维空间,向量 $\boldsymbol{A}=\begin{bmatrix}a_1\\\vdots\\a_n\end{bmatrix}$ 的数乘写作

$$cA=\begin{bmatrix}ca_1\\\vdots\\ca_n\end{bmatrix} \tag{11.1.5}$$

其中,c 为实数。

11.1.3 向量的标量积和向量积(scalar product and vector product)

两个标量 a 和 b 相乘,其间可置"×"号或"·"号,或无任何符号,都表示它们相乘。但是向量相乘则不同,其乘法分两种,即向量的标量积 $\boldsymbol{A}\cdot\boldsymbol{B}$ 和向量积 $\boldsymbol{A}\times\boldsymbol{B}$。

两个向量的标量积 $\boldsymbol{A}\cdot\boldsymbol{B}$ 是一个标量,又称点积或点乘,定义为

$$\boldsymbol{A}\cdot\boldsymbol{B}=\boldsymbol{B}\cdot\boldsymbol{A}=|\boldsymbol{A}||\boldsymbol{B}|\cos\theta \tag{11.1.6}$$

其中,θ 是两向量 $\boldsymbol{A}$、$\boldsymbol{B}$ 的夹角。两向量点乘满足交换律,其大小为两向量的模值与两向量夹角余弦的乘积。物理中的功、通量、环量(环流)等均为标量积。

两个向量的向量积 $\boldsymbol{A}\times\boldsymbol{B}$ 是一个向量,又称叉积或叉乘,定义为

$$\boldsymbol{A}\times\boldsymbol{B}=-\boldsymbol{B}\times\boldsymbol{A}=|\boldsymbol{A}||\boldsymbol{B}|\sin\theta\boldsymbol{n} \tag{11.1.7}$$

其中,θ 是两向量 $\boldsymbol{A}$、$\boldsymbol{B}$ 的夹角。两向量 $\boldsymbol{A}$、$\boldsymbol{B}$ 的叉乘不满足交换律,其大小为两向量的模值与两向量夹角正弦的乘积,其方向可由右手螺旋规则得到,如图 11.4 所示,$\boldsymbol{n}$ 为叉乘所得新向量的单位向量,垂直于 $\boldsymbol{A}$、$\boldsymbol{B}$ 所在平面。可见,两向量的叉积的大小是以 $\boldsymbol{A}$、$\boldsymbol{B}$ 为边的平行四边形的面积,其方向垂直于 $\boldsymbol{A}$、$\boldsymbol{B}$ 所在平面,故可称为平行四边形的广义面积向量,如图 11.5 所示。物理中的力矩、转体的线速度等都是叉积。

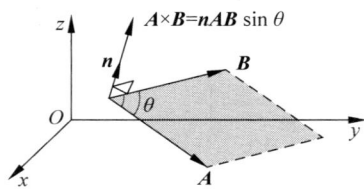

图 11.4 向量积——广义面积向量(一)   图 11.5 向量积——广义面积向量(二)

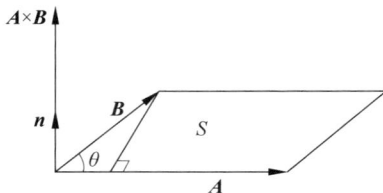

以上定义的向量点积和叉积运算不依赖于任何坐标系,由点积的定义式有

$$(\boldsymbol{A} \cdot \boldsymbol{B})^{2} = (\boldsymbol{A} \cdot \boldsymbol{B})(\boldsymbol{A} \cdot \boldsymbol{B}) = |\boldsymbol{A}||\boldsymbol{B}|\cos\theta|\boldsymbol{A}||\boldsymbol{B}|\cos\theta = |\boldsymbol{A}|^{2}|\boldsymbol{B}|^{2}\cos^{2}\theta \leqslant |\boldsymbol{A}|^{2} \cdot |\boldsymbol{B}|^{2}$$

$$(11.1.8)$$

可以看到,在没有使用任何坐标系的前提下,我们完成了 Schwarz 不等式

$$(\boldsymbol{A} \cdot \boldsymbol{B})^{2} \leqslant |\boldsymbol{A}|^{2} \cdot |\boldsymbol{B}|^{2} \tag{11.1.9}$$

的证明。为了建立模型进而求解物理量的分布规律,我们会引入直角坐标系、圆柱坐标系、球坐标系等广义正交曲线坐标系。然而,正如物理世界中的物理规律不依赖于坐标系选取一样,向量是几何空间中客观存在的量,它们本身以及它们之间的关系是不依赖于坐标系而客观存在的。使用不同的坐标系,只是为了更方便地定量研究物理系统的变化规律而已。由于引入坐标系的不同,向量对应的描述也不一样,但对于同一个向量,由于它是空间中客观存在的量,它在不同坐标系下的描述是等价的。

11.2　向量空间(vector space)

11.1 节讨论了向量的基本概念以及向量的加法、数乘、点积以小叉积运算,本节讨论向量组成的空间。观察二维平面空间中的结果向量,可以发现几个特征:两个向量相加所得到的向量,仍然在该二维平面空间中;向量和标量数乘得到的向量也在这个二维平面空间中;不同于相加和数乘运算,两个向量叉积得到的向量不在原来的二维平面空间中。若某向量运算的结果向量与原向量在同一空间,称该运算封闭,可以说加法和数乘封闭。

11.2.1　向量空间的定义(definition of vector space)

生活中所说的"空间"通常有三个维度,里面存在着各种物体,这些物体各自遵循着一定的运动规律。向量空间则表示向量组成的空间,但不是任意向量的集合都能被称为向量空间。向量空间必须满足一定规则,严格的数学定义如下。

定义 11.1　向量空间　设 V 是一个向量的非空集合,$\boldsymbol{K}$ 是一个数域,在集合 V 中定义两种运算:

(1) 加法:$\forall u, v \in V$,则存在唯一的元素 $u+v \in V$(加法封闭);

(2) 数乘:$\forall u \in V, \forall c \in \boldsymbol{K}$,则存在唯一的元素 $cu \in V$(数乘封闭)。

并且满足以下八条运算规则:

(1) 加法交换律:$u+v = v+u$;

(2) 加法结合律:$\forall u, v, w \in V, (u+v)+w = u+(v+w)$;

(3) V 中存在元素 $\boldsymbol{0}$,对 $\forall u \in V$ 有 $u+\boldsymbol{0} = \boldsymbol{0}+u = u$;

(4) 负元素存在:对 $\forall u \in V$,存在 $v \in V$,使得 $u+v = 0$,v 称为 u 的负元素;

(5) $\forall v \in V, 1v = v$;

(6) 数乘结合律:$\forall k, l \in \boldsymbol{K}, \forall u \in V, (kl)u = k(lu)$;

(7) 分配律:$\forall k, l \in \boldsymbol{K}, \forall u \in V, (k+l)u = ku+lu$;

(8) 分配律:$\forall k \in \boldsymbol{K}, \forall u, v \in V, k(u+v) = ku+kv$。

那么,称 V 为 $\boldsymbol{K}$ 上的向量空间,又称线性空间,记作 $V(\boldsymbol{K})$。该空间对空间内向量的线性组合(相加,数乘)封闭。可以看到,在线性空间中任意两个向量可以进行数乘和相加运

算,且通过相加、数乘或二者的线性组合运算得到的向量仍然在这个线性空间中。

Definition11.1　Vector space　A linear space or vector space over a field **K** consists of a set V along with two operations called addition and scalar multiplication：

(1) Addition：$\forall\, \boldsymbol{u},\boldsymbol{v} \in V$,their vector sum $\boldsymbol{u}+\boldsymbol{v} \in V$ is in V(addition closure)；

(2) Scalar multiplication：$\forall\, \boldsymbol{u} \in V$, $\forall\, c \in \mathbf{K}$,the scalar multiplication $c\boldsymbol{u} \in V$ is in V (scalar multiplication closure).

and satisfying the following conditions：

(1) Commutative law：$\boldsymbol{u}+\boldsymbol{v}=\boldsymbol{v}+\boldsymbol{u}$；

(2) Associative law：$\forall\, \boldsymbol{u},\boldsymbol{v},w \in V,(\boldsymbol{u}+\boldsymbol{v})+w=\boldsymbol{u}+(\boldsymbol{v}+w)$；

(3) Existence of a zero vector 0 with the property of $\boldsymbol{u}+\mathbf{0}=\mathbf{0}+\boldsymbol{u}=\boldsymbol{u}$ for all $\forall\, \boldsymbol{u} \in V$；

(4) Existence of a negative，in other words，the solvability of the equation $\boldsymbol{u}+\boldsymbol{v}=\mathbf{0}$ for all $\boldsymbol{u}$ in V and each zero element and $\boldsymbol{v}$ is called a negative of $\boldsymbol{u}$；

(5) $\forall\, \boldsymbol{v} \in V$, $1\boldsymbol{v}=\boldsymbol{v}$，where 1 is the unit element of $\mathbf{K}$；

(6) Associative law：$\forall\, k,l \in \mathbf{K}$, $\forall\, \boldsymbol{u} \in V,(kl)\boldsymbol{u}=k(l\boldsymbol{u})$；

(7) Distributive law：$\forall\, k,l \in \mathbf{K}$, $\forall\, \boldsymbol{u} \in V,(k+l)\boldsymbol{u}=k\boldsymbol{u}+l\boldsymbol{u}$；

(8) Distributive law：$\forall\, k \in \mathbf{K}$, $\forall\, \boldsymbol{u},\boldsymbol{v} \in V,k(\boldsymbol{u}+\boldsymbol{v})=k\boldsymbol{u}+k\boldsymbol{v}$.

Then V is called a vector space.

K 称为线性空间的系数域,**K** 中的元素为标量。数域 **K** 可以是实数域 **R** 或复数域 **C**,当 **K** 为实数域 **R** 时,称 V 为实向量空间,当 **K** 为复数域 **C** 时,称 V 为复向量空间。由上述定义可知,我们常用的二维平面空间、三维立体空间均是实数域上的一个向量空间。如无特殊说明,本书中涉及的数域均为实数域。

例 11.1　对给定的数域 **K**,集合 $\mathbf{K}^n=\{(x_1\ x_2\cdots\ x_n)^{\mathrm{T}}\,|\,x_i \in \mathbf{K}\}$,满足加法和数乘运算封闭,为数域上的线性空间。当 **K** 为实数域 **R** 和复数域 **C** 时,$\mathbf{R}^n$ 和 $\mathbf{C}^n$ 是两种具体形式。

例 11.2　$V=\mathbf{K}^{m\times n}=\{\boldsymbol{A}=(a_{ij})_{m\times n}\,|\,a_{ij} \in \mathbf{K}\}$,矩阵运算满足加法和数乘封闭,构成数域 **K** 上的线性空间,称其为矩阵空间,其中 $\mathbf{R}^{m\times n}$ 为由所有 $m\times n$ 实矩阵构成的实矩阵空间。

例 11.3　定义在实数域上的所有实函数构成的集合 $\{f\,|\,f:\mathbf{R}\rightarrow\mathbf{R}\}$ 为一个线性空间,因为 $(f_1+f_2)(x)=f_1(x)+f_2(x)$,$(k\cdot f)(x)=k\cdot f(x)(k \in \mathbf{R})$。

11.2.2　线性组合与线性无关(linear combination and linear independence)

一个向量空间中存在无数个向量,但并不是所有向量之间都是毫无关联的,本节探讨向量空间中的线性组合问题。如图 11.6 所示,6 个向量分别为 $\boldsymbol{a}=\begin{bmatrix}2\\1\end{bmatrix}$,$\boldsymbol{b}=\begin{bmatrix}-4\\-2\end{bmatrix}$,$\boldsymbol{c}=\begin{bmatrix}-2\\3\end{bmatrix}$,$\boldsymbol{d}=\begin{bmatrix}2\\3\end{bmatrix}$,$\boldsymbol{e}=\begin{bmatrix}2\\-1\end{bmatrix}$,$\boldsymbol{f}=\begin{bmatrix}0\\2\end{bmatrix}$,这些向量之间明显存在以下关系：

(1) $\begin{bmatrix}-4\\-2\end{bmatrix}=-2\begin{bmatrix}2\\1\end{bmatrix}$,即 $\boldsymbol{b}=-2\boldsymbol{a}$；

(2) $\begin{bmatrix} 2 \\ 3 \end{bmatrix} = 2\begin{bmatrix} 2 \\ 1 \end{bmatrix} - \begin{bmatrix} 2 \\ -1 \end{bmatrix}$，即 $d = 2a - e$；

(3) $\begin{bmatrix} 0 \\ 2 \end{bmatrix} = \dfrac{1}{2}\left(\begin{bmatrix} -2 \\ 3 \end{bmatrix} + \begin{bmatrix} 2 \\ 1 \end{bmatrix}\right)$，即 $f = \dfrac{1}{2}(c + a)$；

(4) …

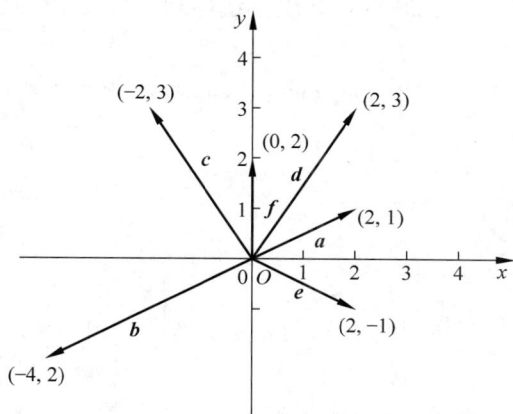

图 11.6　向量的线性组合

在以上表达式中，使用向量空间中定义的加法、数乘以及它们的组合，即可把某个向量表示为其他若干向量的表达式，称这个表达式为向量的线性组合，定义如下：

定义 11.2　线性组合 设 $v_1, v_2, \cdots, v_m$ 是 n 维空间中的 m 个 n 维向量，称为一个向量组，则

$$c_1 v_1 + c_2 v_2 + \cdots + c_m v_m \tag{11.2.1}$$

称为向量组 $v_1, v_2, \cdots, v_m$ 的一个线性组合（linear combination），其中 $c_1, c_2, \cdots, c_m$ 为标量，称为线性组合的系数（coefficient）。

Definition 11.2　Linear combination If $v_1, v_2, \cdots, v_m$ are vectors in vector space V and $c_1, c_2, \cdots, c_m$ are scalars, then a sum of the form

$$c_1 v_1 + c_2 v_2 + \cdots + c_m v_m$$

is said to be a linear combination of the vectors $v_1, v_2, \cdots, v_m$.

图 11.6 中，向量 a 和 b 的线性组合为 0 向量，即 $b + 2a = 0$。我们称 a 和 b 的这种关系为线性相关，严格定义如下。

定义 11.3　线性相关 设 $v_1, v_2, \cdots, v_m$ 是一个向量组，如果有一组不全为 0 的数 $k_1, k_2, \cdots, k_m$，使得

$$k_1 v_1 + k_2 v_2 + \cdots + k_m v_m = 0 \tag{11.2.2}$$

则称向量组 $v_1, v_2, \cdots, v_m$ 是线性相关的，否则称向量组 $v_1, v_2, \cdots, v_m$ 是线性无关的。即如果式（11.2.2）只有在 $k_1 = k_2 = \cdots k_m = 0$ 的情况下才成立，那么就称向量组 $v_1, v_2, \cdots, v_m$ 是线性无关的。

Definition 11.3　Linear dependence Given a subset W of a vector space $v_1, v_2, \cdots, v_m$, if we can find at least one $k_i \neq 0$：such that

$$k_1 \boldsymbol{v}_1 + k_2 \boldsymbol{v}_2 + \cdots + k_m \boldsymbol{v}_m = 0, \quad k_1, k_2, \cdots, k_m \in \mathbf{R}$$

Then $\boldsymbol{v}_1, \boldsymbol{v}_2, \cdots, \boldsymbol{v}_m$ are linearly dependent. Otherwise, they are linearly independent. In another word, only $k_1 = k_2 = \cdots k_m = 0$ such that

$$k_1 \boldsymbol{v}_1 + k_2 \boldsymbol{v}_2 + \cdots + k_m \boldsymbol{v}_m = 0, \quad k_1, k_2, \cdots, k_m \in \mathbf{R}$$

Then $\boldsymbol{v}_1, \boldsymbol{v}_2, \cdots, \boldsymbol{v}_m$ are linearly independent.

例如,图 11.6 中的 $\boldsymbol{a}$ 和 $\boldsymbol{b}$ 组成的向量组是线性相关的,$\boldsymbol{a}$、$\boldsymbol{d}$、$\boldsymbol{e}$ 组成的向量组是线性相关的,$\boldsymbol{a}$、$\boldsymbol{c}$、$\boldsymbol{f}$ 组成的向量组也是线性相关的。三维向量空间中的向量组 $\begin{bmatrix}1\\0\\0\end{bmatrix}, \begin{bmatrix}0\\1\\0\end{bmatrix}, \begin{bmatrix}0\\0\\1\end{bmatrix}$,若

想使得这三个向量的线性组合等于 $\begin{bmatrix}0\\0\\0\end{bmatrix}$,即满足

$$k_1 \begin{bmatrix}1\\0\\0\end{bmatrix} + k_2 \begin{bmatrix}0\\1\\0\end{bmatrix} + k_3 \begin{bmatrix}0\\0\\1\end{bmatrix} = \begin{bmatrix}0\\0\\0\end{bmatrix} \tag{11.2.3}$$

只能 $k_1 = 0, k_2 = 0, k_3 = 0$。因此,这三个向量是线性无关的。

根据线性无关的定义,可以得到以下推论:

(1) 如果向量组 $\boldsymbol{v}_1, \boldsymbol{v}_2, \cdots, \boldsymbol{v}_m$ 线性无关,则它的任意一部分向量构成的向量组也是线性无关的;

(2) 如果向量组 $\boldsymbol{v}_1, \boldsymbol{v}_2, \cdots, \boldsymbol{v}_m$ 中有一部分向量线性相关,则此向量组线性相关;

(3) 含有零向量的向量组一定线性相关。

11.2.3　笛卡儿坐标系(Cartesian coordinate system)

假设二维平面空间上有两个线性无关的向量 $\overrightarrow{OA}$ 和 $\overrightarrow{OB}$,如图 11.3 所示。平面上任何一个向量都可以写作这两个向量的线性表示式,即 $\overrightarrow{OC} = k_1 \overrightarrow{OA} + k_2 \overrightarrow{OB}$。也就是说,当确定了平面空间中两个线性无关的向量时,空间中任意第三个向量必然与他们线性相关。

将已知的两个向量特殊化,取两向量夹角为 $\frac{\pi}{2}$,且两个向量 $\overrightarrow{OA}$ 和 $\overrightarrow{OB}$ 的长度均为 1,即单位向量。使用新的符号表示这两个向量,即 $\boldsymbol{i} = \overrightarrow{OA}, \boldsymbol{j} = \overrightarrow{OB}$,将向量的起点 O 作为长度的计数起点,标记为数字 0,如图 11.7 所示。平面空间中任意一个向量 $\overrightarrow{OC}$ 均可由图 11.7 所示的向量合成,即

$$\overrightarrow{OC} = \overrightarrow{OD} + \overrightarrow{OE} \tag{11.2.4}$$

对于 $\overrightarrow{OD}$ 向量和 $\boldsymbol{j}$ 同方向,假设其长度为 y,可以表示为 $\overrightarrow{OD} = y\boldsymbol{j}$,同理有向量 $\overrightarrow{OE} = x\boldsymbol{i}$,因此向量

$$\overrightarrow{OC} = x\boldsymbol{i} + y\boldsymbol{j} = x\begin{bmatrix}1\\0\end{bmatrix} + y\begin{bmatrix}0\\1\end{bmatrix} \tag{11.2.5}$$

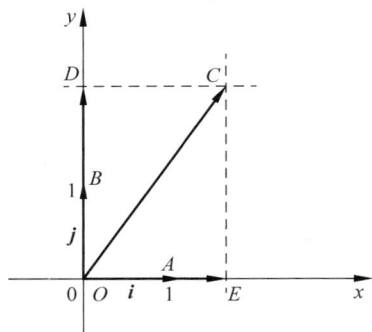

图 11.7　笛卡儿坐标系由来

总结上述过程,我们从"平面上两个不共线的向量线性无关"开始,然后用这两个向量表示任意第三个向量,最后将这两个向量特殊化,进而得到二维直角坐标

系中的向量表示,这就是我们熟悉的笛卡儿坐标系(Cartesian coordinate system)。

当然,三维空间中的向量也可用它的三个坐标分量表示,在直角坐标系内任意向量 $\boldsymbol{A}$ 写为

$$\boldsymbol{A} = A_x \boldsymbol{i} + A_y \boldsymbol{j} + A_z \boldsymbol{k} \tag{11.2.6}$$

其中,$\boldsymbol{i} = \begin{bmatrix} 1 \\ 0 \\ 0 \end{bmatrix}$,$\boldsymbol{j} = \begin{bmatrix} 0 \\ 1 \\ 0 \end{bmatrix}$,$\boldsymbol{k} = \begin{bmatrix} 0 \\ 0 \\ 1 \end{bmatrix}$ 为 x 轴、y 轴、z 轴的正向单位向量,A_x、A_y 和 A_z 为三个分量。向量 $\boldsymbol{A}$ 的模(modulus)为

$$A = |\boldsymbol{A}| = \sqrt{A_x^2 + A_y^2 + A_z^2} \tag{11.2.7}$$

向量 $\boldsymbol{A}$ 的单位向量(unit vector)$\boldsymbol{e}_A$ 定义为

$$\boldsymbol{e}_A = \frac{\boldsymbol{A}}{|\boldsymbol{A}|} = \frac{A_x \boldsymbol{e}_x + A_y \boldsymbol{e}_y + A_z \boldsymbol{e}_z}{\sqrt{A_x^2 + A_y^2 + A_z^2}} \tag{11.2.8}$$

其模为 1,方向与原向量相同。

两个向量相加或相减则它们的对应坐标分量相加或相减,即

$$\boldsymbol{A} \pm \boldsymbol{B} = (A_x \pm B_x)\boldsymbol{e}_x + (A_y \pm B_y)\boldsymbol{e}_y + (A_z \pm B_z)\boldsymbol{e}_z \tag{11.2.9}$$

一个向量的数乘是该数乘以向量的各分量,即

$$c\boldsymbol{A} = cA_x \boldsymbol{e}_x + cA_y \boldsymbol{e}_y + cA_z \boldsymbol{e}_z \tag{11.2.10}$$

若数 $c > 0$,则向量 $c\boldsymbol{A}$ 的方向与原向量 $\boldsymbol{A}$ 同向;若数 $c < 0$,则向量 $c\boldsymbol{A}$ 的方向与原向量 $\boldsymbol{A}$ 反向。笛卡儿坐标系中向量的标量积、向量积运算将在第 12 章中讨论。

将以上结论扩展至 n 维空间。n 维空间中有 n 个线性无关的向量,该空间中任意第 $n+1$ 个向量均可用这 n 个向量线性表示。为了方便,仍然使用笛卡儿坐标系,n 维空间中的笛卡儿坐标系有 n 个单位向量

$$\begin{bmatrix} 1 \\ 0 \\ 0 \\ \vdots \\ 0 \\ 0 \end{bmatrix}, \begin{bmatrix} 0 \\ 1 \\ 0 \\ \vdots \\ 0 \\ 0 \end{bmatrix}, \cdots \begin{bmatrix} 0 \\ 0 \\ 0 \\ \vdots \\ 0 \\ 1 \end{bmatrix} \tag{11.2.11}$$

用这些单位向量可以表征此空间中任意一个向量。笛卡儿坐标系由伟大的数学家、哲学家笛卡儿在其巨著《方法论》中提出,这项发明将代数和欧几里得几何结合起来,影响着各个数学分支和其他科学。

11.2.4 子空间(subspace)

我们知道,任何维度的空间都包含了无穷多个向量,在线性代数中,通常将这些向量视为一个集合,实数域中用 $\mathbf{R}^n$ 表示,n 即空间的维度。

定义 11.4 子空间 假设 $\boldsymbol{v}_1, \boldsymbol{v}_2, \cdots, \boldsymbol{v}_m (m \leqslant n)$ 是 $\mathbf{R}^n$ 中的一个向量组,$k_1, k_2, \cdots, k_m$ 是实数,新的集合

$$\mathbf{R}^m = \{k_1\,\boldsymbol{v}_1 + k_2\,\boldsymbol{v}_2 + \cdots + k_m\,\boldsymbol{v}_m \mid k_1, k_2, \cdots, k_m \in \mathbf{R}\} \qquad (11.2.12)$$

是 $\mathbf{R}^n$ 的一个非空子集。从该集合中任取两元素 $a_1\,\boldsymbol{v}_1 + a_2\,\boldsymbol{v}_2 + \cdots + a_m\,\boldsymbol{v}_m$, $b_1\,\boldsymbol{v}_1 + b_2\,\boldsymbol{v}_2 + \cdots + b_m\,\boldsymbol{v}_m$ 相加,有

$$(a_1\,\boldsymbol{v}_1 + \cdots + a_m\,\boldsymbol{v}_m) + (b_1\,\boldsymbol{v}_1 + \cdots + b_m\,\boldsymbol{v}_m) = (a_1 + b_1)\,\boldsymbol{v}_1 + (a_2 + b_2)\,\boldsymbol{v}_2 + \cdots + (a_m + b_m)\,\boldsymbol{v}_m$$

得到的计算结果仍属于 $\mathbf{R}^m$,也就是说 $\mathbf{R}^m$ 满足加法封闭。同样有

$$c(a_1\,\boldsymbol{v}_1 + a_2\,\boldsymbol{v}_2 \cdots + a_m\,\boldsymbol{v}_m) = ca_1\,\boldsymbol{v}_1 + ca_2\,\boldsymbol{v}_2 \cdots + ca_m\,\boldsymbol{v}_m \in \mathbf{R}^m, \qquad \forall h \in \mathbf{R}$$

$$(11.2.13)$$

即 $\mathbf{R}^m$ 满足数乘封闭。$\mathbf{R}^m$ 由向量组 $\boldsymbol{v}_1, \boldsymbol{v}_2, \cdots, \boldsymbol{v}_n$ 生成,且满足加法和数乘封闭,仍是一个线性空间,称 $\mathbf{R}^m$ 为 $\mathbf{R}^n$ 的一个向量子空间,简称子空间(subspace)。

Definition 11.4 Subspace Let V be a linear space on the field **K**, and $W \subseteq V$ be a nonempty set. If W is linear space with respect to the addition and scalar product operations defined for V, then W is called a subspace of V.

例 11.4 在 $i = \begin{bmatrix} 1 \\ 0 \\ 0 \end{bmatrix}, j = \begin{bmatrix} 0 \\ 1 \\ 0 \end{bmatrix}, k = \begin{bmatrix} 0 \\ 0 \\ 1 \end{bmatrix}$ 作为单位向量的三维向量空间 $\mathbf{R}^3$ 中,XOY 平面上所有的向量可以由两个单位向量 i 和 j 线性组合表示,且符合加法和数乘封闭,因此称 XOY 平面空间 $\mathbf{R}^2$ 是 $\mathbf{R}^3$ 的子空间。

实际上三维向量空间中过原点 O 的平面、直线都是其子空间。比如 $\boldsymbol{u} = \begin{bmatrix} 1 \\ 1 \\ 0 \end{bmatrix}, \boldsymbol{v} = \begin{bmatrix} 0 \\ 1 \\ 1 \end{bmatrix}$ 向量决定的平面也是 $\mathbf{R}^3$ 的子空间。但是,不过原点 O 的平面和直线不是子空间。

11.3 向量空间的基和维数(basis and dimension of vector space)

我们能够感知到的空间包括一维的线、二维的面及三维的体,在物理学中还会遇到四维时空问题,包括三维空间和时间参数。信息学科中更常见的则是 n 维空间,这里的维是如何定义的? 本节讨论维数和基的概念。

11.3.1 向量空间的基(basis of vector space)

如图 11.6 所示的 a、b、c、d、e、f 6 个向量在同一个平面子空间中,可以取出任意组合构成向量组,如 $\{a,b\}$、$\{a,c\}$、$\{b,d\}$、$\{a,b,c\}$、$\{a,d,e\}$ 等,在这些向量组中,有的向量组是线性无关的,比如 $\{a,c\}$、$\{b,d\}$ 等;有的向量组是线性相关的,比如 $\{a,b\}$、$\{a,d,e\}$、$\{a,c,f\}$ 等。

定义 11.5 极大线性无关组 某向量组的一个部分组,如果满足两个条件:①这个部分组线性无关,②从向量组的其余向量中任取一个加进去,得到新的部分组线性相关,则称

这个部分组为此向量组的一个极大线性无关组。

由定义可知,向量组中任意一个向量均可由向量组的极大线性无关组表示且表示方法唯一。观察前面定义的向量组,$\{a,b\}$向量组不满足定义 4 的条件,$\{a,c\}$、$\{a,d\}$、$\{a,e\}$、$\{a,f\}$、$\{b,c\}$、$\{b,d\}$、$\{b,e\}$ 等只包含两个向量的向量组均满足条件。也就是说,一个向量组可以有多个极大线性无关组,并且这些极大线性无关组的向量个数相等。显然,$\left\{\begin{bmatrix}1\\0\end{bmatrix},\begin{bmatrix}0\\1\end{bmatrix}\right\}$ 也是二维向量空间的一个极大线性无关组。向量组的极大线性无关组所包含向量的个数,称为向量组的秩(rank)。

三维空间也有类似的情况,向量组$\{i,j,k\}$是 $\mathbf{R}^3$ 的一个线性无关向量组,此空间中任意一个向量均可以用这三个向量线性表示,但如果给向量组再增加一个向量,则该向量组不再满足线性无关,也就是说向量组$\{i,j,k\}$是该空间的一个极大线性无关组。

定义 11.6 向量空间的基 设 V 是向量空间,如果向量 $v_1,v_2,\cdots,v_s\in V$,且满足① $v_1,v_2,\cdots,v_s$ 线性无关,②V 中的任一向量均可由 $v_1,v_2,\cdots,v_s$ 线性表示,则称向量组 $v_1,v_2,\cdots,v_s$ 是向量空间 V 的一个基(basis)。显然,向量空间的基是一个极大线性无关组。

Definition 11.6 Basis of vector space A basis for a vector space is a sequence of vectors that form a set that is linearly independent and that spans the space. In another word, if the set of vectors $v_1,v_2,\cdots,v_s$ in vector space V is linearly independent and any vector can be represented linearly by $v_1,v_2,\cdots,v_s$

$$v=k_1 v_1+k_2 v_2+\cdots+k_s v_s$$

then the set of $v_1,v_2,\cdots,v_s$ is called a basis of vector space V.

显然,向量空间的基不唯一。由定义可知,任意一个极大线性无关组均可构成向量组的基。如何选择呢? 通常我们取特殊的向量组,向量长度为 1,且彼此垂直(又称正交),称作标准正交基(standard basis)。$\mathbf{R}^n$ 的一个标准正交基为

$$v_1=\begin{bmatrix}1\\0\\0\\\vdots\\0\\0\end{bmatrix},v_2=\begin{bmatrix}0\\1\\0\\\vdots\\0\\0\end{bmatrix},\cdots v_n=\begin{bmatrix}0\\0\\0\\\vdots\\0\\1\end{bmatrix} \tag{11.3.1}$$

定义 11.7 向量的坐标 设 V 是 r 维向量空间,$v_1,v_2,\cdots,v_r$ 是 V 的一个基,则 V 中的任一向量 x 可由 $v_1,v_2,\cdots,v_r$ 唯一线性表示为

$$x=x_1 v_1+x_2 v_2+\cdots+x_r v_r \tag{11.3.2}$$

则数组 $x_1,x_2,\cdots,x_r$ 称为向量 x 在基 $v_1,v_2,\cdots,v_r$ 下的坐标,记为$(x_1,x_2,\cdots,x_r)^{\mathrm{T}}$。

Definition 11.7 The coordinate of a vector under the basis For any vector in a vector space,$x\in V$ and a basis for the vector space V is $v_1,v_2,\cdots,v_r$. According to the definition of basis,x is a linearly combination of basis $v_1,v_2,\cdots,v_r$

$$x=x_1 v_1+x_2 v_2+\cdots+x_r v_r$$

$(x_1,x_2,\cdots,x_r)^{\mathrm{T}}$is called the coordinate of vector x under the given basis $v_1,v_2,\cdots,v_r$.

这里需要强调的是,向量的基不是唯一的,相同的向量在不同的基上的坐标是不同的。

11.3.2 向量空间的维数(dimension of vector space)

我们已经使用过"一维""二维""三维"等术语,这里的"维"指的是空间维数,那么什么是空间的维数? 1.3.1节中讨论向量空间基的时候我们发现,虽然某个向量空间的基不是唯一的,但每个基的向量个数都是一样的。例如,所有二维向量空间基的向量个数都是2,三维向量空间基的个数都是3,下面给出向量空间维数的定义。

定义 11.8 向量空间的维数 向量空间 V 中最大的线性无关向量的个数 n 称为向量空间 L 的维数(dimension),也称 V 为 n 维的向量空间,n 可以是无穷。

Definition 11.8 Dimension of vector space The dimension of a linear(vector) space is the number of vectors in any of its bases.

例 11.5 实数域上定义的向量空间 $\mathbf{R}^n$ 的维数为 n,记作 $\dim(\mathbf{R}^n)=n$。

例 11.6 实数域上定义的向量空间 $\mathbf{R}^{m \times n}$ 的维数为 $m \times n$,记作 $\dim(\mathbf{R}^{m \times n})=mn$。

*11.4 MATLAB 可视化向量场和标量场(visualization of vector and scalar fields using MATLAB)

学习向量分析,难点就在于内容比较抽象,不易理解。如果能够用图形的方式展现向量场、标量场,以及其梯度、散度、旋度甚至拉普拉斯运算的结果,将会对向量分析的学习大有裨益。

MATLAB 软件中内置了梯度(gradient)、散度(divergence)、旋度(curl)等函数,通过调用函数可以直接进行相应计算;也包含了等值面(isosurface)、等值线(contour,contour3)、曲面(surface)等绘图函数,可以直接或者间接实现标量函数的可视化。另外,MATLAB 中定义有针对向量运算的相关函数,可以完成向量场的可视化,如向量箭头图(quiver,quiver3)、流线图(streamline)、角锥图(coneplot)等。

在此,我们以二维的标量和向量函数为例介绍相关函数。

11.4.1 二维标量函数及其等值线(two-dimensional scalar function and contours)

对于二维标量函数,可以用三维空间中的曲面来表示。用不同高度的水平平面来截这个曲面,就可以得到三维空间中的等值线,又称等高线。通过 surface()函数和 contour3()函数,就可以展现函数的全貌。

例 11.7 画出标量函数

$$z = x\,\mathrm{e}^{-(x^2+y^2)}$$

的曲面图及二维、三维等值线。MATLAB 代码如下。

```
[X,Y] = meshgrid([-3:.2:3]);      % 创建直角坐标网格,边长为6的正方形区域,网格间隔为0.2
Z = X.*exp(-X.^2-Y.^2);           %计算函数值
surface(X,Y,Z);                   % 对函数 Z 可视化,颜色随 Z 的值变化
contour(X,Y,Z,30);                %绘制二维平面上的等值线
contour3(X,Y,Z,30);               %绘制三维空间中的等值线
```

MATLAB 绘制的标量函数曲面图及二维、三维等值线如图 11.8 所示。

(a) 标量函数平面图

(b) 标量函数二维等值线

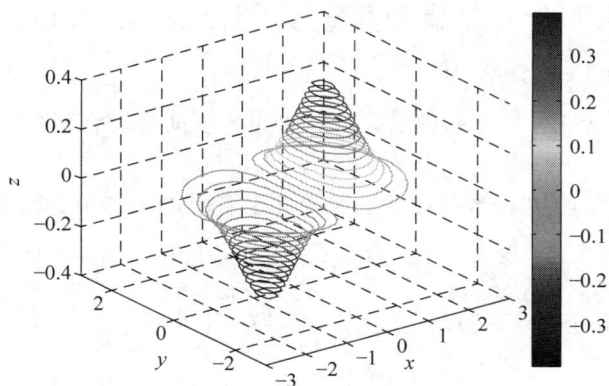

(c) 标量函数三维等值线

图 11.8　MATLAB 绘制的标量函数曲面图及二维、三维等值线

11.4.2 二维标量函数的梯度及其箭头图（gradient of a 2D scalar function and arrow plots）

可以用 gradient 函数求二维标量函数的梯度，得到一个向量函数，然后用 quiver 函数绘制向量函数的箭头图；梯度箭头图和用 contour 函数绘制的标量函数等值线是正交的。

例 11.8 画出例 11.7 函数的梯度箭头。MATLAB 代码如下。

```
[X, Y] = meshgrid(-2:.2:2);          % 创建直角坐标网格,边长为4的正方形区域,网格间隔为0.2
Z = X. * exp(-X.^2 - Y.^2);          %计算函数值
[DX, DY] = gradient(Z,.2,.2);         %计算函数的梯度
contour(X, Y, Z);                      %绘制二维等高线
hold on;                               %在同一幅图上继续绘制曲线
quiver(X, Y, DX, DY);                  %绘制梯度函数
```

最终结果如图 11.9 所示。

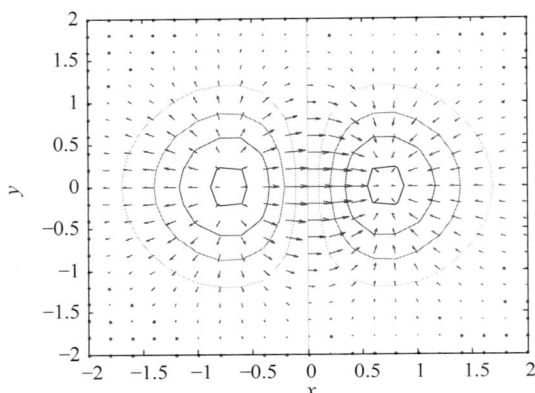

图 11.9 标量函数等值线及梯度箭头图

11.4.3 曲面的法向量及其箭头图（normal vector of a surface and arrow plots）

用 surfnorm 可以计算二维标量函数对应曲面的法向量，然后用 quiver3 函数在空间展现出来。

例 11.9 画出例 11.7 函数的曲面图及曲面上各点的法向量。MATLAB 代码如下。

```
[X, Y] = meshgrid(-1:0.2:1, -1:0.2:1);   % 创建网格,边长为1的正方形区域,网格间隔为0.2
Z = X. * exp(-X.^2 - Y.^2);               %计算函数值
[U, V, W] = surfnorm(X, Y, Z);            %计算其法向量
surf(X, Y, Z);                             %绘制函数的曲面图
hold on                                    %在同一幅图上继续画箭头
quiver3(X, Y, Z, U, V, W, 0.5);            %绘制箭头图
```

最终绘制结果如图 11.10 所示。

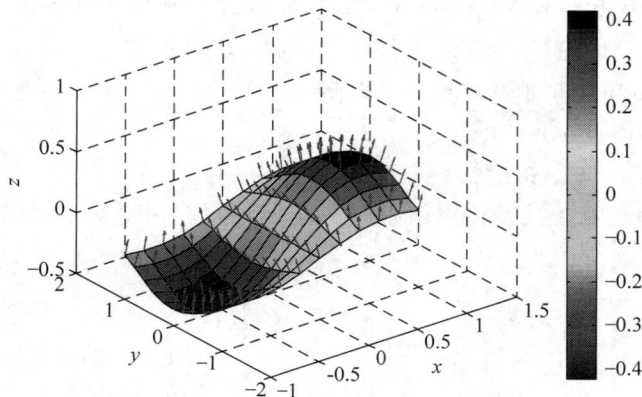

图 11.10 标量函数曲面图及曲面法向导数箭头图

第 11 章习题

1. 设向量 $u = \begin{bmatrix} 2 \\ 4 \end{bmatrix}$，$v = \begin{bmatrix} 3 \\ -1 \end{bmatrix}$，试在平面中画出两个向量，并计算两向量的标量积和向量积。

2. 已知三个向量 r_1、r_2、r_3 如图 11.11 所示，$r_1 = |r_1|$，$r_2 = |r_2|$，$r_3 = |r_3|$ 分别为三个向量的模，使用向量运算证明余弦定理

$$r_3^2 = r_1^2 + r_2^2 - 2r_1 r_2 \cos\theta$$

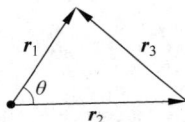

图 11.11 题 2 图

3. 使用向量运算直接证明

$$(A + B) \cdot (A - B) = A^2 - B^2$$

其中，$A = |A|$，$B = |B|$。

4. 试证明 $\mathbf{R}^3$ 空间中向量 A，B 满足下式

$$(A \times B) \cdot (A \times B) = A^2 B^2 - (A \cdot B)^2$$

其中，$A = |A|$，$B = |B|$。

5. 求矢径 $r(x, y) = t^2 i + (t-1)^2 j$ 终点的轨迹方程，其中参数 $t > 0$。

6. 设 $\mathbf{R}^3$ 空间中的三个向量为

$$u = \begin{bmatrix} 1 \\ 1 \\ 2 \end{bmatrix}, \quad v = \begin{bmatrix} 3 \\ 1 \\ 3 \end{bmatrix}, \quad w = \begin{bmatrix} -3 \\ 1 \\ 0 \end{bmatrix}$$

判断三个向量是否线性相关。

7. 判断下列集合是否构成线性空间

(1) 在 XOY 平面上第一象限的二维向量集合 V；

(2) 实数域 $\mathbf{R}$ 上，集合 $W = \left\{ \alpha = \begin{bmatrix} x_1 \\ x_2 \\ \vdots \\ x_n \end{bmatrix}, x_1 \cdot x_2 \cdot \cdots \cdot x_n = 0 \right\}$；

（3）实数域 $\mathbf{R}$ 上满足条件 $\boldsymbol{AX}=\boldsymbol{XA}$ 的 n 阶矩阵 $\boldsymbol{X}$ 构成的矩阵集合

$$V = \{\boldsymbol{X}_{n\times n} \mid \boldsymbol{AX}=\boldsymbol{XA}, \boldsymbol{A}, \boldsymbol{X} \in \mathbf{R}^{n\times n}\}$$

8. 判断 $\mathbf{R}^{2\times2}$ 的下列子集是否构成子空间

（1）$V = \{\boldsymbol{A} \mid \det\boldsymbol{A}=0, \boldsymbol{A} \in \mathbf{R}^{2\times2}\}$；

（2）$W = \{\boldsymbol{A} \mid \boldsymbol{A}^2=\boldsymbol{A}, \boldsymbol{A} \in \mathbf{R}^{2\times2}\}$。

9. 设 V 是实数域 $\mathbf{R}$ 上的全体实函数构成的线性空间，讨论 V 中元素集合 t、e^t、e^{2t} 的线性相关性。

10. 证明 $\boldsymbol{B}_1 = \begin{pmatrix} 0 \\ 1 \\ 1 \\ 0 \end{pmatrix}$，$\boldsymbol{B}_2 = \begin{pmatrix} 1 \\ 0 \\ 0 \\ 1 \end{pmatrix}$，$\boldsymbol{B}_3 = \begin{pmatrix} 1 \\ 1 \\ 0 \\ 1 \end{pmatrix}$，$\boldsymbol{B}_4 = \begin{pmatrix} 1 \\ 1 \\ 1 \\ 0 \end{pmatrix}$ 是 $\mathbf{R}^{4\times1}$ 的基，求 $\begin{pmatrix} 0 \\ 1 \\ 3 \\ -3 \end{pmatrix}$ 在此基下的坐标。

第 12 章

CHAPTER 12

向 量 分 析

$\mathbf{R}^3$ 空间,即三维正交实向量空间,又称三维欧几里得空间(Euclidean space),简称三维欧氏空间。实际问题中研究物理规律,往往是在欧氏空间中研究某一物理量随空间时间的变化规律。研究分析具体问题时,首先在 $\mathbf{R}^3$ 空间中描述研究对象,需要给定一个单位长度的度量,选定一个原点并通过该原点按右手螺旋法则建立三个正交的单位向量 e_x、e_y、e_z,然后以单位向量为坐标轴的方向建立起三个正交的无穷长的刚性坐标轴,这就在 $\mathbf{R}^3$ 空间中引入了笛卡儿坐标系(Cartesian coordinates)。$\mathbf{R}^3$ 空间中的每一点都对应一个位置向量 $r = xe_x + ye_y + ze_z$,其中 e_x、e_y、e_z 是三个轴方向的单位向量,x、y、z 为 r 在三个轴上的投影,如图 12.1 所示。向量 r 也可以用三个投影参数表示,即 $r = (x, y, z)$。

$\mathbf{R}^3$ 空间由三维空间中的点组成,而三维空间中每个点和向量 r 相对应,因此我们可以说,$\mathbf{R}^3$ 空间是所有 r 向量的集合,其中包含了特殊的零向量 $\mathbf{0} = 0e_x + 0e_y + 0e_z$,该向量是一个无方向无长度的特殊向量,称其为奇异向量。

图 12.1　笛卡儿坐标系中的向量表示

12.1　$\mathbf{R}^3$ 空间的向量代数(vector algebra in $\mathbf{R}^3$ space)

引入了坐标系,便可以定义坐标系中向量的运算法则,研究空间中向量的性质,甚至完成坐标系的变换等,这就是向量代数系统。下面给出 $\mathbf{R}^3$ 空间中向量的合成法则,并给出直角坐标系中向量代数的具体运算。

12.1.1　向量的加法和数乘(addition and scalar multiplication of vectors)

1. 向量的加法

在 $\mathbf{R}^3$ 空间中,存在两个向量,其直角坐标系表达式为 $A = A_1e_x + A_2e_y + A_3e_z$,$B = B_1e_x + B_2e_y + B_3e_z$,则两向量的加法定义为

$$A + B = (A_1 + B_1)e_x + (A_2 + B_2)e_y + (A_3 + B_3)e_z \qquad (12.1.1)$$

由定义可看出向量的加法满足交换律,即

$$A + B = B + A \tag{12.1.2}$$

作为特殊向量 0,与任意向量相加都等于向量本身,即

$$0 + A = A \tag{12.1.3}$$

同时有

$$A - A = A + (-A) = 0 \tag{12.1.4}$$

2. 向量的数乘

对于任意一个实数 $c \in \mathbf{R}$,有

$$cA = cA_1 e_x + cA_2 e_y + cA_3 e_z \tag{12.1.5}$$

很容易验证数乘满足加法分配律,即

$$c(A + B) = cA + cB \tag{12.1.6}$$

$$(c_1 + c_2)A = c_1 A + c_2 A \tag{12.1.7}$$

$$(c_1 c_2)A = c_1(c_2 A) \tag{12.1.8}$$

其中,$c_1, c_2 \in \mathbf{R}$。由数乘的定义可得

$$-A = (-1)A = -A_1 e_x - A_2 e_y - A_3 e_z \tag{12.1.9}$$

因此,两个向量相减写作

$$A - B = A + (-B) = (A_1 - B_1)e_x + (A_2 - B_2)e_y + (A_3 - B_3)e_z \tag{12.1.10}$$

由 11.2 节可知,定义了以上加法运算和数乘运算且满足以上分配律的元素的集合称为向量空间,又称线性空间。三维欧式空间是线性空间的一种。

12.1.2　向量的标量积(scalar product of vectors)

由式(11.1.6)定义的向量标量积可知,两个向量 A、B 若相互垂直,即夹角为 $\frac{\pi}{2}$,其标量积 $A \cdot B = 0$,因此在直角坐标系中,三个正交坐标轴对应的单位向量间的标量积均为 0,即

$$e_x \cdot e_y = e_y \cdot e_x = e_x \cdot e_z = e_z \cdot e_x = e_y \cdot e_z = e_z \cdot e_y = 0 \tag{12.1.11}$$

相同的单位向量点乘为 1,即

$$e_x \cdot e_x = e_y \cdot e_y = e_z \cdot e_z = 1 \tag{12.1.12}$$

因此,两个向量 A 和 B 的标量积在直角坐标系中可表示为

$$A \cdot B = (A_x e_x + A_y e_y + A_z e_z) \cdot (B_x e_x + B_y e_y + B_z e_z)$$
$$= A_x B_x + A_y B_y + A_z B_z \tag{12.1.13}$$

可以看出,两个向量的标量积是可对易的,即

$$A \cdot B = B \cdot A \tag{12.1.14}$$

也可以证明

$$A \cdot (B + C) = A \cdot B + A \cdot C \tag{12.1.15}$$

12.1.3　向量的向量积(vector product of vectors)

由向量的向量积定义式(11.1.7)可知

$$A \times B = -B \times A \tag{12.1.16}$$

$$A \times A = 0 \tag{12.1.17}$$

因为向量积的方向遵循右手螺旋规则,在直角坐标系中三个单位向量的向量积分别为

$$e_x \times e_y = e_z, \quad e_x \times e_z = -e_y, \quad e_y \times e_z = e_x \tag{12.1.18}$$

相同单位向量的向量积为 0,即

$$e_x \times e_x = e_y \times e_y = e_z \times e_z = 0 \tag{12.1.19}$$

在直角坐标系中,两个向量的向量积 $A \times B$ 可表示为

$$
\begin{aligned}
A \times B &= (A_x e_x + A_y e_y + A_z e_z) \times (B_x e_x + B_y e_y + B_z e_z) \\
&= (A_y B_z - B_y A_z) e_x + (A_z B_x - B_z A_x) e_y + (A_x B_y - B_x A_y) e_z \\
&= \begin{vmatrix} e_x & e_y & e_z \\ A_x & A_y & A_z \\ B_x & B_y & B_z \end{vmatrix}
\end{aligned} \tag{12.1.20}
$$

本节中所介绍的 $\mathbf{R}^3$ 空间中元素的加法、数乘、标量积和向量积四种运算连同 $\mathbf{R}^3$ 空间中的所有元素,构成了物理学中常用的 $\mathbf{R}^3$ 空间中的一种向量代数。

例 12.1 若已知向量 $A = e_x + 2e_y + e_z$,并且 $A \times B = 4e_x - 8e_y + 4e_z$,$A \cdot B = 10$,试求向量 B。

解:假设向量 $B = a e_x + b e_y + c e_z$,则有

$$A \cdot B = a + 2b + c = 10$$

$$A \times B = (2c - b) e_x + (a - c) e_y + (b - 2a) e_z = 12 e_x - 8 e_y + 4 e_z$$

解得

$$a = -1, \quad b = 2, \quad c = 7$$

故有

$$B = -e_x + 2e_y + 7e_z$$

12.1.4 向量的混合积(mixed product of vectors)

A、B、C 三个向量相乘,其间分别置"×"号和"·"号,称为向量的混合标量积或三重标量积,其直角坐标系中的表达式是一个由三向量坐标组成的行列式。不难证明,只要它们的顺序不变,其间"×"和"·"可以互换,但若任意两个向量的顺序交换,则三向量的混合积变号,如图 12.2 所示。若 A、B、C 三向量的顺序以顺时针为正,则逆时针为负。三向量的混合积可表示为

$$
\begin{aligned}
A \cdot (B \times C) &= B \cdot (C \times A) = C \cdot (A \times B) = (B \times C) \cdot A = (C \times A) \cdot B = (A \times B) \cdot C \\
&= -A \cdot (C \times B) = -B \cdot (A \times C) = -C \cdot (B \times A) \\
&= \cdots\cdots = \begin{vmatrix} A_x & A_y & A_z \\ B_x & B_y & B_z \\ C_x & C_y & C_z \end{vmatrix}
\end{aligned} \tag{12.1.21}
$$

A、B、C 三个向量的混合积是以三向量为棱的六面体体积,如图 12.3 所示,但混合积有正、负。应该指出,三向量的混合积运算式中括号可省略,只有先叉乘后点乘运算才有意义。

图 12.2　三向量混合积向量顺序

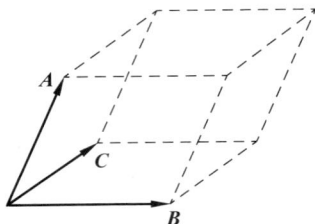

图 12.3　三向量混合积的几何意义

12.2　柱坐标系和球坐标系(cylindrical coordinate system and spherical coordinate system)

在解决实际问题时,我们需要根据物理问题所具有的对称性、边界的形状等因素选取适当的坐标系来运算,从而求得具体的结果。物理相关学科中,常用到的坐标系有直角坐标系、柱坐标系和球坐标系。本节给出三种坐标系的关系以及后两种坐标系中的向量分析公式。

12.2.1　坐标变量和基本单位向量(coordinate variables and base unit vectors)

三种坐标系的坐标变量与基本单位向量如表 12.1 所示。基本单位向量简称基矢,其方向为该坐标变量增加的方向,如图 12.4 所示。

表 12.1　三种常用坐标系的坐标变量与基本单位向量

坐　标　系	坐标变量与基矢	
	坐标变量	基本单位向量
直角坐标系	x、y、z	e_x、e_y、e_z
圆柱坐标系	$r(\rho)$、φ、z	$e_r(e_\rho)$、e_φ、e_z
球坐标系	r、θ、φ	e_r、e_θ、e_φ

注:圆柱坐标系中平面矢径有时用 r,但本节中平面矢径的坐标变量用 ρ,以防和球坐标系混淆。

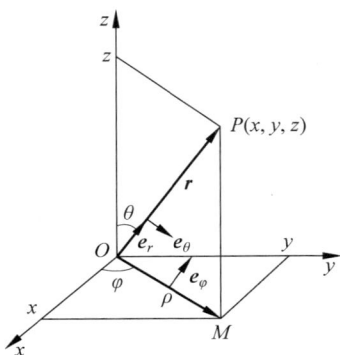

图 12.4　柱坐标系和球坐标系

在三种坐标系中求解问题时需要注意各坐标变量的变化范围,直角坐标系中三个参量 x、y、z 有

$$\begin{cases} -\infty < x < +\infty \\ -\infty < y < +\infty \\ -\infty < z < +\infty \end{cases} \tag{12.2.1}$$

球坐标系中三个参量矢径 r、极角 θ 和方位角 φ 有

$$\begin{cases} 0 \leqslant r < +\infty \\ 0 \leqslant \theta \leqslant \pi \\ 0 \leqslant \varphi < 2\pi \end{cases} \tag{12.2.2}$$

圆柱坐标系中三个参量平面矢径 ρ、方位角 φ 和参量 z 有

$$\begin{cases} 0 \leqslant \rho < +\infty \\ 0 \leqslant \varphi < 2\pi \\ -\infty < z < +\infty \end{cases} \tag{12.2.3}$$

当同一坐标系中的基矢进行叉乘时,牢记图 12.4 中各个向量的定义,并运用右手螺旋规则即可,相同基矢叉乘为 0。柱坐标系中有

$$\boldsymbol{e}_\rho \times \boldsymbol{e}_\varphi = \boldsymbol{e}_z, \boldsymbol{e}_\rho \times \boldsymbol{e}_z = -\boldsymbol{e}_\varphi, \boldsymbol{e}_\varphi \times \boldsymbol{e}_z = \boldsymbol{e}_\rho$$
$$\boldsymbol{e}_\rho \times \boldsymbol{e}_\rho = \boldsymbol{e}_\varphi \times \boldsymbol{e}_\varphi = \boldsymbol{e}_z \times \boldsymbol{e}_z = 0 \tag{12.2.4}$$

球坐标系中有

$$\boldsymbol{e}_r \times \boldsymbol{e}_\varphi = -\boldsymbol{e}_\theta, \boldsymbol{e}_r \times \boldsymbol{e}_\theta = \boldsymbol{e}_\varphi, \boldsymbol{e}_\theta \times \boldsymbol{e}_\varphi = \boldsymbol{e}_r$$
$$\boldsymbol{e}_r \times \boldsymbol{e}_r = \boldsymbol{e}_\theta \times \boldsymbol{e}_\theta = \boldsymbol{e}_\varphi \times \boldsymbol{e}_\varphi = 0 \tag{12.2.5}$$

事实上,在正交坐标系中,基矢都满足类似的叉乘关系,它们在空间任一点构成了一个"本地"的"直角坐标系",但空间不同位置处,相同的基矢方向也不同。

12.2.2　三种坐标系中坐标变量之间的关系(the relationship between coordinate variables in different coordinate systems)

直角坐标系与圆柱坐标系中各坐标变量之间的关系为

$$\left. \begin{array}{ll} x = \rho\cos\varphi, & \rho = \sqrt{x^2 + y^2} \\ y = \rho\sin\varphi, & \varphi = \arctan\dfrac{y}{x} \\ z = z, & z = z \end{array} \right\} \tag{12.2.6}$$

圆柱坐标系与球坐标系中各坐标变量之间的关系为

$$\left. \begin{array}{ll} \rho = r\sin\theta, & r = \sqrt{\rho^2 + z^2} \\ \varphi = \varphi, & \theta = \arctan\dfrac{\rho}{z} \\ z = r\cos\theta, & \varphi = \varphi \end{array} \right\} \tag{12.2.7}$$

直角坐标系与球坐标系中各坐标变量之间的关系为

$$\left. \begin{array}{ll} x = r\sin\theta\cos\varphi, & r = \sqrt{x^2 + y^2 + z^2} \\ y = r\sin\theta\sin\varphi, & \theta = \arctan\dfrac{\sqrt{x^2 + y^2}}{z} \\ z = r\cos\theta, & \varphi = \arctan\dfrac{y}{x} \end{array} \right\} \tag{12.2.8}$$

12.2.3　基本单位向量之间的变换——单位圆法(conversion between basic unit vectors：unit circle method)

在分析物理场问题时,往往需要在不同坐标系间转换,除了坐标变量的转换,还需要各坐标系中基本单位向量之间的转换,此时需要使用单位圆法。

单位圆法的具体操作:在选定的合适坐标平面上,以点 P 为圆心,以 1 为半径作一个圆,以 P 为始点作出所有基矢,将欲转换的基矢作为直角三角形的斜边,目标基矢所在方向

画出直角边,此斜边的基矢是目标基矢对应直角边的向量和。

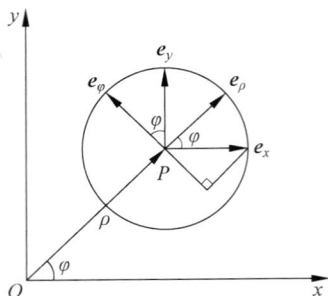

图 12.5　直角坐标系与圆柱坐标系中
基本单位矢量之间的变换

以直角坐标系与柱坐标系各基矢间的转换为例,我们知道两坐标系中坐标变量 z 是相同的,即 $e_z = e_z$,选取 xOy 平面中的点 P 为圆心作单位圆,并以 P 为始点作出所有基矢,如图 12.5 所示。若要将直角坐标系中的基矢 e_x 转换成柱坐标系中的基矢表达式,则将基矢 e_x 作为直角三角形的斜边,e_ρ 和 e_φ 方向画出直角边,此斜边的基矢 e_x 应等于直角三角形另外两条边的向量和,另两条边的大小分别为 $\cos\varphi$ 和 $\sin\varphi$,而其方向分别为 e_ρ 和 $-e_\varphi$,因为方位角 φ 的对边向量与柱坐标系中的基矢 e_φ 反向,故其前有一负号。类推可得直角坐标系与柱坐标系中各基本单位向量之间的关系为

$$
\left.
\begin{aligned}
e_x &= \cos\varphi e_\rho - \sin\varphi e_\varphi, \quad & e_\rho &= \cos\varphi e_x + \sin\varphi e_y \\
e_y &= \sin\varphi e_\rho + \cos\varphi e_\varphi, \quad & e_\varphi &= -\sin\varphi e_x + \cos\varphi e_y \\
e_z &= e_z, \quad & e_z &= e_z
\end{aligned}
\right\}
\tag{12.2.9}
$$

式(12.2.9)可写成矩阵形式为

$$
\begin{pmatrix} e_x \\ e_y \\ e_z \end{pmatrix} = \begin{pmatrix} \cos\varphi & -\sin\varphi & 0 \\ \sin\varphi & \cos\varphi & 0 \\ 0 & 0 & 1 \end{pmatrix} \begin{pmatrix} e_\rho \\ e_\varphi \\ e_z \end{pmatrix}
\tag{12.2.10}
$$

$$
\begin{pmatrix} e_\rho \\ e_\varphi \\ e_z \end{pmatrix} = \begin{pmatrix} \cos\varphi & \sin\varphi & 0 \\ -\sin\varphi & \cos\varphi & 0 \\ 0 & 0 & 1 \end{pmatrix} \begin{pmatrix} e_x \\ e_y \\ e_z \end{pmatrix}
\tag{12.2.11}
$$

在柱坐标系与球坐标系中,各基本单位向量进行转换时,因为这两个坐标系中的方位角 φ 是相同的,所以选取 ρOz 平面中的点 P 为圆心作单位圆,如图 12.6 所示。由单位元法可得柱坐标系与球坐标系中各基本单位向量之间的关系为

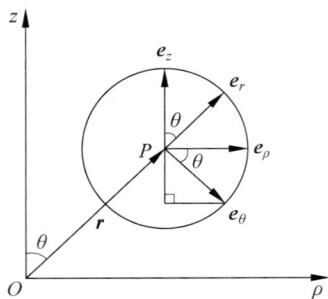

图 12.6　柱坐标系与球坐标系中
基本单位矢量的变换

$$
\left\{
\begin{aligned}
e_\rho &= \sin\theta e_r + \cos\theta e_\theta, \quad & e_r &= \sin\theta e_\rho + \cos\theta e_z \\
e_\varphi &= e_\varphi, \quad & e_\theta &= \cos\theta e_\rho - \sin\theta e_z \\
e_z &= \cos\theta e_r - \sin\theta e_\theta, \quad & e_\varphi &= e_\varphi
\end{aligned}
\right.
\tag{12.2.12}
$$

式 (12.2.12)写成矩阵形式为

$$
\begin{pmatrix} e_\rho \\ e_\varphi \\ e_z \end{pmatrix} = \begin{pmatrix} \sin\theta & \cos\theta & 0 \\ 0 & 0 & 1 \\ \cos\theta & -\sin\theta & 0 \end{pmatrix} \begin{pmatrix} e_r \\ e_\theta \\ e_\varphi \end{pmatrix}
\tag{12.2.13}
$$

$$\begin{pmatrix} \boldsymbol{e}_r \\ \boldsymbol{e}_\theta \\ \boldsymbol{e}_\varphi \end{pmatrix} = \begin{pmatrix} \sin\theta & 0 & \cos\theta \\ \cos\theta & 0 & -\sin\theta \\ 0 & 1 & 0 \end{pmatrix} \begin{pmatrix} \boldsymbol{e}_\rho \\ \boldsymbol{e}_\varphi \\ \boldsymbol{e}_z \end{pmatrix} \tag{12.2.14}$$

将式（12.2.13)代入式（12.2.10),可以得到球坐标系和直角坐标系中基矢之间的变换关系为

$$\begin{pmatrix} \boldsymbol{e}_x \\ \boldsymbol{e}_y \\ \boldsymbol{e}_z \end{pmatrix} = \begin{pmatrix} \sin\theta\cos\varphi & \cos\theta\cos\varphi & -\sin\varphi \\ \sin\theta\sin\varphi & \cos\theta\sin\varphi & \cos\varphi \\ \cos\theta & -\sin\theta & 0 \end{pmatrix} \begin{pmatrix} \boldsymbol{e}_r \\ \boldsymbol{e}_\theta \\ \boldsymbol{e}_\varphi \end{pmatrix} \tag{12.2.15}$$

将式(12.2.11)代入式(12.2.14),也可以得到从直角坐标系转换到球坐标系中基矢之间的变换关系为

$$\begin{pmatrix} \boldsymbol{e}_r \\ \boldsymbol{e}_\theta \\ \boldsymbol{e}_\varphi \end{pmatrix} = \begin{pmatrix} \sin\theta\cos\varphi & \sin\theta\sin\varphi & \cos\theta \\ \cos\theta\cos\varphi & \cos\theta\sin\varphi & -\sin\theta \\ -\sin\varphi & \cos\varphi & 0 \end{pmatrix} \begin{pmatrix} \boldsymbol{e}_x \\ \boldsymbol{e}_y \\ \boldsymbol{e}_z \end{pmatrix} \tag{12.2.16}$$

例 12.2　请将以下柱坐标系中向量表达式转换为直角坐标系中的表达式

(1) $\boldsymbol{E} = \dfrac{2\varepsilon_1}{\varepsilon_2+\varepsilon_1} E_0 \cos\varphi \boldsymbol{e}_\rho - \dfrac{2\varepsilon_1}{\varepsilon_2+\varepsilon_1} E_0 \sin\varphi \boldsymbol{e}_\varphi$；

(2) $\boldsymbol{A} = \rho \boldsymbol{e}_z$。

解：由 $\rho = \sqrt{x^2+y^2}$，$\boldsymbol{e}_x = \cos\varphi \boldsymbol{e}_\rho - \sin\varphi \boldsymbol{e}_\varphi$，有

(1) $\boldsymbol{E} = \dfrac{2\varepsilon_1}{\varepsilon_2+\varepsilon_1} E_0 \boldsymbol{e}_x$；

(2) $\boldsymbol{A} = \sqrt{x^2+y^2}\, \boldsymbol{e}_z$。

例 12.3　有一磁感应强度向量在直角坐标系中的表示式为

$$\boldsymbol{B} = B_0 \left\{ -\left[\frac{y-h}{x^2+(y-h)^2} + \frac{y+h}{x^2+(y+h)^2} \right] \boldsymbol{e}_x + \left[\frac{x}{x^2+(y-h)^2} + \frac{x}{x^2+(y+h)^2} \right] \boldsymbol{e}_y \right\}$$

其中，B_0 是常数。试求该磁感应强度向量在柱坐标系中的表示式。

解：将坐标变量的变换关系 $x=\rho\cos\varphi$，$y=\rho\sin\varphi$，以及基矢间的变换式 $\boldsymbol{e}_x = \cos\varphi \boldsymbol{e}_\rho - \sin\varphi \boldsymbol{e}_\varphi$，$\boldsymbol{e}_y = \sin\varphi \boldsymbol{e}_\rho + \cos\varphi \boldsymbol{e}_\varphi$ 直接代入直角坐标系中的表示式，整理得

$$\begin{aligned} \boldsymbol{B} = B_0 &\left[-\left(\frac{\rho\sin\varphi-h}{\rho^2+h^2-2\rho h\sin\varphi} + \frac{\rho\sin\varphi+h}{\rho^2+h^2+2\rho h\sin\varphi} \right)(\cos\varphi \boldsymbol{e}_\rho - \sin\varphi \boldsymbol{e}_\varphi) + \right. \\ &\left. \left(\frac{\rho\cos\varphi}{\rho^2+h^2-2\rho h\sin\varphi} + \frac{\rho\cos\varphi}{\rho^2+h^2+2\rho h\sin\varphi} \right)(\sin\varphi \boldsymbol{e}_\rho + \cos\varphi \boldsymbol{e}_\varphi) \right] \\ = B_0 &\left[\left(\frac{h\cos\varphi}{\rho^2+h^2-2\rho h\sin\varphi} - \frac{h\cos\varphi}{\rho^2+h^2+2\rho h\sin\varphi} \right) \boldsymbol{e}_\rho + \right. \\ &\left. \left(\frac{\rho-h\sin\varphi}{\rho^2+h^2-2\rho h\sin\varphi} + \frac{\rho+h\sin\varphi}{\rho^2+h^2+2\rho h\sin\varphi} \right) \boldsymbol{e}_\varphi \right] \end{aligned}$$

> **难点点拨**：在每类坐标系中,给定坐标变量即可确定空间一点,同时确定该点的"本地"坐标系,即三个基矢。对向量场,场的三个分量就是针对这个本地坐标系来讲的;对标量场,就是在该点定义了一个标量数值。对不同坐标系下的场量尤其是向量场进行转换时,一定要注意转换的彻底性,即最终表达式中的坐标变量、基矢一定要与选择的坐标系相匹配,不能出现混杂的情况,也不能出现不可以用坐标变量或基矢表示的未知量。

12.2.4 三种常用坐标系中的线元、面元和体元(line element, area element and volume element in three common coordinate systems)

直角坐标系中的任意线元向量有三个分量,可表示为

$$\mathrm{d}\boldsymbol{l} = \mathrm{d}x\boldsymbol{e}_x + \mathrm{d}y\boldsymbol{e}_y + \mathrm{d}z\boldsymbol{e}_z \tag{12.2.17}$$

面元向量表示为

$$\mathrm{d}\boldsymbol{S} = \mathrm{d}y\,\mathrm{d}z\boldsymbol{e}_x + \mathrm{d}z\,\mathrm{d}x\boldsymbol{e}_y + \mathrm{d}x\,\mathrm{d}y\boldsymbol{e}_z \tag{12.2.18}$$

体积元表示为

$$\mathrm{d}V = \mathrm{d}x\,\mathrm{d}y\,\mathrm{d}z \tag{12.2.19}$$

图 12.7 给出了直角坐标系中某一点(x,y,z)处的体元 dV,该图可以使我们对直角坐标系中的线元、体元、面元有更直观的认识。

根据直角坐标系与圆柱坐标系、球坐标系中变量的对应关系式(12.2.6)和式(12.2.8)及复合函数的求导规则可以得到柱坐标系及球坐标系中线元、面元及体积元的表示式,下面以圆柱坐标系中为例讲解推导过程。

圆柱坐标系中,任意方向的线元向量可表示为

$$\mathrm{d}\boldsymbol{l} = \mathrm{d}l_1\boldsymbol{e}_\rho + \mathrm{d}l_2\boldsymbol{e}_\varphi + \mathrm{d}l_3\boldsymbol{e}_z \tag{12.2.20}$$

式中,$\mathrm{d}l_1$、$\mathrm{d}l_2$、$\mathrm{d}l_3$ 分别为线元向量 dl 沿三个单位向量方向的分量。

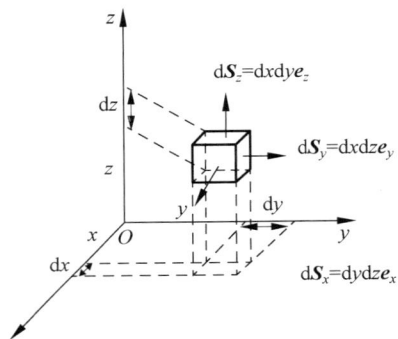

图 12.7 直角坐标系中的线元、面元和体元

若线元向量 dl 只沿 $\boldsymbol{e}_\rho$ 方向,则 $\mathrm{d}l = \mathrm{d}l_1$,且有 $\mathrm{d}\rho \neq 0, \mathrm{d}\varphi = 0, \mathrm{d}z = 0$,运用式(12.2.6)得

$$\mathrm{d}x = \frac{\partial(\rho\cos\varphi)}{\partial\rho}\mathrm{d}\rho = \cos\varphi\mathrm{d}\rho$$

$$\mathrm{d}y = \frac{\partial(\rho\sin\varphi)}{\partial\rho}\mathrm{d}\rho = \sin\varphi\mathrm{d}\rho$$

$$\mathrm{d}z = 0$$

从而可得

$$\mathrm{d}l = \mathrm{d}l_1 = |\mathrm{d}\boldsymbol{l}| = \sqrt{\mathrm{d}x^2 + \mathrm{d}y^2 + \mathrm{d}z^2} = \mathrm{d}\rho$$

同理,假设线元向量 dl 分别只沿 dφ 和 dz 的方向,可以得到圆柱坐标系中的另外两个线元分量为

$$\mathrm{d}l_2 = \rho\mathrm{d}\varphi, \quad \mathrm{d}l_3 = \mathrm{d}z$$

将以上结果代入式（12.2.20），可得圆柱坐标系中的线元向量表达式

$$\mathrm{d}\boldsymbol{l} = \mathrm{d}\rho\boldsymbol{e}_\rho + \rho\mathrm{d}\varphi\boldsymbol{e}_\varphi + \mathrm{d}z\boldsymbol{e}_z \tag{12.2.21}$$

面元向量表示式为

$$\begin{aligned}
\mathrm{d}\boldsymbol{S} &= \mathrm{d}S_1\boldsymbol{e}_\rho + \mathrm{d}S_2\boldsymbol{e}_\varphi + \mathrm{d}S_3\boldsymbol{e}_z \\
&= \mathrm{d}l_2\mathrm{d}l_3\boldsymbol{e}_\rho + \mathrm{d}l_3\mathrm{d}l_1\boldsymbol{e}_\varphi + \mathrm{d}l_1\mathrm{d}l_2\boldsymbol{e}_z \\
&= \rho\mathrm{d}\varphi\mathrm{d}z\boldsymbol{e}_\rho + \mathrm{d}z\mathrm{d}\rho\boldsymbol{e}_\varphi + \rho\mathrm{d}\rho\mathrm{d}\varphi\boldsymbol{e}_z
\end{aligned} \tag{12.2.22}$$

体积元表示为

$$\mathrm{d}V = \mathrm{d}l_1\mathrm{d}l_2\mathrm{d}l_3 = \rho\mathrm{d}\rho\mathrm{d}\varphi\mathrm{d}z \tag{12.2.23}$$

图 12.8 所示体元可以使初学者对圆柱坐标系中的线元、面元和体积元有更直观的认识。同理可由式（12.2.8）得到球坐标系中线元向量的表示式

$$\mathrm{d}\boldsymbol{l} = \mathrm{d}r\boldsymbol{e}_r + r\mathrm{d}\theta\boldsymbol{e}_\theta + r\sin\theta\mathrm{d}\varphi\boldsymbol{e}_\varphi \tag{12.2.24}$$

面元向量表示为

$$\mathrm{d}\boldsymbol{S} = r^2\sin\theta\mathrm{d}\theta\mathrm{d}\varphi\boldsymbol{e}_r + r\sin\theta\mathrm{d}\varphi\mathrm{d}r\boldsymbol{e}_\theta + r\mathrm{d}r\mathrm{d}\theta\boldsymbol{e}_\varphi \tag{12.2.25}$$

体积元表示为

$$\mathrm{d}V = r^2\sin\theta\mathrm{d}r\mathrm{d}\theta\mathrm{d}\varphi \tag{12.2.26}$$

图 12.9 有助于理解球坐标系中的元向量。

图 12.8 圆柱坐标系中的元向量

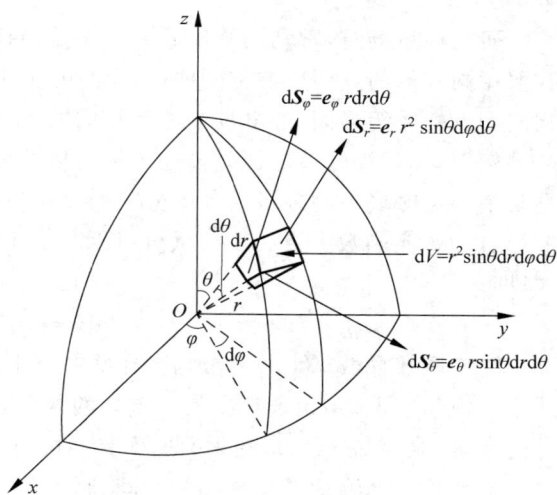

图 12.9 球坐标系中的元向量

12.3 $\mathbf{R}^3$ 空间的向量分析（vector analysis in $\mathbf{R}^3$ space）

在物理学相关学科中，对于我们感兴趣的物理量，例如温度、电势、电场强度、磁场强度等，通常用一个时间和空间位置的标量函数 $A(\boldsymbol{r},t)$ 或向量函数 $\boldsymbol{A}(\boldsymbol{r},t)$ 来描述，其中 $\boldsymbol{r}$ 为 $\mathbf{R}^3$ 空间中的位置向量，t 为时间变量。即，物理量在每一点的每一时刻都有一个确定的值。若物理量与时间无关，则称为静态场；反之，则称为时变场。

研究物理量时，除了关心物理量的空间分布，还会关心这些物理量在空间中的变化规

律,研究该物理量的源或汇。为研究这些规律,我们必须引入空间的分析运算,即空间微分算子。

物理学中最重要也是最基本的微分算子是哈密顿(Hamilton)算子∇,它是一阶向量微分算子,在笛卡儿坐标系中,∇算子定义为

$$\nabla = \boldsymbol{e}_x \frac{\partial}{\partial x} + \boldsymbol{e}_y \frac{\partial}{\partial y} + \boldsymbol{e}_z \frac{\partial}{\partial z} \tag{12.3.1}$$

二维坐标系中退化为

$$\nabla = \boldsymbol{e}_x \frac{\partial}{\partial x} + \boldsymbol{e}_y \frac{\partial}{\partial y} \tag{12.3.2}$$

哈密顿算子既是一个向量,又对其后面的量进行微分运算。该算子只有对标量函数或向量函数进行运算时才表现出其自身的意义。在具体计算时,先按向量乘法规则展开,再作微分运算。

12.3.1 标量函数的梯度(the gradient of a scalar function)

在标量场中,只要由空间、时间组成的四个变量中的一个变量变化,标量场就会发生变化。本节讨论标量场在某时刻随空间坐标变量变化的情况,将标量场写为 $u(\boldsymbol{r})$,直角坐标系中 $\boldsymbol{r} = (x, y, z)$。

研究标量场时,常利用等值面来形象地描述物理场在空间的分布情况,等值面指标量函数取相同数值的点构成的空间曲面。比如,地图中海拔相同的点构成等高面,温度场中温度相同的点构成等温面,静电场中电势相同的点构成等势面。

然而,标量场的等值面只描述了标量场的分布情况,研究物理问题时我们往往感兴趣的是某个特定区域中物理量沿各个方向的变化规律。

对于一元函数 $y = f(x)$,微分 dy 总是可以表示为函数导数 $f'(x)$ 和微分 dx 的表达式,即

$$dy = f'(x)dx \tag{12.3.3}$$

一元函数导数 $f'(x)$ 表示函数在某一点上的变化率,也可以理解为函数曲线在该点的斜率。换句话说,一元函数在某一点处的导数,可以告诉我们函数在该点是增大($f'(x) > 0$)还是减小($f'(x) < 0$),变化的速率有多快($|f'(x)|$ 越大,曲线越陡,函数变化越快)。

自然界中的物理量通常都是空间、时间等多个自变量的函数,研究物理量随多个自变量的变化规律时,我们便需要引入标量场梯度的概念。以二元函数为例,若函数 $z = f(x, y)$ 在某点 z_0 及其邻域上的偏导数存在且连续,则函数可微且函数在该点的全增量 dz 可以表示为偏导数的线性组合,即

$$dz = \frac{\partial f}{\partial x}dx + \frac{\partial f}{\partial y}dy \tag{12.3.4}$$

dz 又称全微分。运用式(12.1.13)标量积的定义,可以将式(12.3.4)写作两个向量的标量积,即

$$dz = \underbrace{\left(\frac{\partial f}{\partial x}, \frac{\partial f}{\partial y}\right)}_{I} \cdot \underbrace{\begin{pmatrix} dx \\ dy \end{pmatrix}}_{II} \tag{12.3.5}$$

式(12.3.5)中的两项也写作 $I = \frac{\partial f}{\partial x}\boldsymbol{e}_x + \frac{\partial f}{\partial y}\boldsymbol{e}_y$，$II = \mathrm{d}x\boldsymbol{e}_x + \mathrm{d}y\boldsymbol{e}_y$。第二项中，$\mathrm{d}x\boldsymbol{e}_x$、$\mathrm{d}y\boldsymbol{e}_y$ 表示沿 x 轴和 y 轴移动的无穷小量，因此实际上是 xOy 平面上的方向向量，写作

$$\mathrm{d}\boldsymbol{l} = \mathrm{d}x\boldsymbol{e}_x + \mathrm{d}y\boldsymbol{e}_y \tag{12.3.6}$$

如图 12.10 所示。第一项则可以写作

$$I = \left(\frac{\partial}{\partial x}\boldsymbol{e}_x + \frac{\partial}{\partial y}\boldsymbol{e}_y\right)f = \nabla f \tag{12.3.7}$$

也就是说，二元函数 $z = f(x,y)$ 在某点 z_0 的全增量 $\mathrm{d}z$ 可以写作向量 ∇f 和向量 $\mathrm{d}\boldsymbol{l}$ 的点乘，即

$$\mathrm{d}z = \nabla f \cdot \mathrm{d}\boldsymbol{l} = |\nabla f||\mathrm{d}\boldsymbol{l}|\cos\theta \tag{12.3.8}$$

式中，θ 为两向量的夹角，当 $\theta = 0$ 时，二元函数全增量 $\mathrm{d}z$ 取得极大值。也就是说，当 $\mathrm{d}\boldsymbol{l}$ 沿向量 ∇f 方向时，二元函数取得最大的变化率。由此我们可以看出，向量 ∇f 对于我们研究二元函数随自变量 x、y 的变化规律具有重要意义。对于多元函数，也可以得到相同的规律，下面给出多元标量函数梯度的定义。

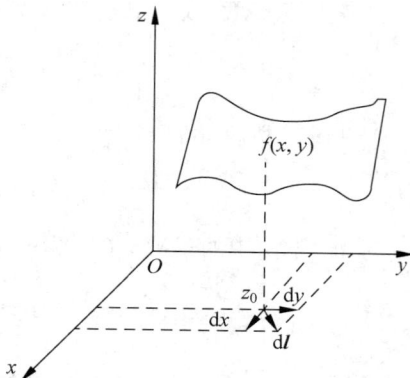

图 12.10　xOy 平面上的方向向量

定义 12.1　标量函数的梯度　多元函数 $f(x_1,x_2,\cdots,x_n)$ 的梯度定义为

$$\operatorname{grad} f(x_1,x_2,\cdots,x_n) = \nabla f = \frac{\partial f}{\partial x_1}\boldsymbol{e}_1 + \frac{\partial f}{\partial x_2}\boldsymbol{e}_2 + \cdots + \frac{\partial f}{\partial x_n}\boldsymbol{e}_n$$

$$= \begin{bmatrix} \dfrac{\partial f}{\partial x_1} \\[2mm] \dfrac{\partial f}{\partial x_2} \\ \vdots \\ \dfrac{\partial f}{\partial x_n} \end{bmatrix} \tag{12.3.9}$$

其中，$f(x_1,x_2,\cdots,x_n)$ 为自变量 $x_1,x_2,\cdots,x_n$ 的 n 元标量函数，$\boldsymbol{e}_1,\boldsymbol{e}_2,\cdots,\boldsymbol{e}_n$ 为各个方向的单位向量。梯度函数是一个向量函数，表示函数在各个分量方向的变化。简而言之，对多元函数的各个自变量求偏导数，并把求得的偏导数写成向量的形式，就是该多元函数的梯度。梯度的方向是该点多元函数增大最大的方向，梯度的模则给出该点的最大变化率。

容易证明梯度有以下的计算公式（c 为常数，f、g 为任意两个函数）：

(1) $\operatorname{grad}(c) = 0$；

(2) $\operatorname{grad}(cf) = c\operatorname{grad}(f)$；

(3) $\operatorname{grad}(f \pm g) = \operatorname{grad}(f) \pm \operatorname{grad}(g)$；

(4) $\operatorname{grad}(fg) = f\operatorname{grad}(g) \pm g\operatorname{grad}(f)$；

(5) $\operatorname{grad}\left(\dfrac{f}{g}\right) = \dfrac{g\operatorname{grad}(f) \pm f\operatorname{grad}(g)}{g^2}$。

梯度下降法是机器学习中广泛使用的一阶优化算法。例如，在调整模型参数以最小化损失函数时，要使用梯度下降法找到损失函数的局部极小值。首先选取一个起始位置，计算

目标函数在该位置的梯度,然后沿着梯度的反方向更新参数。重复进行此过程,直到满足停止条件,如达到一定的迭代次数、梯度接近零或函数值变化较小等。

在研究 $\mathbf{R}^3$ 空间中的物理量变化规律时,则常使用到一维、二维和三维的函数梯度概念。

对于一元函数 $f(x)$,某点 x_0 处梯度为

$$\frac{\mathrm{d}f(x)}{\mathrm{d}x}\bigg|_{x_0} \tag{12.3.10}$$

对于二元函数 $f(x,y)$,在点 (x_0,y_0) 处梯度为

$$\nabla f\bigg|_{(x_0,y_0)} = \left(\frac{\partial f}{\partial x}\boldsymbol{e}_x + \frac{\partial f}{\partial y}\boldsymbol{e}_y\right)\bigg|_{(x_0,y_0)} \tag{12.3.11}$$

对 $\mathbf{R}^3$ 空间中的函数 $f(x,y,z)$,在任意位置 (x,y,z) 处梯度为

$$\nabla f = \mathrm{grad}\, f = \frac{\partial f}{\partial x}\boldsymbol{e}_x + \frac{\partial f}{\partial y}\boldsymbol{e}_y + \frac{\partial f}{\partial z}\boldsymbol{e}_z \tag{12.3.12}$$

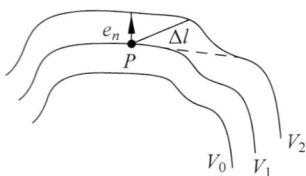

图 12.11　梯度与等值面

在 $\mathbf{R}^3$ 空间中,绘制任意一点 (x,y,z) 附近函数 f 的等值面,如图 12.11 所示。由梯度定义可知,梯度方向为函数变化率最大的方向,因此函数在某一点的梯度方向一定与过该点的等值面相正交,也就是说,标量场在等值面法线 $\boldsymbol{e}_n$ 方向取得最大变化率,因此梯度也记为

$$\nabla f = \boldsymbol{e}_n\frac{\mathrm{d}f}{\mathrm{d}n}$$

根据复合函数求导规则及式(12.2.6)和式(12.2.8),可得圆柱坐标系和球坐标系中的表达式。这里以柱坐标系为例说明推导过程。在直角坐标系中标量函数 f 的梯度写为

$$\nabla f = \frac{\partial f}{\partial x}\boldsymbol{e}_x + \frac{\partial f}{\partial y}\boldsymbol{e}_y + \frac{\partial f}{\partial z}\boldsymbol{e}_z = \left(\frac{\partial f}{\partial x}\quad \frac{\partial f}{\partial y}\quad \frac{\partial f}{\partial z}\right)\begin{pmatrix}\boldsymbol{e}_x\\\boldsymbol{e}_y\\\boldsymbol{e}_z\end{pmatrix} \tag{12.3.13}$$

考虑式(12.2.6),并运用复合函数求导规则,有

$$\left.\begin{aligned}\frac{\partial f}{\partial x} &= \frac{\partial f}{\partial \rho}\cos\varphi - \frac{\partial f}{\partial \varphi}\frac{\sin\varphi}{\rho}\\[2mm]\frac{\partial f}{\partial y} &= \frac{\partial f}{\partial \rho}\sin\varphi + \frac{\partial f}{\partial \varphi}\frac{\cos\varphi}{\rho}\\[2mm]\frac{\partial f}{\partial z} &= \frac{\partial f}{\partial z}\end{aligned}\right\} \tag{12.3.14}$$

将式(12.3.14)及基矢关系式(12.2.10)代入式(12.3.13),有

$$\nabla f = \left(\frac{\partial f}{\partial \rho}\cos\varphi - \frac{\partial f}{\partial \varphi}\frac{\sin\varphi}{\rho},\ \frac{\partial f}{\partial \rho}\sin\varphi + \frac{\partial f}{\partial \varphi}\frac{\cos\varphi}{\rho},\ \frac{\partial f}{\partial z}\right)\begin{pmatrix}\cos\varphi & -\sin\varphi & 0\\\sin\varphi & \cos\varphi & 0\\0 & 0 & 1\end{pmatrix}\begin{pmatrix}\boldsymbol{e}_\rho\\\boldsymbol{e}_\varphi\\\boldsymbol{e}_z\end{pmatrix}$$

$$= \left(\frac{\partial f}{\partial \rho}\quad \frac{1}{\rho}\frac{\partial f}{\partial \varphi}\quad \frac{\partial f}{\partial z}\right)\begin{pmatrix}\boldsymbol{e}_\rho\\\boldsymbol{e}_\varphi\\\boldsymbol{e}_z\end{pmatrix}$$

$$=\frac{\partial f}{\partial \rho}\boldsymbol{e}_\rho+\frac{1}{\rho}\frac{\partial f}{\partial \varphi}\boldsymbol{e}_\varphi+\frac{\partial f}{\partial z}\boldsymbol{e}_z$$

因此柱坐标系下，$\mathbf{R}^3$ 空间中函数 $f(\rho,\varphi,z)$ 的梯度为

$$\nabla f=\boldsymbol{e}_\rho\frac{\partial f}{\partial \rho}+\boldsymbol{e}_\varphi\frac{1}{\rho}\frac{\partial f}{\partial \varphi}+\boldsymbol{e}_z\frac{\partial f}{\partial z} \tag{12.3.15}$$

同理可以得到球坐标系下，$\mathbf{R}^3$ 空间中函数 $f(r,\theta,\varphi)$ 的梯度为

$$\nabla f=\boldsymbol{e}_r\frac{\partial f}{\partial r}+\frac{\boldsymbol{e}_\theta}{r}\frac{\partial f}{\partial \theta}+\frac{\boldsymbol{e}_\varphi}{r\sin\theta}\frac{\partial f}{\partial \varphi} \tag{12.3.16}$$

可以看出，在 $\mathbf{R}^3$ 空间中，某个标量场 $f(x,y,z)$ 的梯度 ∇f 是一个向量场，也是空间变量的函数。物理上有很多实例，比如静电场中，空间中各点的电位场 $\phi(x,y,z)$ 的梯度为该区域中的电场强度 $\boldsymbol{E}(x,y,z)$，即 $\boldsymbol{E}(x,y,z)=-\nabla\phi(x,y,z)$。其中，"$-$"号表示电场强度向量沿着电势减小的方向。

例 12.4 已知柱坐标系中 $\phi=A\varphi+B$，A、B 为常数，求 $\boldsymbol{E}=-\nabla\phi$。

解： $\boldsymbol{E}=-\nabla\phi$

$$=-\left(\frac{\partial \phi}{\partial r}\boldsymbol{e}_r+\frac{1}{r}\frac{\partial \phi}{\partial \varphi}\boldsymbol{e}_\varphi+\frac{\partial \phi}{\partial z}\boldsymbol{e}_z\right)$$

$$=-\frac{A}{r}\boldsymbol{e}_\varphi$$

例 12.5 已知球坐标系中 $\phi=\dfrac{q}{4\pi\varepsilon_0 r}$，$\varepsilon_0$ 和 q 为常数，求 $\boldsymbol{E}=-\nabla\phi$。

解： $\boldsymbol{E}=-\nabla\varphi$

$$=-\left(\frac{\partial \phi}{\partial r}\boldsymbol{e}_r+\frac{1}{r}\frac{\partial \phi}{\partial \varphi}\boldsymbol{e}_\varphi+\frac{1}{r\sin\theta}\frac{\partial \phi}{\partial \theta}\boldsymbol{e}_\theta\right)$$

$$=\frac{q}{4\pi\varepsilon_0 r^2}\boldsymbol{e}_r$$

12.3.2 向量函数的散度（the divergence of the vector function）

向量场的散度用来研究空间某一点处是否存在此向量场的点源或点汇的问题。为了便于数学和物理上的描述，首先引入通量的概念。向量场 $\boldsymbol{F}(x,y,z)$ 通过空间某曲面 S 的通量定义为

$$\psi=\int_S \boldsymbol{F}\cdot\mathrm{d}\boldsymbol{S}=\int_S F\cos\theta\,\mathrm{d}S \tag{12.3.17}$$

式中，$F=|\boldsymbol{F}|$，$\mathrm{d}\boldsymbol{S}=\mathrm{d}S\boldsymbol{n}$ 是面元向量，$\boldsymbol{n}$ 是面元向量 $\mathrm{d}\boldsymbol{S}$ 的单位向量，θ 是面元向量 $\mathrm{d}\boldsymbol{S}$ 与该点向量场 $\boldsymbol{F}(x,y,z)$ 的夹角，如图 12.12 所示。向量场的通量表明该向量场通过曲面 S 的流量的大小。

若空间曲面 S 是包围空间某体积的闭合曲面，则向量场 $\boldsymbol{F}(x,y,z)$ 穿出闭合曲面 S 的通量可写为

$$\psi=\oint_S \boldsymbol{F}\cdot\mathrm{d}\boldsymbol{S}=\oint_S F\cos\theta\,\mathrm{d}S \tag{12.3.18}$$

$\mathrm{d}\boldsymbol{S}$ 是面元向量，方向由闭合面内向外。我们以点电荷的

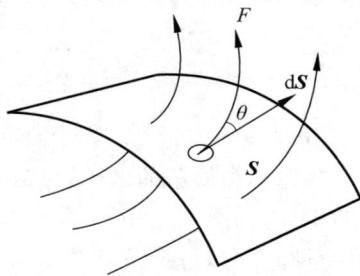

图 12.12 向量场的通量

电场为例来理解通量的意义。假设闭合曲面 S 包围了一个正的点电荷,向量场 F 均穿出闭合面 S,曲面上任意位置处 $\cos\theta>0$,可以判断此时通量 $\psi>0$。若闭合曲面 S 包围了一个负的点电荷,向量场 F 均穿入闭合面 S,曲面上任意位置处 $\cos\theta<0$,可以判断此时通量 $\psi<0$。从这个角度看,通量大于 0 或者小于 0,可以反映闭合曲面内部"源"与"汇"的问题("源"对应正的源,"汇"对应负的源)。

闭合曲面的通量可以描述曲面内部有无"源""汇",但是这个描述太过粗糙。大多数情况下,我们需要了解空间中某一特定点有无"源"或"汇"的问题,这就是散度的概念。

以空间任意一点为中心做闭合曲面,向量函数 $F(x,y,z)$ 的散度定义为

$$\nabla\cdot F = \operatorname{div} F = \lim_{\Delta V\to 0}\frac{\oint_s F\cdot dS}{\Delta V} \tag{12.3.19}$$

向量场 F 的散度是一个标量,表示空间某点单位体积内散发出的向量 $F(x,y,z)$ 的通量,即通量体密度,反映出向量场在该点通量源的强度。在直角坐标系内有

$$\nabla\cdot F = \left(e_x\frac{\partial}{\partial x}+e_y\frac{\partial}{\partial y}+e_z\frac{\partial}{\partial z}\right)\cdot(F_x e_x+F_y e_y+F_z e_z)$$

$$=\frac{\partial F_x}{\partial x}+\frac{\partial F_y}{\partial y}+\frac{\partial F_z}{\partial z} \tag{12.3.20}$$

如果向量场在空间某一点的散度大于零,则在这一点一定有正的"源",它向外发出一系列的流线,也就是向量线;反之,这个点处有"汇",它要吸收周围的流线,或者说向量线要汇入此处;如果散度等于零,则在这一点没有"源"也没有"汇",向量线在这个点一定是连续的,不会中断。

运用复合函数求导规则,类似梯度的计算方法,可以得到其他坐标系中的散度计算式。在柱坐标系中,$\mathbf{R}^3$ 空间中函数 $F(\rho,\varphi,z)$ 的散度为

$$\nabla\cdot F = \frac{1}{\rho}\left[\frac{\partial}{\partial\rho}(\rho F_\rho)+\frac{\partial F_\varphi}{\partial\varphi}+\rho\frac{\partial F_z}{\partial z}\right] \tag{12.3.21}$$

在球坐标系中,$\mathbf{R}^3$ 空间中函数 $F(r,\theta,\varphi)$ 的散度为

$$\nabla\cdot F = \frac{1}{r^2\sin\theta}\left[\sin\theta\frac{\partial}{\partial r}(r^2 F_r)+r\frac{\partial}{\partial\theta}(\sin\theta F_\theta)+r\frac{\partial F_\varphi}{\partial\varphi}\right] \tag{12.3.22}$$

12.3.3　向量函数的旋度(the curl of the vector function)

向量场的旋度用来研究空间某一点处是否存在产生此向量场的漩涡源的问题。为了便于数学和物理上的描述,引入环量的概念。向量场 $F(x,y,z)$ 沿闭合路径 l 的环量或环流定义为

$$\oint_l F\cdot dl = \oint_l F\cos\theta dl \tag{12.3.23}$$

式中,θ 是线元向量 dl 与该点向量场 $F(x,y,z)$ 之间的夹角。

考虑两个简单的例子,稳恒电流产生的磁场向量场 $F(x,y,z)$,沿包围电流的圆环线作环路积分,如图 12.13(a)所示,图中粗线表示磁场向量,细线表示积分路径。因为图中所示两向量同方向,每个积分微元都大于零,积分值一定大于零。而对于如图 12.13(b)所示匀强电场向量场 $F(x,y,z)$,做环路积分后积分值则一定为零(两个对称位置 P_1 和 P_2 处积

分值等量异号,互相抵消)。大学物理中我们学习过,稳恒磁场是存在旋涡源的,其旋涡源即为稳恒电流。静电场存在点源,但不存在旋涡源。可以看出,环量或者环流可以大致表述向量场有无漩涡源的情况。

(a) 稳恒电流的磁场　　　(b) 匀强电场

图 12.13　向量场的环量

如果要精细地考量向量场中任意一点是否有旋涡,就必须引入旋度的概念。向量场 $F(x,y,z)$ 的旋度定义为

$$\nabla \times F = \text{rot } F = \lim_{\Delta S \to 0} \frac{\left[n\oint_l F \cdot dl\right]_{\max}}{\Delta S} \tag{12.3.24}$$

此式表明,向量场 F 旋度仍然是一个向量。l 是围绕曲面 S 边缘的闭合路径,且 l 的绕向与曲面 S 的正法线方向符合右手螺旋关系。向量场 $F(x,y,z)$ 的旋度的大小为在空间某点单位面积的 F 的环量(环流)最大值,即环量面密度最大值,其方向是环量为最大值时面元向量 dS 的法线上单位向量 n 的方向。在直角坐标系内写为

$$\nabla \times F = \begin{vmatrix} e_x & e_y & e_z \\ \dfrac{\partial}{\partial x} & \dfrac{\partial}{\partial y} & \dfrac{\partial}{\partial z} \\ F_x & F_y & F_z \end{vmatrix} = \left(\frac{\partial F_z}{\partial y} - \frac{\partial F_y}{\partial z}\right)e_x + \left(\frac{\partial F_x}{\partial z} - \frac{\partial F_z}{\partial x}\right)e_y + \left(\frac{\partial F_y}{\partial x} - \frac{\partial F_x}{\partial y}\right)e_z$$

$$\tag{12.3.25}$$

该旋度的各分量为 F 沿着与它垂直方向上分量变化率的代数和,即旋度是表明向量场旋转程度的最大环量面密度向量,可用它来表示在空间各点向量场 F 的旋涡强度与其旋涡源的关系。

在柱坐标系中,$\mathbf{R}^3$ 空间中函数 $F(\rho,\varphi,z)$ 的旋度为

$$\nabla \times F = \begin{vmatrix} \dfrac{e_r}{\rho} & e_\varphi & \dfrac{e_z}{\rho} \\ \dfrac{\partial}{\partial \rho} & \dfrac{\partial}{\partial \varphi} & \dfrac{\partial}{\partial z} \\ F_\rho & \rho F_\varphi & F_z \end{vmatrix}$$

$$= \frac{e_\rho}{\rho}\left[\frac{\partial F_z}{\partial \varphi} - \rho \frac{\partial F_\varphi}{\partial z}\right] + e_\varphi\left[\frac{\partial F_\rho}{\partial z} - \frac{\partial F_z}{\partial \rho}\right] + \frac{e_z}{\rho}\left[\frac{\partial(\rho F_\varphi)}{\partial \rho} - \frac{\partial F_\rho}{\partial \varphi}\right] \tag{12.3.26}$$

在球坐标系中,$\mathbf{R}^3$ 空间中函数 $F(r,\theta,\varphi)$ 的旋度为

$$\nabla \times \boldsymbol{F} = \begin{vmatrix} \dfrac{\boldsymbol{e}_r}{r^2\sin\theta} & \dfrac{\boldsymbol{e}_\theta}{r\sin\theta} & \dfrac{\boldsymbol{e}_\varphi}{r} \\[2mm] \dfrac{\partial}{\partial r} & \dfrac{\partial}{\partial \theta} & \dfrac{\partial}{\partial \varphi} \\[2mm] F_r & rF_\theta & r\sin\theta F_\varphi \end{vmatrix}$$

$$= \frac{\boldsymbol{e}_r}{r^2\sin\theta}\left[r\frac{\partial(\sin\theta F_\varphi)}{\partial \theta} - r\frac{\partial F_\theta}{\partial \varphi}\right] + \frac{\boldsymbol{e}_\theta}{r\sin\theta}\left[\frac{\partial F_r}{\partial \varphi} - \sin\theta\frac{\partial(rF_\varphi)}{\partial r}\right] + \frac{\boldsymbol{e}_\varphi}{r}\left[\frac{\partial(rF_\theta)}{\partial r} - \frac{\partial F_r}{\partial \theta}\right]$$

$$(12.3.27)$$

在物理相关学科中,向量场的散度和旋度非常重要,是研究物理规律的重要数学工具。

重点归纳:从形式上看,标量场 f 的梯度就是哈密顿算子与 $\boldsymbol{F}$ 数乘的结果,向量场 $\boldsymbol{F}$ 的散度就是哈密顿算子与 $\boldsymbol{F}$ 的点乘,向量场 $\boldsymbol{F}$ 的旋度就是哈密顿算子与 $\boldsymbol{F}$ 的叉乘。

例 12.6 已知一向量场 $\boldsymbol{E} = \dfrac{Q\boldsymbol{e}_r}{4\pi\varepsilon_0 r^2} = \dfrac{Q\boldsymbol{r}}{4\pi\varepsilon_0 r^3}$,其中 Q 和 ε_0 为常数,空间矢径 $\boldsymbol{r} = x\boldsymbol{e}_x + y\boldsymbol{e}_y + z\boldsymbol{e}_z$,计算向量场 $\boldsymbol{E}$ 穿过原点为球心,R 为半径的球面的通量。

解:由于球面的法线方向和电场的方向一致,因此向量场 $\boldsymbol{E}$ 穿过球面的通量为

$$\psi = \oint_S \boldsymbol{E} \cdot \mathrm{d}\boldsymbol{S} = \oint_S E\,\mathrm{d}S = \frac{Q}{4\pi\varepsilon_0 R^2}\oint_S \mathrm{d}S = \frac{Q}{\varepsilon_0}$$

例 12.7 计算例 12.6 中向量场的旋度。

解:因为 $\boldsymbol{E} = \dfrac{Q\boldsymbol{e}_r}{4\pi\varepsilon_0 r^2}$,电场只有 $\boldsymbol{e}_r$ 分量,且 $E_r = \dfrac{Q}{4\pi\varepsilon_0 r^2}$,由球坐标系中的旋度计算式(12.3.25),有

$$\nabla \times \boldsymbol{E} = 0$$

12.3.4 标量函数的拉普拉斯运算(Laplacian of the scalar function)

拉普拉斯(Laplace)算子是一个二阶标量微分算子,相当于两个哈密顿算子形式上的点乘,即二重哈密顿算子,也用正三角 Δ 表示。在直角坐标系内其定义为

$$\nabla^2 = \Delta = \nabla \cdot \nabla = \frac{\partial^2}{\partial x^2} + \frac{\partial^2}{\partial y^2} + \frac{\partial^2}{\partial z^2} \qquad (12.3.28)$$

如果将拉普拉斯算子作用到标量函数上,就得到标量函数的拉普拉斯运算,表示为

$$\nabla^2 f = \frac{\partial^2 f}{\partial x^2} + \frac{\partial^2 f}{\partial y^2} + \frac{\partial^2 f}{\partial z^2} \qquad (12.3.29)$$

拉普拉斯算子不仅可以作用于标量函数,也可以作用于向量函数。对于后者而言,在直角坐标系下,只要分别对向量函数的各个分量进行拉普拉斯运算即可。

$$\nabla^2 \boldsymbol{A} = \boldsymbol{e}_x \nabla^2 A_x + \boldsymbol{e}_y \nabla^2 A_y + \boldsymbol{e}_z \nabla^2 A_z \qquad (12.3.30)$$

在柱坐标系中,函数 $f(\rho,\varphi,z)$ 的拉普拉斯运算为

$$\nabla^2 f = \frac{1}{\rho}\left[\frac{\partial}{\partial \rho}\left(\rho\frac{\partial f}{\partial \rho}\right) + \frac{1}{\rho}\frac{\partial^2 f}{\partial \varphi^2} + \rho\frac{\partial^2 f}{\partial z^2}\right] \qquad (12.3.31)$$

在球坐标系中,函数 $f(r,\theta,\varphi)$ 的拉普拉斯运算为

$$\nabla^2 f = \frac{1}{r^2 \sin\theta} \left[\sin\theta \frac{\partial}{\partial r}\left(r^2 \frac{\partial f}{\partial r}\right) + \frac{\partial}{\partial \theta}\left(\sin\theta \frac{\partial f}{\partial \theta}\right) + \frac{1}{\sin\theta}\frac{\partial^2 f}{\partial \varphi^2} \right] \tag{12.3.32}$$

12.4 向量积分定理（vector integral theorem）

在物理问题的求解过程中经常用到三个非常重要的定理，即高斯（Gauss）散度定理、斯托克斯（Stokes）定理、格林（Green）定理。

12.4.1 高斯散度定理（Gauss' theorem）

向量场 $\boldsymbol{F}$ 散度的体积分等于该向量穿出包围该体积的封闭曲面 S 的总通量，即

$$\int_V \nabla \cdot \boldsymbol{F} \, \mathrm{d}V = \oint_s \boldsymbol{F} \cdot \mathrm{d}\boldsymbol{S} \tag{12.4.1}$$

上式称为高斯散度定理，其中 S 为包围体积 V 的闭合面，其面元向量 $\mathrm{d}\boldsymbol{S}$ 的方向为闭合曲面 S 的外法线方向，如图 12.14 所示。

高斯散度定理可以用散度的定义来直观理解。将闭合面 S 包围的体积 V 切分成许多极小的体积元，由散度的定义式（12.3.19）知，对于每个体积元有

$$\nabla \cdot \boldsymbol{F} = \frac{\oint_{s'} \boldsymbol{F} \cdot \mathrm{d}\boldsymbol{S}'}{\Delta V} \tag{12.4.2}$$

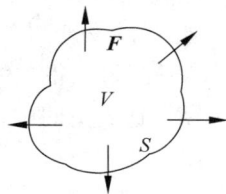

图 12.14 高斯散度定理

即

$$\nabla \cdot \boldsymbol{F} \Delta V = \oint_{s'} \boldsymbol{F} \cdot \mathrm{d}\boldsymbol{S}' \tag{12.4.3}$$

式（12.4.3）中右侧面积分即为体积元表面的通量。将所有体积元做求和，左侧叠加后刚好是式（12.4.1）的左侧，而右侧 $\oint_{s'} \boldsymbol{F} \cdot \mathrm{d}\boldsymbol{S}'$ 叠加时，任意相邻的两个体积元的公共面上向量相等，S' 的法线方向相反，面积分相互抵消，最终只有表面 S 上的面积分被保留下来，而这正好是式（12.4.1）的右侧部分。

高斯散度定理用一句话来表示：通量等于散度的体积分！

12.4.2 斯托克斯定理（Stokes' theorem）

任一向量场 $\boldsymbol{F}$ 的旋度穿出某一曲面 S 的通量等于此向量 $\boldsymbol{F}$ 沿该曲面 S 边缘的闭合路径 l 的环量，即

$$\int_S (\nabla \times \boldsymbol{F}) \cdot \mathrm{d}\boldsymbol{S} = \oint_l \boldsymbol{F} \cdot \mathrm{d}\boldsymbol{l} \tag{12.4.4}$$

上式称为斯托克斯定理，其中 $\boldsymbol{F}$ 是任一向量场，l 是绕曲面 S 边缘的闭合路径，且 l 的绕行方向与曲面 S 的外法线方向之间符合右手螺旋规则。

斯托克斯定理也可以用旋度的定义加以直观理解。如图 12.15 所示。l 是空间一个闭合回路，S 是 l 所支撑的任意一个曲面。可以将 S 想象为钓鱼使用的渔网，l 是铁丝圈，S 是上面的网兜。按照上面的规则选定正方向，如图 12.15 所示。

假设网眼非常小，由旋度的定义式（12.3.24）可知

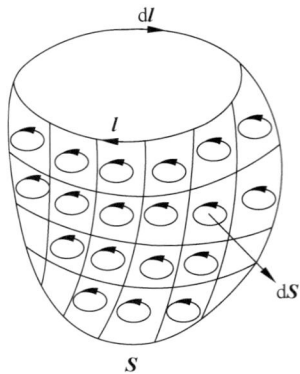

图 12.15 斯托克斯定理示意

$$\nabla \times \boldsymbol{F} = \frac{n \oint_l \boldsymbol{F} \cdot \mathrm{d}\boldsymbol{l}}{\Delta S} \qquad (12.4.5)$$

式中,l 对应网眼所在位置环量最大的环路。旋度表示的是最大环流方向上单位面积的环流,但网眼所在平面不一定具有最大环流,可以通过旋度的投影(点积)得到面元上的真实环流值,即网眼上的环路积分用 $(\nabla \times \boldsymbol{F}) \cdot \Delta S$ 来计算,因此有

$$\nabla \times \boldsymbol{F} \cdot \Delta S = \oint_{l'} \boldsymbol{F} \cdot \mathrm{d}\boldsymbol{l}' \qquad (12.4.6)$$

考虑所有网眼,式(12.4.6)左侧叠加后得到式(12.4.4)的左侧。式(12.4.6)右侧叠加,同时考虑到相邻网眼公共边上的积分值等量异号,最终得到铁丝圈上的环量,这就是斯托克斯公式的右侧部分。

斯托克斯定理也可以用一句话来描述:环流等于旋度的通量!

例 12.8 已知空间中某向量 $\boldsymbol{B}$ 的散度为零,即 $\nabla \cdot \boldsymbol{B} = 0$,向量 $\boldsymbol{E}$ 的旋度为零,即 $\nabla \times \boldsymbol{E} = 0$,试问可以得到两个向量的积分表达式吗?

解:选定空间中任意体积 V,对式 $\nabla \cdot \boldsymbol{B} = 0$ 两边进行体积分,可得

$$\int_V \nabla \cdot \boldsymbol{B} \, \mathrm{d}V = 0$$

假设 S 为包围体积 V 的闭合面,由高斯散度定理有

$$\oint_S \boldsymbol{B} \cdot \mathrm{d}\boldsymbol{S} = 0$$

也就是说,向量 $\boldsymbol{B}$ 是无源场,穿出任何一个闭合面的通量为零。选定空间中任意曲面 S,对式 $\nabla \times \boldsymbol{E} = 0$ 两边求曲面通量,可得

$$\int_S \nabla \times \boldsymbol{E} \cdot \mathrm{d}\boldsymbol{S} = 0$$

假设 l 为包围曲面 S 的闭合环路,由斯托克斯定理可得

$$\oint_l \boldsymbol{E} \cdot \mathrm{d}\boldsymbol{l} = 0$$

也就是说向量 $\boldsymbol{E}$ 是无旋场,沿任一闭合路径积分为 0。

12.4.3 格林定理(Green's theorem)

令向量 $\boldsymbol{F} = \phi \, \nabla \psi$,其中 ϕ 和 ψ 都是任意标量函数,则向量 $\boldsymbol{F}$ 的散度写为

$$\nabla \cdot \boldsymbol{F} = \nabla \cdot (\phi \, \nabla \psi) = \nabla \phi \cdot \nabla \psi + \phi \nabla^2 \psi$$

应用高斯散度定理,有

$$\int_V (\phi \, \nabla^2 \psi + \nabla \phi \cdot \nabla \psi) \mathrm{d}V = \oint_S \phi \, \nabla \psi \cdot \mathrm{d}\boldsymbol{S} \qquad (12.4.7)$$

式(12.4.7)称为格林第一公式。将式(12.4.6)中的两个标量函数互换,可得

$$\int_V (\psi \, \nabla^2 \phi + \nabla \psi \cdot \nabla \phi) \mathrm{d}V = \oint_S \psi \, \nabla \phi \cdot \mathrm{d}\boldsymbol{S} \qquad (12.4.8)$$

将式(12.4.8)和式(12.4.7)相减,有

$$\int_V (\psi \, \nabla^2 \phi - \phi \, \nabla^2 \psi)\mathrm{d}V = \oint_S (\psi \, \nabla\phi - \phi \, \nabla\psi) \cdot \mathrm{d}\boldsymbol{S} \tag{12.4.9}$$

式(12.4.9)为格林第二公式。

在式(12.4.9)中,面元向量 $\mathrm{d}\boldsymbol{S} = \mathrm{d}S\boldsymbol{n}$,将标量函数的梯度沿 $\mathrm{d}\boldsymbol{S}$ 的法线方向和切线方向分解,即 $\nabla\phi = \dfrac{\partial\phi}{\partial n}\boldsymbol{n} + \dfrac{\partial\phi}{\partial t}\boldsymbol{t}$,$\nabla\psi = \dfrac{\partial\psi}{\partial n}\boldsymbol{n} + \dfrac{\partial\psi}{\partial t}\boldsymbol{t}$,其中 $\boldsymbol{n}$ 和 $\boldsymbol{t}$ 分别为面元向量 $\mathrm{d}\boldsymbol{S}$ 法线方向和切线方向的单位向量,标量 n 和 t 分别对应于这两个方向上的坐标变量,又因为 $\boldsymbol{t} \cdot \boldsymbol{n} = 0$,故式(12.4.9)右侧写作

$$\oint_S \left[\psi\left(\dfrac{\partial\phi}{\partial n}\boldsymbol{n} + \dfrac{\partial\phi}{\partial t}\boldsymbol{t}\right) - \phi\left(\dfrac{\partial\psi}{\partial n}\boldsymbol{n} + \dfrac{\partial\psi}{\partial t}\boldsymbol{t}\right)\right] \cdot \boldsymbol{n}\,\mathrm{d}S = \oint_S \left(\psi\dfrac{\partial\phi}{\partial n} - \phi\dfrac{\partial\psi}{\partial n}\right)\mathrm{d}S$$

于是格林第二公式又可以写为

$$\int_V (\psi \nabla^2 \phi - \phi \nabla^2 \psi)\mathrm{d}V = \oint_S \left(\psi\dfrac{\partial\phi}{\partial n} - \phi\dfrac{\partial\psi}{\partial n}\right)\mathrm{d}S \tag{12.4.10}$$

格林第一、第二公式统称为格林定理。

无论格林定理为何种形式,均说明区域 V 中的场量与其边界 S 上场量之间的关系。利用格林定理可以将区域中场的求解问题转换为边界上场的求解问题。

12.5　向量分析的应用实例——梯度下降法的 MATLAB 编程 (example of vector analysis：gradient descent method)

最优化理论与算法是一个重要的数学分支,是机器学习和人工智能的重要基石。它所研究的问题是在众多的方案中找到最优方案,这类问题在经济规划、资源配置、工程设计甚至军事指挥领域中普遍存在。

机器学习中的各类算法最终都可以归结为最优化问题。在求解机器学习算法的模型参数,即无约束优化问题时,梯度下降(gradient descent)是最常用的方法之一。无约束问题的数学描述为:针对多元函数 $f: \mathbf{R}^n \to \mathbf{R}$,找到自变量 $\boldsymbol{x} \in \mathbf{R}^n$,使得 $f(\boldsymbol{x})$ 有最小值,表示为

$$\min_{\boldsymbol{x} \in \mathbf{R}^n} f(\boldsymbol{x}) \tag{12.5.1}$$

其中,$\boldsymbol{x} = \begin{bmatrix} x_1 \\ x_2 \\ \vdots \\ x_n \end{bmatrix}$ 是 n 维向量,$x_1, x_2, \cdots, x_n$ 为函数的多个自变量,$f(\boldsymbol{x})$ 是一阶连续可导函数。

对于这类问题,我们通常会在某个范围内找到最小值,即局部最小值,并将其视为全局最优解。梯度下降法就是解决这类问题的方法,在机器学习特别是深度学习中应用广泛。该方法的基本思想:通过计算函数的梯度找到目标函数下降最快的方向,然后通过迭代计算找到该函数的最小值点。

由 12.3.1 节梯度的定义可知,函数值下降最快的方向就是该函数梯度方向的反方向。我们使用 3.3 节学习的泰勒展开定理探究梯度下降法中迭代运算的表达式。

将多元函数 $f(\boldsymbol{x})$ 在 $\boldsymbol{x}_0$ 点展开为泰勒级数

$$f(\boldsymbol{x}) = f(\boldsymbol{x}_0) + (\boldsymbol{x} - \boldsymbol{x}_0) \cdot \nabla f(\boldsymbol{x}_0) + \frac{1}{2!}[(\boldsymbol{x} - \boldsymbol{x}_0) \cdot \nabla]^2 f(\boldsymbol{x}_0) + \cdots \quad (12.5.2)$$

$\boldsymbol{x} - \boldsymbol{x}_0$ 足够小时，忽略二次及以上的项，可以得到 $f(\boldsymbol{x})$ 的一阶展开式

$$f(\boldsymbol{x}) \doteq f(\boldsymbol{x}_0) + (\boldsymbol{x} - \boldsymbol{x}_0) \cdot \nabla f(\boldsymbol{x}_0) \quad (12.5.3)$$

为简化书写，我们假设向量 $\boldsymbol{x} - \boldsymbol{x}_0$ 的模为 $|\boldsymbol{x} - \boldsymbol{x}_0| = a$，单位向量写作 $\boldsymbol{e}_{x-x_0}$，将原向量写为

$$\boldsymbol{x} - \boldsymbol{x}_0 = a\boldsymbol{e}_{x-x_0} \quad (12.5.4)$$

将式(12.5.4)代入式(12.5.3)，可得

$$f(\boldsymbol{x}) - f(\boldsymbol{x}_0) \doteq a\boldsymbol{e}_{x-x_0} \cdot \nabla f(\boldsymbol{x}_0) \quad (12.5.5)$$

目标是寻找函数值下降最快的方向，因此要求下一个位置处 $f(\boldsymbol{x}) < f(\boldsymbol{x}_0)$，又因为 $a > 0$，所以需要

$$\boldsymbol{e}_{x-x_0} \cdot \nabla f(\boldsymbol{x}_0) < 0 \quad (12.5.6)$$

由式(12.5.6)可以看出，当单位向量 $\boldsymbol{e}_{x-x_0}$ 的方向与 $\nabla f(\boldsymbol{x}_0)$ 方向相反，即与 $-\nabla f(\boldsymbol{x}_0)$ 方向相同时，式(12.5.6)成立。因此单位向量写作

$$\boldsymbol{e}_{x-x_0} = -\frac{\nabla f(\boldsymbol{x}_0)}{|\nabla f(\boldsymbol{x}_0)|} \quad (12.5.7)$$

于是，式(12.5.4)改写为

$$\boldsymbol{x} = \boldsymbol{x}_0 - \frac{a}{|\nabla f(\boldsymbol{x}_0)|} \nabla f(\boldsymbol{x}_0)$$

令 $h = \dfrac{a}{|\nabla f(\boldsymbol{x}_0)|}$，则有

$$\boldsymbol{x} = \boldsymbol{x}_0 - h \nabla f(\boldsymbol{x}_0) \quad (12.5.8)$$

利用式(12.5.8)可以迭代计算下一个位置。式中，$\boldsymbol{x}_0$ 为初始位置坐标向量，$\boldsymbol{x}$ 为下一个位置坐标向量。h 为步长，在深度学习中称为"学习率"，是一个主观设置的超参数。$-\nabla f(\boldsymbol{x}_0)$ 是 $\boldsymbol{x}_0$ 处函数下降最快的方向。

为理解式(12.5.8)的具体应用，以单变量函数 $f(x) = x^2$ 为目标函数，用梯度下降法找到它的最小值。实际上，读者很容易判断该函数的极小值点在 0 点，且此点处函数值为 0。我们选用该函数主要是通过简单的案例了解梯度下降法的实施步骤。随机选取起点坐标 $x_0 = 3$，步长 $h = 0.3$，然后根据式(12.5.8)迭代运算。因为 $f'(x) = 2x$，因此有

$$x_1 = x_0 - 0.3(2x_0) = 0.4x_0 = 1.2$$
$$x_2 = x_1 - 0.3(2x_1) = (0.4)^2 x_0 = 0.48$$
$$\vdots$$
$$x_{10} = (0.4)^{10} x_0 = 0.00031457$$

由上述计算可知，经过 10 步后结果已经非常逼近最小值点 0 了。在实际运算中，常常会设置一个阈值，当迭代结果小于该阈值时我们认为已达到计算目标。将步长增大到 $h = 0.4$，则经过 5 步后能够达到 $h = 0.3$ 的效果，但步长不能过大，这一点读者也能够判断。

例 12.9 以二元函数 $f(x, y) = x^2 + y^2$ 为目标函数，演示式(12.5.8)在多元函数上的应用，并使用 MATLAB 完成梯度下降法的编程实现。

目标函数梯度

$$\nabla f(x,y) = \left(\frac{\partial f}{\partial x}, \frac{\partial f}{\partial y}\right) = (2x, 2y)$$

设置步长 h,迭代次数用变量 k 记录,计算精度 ε。编程思路如下。

(1) 设置自变量初始值 (x_0, y_0),迭代次数初始值 $k=0$,设置计算精度 ε,步长 h。定义 a、b 两个变量,用于保存函数迭代前后的值,即 $\Delta f = b - a$;

(2) 计算 (x_k, y_k) 点处的函数值 $f(x_k, y_k)$;

(3) 计算函数 $\left(\frac{\partial f}{\partial x}, \frac{\partial f}{\partial y}\right)\Big|_{(x_k, y_k)}$;

(4) 用梯度下降法更新位置点

$$x_{k+1} = x_k - h\frac{\partial f}{\partial x}\Big|_{(x_k, y_k)}, \quad y_{k+1} = y_k - h\frac{\partial f}{\partial y}\Big|_{(x_k, y_k)}$$

(5) 计算 (x_{k+1}, y_{k+1}) 点处的函数值 $f(x_{k+1}, y_{k+1})$,迭代次数 $k=k+1$;

(6) 判断 $\Delta f = f(x_{k+1}, y_{k+1}) - f(x_k, y_k) \leqslant \varepsilon$ 是否成立,若成立则进入(7),若不成立则继续循环迭代(2)~(5);

(7) 输出此时的 (x_{k+1}, y_{k+1}) 即为最小值点,$f(x_{k+1}, y_{k+1})$ 即为最小值。

根据以上思路编程可以使用梯度下降法完成函数的极值点寻找。MATLAB 程序代码如下。首先画出函数的三维曲面,如图 12.16(a)所示。将 x=−2:0.1:2;修改为 x=−0.2:0.1:2;可以观察到梯度下降法的整个逼近过程,如图 12.16(b)所示。

```
% 主程序
clear all
clc
fun = inline('(x^2+y^2)','x','y');              %目标函数 f(x,y)=(x^2+y^2)
dfunx = inline('2 * x','x','y');                %对 x 的偏导数
dfuny = inline('2 * y','x','y');                %对 y 的偏导数
x0 = 2;y0 = 2;                                   %初始位置(2,2)
Eps1 = 0.000001;                                % 精度
h1 = 0.3;                                        % 步长/更新率
[x,y,n,point] = Gmethod(fun,dfunx,dfuny,x0,y0,Eps1,h1)
                                                 %调用梯度下降法函数 Gmethod
x = −2:0.1:2;                                    %此设置使得读者能够观察逼近点的轨迹
y = x;
[x,y] = meshgrid(x,y);                           %x,y 网格点构建
z = (x.^2+y.^2);                                 %求 x,y 网格点处函数的值
surf(x,y,z)                                       %绘制函数三维曲面
xlabel('x');ylabel('y');zlabel('z')
hold on
scatter3(point(:,1),point(:,2),point(:,3),'r','*');%绘制梯度下降法函数点逼近图
%% 梯度下降法函数定义
function [x,y,n,point] = Gmethod(fun,dfunx,dfuny,x,y,Eps,h)
a = feval(fun,x,y);
b = a−0.01;          % 初始化差值,这里是为了保证 while 语句第一次执行时判断正确进入循环
n=1;
point(n,:) = [x y a];                            % 记录初始的 x,y 及函数 f 的值
while (abs(a−b) > Eps || abs(a−b) == Eps )       % 判断
  a = feval(fun,x,y);
```

```
      x = x − h * (feval(dfunx, x, y));          % 更新 x,迭代公式 x=x0−h * ∂f/∂x
      y = y − h * (feval(dfuny, x, y));          % 更新 y,迭代公式 y=y0−h * ∂f/∂y
      b = feval(fun, x, y);
      n = n+1;
      point(n, :) = [x y b];                      % 记录每一次迭代的 x,y 及函数 f 的值
   end
end
```

运算结果：

```
x = 2.0972e−04
y = 2.0972e−04
n = 11
point =
    2.0000    2.0000    8.0000
    0.8000    0.8000    1.2800
    0.3200    0.3200    0.2048
    0.1280    0.1280    0.0328
    0.0512    0.0512    0.0052
    0.0205    0.0205    0.0008
    0.0082    0.0082    0.0001
    0.0033    0.0033    0.0000
    0.0013    0.0013    0.0000
    0.0005    0.0005    0.0000
    0.0002    0.0002    0.0000
```

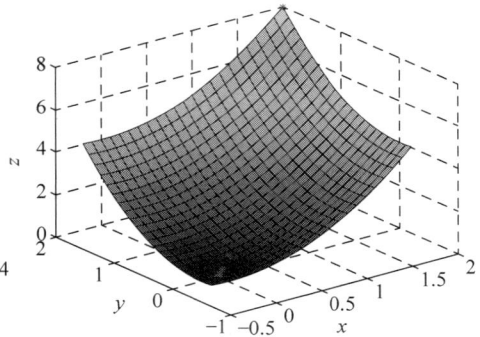

(a) 三维曲面图　　　　　(b) 梯度下降法逼近

图 12.16　函数的曲面图及梯度下降法逼近

　　从结果可以看出,通过梯度下降,越来越逼近图示抛物面的最低点,迭代了 $n=11$ 次后到达极小值点 $(2.0972e−04, 2.0972e−04)$,极小值为 $8.796e−08$。可以通过改变 eps1 调整计算精度。使用梯度下降法时,最终结果趋于一个极限值,这称为收敛,通常希望实现收敛的时间越短越好,称"收敛速度快"。目标函数、初始值以及步长都是影响收敛速度的因素。

　　在梯度下降法中,参数或变量沿着负梯度的方向进行更新,以降低函数值,因此梯度下降法是一种寻找函数最小值的算法。也可以使用梯度上升法来迭代求解函数的最大值。

　　梯度下降法应用广泛,但不是万能的,比如对于某些非凸函数,不能保证收敛到全局最

小值。此外,梯度下降法的计算量会随着数据量的增大而显著增大。为解决这些问题,研究者们对梯度下降法进行了不同层面的优化,提出了一些改进算法,例如小批量梯度下降法、随机梯度下降法、批量梯度下降法、自适应梯度下降法等。

12.6　向量分析的重要公式(important formulas)

关于标量的梯度、向量的散度和旋度的运算,在物理、工程以及信息学科中有着广泛的应用。

以电动力学中描述电磁现象物理规律的麦克斯韦方程组为例

$$
\begin{cases}
\nabla \times \boldsymbol{E} = -\dfrac{\partial \boldsymbol{B}}{\partial t} \\[2mm]
\nabla \times \boldsymbol{H} = \boldsymbol{J}_0 + \dfrac{\partial \boldsymbol{D}}{\partial t} \\[2mm]
\nabla \cdot \boldsymbol{D} = \rho_0 \\[2mm]
\nabla \cdot \boldsymbol{B} = 0
\end{cases}
$$

式中,$\boldsymbol{E}$、$\boldsymbol{H}$、$\boldsymbol{D}$、$\boldsymbol{B}$ 分别为电场强度向量、磁场强度向量、电位移向量和磁感应强度向量。可以看出,电磁场的基本性质完全可用这些向量的旋度和散度来描述。这组方程与坐标系无关,描述了电磁现象中各物理量之间的关系。本节给出常用的向量恒等式。

$\boldsymbol{r} = (x, y, z)$ 为 $\mathbf{R}^3$ 空间中的位置向量,f、g 为 $\mathbf{R}^3$ 空间中的两个任意标量函数,$\boldsymbol{A}$、$\boldsymbol{B}$ 为 $\mathbf{R}^3$ 空间中的两个任意向量函数,c 为 $\mathbf{R}^3$ 空间中的常标量,$\boldsymbol{c}$ 为 $\mathbf{R}^3$ 空间中的常矢量,则有以下恒等式成立。

(1) $\nabla r = \dfrac{\boldsymbol{r}}{r}$;

(2) $\nabla \cdot \boldsymbol{r} = 3$;

(3) $\nabla \times \boldsymbol{r} = 0$;

(4) $\nabla(f \pm g) = \nabla f \pm \nabla g$;

(5) $\nabla \cdot (\boldsymbol{A} \pm \boldsymbol{B}) = \nabla \cdot \boldsymbol{A} \pm \nabla \cdot \boldsymbol{B}$;

(6) $\nabla \times (\boldsymbol{A} \pm \boldsymbol{B}) = \nabla \times \boldsymbol{A} \pm \nabla \times \boldsymbol{B}$;

(7) $\nabla(fg) = f \nabla g + g \nabla f$;

(8) $\nabla \cdot (f\boldsymbol{A}) = \boldsymbol{A} \cdot (\nabla f) + f \nabla \cdot \boldsymbol{A}$;

(9) $\nabla \times (f\boldsymbol{A}) = \nabla f \times \boldsymbol{A} + f \nabla \times \boldsymbol{A}$;

(10) $\nabla(cf) = c \nabla f$;

(11) $\nabla \cdot (c\boldsymbol{A}) = c \nabla \cdot \boldsymbol{A}$;

(12) $\nabla \times (c\boldsymbol{A}) = c \nabla \times \boldsymbol{A}$;

(13) $\nabla \cdot (f\boldsymbol{c}) = \nabla f \cdot \boldsymbol{c}$;

(14) $\nabla \times (f\boldsymbol{c}) = \nabla f \times \boldsymbol{c}$;

(15) $\nabla \cdot (\boldsymbol{A} \times \boldsymbol{B}) = \boldsymbol{B} \cdot (\nabla \times \boldsymbol{A}) - \boldsymbol{A} \cdot (\nabla \times \boldsymbol{B})$;

(16) $\nabla \times (\boldsymbol{A} \times \boldsymbol{B}) = (\boldsymbol{B} \cdot \nabla)\boldsymbol{A} - \boldsymbol{B}(\nabla \cdot \boldsymbol{A}) - (\boldsymbol{A} \cdot \nabla)\boldsymbol{B} + \boldsymbol{A}(\nabla \cdot \boldsymbol{B})$;

(17) $\nabla(\boldsymbol{A} \cdot \boldsymbol{B}) = (\boldsymbol{B} \cdot \nabla)\boldsymbol{A} + (\boldsymbol{A} \cdot \nabla)\boldsymbol{B} + \boldsymbol{B} \times \nabla \times \boldsymbol{A} + \boldsymbol{A} \times \nabla \times \boldsymbol{B}$;

(18) $\nabla \times \nabla f = 0$；

(19) $\nabla \cdot (\nabla \times \boldsymbol{A}) = 0$；

(20) $\nabla \times \nabla \times \boldsymbol{A} = \nabla(\nabla \cdot \boldsymbol{A}) - \nabla^2 \boldsymbol{A}$；

(21) $\nabla f(g) = f'(g) \nabla g$；

(22) $\nabla f(r) = f'(r) \nabla r = f'(r) \dfrac{\boldsymbol{r}}{r}$；

(23) $\nabla \times [f(r)\boldsymbol{r}] = 0$。

第 12 章习题

1. 已知 $\boldsymbol{A} = \boldsymbol{e}_x + 2\boldsymbol{e}_y + 2\boldsymbol{e}_z$，$\boldsymbol{B} = 2\boldsymbol{e}_x + b\boldsymbol{e}_y + c\boldsymbol{e}_z$，并且 $\boldsymbol{B}$ 的模 $B = 3$，试求 b 与 c 各为何值才能使 $\boldsymbol{A} \perp \boldsymbol{B}$。

2. 试证明三个向量 $\boldsymbol{A} = 11\boldsymbol{e}_x + \boldsymbol{e}_y + 2\boldsymbol{e}_z$，$\boldsymbol{B} = 17\boldsymbol{e}_x + 2\boldsymbol{e}_y + 3\boldsymbol{e}_z$，$\boldsymbol{C} = 5\boldsymbol{e}_x + \boldsymbol{e}_z$ 在同一平面上。

3. 若向量 $\boldsymbol{A}$、$\boldsymbol{B}$、$\boldsymbol{C}$ 为常向量，试证明 $\boldsymbol{A} \times (\boldsymbol{B} \times \boldsymbol{C}) = (\boldsymbol{A} \cdot \boldsymbol{C})\boldsymbol{B} - (\boldsymbol{A} \cdot \boldsymbol{B})\boldsymbol{C}$。

4. 已知向量 $\boldsymbol{D} = \dfrac{Q\boldsymbol{e}_r}{4\pi r^2}$，其中 Q 为常量，$\boldsymbol{r} = x\boldsymbol{e}_x + y\boldsymbol{e}_y + z\boldsymbol{e}_z$，$r = |\boldsymbol{r}|$，$\boldsymbol{e}_r = \dfrac{\boldsymbol{r}}{r}$，计算 $\boldsymbol{D}$ 的散度。

5. 试证明：

(1) $\nabla \dfrac{1}{r} = -\dfrac{\boldsymbol{e}_r}{r^2}$；

(2) $\nabla \times \boldsymbol{r} = 0$；

(3) $\nabla \times \dfrac{\boldsymbol{r}}{r} = 0$；

(4) $\nabla \times [f(r)\boldsymbol{e}_r] = 0$。

其中，$\boldsymbol{r} = x\boldsymbol{e}_x + y\boldsymbol{e}_y + z\boldsymbol{e}_z$ 是空间矢径，$\boldsymbol{e}_r = \dfrac{\boldsymbol{r}}{r}$，$f(r)$ 是 r 的函数。

6. 已知 C 为一常数，ϕ、$\boldsymbol{A}$ 分别为标量函数和向量函数，试证明：

(1) $\nabla \times (C\boldsymbol{A}) = C \nabla \times \boldsymbol{A}$；(2) $\nabla \times (\phi\boldsymbol{A}) = \phi \nabla \times \boldsymbol{A} + \nabla\phi \times \boldsymbol{A}$。

7. 已知标量函数 $\phi = 3x^2 y$，向量函数 $\boldsymbol{A} = x^3 yz\boldsymbol{e}_y + 3xy^3\boldsymbol{e}_z$，试求 $\nabla \times (\phi\boldsymbol{A})$ 的值。

8. 已知 u、v 都是标量函数，试证明 $\nabla^2(uv) = u \nabla^2 v + v \nabla^2 u + 2 \nabla u \cdot \nabla v$ 成立。

9. 已知向量函数 $\boldsymbol{F} = xy\boldsymbol{e}_x - 2x\boldsymbol{e}_y$，试计算由 $x^2 + y^2 = 9$、$x = 0$ 和 $y = 0$ 所构成的闭合曲线的线积分，并验证斯托克斯定理成立。

10. 已知空间任意点位置向量为 $\boldsymbol{r} = x\boldsymbol{e}_x + y\boldsymbol{e}_y + z\boldsymbol{e}_z$，求 $\nabla \cdot \boldsymbol{r}$ 并运用高斯散度定理求积分 $I = \oint_S \boldsymbol{r} \cdot \mathrm{d}\boldsymbol{S}$，其中 S 为以原点为球心、半径为 a 的球面。

11. 已知圆柱坐标系中标量函数 $f = \left(Ar + \dfrac{B}{r}\right)\cos\varphi$，求 ∇f。

12. 已知圆柱坐标系的点 $\left(3\sqrt{3}, \dfrac{2\pi}{3}, 3\right)$，试求：

（1）该点在直角坐标系中的坐标；

（2）该点在球坐标系中的坐标。

13. 在球坐标系中试证明电场强度 $E=\dfrac{1}{r^2}e_r$ 是无旋场，并求出与其对应的标量电势函数 ϕ。

14. 试由直角坐标系中的线元向量表达式及式(12.2.8)推导球坐标系中的线元向量表达式。

15. 已知 x、y 和 r、φ 分别是直角坐标系和极坐标系内的坐标变量，试证明算符等式 $\dfrac{\partial^2}{\partial x^2}+\dfrac{\partial^2}{\partial y^2}=\dfrac{1}{r}\dfrac{\partial}{\partial r}\left(r\dfrac{\partial}{\partial r}\right)+\dfrac{1}{r^2}\dfrac{\partial^2}{\partial \varphi^2}$ 成立。

16. 试在直角坐标系下证明标量场 f 梯度的旋度为零，向量场 F 旋度的散度为零。

线性空间和线性算符

前面介绍的 $\mathbf{R}^3$ 空间上的向量分析,是经典物理学中的基本数学工具。当我们研究更复杂的物理现象时,仅有 $\mathbf{R}^3$ 上的分析是不够的,要把 $\mathbf{R}^3$ 空间推广到更一般的高维线性空间,在物理学中通常要用一种特殊的线性空间——希尔伯特(Hilbert)空间来描述。本章介绍处理物理学问题常用到的数学工具:线性空间及作用在其上的线性算符。

13.1 线性空间的内积(inner product in linear space)

线性空间的线性结构使得我们可以进行加法和标量乘法的运算,然而向量的其他特性也是很重要的,比如向量的长度和向量之间的夹角。内积的定义使得我们可以计算向量的长度,判断两个向量是否正交(即它们的夹角是否为 $90°$)。本节将几何空间 $\mathbf{R}^3$ 中的标量积推广到线性空间 V 中,定义内积的概念,并由此建立有关度量的关系,这对于理解向量间的关系非常重要。内积的引入不仅丰富了线性代数的理论,也为向量在几何学、物理学和机器学习等领域中的应用提供了强大的数学工具。

13.1.1 内积空间(inner product space)

定义 13.1 内积和内积空间 对数域 $\mathbf{K}$(实数域 $\mathbf{R}$ 或复数域 $\mathbf{C}$)上的 n 维线性空间 $V_n(\mathbf{K})$,定义一个从线性空间中的向量到数域 $\mathbf{K}$ 的二元运算,用 $\langle \boldsymbol{u}, \boldsymbol{v} \rangle$ 表示,即

$$\langle \boldsymbol{u}, \boldsymbol{v} \rangle: V_n(\mathbf{K}) \to \mathbf{K}$$

如果满足以下公理:

(1) 对称性:$\langle \boldsymbol{u}, \boldsymbol{v} \rangle = \langle \boldsymbol{v}, \boldsymbol{u} \rangle^*$;　　　　　　　　　　　　　　(13.1.1)

(2) 线性:$\langle a\boldsymbol{u} + b\boldsymbol{v}, \boldsymbol{w} \rangle = a\langle \boldsymbol{u}, \boldsymbol{w} \rangle + b\langle \boldsymbol{v}, \boldsymbol{w} \rangle$;　　　　　　　(13.1.2)

(3) 正定性:$\langle \boldsymbol{u}, \boldsymbol{u} \rangle \geq 0$,当且仅当 $\boldsymbol{u} = 0$ 时 $\langle \boldsymbol{u}, \boldsymbol{u} \rangle = 0$。　　　　(13.1.3)

则称 $\langle \boldsymbol{u}, \boldsymbol{v} \rangle$ 为线性空间 $V_n(\mathbf{K})$ 的一个内积(inner product)。其中,$a, b \in \mathbf{K}, \boldsymbol{u}, \boldsymbol{v}, \boldsymbol{w} \in V_n(\mathbf{K})$。一个赋予了以上内积的线性空间 $[V_n(\mathbf{K}); \langle \boldsymbol{u}, \boldsymbol{v} \rangle]$ 称为内积空间。

Definition 13.1　Inner product and inner product space　An inner product on a vector space $V_n(\mathbf{K})$ is an operation on $V_n(\mathbf{K})$ that assigns to each pair of vectors $\boldsymbol{u}$ and $\boldsymbol{v}$ in $V_n(\mathbf{K})$ a real number $\langle \boldsymbol{u}, \boldsymbol{v} \rangle$ satisfying the following conditions:

(1) $\langle \boldsymbol{u}, \boldsymbol{v} \rangle = \langle \boldsymbol{v}, \boldsymbol{u} \rangle^*$ for all $\boldsymbol{u}$ and $\boldsymbol{v}$ in $V_n(\mathbf{K})$;

(2) $\langle a\boldsymbol{u} + b\boldsymbol{v}, \boldsymbol{w} \rangle = a\langle \boldsymbol{u}, \boldsymbol{w} \rangle + b\langle \boldsymbol{v}, \boldsymbol{w} \rangle$ for all $\boldsymbol{u}, \boldsymbol{v}$ and $\boldsymbol{w}$ in $V_n(\mathbf{K})$ and all scalars a

and b;

（3）$\langle \boldsymbol{u}, \boldsymbol{u} \rangle \geqslant 0$, with equality if and only if $\boldsymbol{u} = 0$.

A vector space V with an inner product is called an inner product space.

如果 $V_n(\mathbf{K})$ 是实数域 $\mathbf{R}$ 上的线性空间 $V_n(\mathbf{R})$，则 $\langle \boldsymbol{u}, \boldsymbol{v} \rangle$ 为实内积，对称性式（13.1.1）写为 $\langle \boldsymbol{u}, \boldsymbol{v} \rangle = \langle \boldsymbol{v}, \boldsymbol{u} \rangle$，相应的内积空间 $[V_n(\mathbf{R}); \langle \boldsymbol{u}, \boldsymbol{v} \rangle]$ 称为欧氏空间（Euclidean Space）。如果 $V_n(\mathbf{K})$ 是复数域 $\mathbf{C}$ 上的线性空间 $V_n(\mathbf{C})$，则 $\langle \boldsymbol{u}, \boldsymbol{v} \rangle$ 为复内积，称内积空间 $[V_n(\mathbf{C}); \langle \boldsymbol{u}, \boldsymbol{v} \rangle]$ 称为酉空间（Unitary Space）。

以上用 $\langle \boldsymbol{u}, \boldsymbol{v} \rangle$ 表示内积，但并没有规定函数的具体形式。当给出一个函数的具体形式时，我们需要检验它是否符合上述公理，如果符合，则该向量空间就是内积空间。不同的内积函数形式，可以规定不同的内积空间。但在诸多内积形式中，有一种特殊形式是非常重要的，即下面讨论的点积。

13.1.2 点积和欧几里得空间（dot product and Euclidean space）

设向量空间 V 中存在两个 n 维向量 $\boldsymbol{u} = \begin{bmatrix} u_1 \\ u_2 \\ \vdots \\ u_n \end{bmatrix}, \boldsymbol{v} = \begin{bmatrix} v_1 \\ v_2 \\ \vdots \\ v_n \end{bmatrix}$，将其内积定义为

$$\langle \boldsymbol{u}, \boldsymbol{v} \rangle = u_1 v_1 + u_2 v_2 \cdots + u_n v_n \tag{13.1.4}$$

容易验证该内积定义式符合内积公理，所以构成了一个内积空间。通常也将该函数形式写成

$$\boldsymbol{u} \cdot \boldsymbol{v} = u_1 v_1 + u_2 v_2 \cdots + u_n v_n \tag{13.1.5}$$

并称其为点积（dot product）。

点积是内积的一种具体形式，根据这个定义得到了最常见的内积空间——欧几里得空间。而我们遇到的绝大多数问题都在欧几里得空间，因此很多资料中将"点积"和"内积"混用。

定义 13.2 向量的模和正交 向量空间 V 中向量 $\boldsymbol{u}$ 的模为

$$|\boldsymbol{u}| = \langle \boldsymbol{u}, \boldsymbol{u} \rangle^{\frac{1}{2}} = \sqrt{u_1^2 + u_2^2 + \cdots + u_n^2} \tag{13.1.6}$$

向量的模总满足 $|\boldsymbol{u}| \geqslant 0$，且只有零向量的模为 0。如果向量 $\boldsymbol{u}$、$\boldsymbol{v}$ 的点积为 0，即

$$\langle \boldsymbol{u}, \boldsymbol{v} \rangle = 0 \tag{13.1.7}$$

则称 $\boldsymbol{u}$ 与 $\boldsymbol{v}$ 正交，显然零向量与所有向量正交。

Definition 13.2 Length and orthogonality If $\boldsymbol{u}$ is a vector in a inner product space V, the length of $\boldsymbol{u}$ is given by

$$|\boldsymbol{u}| = \langle \boldsymbol{u}, \boldsymbol{u} \rangle^{\frac{1}{2}} = \sqrt{u_1^2 + u_2^2 + \cdots + u_n^2}$$

Two vectors $\boldsymbol{u}$ and $\boldsymbol{v}$ are said to be orthogonal if $\langle \boldsymbol{u}, \boldsymbol{v} \rangle = 0$.

定义 13.3 正交归一基 给定 n 维向量空间 V 的一组正交向量 $\boldsymbol{v}_1, \boldsymbol{v}_2, \cdots, \boldsymbol{v}_n$，总是可以通过

$$\boldsymbol{u}_i = \frac{\boldsymbol{v}_i}{|\boldsymbol{v}_i|}, \quad i = 1, 2, \cdots, n \tag{13.1.8}$$

得到该向量空间 V 的正交归一基。

Definition 13.3 Orthonormal basis An orthonormal basis of a vector space is an orthogonal basis of unit vectors. The basis of a vector space will be orthonormal if and only if

$$\langle \boldsymbol{v}_i, \boldsymbol{v}_j \rangle = \delta_{ij} = \begin{cases} 1, & i=j \\ 0, & i \neq j \end{cases}$$

Given any orthogonal set of nonzero vectors $\boldsymbol{v}_1, \boldsymbol{v}_2, \cdots, \boldsymbol{v}_n$, it is possible to form an orthonormal set by defining

$$\boldsymbol{u}_i = \frac{\boldsymbol{v}_i}{|\boldsymbol{v}_i|}, \quad i=1,2,\cdots,n$$

事实上,任何线性空间 V 的基可以通过 13.1.3 节的施密特正交归一化变换成一个标准正交基。

13.1.3 施密特正交归一化(Schmidt orthonormalization)

13.1.2 节给出了向量的模、向量正交及正交归一基的概念。本节我们将 n 维向量空间 V 的一基通过施密特正交化规则构造出该空间的一组正交归一基。

假设 $\boldsymbol{x}_1, \boldsymbol{x}_2, \cdots, \boldsymbol{x}_n$ 是向量空间 V 中的 n 个线性无关的向量,则可作为该向量空间 V 的一个基,通过下述过程可构造出该向量空间的 n 个两两正交的向量 $\boldsymbol{v}_1, \boldsymbol{v}_2, \cdots, \boldsymbol{v}_n$,称其为该向量空间的正交归一基,也写作 $\langle \boldsymbol{v}_i \rangle$。

$$\boldsymbol{x}_1, \boldsymbol{x}_2, \cdots, \boldsymbol{x}_n \xrightarrow{\text{施密特正交归一化}} \begin{cases} \boldsymbol{v}_1 = \dfrac{\boldsymbol{x}_1}{|\boldsymbol{x}_1|} \\[2mm] \boldsymbol{v}_2 = \dfrac{\boldsymbol{x}_2 - \langle \boldsymbol{v}_1, \boldsymbol{x}_2 \rangle \boldsymbol{v}_1}{|\boldsymbol{x}_2 - \langle \boldsymbol{v}_1, \boldsymbol{x}_2 \rangle \boldsymbol{v}_1|} \\[2mm] \boldsymbol{v}_3 = \dfrac{\boldsymbol{x}_3 - \langle \boldsymbol{v}_1, \boldsymbol{x}_3 \rangle \boldsymbol{v}_1 - \langle \boldsymbol{v}_2, \boldsymbol{x}_3 \rangle \boldsymbol{v}_2}{|\boldsymbol{x}_3 - \langle \boldsymbol{v}_1, \boldsymbol{x}_3 \rangle \boldsymbol{v}_1 - \langle \boldsymbol{v}_2, \boldsymbol{x}_3 \rangle \boldsymbol{v}_2|} \\[2mm] \vdots \\[2mm] \boldsymbol{v}_n = \dfrac{\boldsymbol{x}_n - \langle \boldsymbol{v}_1, \boldsymbol{x}_n \rangle \boldsymbol{v}_1 - \langle \boldsymbol{v}_2, \boldsymbol{x}_n \rangle \boldsymbol{v}_2 - \cdots - \langle \boldsymbol{v}_{n-1}, \boldsymbol{x}_n \rangle \boldsymbol{v}_{n-1}}{|\boldsymbol{x}_n - \langle \boldsymbol{v}_1, \boldsymbol{x}_n \rangle \boldsymbol{v}_1 - \langle \boldsymbol{v}_2, \boldsymbol{x}_n \rangle \boldsymbol{v}_2 - \cdots - \langle \boldsymbol{v}_{n-1}, \boldsymbol{x}_n \rangle \boldsymbol{v}_{n-1}|} \end{cases}$$

$$(13.1.9)$$

下面以二维向量空间 $\mathbf{R}^2$ 为例,理解施密特正交归一化的几何意义。假设图 13.1 中的两个向量 $\boldsymbol{x}_1$、$\boldsymbol{x}_2$ 是 $\mathbf{R}^2$ 中的一组基。首先,选其中一个向量 $\boldsymbol{x}_1$,进行归一化得到

$$\boldsymbol{v}_1 = \frac{\boldsymbol{x}_1}{|\boldsymbol{x}_1|} \tag{13.1.10}$$

作 $\boldsymbol{x}_2$ 在 $\boldsymbol{x}_1$ 上的投影 $\tilde{\boldsymbol{x}}_2$,其垂线向量

$$\boldsymbol{d} = \boldsymbol{x}_2 - \tilde{\boldsymbol{x}}_2 \tag{13.1.11}$$

这里 $\boldsymbol{d}$ 向量正是我们要寻找的与 $\boldsymbol{v}_1$ 正交的向量,但表达式中 $\tilde{\boldsymbol{x}}_2$ 是未知的。我们假设

$$\tilde{\boldsymbol{x}}_2 = k\boldsymbol{v}_1 \tag{13.1.12}$$

于是

$$d = x_2 - kv_1 \tag{13.1.13}$$

又因为 d 和 v_1 正交，因此

$$d \cdot v_1 = 0 \tag{13.1.14}$$

将(13.1.13)代入式(13.1.14)，可得

$$x_2 \cdot v_1 - kv_1 \cdot v_1 = 0 \tag{13.1.15}$$

计算得

$$k = \frac{x_2 \cdot v_1}{v_1 \cdot v_1} = x_2 \cdot v_1 = \langle v_1, x_2 \rangle \tag{13.1.16}$$

将其代入式(13.1.13)，写出与 v_1 正交的向量

$$d = x_2 - \langle v_1, x_2 \rangle v_1 \tag{13.1.17}$$

对 d 进行归一化，得到归一化后的向量

$$v_2 = \frac{x_2 - \langle v_1, x_2 \rangle v_1}{|x_2 - \langle v_1, x_2 \rangle v_1|} \tag{13.1.18}$$

这样就得到了二维向量空间 $\mathbf{R}^2$ 的一组正交归一基 v_1、v_2。上述推导过程并没有被限制在二维向量空间 $\mathbf{R}^2$ 中，所以它也可以完成三维向量空间中的平面上寻找正交基的任务；先完成前两个维度的正交归一化，然后将第三个向量投影至前两个向量所确定的平面。更高维度的情况也可以依此类推。

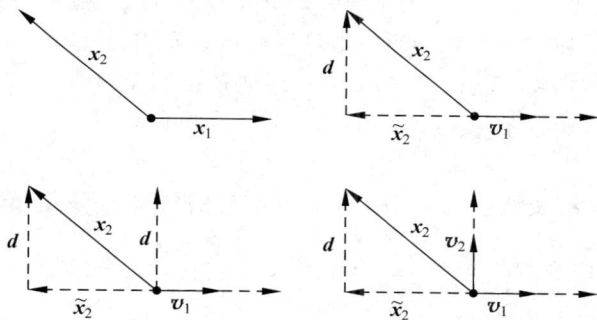

图 13.1 施密特正交归一化的几何意义

例 13.1 两个向量 $x_1 = \begin{bmatrix} 2 \\ 1 \end{bmatrix}$，$x_2 = \begin{bmatrix} 1 \\ 2 \end{bmatrix}$ 确定了一个二维向量空间，请使用施密特正交归一化方法求得该向量空间的正交归一基。

解：根据式(13.1.9)有

$$v_1 = \frac{x_1}{|x_1|} = \begin{bmatrix} \dfrac{2}{\sqrt{5}} \\ \dfrac{1}{\sqrt{5}} \end{bmatrix}$$

又因为

$$\langle v_1, x_2 \rangle = v_1 \cdot x_2 = \frac{4}{\sqrt{5}}$$

可计算得

$$x_2 - \langle v_1, x_2 \rangle v_1 = \begin{bmatrix} 1 \\ 2 \end{bmatrix} - \frac{4}{\sqrt 5} \begin{bmatrix} \frac{2}{\sqrt 5} \\ \frac{1}{\sqrt 5} \end{bmatrix} = \begin{bmatrix} 1 \\ 2 \end{bmatrix} - \begin{bmatrix} \frac{8}{5} \\ \frac{4}{5} \end{bmatrix} = \begin{bmatrix} -\frac{3}{5} \\ \frac{6}{5} \end{bmatrix}$$

因此有

$$v_2 = \frac{x_2 - \langle v_1, x_2 \rangle v_1}{|x_2 - \langle v_1, x_2 \rangle v_1|} = \begin{bmatrix} -\frac{1}{\sqrt 5} \\ \frac{2}{\sqrt 5} \end{bmatrix}$$

显然，v_1 和 v_2 是相互正交的，且其模均为 1，我们通过式(13.1.9)找到了该向量空间的二维正交基。

由施密特正交归一化的过程可以看出，如果计算过程中改变向量的顺序或者使用同一空间中的不同向量组进行正交化，得到的正交向量组就可能发生变化，也就是说施密特正交化得到的正交归一基并不唯一。施密特正交归一化的目的是将线性无关的向量组转换为与原向量组等价的正交归一向量组。

施密特正交归一化是将一个向量组正交化的重要方法，是求向量空间的规范正交基的一个重要步骤。在 n 维向量空间 V 中，只要给定 n 个线性无关的向量，可以由式(13.1.9)施密特正交化规则直接构造出一组正交归一基 $v_1, v_2, \cdots, v_n$。施密特正交化不仅在数学和物理学中有广泛应用，还在人工智能领域中发挥着重要作用。

后面的讨论中，我们将直接假设 $\{v_i\}$ 为 n 维向量空间 V 中的正交归一基，对于这组正交归一基，$\forall v_i, v_j \in \{v_i\}$，有

$$\langle v_i, v_j \rangle = \delta_{ij} \tag{13.1.19}$$

定理 13.1 在 n 维线性空间 V 中 n 个正交归一的向量 $\{v_i\}$ 是线性无关的。

证明：假设有一组系数 $c_i (i=1,2,\cdots,n)$，使得 $\sum_{i=1}^{n} c_i v_i = 0$ 成立，我们任取 $v_j \in \{v_i\}$，则 v_j 与零向量的内积必为零，即

$$\langle v_j, \sum_{i=1}^{n} c_i v_i \rangle = 0$$

由内积公理有

$$\langle v_j, \sum_{i=1}^{n} c_i v_i \rangle = \langle v_j, c_j v_j \rangle = c_j$$

可得 $c_j = 0$。容易得到，对于任意的 $v_j \in \{v_i\}$ 均有 $c_j = 0$。只有 $c_i = 0 (i=1,2,\cdots,n)$ 能够使得式 $\sum_{i=1}^{n} c_i v_i = 0$ 成立，故 $\{v_i\}$ 为 n 个线性无关的单位向量。

13.1.4 正交归一基的完备性(completeness of orthonormalized basis)

若在线性空间 V 中，不存在其他的非零向量与正交归一基 $\{v_i\}$ 中的每个向量都正交，则称这一正交归一基是完备的(complete)。

也就是说，如果已知一个线性空间 V 中正交归一基 $\{v_i\}$，则该空间中的所有向量都可

以表示成这组基向量的线性组合。下面我们讨论向量在正交归一基上的展开。

设有线性空间 V 中的正交归一基 $\{\boldsymbol{v}_i\}$，则 V 中的任意元素 $\boldsymbol{u}$ 都可以表示成基向量 $\{\boldsymbol{v}_i\}$ 的线性组合，即可以写成

$$\boldsymbol{u} = \sum_{i=1}^{n} a_i \boldsymbol{v}_i \qquad (13.1.20)$$

式(13.1.20)两边对 $\boldsymbol{v}_i$ 进行内积运算，可得系数 a_i 的计算公式，即

$$\langle \boldsymbol{u}, \boldsymbol{v}_i \rangle = \langle \sum_{i=1}^{n} a_i \boldsymbol{v}_i, \boldsymbol{v}_i \rangle = a_i$$

从而有

$$a_i = \langle \boldsymbol{u}, \boldsymbol{v}_i \rangle \qquad (13.1.21)$$

称 a_i 为向量 $\boldsymbol{u}$ 在基 $\boldsymbol{v}_i$ 上的分量，一般情况下向量 $\boldsymbol{u}$ 也可由其分量表示

$$\boldsymbol{u} = \{a_1, a_2, \cdots, a_n\} \qquad (13.1.22)$$

也称数 $a_1, a_2, \cdots, a_n$ 是 $\boldsymbol{u}$ 在基 $\{\boldsymbol{v}_i\}$ 下的坐标，$[a_1, a_2, \cdots, a_n]^{\mathrm{T}}$ 为坐标向量，也简称坐标。由 13.1.3 节的讨论我们已经知道，基向量的选取不是唯一的，一般我们选择便于描述物理问题的基向量。当我们在线性空间 L 中选取正交归一基为 $\{\boldsymbol{v}_i\}$ 时，对于空间中的任意两个向量

$$\boldsymbol{u} = \sum_{i=1}^{n} a_i \boldsymbol{v}_i = [\boldsymbol{v}_1 \ \boldsymbol{v}_2, \cdots, \boldsymbol{v}_n] \begin{bmatrix} a_1 \\ a_2 \\ \vdots \\ a_n \end{bmatrix}$$

$$ \qquad (13.1.23)$$

$$\boldsymbol{w} = \sum_{i=1}^{n} b_i \boldsymbol{v}_i = [\boldsymbol{v}_1 \ \boldsymbol{v}_2, \cdots, \boldsymbol{v}_n] \begin{bmatrix} b_1 \\ b_2 \\ \vdots \\ b_n \end{bmatrix}$$

即 $\boldsymbol{u} = \{a_1, a_2, \cdots, a_n\}$，$\boldsymbol{w} = \{b_1, b_2, \cdots, b_n\}$，两个向量的内积为

$$\langle \boldsymbol{u}, \boldsymbol{w} \rangle = \langle \sum_{i=1}^{n} a_i \boldsymbol{v}_i, \sum_{i=1}^{n} b_i \boldsymbol{v}_i \rangle = \sum_{i=1}^{n} a_i b_i \qquad (13.1.24)$$

由此内积定义，可以定义线性空间向量 $\boldsymbol{u}$ 的模 $|\boldsymbol{u}|$

$$|\boldsymbol{u}| = \langle \boldsymbol{u}, \boldsymbol{u} \rangle^{\frac{1}{2}} = \Big[\sum_{i=1}^{n} a_i{}^2 \Big]^{\frac{1}{2}} \qquad (13.1.25)$$

13.2 希尔伯特空间（Hilbert space）

定义 13.4 希尔伯特空间 完备的（complete）内积空间称为希尔伯特空间，一般记为 H。若 $H = \mathbf{R}$，则称为实希尔伯特空间，若 $H = \mathbf{C}$，则称为复希尔伯特空间。

Definition 13. 4 Hilbert space Complete inner space is called Hilbert space, generally denoted as . If $H = \mathbf{R}$, it is called a real Hilbert space, and if $H = \mathbf{C}$, it is called a complex Hilbert space.

也就是说,希尔伯特空间是一种特殊的内积空间,其特殊性就体现在其完备性上。一个内积空间不一定是完备空间。那么什么是完备空间呢? 我们给出以下若干定义。

定义 13.5　度量空间　设 X 为一个非空集合,若 $\forall\, x,y\in X$,均有一个实数 $d(x,y)$ 与之对应,且满足

(1) 正定性:$d(x,y)\geqslant 0$,且 $d(x,y)=0$ 当且仅当 $x=y$ 成立;

(2) 对称性:$d(x,y)=d(y,x)$;

(3) 三角不等式:$d(x,y)\leqslant d(x,z)+d(y,z)$。

则称 $d(x,y)$ 为集合 X 中的一个度量(或称距离)。定义了距离 d 的集合 X 称为度量空间,写作度量空间 (X,d),也简记为 X。

Definition 13.5　Metric space　A set X, whose elements we shall call points, is said to be a metric space if with any two points x and y of X there is associated a real number $d(x,y)$, called the distance from x to y, such that

(1) $d(x,y)\geqslant 0$; $d(x,y)=0$ if and only if $x=y$;

(2) $d(x,y)=d(y,x)$;

(3) $d(x,y)\leqslant d(x,z)+d(y,z)$ for any $z\in X$.

Any function with these three properties is called a distance function, or a metric.

在数学中,度量空间是一个集合,并且该集合中任意元素之间的距离是可定义的,亦称距离空间。例如,最重要的度量空间就是我们熟悉的欧几里得空间 $\mathbf{R}^n$,特别是实轴上的 $\mathbf{R}^1$ 和复平面上的 $\mathbf{R}^2$,度量空间 $\mathbf{R}^n$ 中的距离定义为

$$d(\pmb{x},\pmb{y})=|\pmb{x}-\pmb{y}|\qquad(\pmb{x},\pmb{y}\in\mathbf{R}^n)\tag{13.2.1}$$

定义 13.6　柯西序列　给定任意小正数 ε,总是存在一个正整数 N,使得当 $m,n\geqslant N$ 时,序列中第 m 项 x_m 和第 n 项 x_n 之间的距离满足 $d(x_m,x_n)<\varepsilon$。则此序列称为柯西序列,此时称该序列是柯西收敛的。

Definition 13.6　Cauchy sequences　A sequence $\{x_n\}$ in a metric space X is said to be a Cauchy sequence if for every $\varepsilon>0$ there is an integer N such that $d(x_m,x_n)<\varepsilon$ if $m,n\geqslant N$.

由定义可知,柯西序列的定义依赖于距离的定义,只有在度量空间中柯西序列才是有意义的。随着序数的不断增加,柯西序列中元素越来越靠近。任何收敛数列必然是柯西序列,任何柯西序列必然是有界序列。

定义 13.7　完备空间　若度量空间 (X,d) 中的任意柯西序列在 X 中收敛,则称度量空间 X 是完备的。完备空间又称完备度量空间或柯西空间(Cauchy space)。

Definition 13.7　Complete space　A metric space in which every Cauchy sequence converges is said to be complete. Complete space is also called complete metric space or Cauchy space.

希尔伯特空间是 n 维欧氏空间的推广,可视为“无限维的欧几里得空间”,我们希望它能够保持欧几里得空间的一些重要性质,如连续性、微积分性等。完备性的要求则使得微积分中的大部分概念都可以无障碍地推广至希尔伯特空间。对希尔伯特空间及作用在希尔伯特空间上算子的研究是泛函分析的重要组成部分。

我们熟悉的 $\mathbf{R}$、$\mathbf{R}^2$、$\mathbf{R}^3$ 空间都是希尔伯特空间。第二篇中用到的函数空间也属于希尔

伯特空间。例如,第 5 章中讲到的傅里叶级数部分,定义在 $\mathbf{R}$ 上的 2π 为周期的函数 $f(x)$ (要求满足狄里赫利条件)集合

$$\{f(x), x \in [0, 2\pi]\}$$

构成的函数空间是一个希尔伯特空间。这个希尔伯特空间的基向量为

$$\{1, \sin x, \cos x, \cdots, \sin nx, \cos nx, \cdots n = 1, 2, \cdots\}$$

函数 $f(x)$ 可展开为傅里叶级数

$$f(x) = a_0 + \sum_{n=1}^{\infty} (a_n \cos nx + b_n \sin nx) \tag{13.2.2}$$

实际上,展开为傅里叶级数过程就是将该希尔伯特空间的元素写成了基向量 $\{1, \sin nx, \cos nx;$ $n = 1, 2, \cdots\}$ 的线性组合。其中 a_0、a_n、b_n 为函数 $f(x)$ 在相应基上的投影,也即相应分量。

以基 $\{1, \sin nx, \cos nx; n = 1, 2, \cdots\}$ 张成的空间为所有满足狄里赫利条件的以 2π 为周期的函数构成的希尔伯特空间。至此,我们已经将傅里叶级数中的正交函数族和线性代数中的正交归一基联系起来。

在函数构成的希尔伯特空间中,元素都是可积的函数。下面给出一般情况下希尔伯特空间中元素的内积定义。

对于定义域 $\Omega(\Omega \subset \mathbf{R})$ 上的复函数 $f(x): \Omega \to C$,可写为

$$f(x) = u(x) + iv(x), \quad f \in H \tag{13.2.3}$$

其中 $u(x)$、$v(x)$ 都是实函数,$x \in \Omega$。希尔伯特空间中的任意两个函数 $f(x), g(x) \in H$,其内积定义为

$$\langle f(x), g(x) \rangle = \int_\Omega f^*(x) g(x) \mathrm{d}x \tag{13.2.4}$$

希尔伯特函数空间中 $f(x)$ 的模定义为

$$|f(x)| = \langle f(x), f(x) \rangle^{\frac{1}{2}} = \left(\int_\Omega f^*(x) f(x) \mathrm{d}x \right)^{\frac{1}{2}} < \infty \tag{13.2.5}$$

因此称希尔伯特空间是平方可积的空间。

若在希尔伯特空间 H 中选定了正交归一基 $\{v_i, i = 1, 2, \cdots, n\}$,空间 H 中的任意元素函数 $f(x)$ 都可以表示成基的线性组合,写为

$$f(x) = \sum_{i=1}^{n} a_i v_i \tag{13.2.6}$$

式中,n 可以是 ∞,即可以是无穷维的线性空间。式(13.2.5)两边对 ϕ_i 进行内积运算,即

$$\langle f(x), v_i \rangle = \left\langle \sum_{i=1}^{n} a_i v_i, v_i \right\rangle \tag{13.2.7}$$

运用式(13.1.19),可得系数 a_i 的计算公式

$$a_i = \langle f, \boldsymbol{v}_i \rangle \tag{13.2.8}$$

对于 2π 为周期的函数 $f(x)$,我们可由式(13.2.8)计算得到傅里叶级数的展开系数

$$a_0 = \frac{1}{2\pi} \int_0^{2\pi} f(x) \mathrm{d}x, \quad a_n = \frac{1}{\pi} \int_0^{2\pi} f(x) \cos nx \, \mathrm{d}x, \quad b_n = \frac{1}{\pi} \int_0^{2\pi} f(x) \sin nx \, \mathrm{d}x \tag{13.2.9}$$

同理,广义傅里叶级数也属于 Hilbert 函数空间范畴。

13.3　线性算符(linear operator)

　　算符是一种抽象的运算符号,用于表示对一个或多个变量的特定操作,在数学和物理学中扮演着重要的角色,是运算的基本工具。常见的算符包括微分算符、积分算符等。在高等数学中,我们熟悉的 $\mathrm{d}/\mathrm{d}x$ 便是一种微分算符,当它作用于一个函数时可以得到该函数的导数,常用于分析曲线的斜率、物体的运动速度等物理量。

　　这些常见的算符通常都属于线性算符范畴,本节学习线性算符的定义、常见的线性算符以及线性算符的特征值和特征向量。

13.3.1　线性算符的定义(definition of linear operator)

　　定义 13.8　线性算符(linear operator)　假设 A 和 B 是两个算符,u 和 v 是线性空间 V 中的两个向量,$a,b\in K$,K 为线性空间的系数域。如果满足

　　(1) 若 $u\in V$,则 $Au\in V$,$Bu\in V$; 　　　　　　　　　　　　　　　　(13.3.1)

　　(2) $A(au+bv)=aAu+bAv$; 　　　　　　　　　　　　　　　　(13.3.2)

　　(3) $(A+B)u=Au+Bu$; 　　　　　　　　　　　　　　　　(13.3.3)

　　(4) $(A\cdot B)u=A\cdot(Bu)$。 　　　　　　　　　　　　　　　　(13.3.4)

则称算符 A、B 为线性空间 V 上的线性算符(linear operation)。

　　线性算符在向量空间中起着至关重要的作用,可以用来进行线性空间中向量的线性变换,从而描述各种自然现象和数学问题。

13.3.2　常用的线性算符(commonly used linear operator)

　　定义 13.9　坐标变换算符(coordinate transformation operator)　坐标变换算符可以实现线性空间 V 中向量的转动,假设 $u=(u_1,u_2,\cdots,u_n)$,$v=(v_1,v_2,\cdots,v_n)$ 为 V 中的两个向量,坐标变换算符 A 定义为

$$A: u \rightarrow v \quad u,v\in V \tag{13.3.5}$$

也写作

$$v=Au \tag{13.3.6}$$

式中,V 为 n 维线性空间,$A=(a_{ij})$ 为 $n\times n$ 矩阵,可以得到两个向量中的元素关系式为

$$v_i=\sum_{j=1}^{n}a_{ij}u_j \tag{13.3.7}$$

由 11.2 节的讨论可知,在 $\mathbf{R}^2$、$\mathbf{R}^3$ 空间中,当我们选取不同的正交基向量时,可以得到空间中同一点处不同的坐标表示。通过坐标变换算符可以实现坐标变换。以 $\mathbf{R}^3$ 空间为例

$$A: X'=AX, \quad X',X\in\mathbf{R}^3$$

其中,

$$X'=\begin{pmatrix}x'_1\\x'_2\\x'_3\end{pmatrix}, \quad X=\begin{pmatrix}x_1\\x_2\\x_3\end{pmatrix}, \quad A=\begin{pmatrix}a_{11}&a_{12}&a_{13}\\a_{21}&a_{22}&a_{23}\\a_{31}&a_{32}&a_{33}\end{pmatrix}$$

且有 $\det \boldsymbol{A} \neq 0$。

定义 13.10　线性微分算符（linear differential operator）　假设 V 为定义在 $\mathbf{R}$ 上的函数空间 $\{f(x)\}$，线性微分算符定义为

$$\boldsymbol{D}_x : f(x) \to \frac{\mathrm{d}}{\mathrm{d}x} f(x), \quad f(x), \frac{\mathrm{d}}{\mathrm{d}x} f(x) \in V \tag{13.3.8}$$

也写作

$$\boldsymbol{D}_x \equiv \frac{\mathrm{d}}{\mathrm{d}x}$$
$$\boldsymbol{D}_x f(x) \equiv \frac{\mathrm{d}}{\mathrm{d}x} f(x) \tag{13.3.9}$$

定义 13.11　线性数乘算符（Linear multiplication operator）　数乘算符定义为

$$\boldsymbol{X} : f(x) \to x f(x), \quad f(x), x f(x) \in L \tag{13.3.10}$$

也写作

$$\boldsymbol{X} f(x) \equiv x f(x) \tag{13.3.11}$$

如果将两个线性算符 $\boldsymbol{D}_x$ 与 $\boldsymbol{X}$ 的乘积作用在函数 $f(x)$ 上，即

$$(\boldsymbol{D}_x \cdot \boldsymbol{X}) f(x) = \boldsymbol{D}_x (\boldsymbol{X} f(x)) = \frac{\mathrm{d}}{\mathrm{d}x} (x f(x)) = f(x) + x \frac{\mathrm{d}}{\mathrm{d}x} (f(x)) \tag{13.3.12}$$

$$(\boldsymbol{X} \cdot \boldsymbol{D}_x) f(x) = \boldsymbol{X} (\boldsymbol{D}_x f(x)) = x \frac{\mathrm{d}}{\mathrm{d}x} f(x) \tag{13.3.13}$$

由式（13.3.12）和式（13.3.13）可知

$$\boldsymbol{D}_x \cdot \boldsymbol{X} \neq \boldsymbol{X} \cdot \boldsymbol{D}_x \tag{13.3.14}$$

即这两个线性算符的乘积不相等。实际上，一般情况下两个线性算符的乘积顺序都是不可以交换的，称这两个线性算符是非对易的。

定义 13.12　对易运算（commutation operation）　定义

$$[\boldsymbol{A}, \boldsymbol{B}] \equiv \boldsymbol{A} \cdot \boldsymbol{B} - \boldsymbol{B} \cdot \boldsymbol{A} \tag{13.3.15}$$

为两个算符 $\boldsymbol{A}$、$\boldsymbol{B}$ 的对易括号运算，又称 Lie 括号运算。如果 $[\boldsymbol{A}, \boldsymbol{B}] = 0$，则有 $\boldsymbol{A} \cdot \boldsymbol{B} = \boldsymbol{B} \cdot \boldsymbol{A}$，称两个算符 $\boldsymbol{A}$，$\boldsymbol{B}$ 是可对易的。

我们也可以写出 $\boldsymbol{D}_x$ 与 $\boldsymbol{X}$ 的对易括号运算

$$[\boldsymbol{D}_x, \boldsymbol{X}] f(x) \equiv (\boldsymbol{D}_x \cdot \boldsymbol{X} - \boldsymbol{X} \cdot \boldsymbol{D}_x) f(x) = f(x) \tag{13.3.16}$$

也写作

$$[\boldsymbol{D}_x, \boldsymbol{X}] = \boldsymbol{I} \tag{13.3.17}$$

即 $\boldsymbol{D}_x$ 与 $\boldsymbol{X}$ 的对易括号运算不为零，即 $\boldsymbol{D}_x$ 与 $\boldsymbol{X}$ 是非对易的一对算符。

微分算符、数乘算符以及对易括号算符在物理相关学科中起着非常重要的作用。以量子物理为例，一阶微分算符、二阶微分算符和数乘算符分别与粒子的动量、动能以及空间位置相联系，而算符的对易关系是区别量子体系和经典物理体系的重要特征之一。

13.3.3　线性算符的本征值和本征向量（eigenvalues and eigenvectors of linear operators）

若线性算符 $\boldsymbol{A}$ 满足方程

$$\boldsymbol{A} \boldsymbol{v} = \lambda \boldsymbol{v} \tag{13.3.18}$$

则称此方程为算符 A 的本征方程,λ 为算符 A 的本征值(eigenvalues),向量 v 为算符 A 的本征值 λ 对应的本征向量(eigenvectors)。

若 V 为实线性空间,则 λ 为实数。当 $\lambda>0$ 时,A 作用在向量 v 上,不改变 v 的方向,只改变了 v 的长度,使 v 变为原向量的 λ 倍。当 $\lambda<0$ 时,A 作用后使 v 完全反向,且长度为原来的 $|\lambda|$ 倍。一般情况下,算符 A 的本征值和对应的本征向量都不止一个。

对于给定的线性算符 A,其本征值及相应的本征函数的求法如下。

从本征方程式(13.3.18)出发,本征方程可写成

$$(A-\lambda I)v=0 \tag{13.3.19}$$

其中,算符 $A=(a_{ij})_{n\times n}$,则方程式(13.3.19)为矩阵方程,有非零解的条件为

$$\det(A-\lambda I)=0 \tag{13.3.20}$$

也即

$$\begin{vmatrix} a_{11}-\lambda & a_{12} & \cdots & a_{1n} \\ a_{21} & a_{22}-\lambda & \cdots & a_{2n} \\ \vdots & \vdots & \vdots & \vdots \\ a_{n1} & \cdots & \cdots & a_{nn}-\lambda \end{vmatrix}=0 \tag{13.3.21}$$

这一方程为算符 A 的本征值方程,它是一个 λ 的 n 次代数方程,共有 n 个解 λ_i,$i=1$,$2,\cdots,n$。多项式 $\det(A-\lambda I)=0$ 称为算符 A 的本征多项式,n 个 $|\lambda_i|$ 称为算符 A 的本征谱。当本征方程的解 λ_i,$i=1,2,\cdots,n$ 无重根时,称 A 的本征谱 $|\lambda_i|$ 是非简并的;当 λ_i,$i=1,2,\cdots,n$ 有重根时,则称谱 $|\lambda_i|$ 是简并的。若 λ_i 为 k 重重根,则称本征值 λ_i 为 k 重简并,或称 λ_i 的简并度为 k。求出 A 的本征值 λ_i 后,把每个 λ_i 代入 A 的本征方程,即可求得该本征值对应的本征向量。

由以上的讨论可知,算符的运算均可以使用矩阵的运算规则完成。实际上在具体的物理或工程应用中,很多算符的运算都归结为矩阵运算,见 13.4 节应用实例。

13.4 线性算符的应用实例——MATLAB 编程(application examples of linear operator:MATLAB programming)

本节用两个简单的例子带着读者理解线性算符的概念及应用,第一个例子为物理问题中常见的微分方程求解,第二个例子则是来自随机过程的马尔可夫链。

13.4.1 动力系统微分方程(Differential equations of dynamical systems)

例 13.2 考虑一个动力系统中的简单模型

$$\frac{du}{dt}=Au \tag{13.4.1}$$

式中,u 为整个系统 t 时刻的状态,式(13.4.1)表明系统随时间 t 的变化率与系统 t 时刻的状态线性相关。我们知道,高等数学中一阶常微分方程

$$\frac{du(t)}{dt}=au(t)$$

的通解为

$$u(t) = x\,\mathrm{e}^{at}$$

式中，$x = u(t)|_{t=0}$。假设式(13.4.1)的解为

$$u(t) = \mathrm{e}^{\lambda t}\boldsymbol{x} \tag{13.4.2}$$

式中，$\boldsymbol{u}(t)$ 和 $\boldsymbol{x}$ 均为向量。将式(13.4.2)代入式(13.4.1)有

$$\frac{\mathrm{d}(\mathrm{e}^{\lambda t}\boldsymbol{x})}{\mathrm{d}t} = \lambda\,\mathrm{e}^{\lambda t}\boldsymbol{x} = \boldsymbol{A}\,\mathrm{e}^{\lambda t}\boldsymbol{x}$$

化简可得

$$\boldsymbol{A}\boldsymbol{x} = \lambda\boldsymbol{x} \tag{13.4.3}$$

这样，该系统的微分方程求解问题转换成为矩阵的特征值和特征向量的求解问题。

假设 $\boldsymbol{A}$ 为三阶矩阵，且

$$\boldsymbol{A} = \begin{bmatrix} -2 & 0 & -1 \\ -1 & -1 & -1 \\ -3 & 3 & -4 \end{bmatrix}$$

可以通过 MATLAB 编程计算得到特征值和特征向量，MATLAB 代码如下。

```
% 定义矩阵
A = [-2 0 -1; -1 -1 -1; -3 3 -4];
% 计算特征值和特征向量
[V, D] = eig(A);
% V 是特征向量矩阵,D 是特征值矩阵
disp('特征值矩阵:');
disp(D);
disp('特征向量矩阵:');
disp(V);
% 以下语句由特征值和特征向量计算原矩阵 A
disp('原矩阵:');
disp(V * D * inv(V));
```

运行结果：

```
特征值矩阵:
   -4.0000         0         0
         0   -1.0000         0
         0         0   -2.0000
特征向量矩阵:
   0.4082    0.7071   -0.7071
   0.4082   -0.0000   -0.7071
   0.8165   -0.7071    0.0000
原矩阵:
   -2.0000    0.0000   -1.0000
   -1.0000   -1.0000   -1.0000
   -3.0000    3.0000   -4.0000
```

即特征值为 $\lambda_1 = -4$，$\lambda_2 = -1$，$\lambda_3 = -2$，所对应的特征向量分别为

$$\begin{bmatrix} 1 \\ 1 \\ 2 \end{bmatrix}, \quad \begin{bmatrix} -1 \\ 0 \\ 1 \end{bmatrix}, \quad \begin{bmatrix} 1 \\ 1 \\ 0 \end{bmatrix}$$

则原方程式(13.4.1)的解写作三个特征值所对应解的线性组合

$$\boldsymbol{u}(t) = c_1 e^{-4t} \begin{bmatrix} 1 \\ 1 \\ 2 \end{bmatrix} + c_2 e^{-t} \begin{bmatrix} -1 \\ 0 \\ 1 \end{bmatrix} + c_3 e^{-2t} \begin{bmatrix} 1 \\ 1 \\ 0 \end{bmatrix} \tag{13.4.4}$$

13.4.2 马尔可夫链(Markov chain)

例 13.3 一个简单的社会学模型,按照经济状况将全社会人群划分为"下层""中层""上层"3 个阶层,社会学家发现决定一个人处于哪个阶层的最重要因素是其父代的阶层。例如,如果父代处于"下层",则其子代处于"下层"的概率为 0.65,处于"中层"的概率为 0.28,处于"上层"的概率为 0.07。

为了研究社会各阶层的流动情况,社会学家用 1、2、3 表示三个阶层,任意选取某个具有代表性的家族,X_0 表示该家族当前所处的社会阶层,X_n 表示该群体第 n 代所处的社会阶层,并用如下转移概率给出统计结果。

$$P(X_{n+1}=1 \mid X_n=1)=0.65, \quad P(X_{n+1}=2 \mid X_n=1)=0.28$$
$$P(X_{n+1}=3 \mid X_n=1)=0.07, \quad P(X_{n+1}=1 \mid X_n=2)=0.15$$
$$P(X_{n+1}=2 \mid X_n=2)=0.67, \quad P(X_{n+1}=3 \mid X_n=2)=0.18$$
$$P(X_{n+1}=1 \mid X_n=3)=0.12, \quad P(X_{n+1}=2 \mid X_n=3)=0.36$$
$$P(X_{n+1}=3 \mid X_n=3)=0.52$$

整理成矩阵为

$$\boldsymbol{P} = \begin{bmatrix} P(X_{n+1}=1 \mid X_n=1) & P(X_{n+1}=1 \mid X_n=2) & P(X_{n+1}=1 \mid X_n=3) \\ P(X_{n+1}=2 \mid X_n=1) & P(X_{n+1}=2 \mid X_n=2) & P(X_{n+1}=2 \mid X_n=3) \\ P(X_{n+1}=3 \mid X_n=1) & P(X_{n+1}=3 \mid X_n=2) & P(X_{n+1}=3 \mid X_n=3) \end{bmatrix}$$

$$= \begin{bmatrix} 0.65 & 0.15 & 0.12 \\ 0.28 & 0.67 & 0.36 \\ 0.07 & 0.18 & 0.52 \end{bmatrix} \tag{13.4.5}$$

这里的 $\boldsymbol{P}$ 为矩阵算子,称作转移概率矩阵。子代的概率分布可由父代计算得到,如下式

$$P(X_{n+1}=1) = P(X_{n+1}=1 \mid X_n=1)P(X_n=1) +$$
$$P(X_{n+1}=1 \mid X_n=2)P(X_n=2) +$$
$$P(X_{n+1}=1 \mid X_n=3)P(X_n=3)$$

$$P(X_{n+1}=2) = P(X_{n+1}=2 \mid X_n=1)P(X_n=1) +$$
$$P(X_{n+1}=2 \mid X_n=2)P(X_n=2) + \tag{13.4.6}$$
$$P(X_{n+1}=2 \mid X_n=3)P(X_n=3)$$

$$P(X_{n+1}=3) = P(X_{n+1}=3 \mid X_n=1)P(X_n=1) +$$
$$P(X_{n+1}=3 \mid X_n=2)P(X_n=2) +$$
$$P(X_{n+1}=3 \mid X_n=3)P(X_n=3)$$

写成矩阵形式为

$$\boldsymbol{X}_{n+1} = \boldsymbol{P} \boldsymbol{X}_n \tag{13.4.7}$$

其中,$\boldsymbol{X}_{n+1}=\begin{bmatrix}P(X_{n+1}=1)\\P(X_{n+1}=2)\\P(X_{n+1}=3)\end{bmatrix}$,$\boldsymbol{X}_n=\begin{bmatrix}P(X_n=1)\\P(X_n=2)\\P(X_n=3)\end{bmatrix}$ 分别为第 n 代和第 $n+1$ 代的概率分布。

假设已知当前该家族处于不同阶层的概率分布,即 $\boldsymbol{X}_0$ 初始值为

$$\boldsymbol{X}_0=\begin{bmatrix}0.72\\0.19\\0.09\end{bmatrix} \tag{13.4.8}$$

则子代的概率分布为

$$\boldsymbol{X}_1=\boldsymbol{P}\boldsymbol{X}_0=\begin{bmatrix}0.65 & 0.15 & 0.12\\0.28 & 0.67 & 0.36\\0.07 & 0.18 & 0.52\end{bmatrix}\begin{bmatrix}0.72\\0.19\\0.09\end{bmatrix}=\begin{bmatrix}0.5073\\0.3613\\0.1314\end{bmatrix} \tag{13.4.9}$$

也可以计算出孙代的概率分布,即

$$\boldsymbol{X}_2=\boldsymbol{P}\boldsymbol{X}_1=\boldsymbol{P}\boldsymbol{P}\boldsymbol{X}_0=\boldsymbol{P}^2\boldsymbol{X}_0$$

$$=\begin{bmatrix}0.65 & 0.15 & 0.12\\0.28 & 0.67 & 0.36\\0.07 & 0.18 & 0.52\end{bmatrix}\begin{bmatrix}0.65 & 0.15 & 0.12\\0.28 & 0.67 & 0.36\\0.07 & 0.18 & 0.52\end{bmatrix}\begin{bmatrix}0.72\\0.19\\0.09\end{bmatrix}$$

$$=\begin{bmatrix}0.399708\\0.431419\\0.168873\end{bmatrix} \tag{13.4.10}$$

依照以上的计算方法,我们可以计算出子子孙孙的各阶层概率分布。使用 MATLAB 编程计算,代码如下。

```
%马尔可夫链 MTALAB 编程
X0=[0.72 0.19 0.09]';                        %初始分布
P=[0.65 0.15 0.12;0.28 0.67 0.36; 0.07 0.18 0.52]  %矩阵算符
for i=1:15
fprintf('Descendant %d', i);                 %计算并输出第 i 代的概率分布
X0=P*X0;
disp(X0);
    i=i+1;
end
```

计算结果：

Descendant 1	0.5073	0.3613	0.1314
Descendant 2	0.3997	0.4314	0.1689
Descendant 3	0.3448	0.4618	0.1934
Descendant 4	0.3166	0.4756	0.2078
Descendant 5	0.3021	0.4821	0.2158
Descendant 6	0.2946	0.4853	0.2202
Descendant 7	0.2907	0.4869	0.2225
Descendant 8	0.2887	0.4877	0.2237
Descendant 9	0.2876	0.4881	0.2243
Descendant 10	0.2871	0.4883	0.2246
Descendant 11	0.2868	0.4884	0.2248
Descendant 12	0.2867	0.4885	0.2249

Descendant 13	0.2866	0.4885	0.2249
Descendant 14	0.2865	0.4885	0.2250
Descendant 15	0.2865	0.4885	0.2250

观察计算结果可得,第14代之后概率分布基本保持不变了,称这种现象为收敛。修改初始分布为

$$\boldsymbol{X}_0 = \begin{bmatrix} 0.36 \\ 0.15 \\ 0.49 \end{bmatrix}$$

再次运行程序,输出结果为

Descendant 1	0.3153	0.3777	0.3070
Descendant 2	0.2984	0.4519	0.2497
Descendant 3	0.2917	0.4762	0.2321
Descendant 4	0.2889	0.4843	0.2268
Descendant 5	0.2876	0.4870	0.2253
Descendant 6	0.2871	0.4880	0.2250
Descendant 7	0.2868	0.4883	0.2249
Descendant 8	0.2866	0.4884	0.2249
Descendant 9	0.2866	0.4885	0.2249
Descendant 10	0.2865	0.4885	0.2250
Descendant 11	0.2865	0.4885	0.2250

尽管两次初始分布差别很大,最终收敛的概率分布却是一致的,只是第二次收敛得更快一些,第10代便收敛到稳定概率分布。也就是说,收敛的行为和初始概率分布无关,而是由概率转移矩阵 $\boldsymbol{P}$ 决定的。最早研究具有上述特征过程的是数学家安德烈·马尔可夫,因此得名为马尔可夫链。

定理 13.2 马尔可夫链定理 如果一个非周期马尔可夫链具有转移概率矩阵,且它的任何两个状态是联通的,则有

$$\lim_{n \to \infty} \boldsymbol{P}^n = \begin{bmatrix} \pi(1) & \pi(2) & \cdots & \pi(n) \\ \pi(1) & \pi(2) & \cdots & \pi(n) \\ \vdots & \vdots & \vdots & \vdots \\ \pi(1) & \pi(2) & \cdots & \pi(n) \end{bmatrix} \tag{13.4.11}$$

称此链具有遍历性且有极限分布 $\boldsymbol{\pi} = [\pi(1), \pi(2), \cdots, \pi(n)]$。它是方程组

$$\boldsymbol{\pi} = \boldsymbol{\pi} \boldsymbol{P} \tag{13.4.12}$$

在

$$\pi_j > 0, \quad \sum_{j=1}^{N} \pi_j = 1 \tag{13.4.13}$$

条件下的解。

第 13 章习题

1. 在 $\mathbf{R}^n$ 中,设 $\boldsymbol{u} = (u_1, u_2, \cdots, u_n)^{\mathrm{T}}, \boldsymbol{v} = (v_1, v_2, \cdots, v_n)^{\mathrm{T}}$,判别下面定义的实数是否为内积。

（1）$(\pmb{u},\pmb{v})=\sum\limits_{i=1}^{n}|u_iv_i|$；

（2）$(\pmb{u},\pmb{v})=\sum\limits_{i=1}^{n}iu_iv_i$；

（3）$(\pmb{u},\pmb{v})=\pmb{u}^{\mathrm{T}}\pmb{A}\pmb{v}$，其中 $\pmb{A}$ 为实对称正定矩阵。

2. 已知向量 $\pmb{\beta}$ 可由向量组 $\pmb{u}_1,\pmb{u}_2,\cdots,\pmb{u}_s$ 线性表示，若 $\pmb{\beta}$ 与 $\pmb{u}_i(i=1,2,\cdots,s)$ 正交，证明 $\pmb{\beta}=0$。

3. 设向量组 $\pmb{\alpha}_1=\begin{bmatrix}1\\2\\-1\end{bmatrix}$，$\pmb{\alpha}_2=\begin{bmatrix}-1\\3\\1\end{bmatrix}$，$\pmb{\alpha}_3=\begin{bmatrix}4\\-1\\0\end{bmatrix}$，试用施密特正交化方法将其规范为正交化。

4. 设 $\pmb{u}_1,\pmb{u}_2,\pmb{u}_3,\pmb{u}_4,\pmb{u}_5$ 是 V 空间的一组标准正交基，假设已知子空间 W 的一组基为 $\pmb{v}_1,\pmb{v}_2,\pmb{v}_3$，且有 $\pmb{v}_1=\pmb{u}_1+\pmb{u}_5$，$\pmb{v}_2=\pmb{u}_1-\pmb{u}_3+\pmb{u}_4$，$\pmb{v}_3=2\pmb{u}_1+\pmb{u}_2+\pmb{u}_3$，求 W 的标准正交基。

5. 设 $\mathbf{R}^3$ 中的两组基为

$$\pmb{\alpha}_1=\begin{bmatrix}1\\1\\1\end{bmatrix}，\pmb{\alpha}_2=\begin{bmatrix}1\\0\\-1\end{bmatrix}，\pmb{\alpha}_3=\begin{bmatrix}1\\0\\1\end{bmatrix}和\pmb{\beta}_1=\begin{bmatrix}0\\1\\1\end{bmatrix}，\pmb{\beta}_2=\begin{bmatrix}-1\\1\\0\end{bmatrix}，\pmb{\beta}_3=\begin{bmatrix}1\\2\\1\end{bmatrix}$$

求：（1）从基 $\pmb{\alpha}_1,\pmb{\alpha}_2,\pmb{\alpha}_3$ 到基 $\pmb{\beta}_1,\pmb{\beta}_2,\pmb{\beta}_3$ 的过渡矩阵（过渡矩阵 $\pmb{K}$ 满足 $[\pmb{\beta}_1,\pmb{\beta}_2,\pmb{\beta}_3]=[\pmb{\alpha}_1,\pmb{\alpha}_2,\pmb{\alpha}_3]\pmb{K}$）；

（2）求向量 $\pmb{\alpha}=\pmb{\alpha}_1+2\pmb{\alpha}_2-\pmb{\alpha}_3$ 在基 $\pmb{\beta}_1,\pmb{\beta}_2,\pmb{\beta}_3$ 下的坐标。

6. 设矩阵 $\pmb{A}=\begin{bmatrix}1&-1&2\\0&2&1\\0&0&-1\end{bmatrix}$，求 $\pmb{A}$ 及 $2\pmb{A}^3+\pmb{A}-5\pmb{I}$ 的本征值及相应的本征向量。

7. 设 $\pmb{A}$ 为 n 阶矩阵，λ_1、λ_2 是 $\pmb{A}$ 的两个不同特征值，$\pmb{x}_1$、$\pmb{x}_2$ 是分别对应于 λ_1、λ_2 的特征向量，试证明 $\pmb{x}_1+\pmb{x}_2$ 不是 $\pmb{A}$ 的特征向量。

8. 已知实数域上次数不超过 3 的关于 x 的一切多项式所构成的集合

$$\mathrm{P}_4[x]=\{\sum_{i=0}^{3}a_ix^i\mid a_i\in\mathbf{R}\}$$

构成一个多项式线性空间，其基为 $\{1,x,x^2,x^3\}$，求 $\mathrm{P}_4[x]$ 上微分算子的本征值和本征向量。

9. 一个混凝土生产企业的设备只能生产三种基本类型的混凝土，它们的配方如表 13.1 所示。

表 13.1　三种基本类型的混凝土配方

配　　料	A 类型	B 类型	C 类型
水泥 c	20	18	12
水 w	10	10	10
砂 s	20	25	15
石 g	10	5	15
灰 f	0	2	8

于是每种基本类型的混凝土都可以用一个五维的列向量表示$[c\ w\ s\ g\ f]^T$,生产企业希望,客户所订购的其他混凝土都由这三种基本类型按一定比例混合而成。

(1)假如某客户要求的混凝土的五种成分为16,10,21,9,4,试问 A、B、C 三种类型应各占多少比例?

(2)假如某客户要求的混凝土的五种成分为16,12,19,9,4,则这种材料能用 A、B、C 三种类型配成吗? 为什么?

10. 设三种食物每 100 克中蛋白质、碳水化合物和脂肪的含量如表 13.2 所示,表中还给出了 20 世纪 80 年代流行的剑桥大学医学院开具的每日最小营养量。如果某人食用这三种食物作为每天的主食,它们的用量应为多少才能够实现这个营养需求?

表 13.2　三种食物的营养含量

营养成分	每 100g 食物所含营养/g			减肥所需的每日营养量
	脱脂牛奶	大豆粉	乳清	
蛋白质	36	51	13	33
碳水化合物	52	34	74	45
脂肪	0	7	1.1	3

1. 常用级数

$$(1+x)^n = 1 + nx + \frac{n(n-1)}{2!}x^2 + \frac{n(n-1)(n-2)}{3!}x^3 + \cdots \ |x| < 1$$

$$(1-x)^n = 1 - nx + \frac{n(n-1)}{2!}x^2 - \frac{n(n-1)(n-2)}{3!}x^3 + \cdots \quad |x| < 1$$

$$(1+x)^{-n} = 1 + nx + \frac{n(n+1)}{2!}x^2 + \frac{n(n+1)(n+2)}{3!}x^3 + \cdots \ |x| < 1 \ 1 + \frac{1}{2} + \frac{1}{3} + \frac{1}{4} + \cdots = \infty$$

$$1 - \frac{1}{2} + \frac{1}{3} - \frac{1}{4} + \cdots = \ln(2)$$

$$1 - \frac{1}{3} + \frac{1}{5} - \frac{1}{7} + \cdots = \frac{\pi}{4}$$

$$1 + \frac{1}{2^2} + \frac{1}{3^2} + \frac{1}{4^2} + \cdots = \frac{\pi^2}{6}$$

$$1 - \frac{1}{2^2} + \frac{1}{3^2} - \frac{1}{4^2} + \cdots = \frac{\pi^2}{12}$$

$$1 + \frac{1}{3^2} + \frac{1}{5^2} + \frac{1}{7^2} + \cdots = \frac{\pi^2}{8}$$

$$\sin(x) = x - \frac{x^3}{3!} + \frac{x^5}{5!} - \frac{x^7}{7!} + \cdots$$

$$\cos(x) = 1 - \frac{x^2}{2!} + \frac{x^4}{4!} - \frac{x^6}{6!} + \cdots$$

$$e^x = 1 + x + \frac{x^2}{2!} + \frac{x^3}{3!} + \frac{x^4}{4!} + \cdots$$

$$\ln(1+x) = \sum_{n=1}^{\infty} (-1)^{n+1} \frac{x^n}{n}$$

2. 常用复变函数公式

$$e^{i\theta} = \cos\theta + i\sin\theta \qquad e^{\theta} = \cosh\theta + \sinh\theta$$

$$\cosh\theta = \frac{e^{\theta} + e^{-\theta}}{2} \qquad \sinh\theta = \frac{e^{\theta} - e^{-\theta}}{2}$$

$$\cos\theta = \frac{e^{i\theta} + e^{-i\theta}}{2} \qquad \sin\theta = \frac{e^{i\theta} - e^{-i\theta}}{2i}$$

$$\cosh(i\alpha) = \cos\alpha \qquad \sinh(i\alpha) = i\sin\alpha$$

$$\cos(i\alpha) = \cosh\alpha \qquad \sin(i\alpha) = i\sinh\alpha$$

$$\cos(\alpha + \beta) = \cos\alpha\cos\beta - \sin\alpha\sin\beta$$

$$\sin(\alpha + \beta) = \sin\alpha\cos\beta + \cos\alpha\sin\beta$$

$$\cosh(\alpha + \beta) = \cosh\alpha\cosh\beta + \sinh\alpha\sinh\beta$$

$$\sinh(\alpha + \beta) = \sinh\alpha\cosh\beta + \cosh\alpha\sinh\beta$$

习 题 答 案

第 1 章习题答案

1. (1) $\dfrac{e+e^{-1}}{2}=\cosh 1,0,\cosh 1,0$; (2) $0,\dfrac{1}{2},\dfrac{1}{2},\dfrac{\pi}{2}$; (3) $\cos 2,\sin 2,1,2$;

(4) $\dfrac{16}{25},\dfrac{8}{25},\dfrac{8\sqrt{5}}{25},\arctan\dfrac{1}{2}$; (5) $1-\cos\alpha,\sin\alpha,2\sin\dfrac{\alpha}{2},\dfrac{\pi}{2}-\dfrac{\alpha}{2}$;

(6) $-9,0,9,\pi$; (7) $0,-1,1,-\dfrac{\pi}{2}$;

(8) $0,-\dfrac{1}{8},\dfrac{1}{8},-\dfrac{\pi}{2}$。

2. 略。

3. (1) $x^2+\left(y+\dfrac{1}{2}\right)^2<\left(\dfrac{1}{2}\right)^2$，即圆心在 $z=-\dfrac{\mathrm{i}}{2}$ 半径为 $\dfrac{1}{2}$ 的圆内域，区域；

(2) $\left(x+\dfrac{3}{2}\right)^2+y^2>4$ 圆外域，区域；

(3) 上半平面，区域；

(4) $x<\dfrac{15}{6},x=\dfrac{15}{6}$ 左侧平面，区域；

(5) $(x-2)^2+(y+1)^2\geqslant 9$ 包括边界线的圆外域，不是区域；

(6) 包含边界的角形域，不是区域。

4. (1) $\mathrm{e}^{-\left(\frac{\pi}{2}+2k\pi\right)}$, $k=0,\pm 1,\pm 2,\cdots$;

(2) $2^{\frac{1}{4}}\mathrm{e}^{\mathrm{i}\left(\frac{\pi}{8}+k\pi\right)}\ (k=0,1)$ 或 $\pm\dfrac{1}{\sqrt{2}}\left(\sqrt{\sqrt{2}+1}+\mathrm{i}\sqrt{\sqrt{2}-1}\right)$;

(3) $2^{-9}(-1-\sqrt{3}\,\mathrm{i})$;

(4) $\cos^6\theta+15\sin^2\theta\cos^4\theta-15\sin^4\theta\cos^2\theta-\sin^6\theta$;

(5) $6\cos^5\theta\sin\theta-20\cos^3\theta\sin^3\theta+6\sin^5\theta\cos\theta$;

(6) $\dfrac{\sin\dfrac{n\varphi}{2}\cos\dfrac{1+n}{2}\varphi}{\sin\dfrac{\varphi}{2}}$;

(7) $\dfrac{\sin\dfrac{n\varphi}{2}\sin\dfrac{1+n}{2}\varphi}{\sin\dfrac{\varphi}{2}}$。

5. 大小：$\sqrt{2}$；方向：和 x 轴正半轴夹角为 $\dfrac{\pi}{4}$。

6. (1) $\dfrac{x^2+y^2-1}{(x+1)^2+y^2},\dfrac{2y}{(x+1)^2+y^2}$；   (2) $x^3-3xy^2,3x^2y-y^3$。

7. (1) 是区域；(2) 不是区域；(3) 不是区域；(4) 是区域。

8. (1) $(1-\dfrac{1}{2}\mathrm{i})z^2+\dfrac{1}{2}\mathrm{i}$；(2) $-\dfrac{1}{z}+\dfrac{1}{2}$。

9. 因为 $C>0$，可以得到电场线簇 $-x+\sqrt{x^2+y^2}=C$，但这里不能假设 $u=-x+\sqrt{x^2+y^2}$，因为该函数不是调和函数。令 $t=-x+\sqrt{x^2+y^2},u=f(t)$，并代入拉普拉斯方程，得到未知函数 $f(t)$ 的方程为 $\dfrac{f''(t)}{f'(t)}=-\dfrac{1}{2t}$，两边积分得到 $f'(t)=\dfrac{C}{\sqrt{t}}$，从而有 $u=\sqrt{-x+\sqrt{x^2+y^2}}$，运用极坐标系下的柯西-黎曼条件可以得到 $v=\sqrt{x+\sqrt{x^2+y^2}}+C$。因此，得到等势线为抛物线簇 $y^2=C^2-2Cx(C>0)$，复势为 $w=\sqrt{z}+C(C$ 为实数)。

10. 略。

11. $w(\mathrm{i})=\sqrt{2}\,\mathrm{i}$。

12. (1) $\mathrm{e}^{\mathrm{i}\ln\sqrt{2}}\mathrm{e}^{-(\frac{\pi}{4}+2k\pi)}$， $k=0,\pm1,\pm2,\cdots$；

(2) $25\mathrm{e}^{-6k\pi}\mathrm{e}^{\mathrm{i}3\ln5}$， $k=0,\pm1,\pm2,\cdots$；

(3) $\ln\sqrt{2}+\mathrm{i}\left(\dfrac{1}{4}+2k\right)\pi$， $k=0,\pm1,\pm2,\cdots$。

13. (1) 仍然是圆 $u^2+v^2=\dfrac{1}{4}$；

(2) 仍然是直线 $v=-u$；

(3) 直线 $u=\dfrac{1}{2}$；

(4) 圆 $\left(u-\dfrac{1}{2}\right)^2+v^2=\dfrac{1}{4}$。

第 2 章习题答案

1. $-\dfrac{1}{6}+\mathrm{i}$；$-\dfrac{1}{6}+\dfrac{5}{6}\mathrm{i}$；$-\dfrac{1}{6}+\dfrac{5}{6}\mathrm{i}$。

2. (1) 1；(2) 2；(3) 2。

3. $\begin{cases}\pi\mathrm{i}, & n=1\\ \dfrac{r^{1-n}}{1-n}[(-1)^{1-n}-1], & n\neq1\end{cases}$

4. 0。

5. (1) $-\dfrac{i}{3}$; (2) $-i\sinh\pi$; (3) $2\cos i$ 或 $2\mathrm{ch}1$; (4) $-ie^{-1}$; (5) $-\dfrac{\pi}{2}e$ 。

6. (1) $4\pi i$; (2) $2\pi i$; (3) $-\pi\cos1+i\pi\sin1$ 。

7. (1) $-\dfrac{\pi^5}{12}i$; (2) $-\dfrac{2\pi i}{5!}$ 或 $-\dfrac{\pi i}{60}$; (3) 0 。

8. $2\pi(-6+13i)$ 。

第 3 章习题答案

1. (1) 该级数是收敛的,但不是绝对收敛的;

(2) 该级数是收敛的,且是绝对收敛的。

2. (1) ∞ ; (2) 1 ; (3) e ; (4) 2 ; (5) $\dfrac{1}{3}$ 。

3. (1) R_1 ; (2) R_1 ; (3) R_1^n ; (4) $R\geqslant\min(R_1,R_2)$; (5) $R\geqslant\min(R_1,R_2)$; (6) R_1R_2 ; (7) $\dfrac{R_1}{R_2}$ 。

4. (1) $\displaystyle\sum_{k=1}^{\infty}(k+1)z^k$, $|z|<1$; (2) $\displaystyle\sum_{k=0}^{\infty}\left(1-\dfrac{1}{2^{k+1}}\right)z^k$, $|z|<1$;

(3) $\displaystyle\sum_{k=0}^{\infty}\dfrac{1-2^{k+2}}{2^{k+1}}z^k$, $|z|<1$; (4) $\displaystyle\sum_{k=0}^{\infty}\dfrac{(-1)^k}{2k+1}z^{2k+1}$, $|z|<1$;

(5) $\displaystyle\sum_{k=0}^{\infty}z^{3k}-\sum_{k=0}^{\infty}z^{3k+1}$, $|z|<1$;

(6) $\dfrac{1}{4}+\displaystyle\sum_{k=1}^{\infty}(-1)^k\dfrac{(k-3)(z-1)^k}{2^{k+2}}$, $|z-1|<2$;

(7) $1-\dfrac{2}{3}\displaystyle\sum_{k=0}^{\infty}(-1)^k\left(\dfrac{z-1}{3}\right)^k$, $|z-1|<3$ 。

5. (1) $\dfrac{1}{z^2}-2\displaystyle\sum_{k=0}^{\infty}z^{k-2}$, $0<|z|<1$; $\quad\dfrac{1}{z^2}+2\displaystyle\sum_{k=0}^{\infty}\dfrac{1}{z^{k+3}}$, $1<|z|<\infty$;

(2) $2\displaystyle\sum_{k=0}^{\infty}(-1)^k\dfrac{1}{z^{2k+2}}-\sum_{k=0}^{\infty}\dfrac{z^k}{2^{k+1}}$, $1<|z|<2$;

(3) $2\displaystyle\sum_{k=-\infty}^{-1}z^k+\sum_{k=0}^{\infty}\dfrac{z^k}{2^{k+1}}$, $1<|z|<2$; $\dfrac{1}{z-1}-\displaystyle\sum_{k=1}^{\infty}\dfrac{1}{(z-1)^{k+1}}$, $1<|z-1|<\infty$;

(4) $\displaystyle\sum_{k=2}^{\infty}(2^{k-1}-1)z^{-k}$, $2<|z|<\infty$ 。

6. (1) $\displaystyle\sum_{k=0}^{\infty}z^{k-1}$, $0<|z|<1$; $\quad$ (2) $\displaystyle\sum_{k=-1}^{\infty}(-1)^k(z-1)^k$, $0<|z-1|<1$;

(3) $\displaystyle\sum_{k=0}^{\infty}\left(-1+\dfrac{1}{2^{k+1}}\right)(z+1)^k$, $|z+1|<1$; (4) $\displaystyle\sum_{k=0}^{\infty}(1-2^k)\dfrac{1}{(z+1)^{k+1}}$, $|z+1|>2$ 。

7. (1) $z=0$ 为一阶极点, $z=\pm2i$ 为二阶极点;

(2) $z=1$ 为二阶极点;

(3) $z=0$ 为可去奇点，$z_n=n\pi$，$n=\pm1,\pm2,\pm3,\cdots$ 为单极点；

(4) $z=0$ 为三阶极点，$z_n=2n\pi$，$n=\pm1,\pm2,\pm3,\cdots$ 为二阶极点；

(5) $z=0$ 为本性奇点；

(6) $z=-1$ 为一阶极点；

(7) $z=\pm i$ 为一阶极点；

(8) $z=0$ 为本性奇点。

8. 9。

9. $\dfrac{1}{(z-1)^2}=\displaystyle\sum_{k=0}^{\infty}(k+1)z^k$，$R=1$。

10. 与洛朗级数展开的唯一性并不矛盾，原因略。

11. $f(z)=\sin\left(\dfrac{1}{z-1}\right)=\displaystyle\sum_{n=0}^{\infty}\dfrac{(-1)^n}{(2n+1)!}\left(\dfrac{1}{z-1}\right)^{2n+1}$，$z=1$ 为本性奇点。

第 4 章习题答案

1. (1) $\operatorname{Res}f(0)=1$，$\operatorname{Res}f(1)=-1$，留数之和为 0。

(2) 当 n 为奇数时，$\operatorname{Res}f(0)=0$，$\operatorname{Res}f(\infty)=-\operatorname{Res}f(0)=0$，留数之和为 0。

当 n 为偶数时，$\operatorname{Res}f(0)=\dfrac{(-1)^{\frac{n}{2}}}{(n+1)!}$，$\operatorname{Res}f(\infty)=-\operatorname{Res}f(0)=-\dfrac{(-1)^{\frac{n}{2}}}{(n+1)!}$，留数之和为 0。

(3) $\operatorname{Res}f(0)=\dfrac{1}{24}$，$\operatorname{Res}f(\infty)=-\dfrac{1}{24}$，留数之和为 0。

(4) $\operatorname{Res}f(1)=2e$，$\operatorname{Res}f(\infty)=-\operatorname{Res}f(1)=-2e$，留数之和为 0。

(5) $\operatorname{Res}f(1)=e$，$\operatorname{Res}f(\infty)=-e$，留数之和为 0。

(6) $\operatorname{Res}f(1)=1$。

(7) $\operatorname{Res}f(2n\pi)=-8n\pi$，$z=\infty$ 为非孤立奇点，无法计算留数之和。

(8) $\operatorname{Res}f(2)=\dfrac{145}{24}$，$\operatorname{Res}f(\infty)=-\dfrac{145}{24}$，留数之和为 0。

(9) $\operatorname{Res}f(\alpha)=\lim\limits_{z\to\alpha}(z-\alpha)f(z)=\dfrac{1}{(\alpha-\beta)^m}$，$\operatorname{Res}f(\beta)=\dfrac{-1}{(\alpha-\beta)^m}$，留数之和为 0。

(10) $\operatorname{Res}f\left[e^{i\frac{(2n+1)\pi}{2m}}\right]=\dfrac{1}{2m}e^{-i\frac{(2m-1)(2n+1)}{2m}\pi}$，$n=0,1,2,\cdots,2m-1$，留数之和为 0。

2. (1) $I=\displaystyle\oint_C\dfrac{1}{(z^2+1)(z-1)^2}dz=-\pi i$；

(2) $I=\displaystyle\oint_C\dfrac{1}{(z^2+1)(z-1)^2}dz=\dfrac{\pi}{2}i$；

(3) $\operatorname{Res}f(i)=\dfrac{1}{4}$，$\operatorname{Res}f(-i)=\dfrac{1}{4}$，$\operatorname{Res}f(1)=-\dfrac{1}{2}$，$I=\displaystyle\oint_C\dfrac{1}{(z^2+1)(z-1)^2}dz=0$；

(4) $\operatorname{Res}f(3)=\dfrac{1}{80}$，$\operatorname{Res}f(\infty)=0$，有 $I=\displaystyle\oint_{|z|=2}\dfrac{1}{(z-3)(z^4-1)}dz=-\dfrac{\pi i}{40}$；

(5) $I = \oint_{|z|=3} \cot^3 z \, dz = -3\pi i$;

(6) $I = \oint_{|z|=1} \frac{z \sin z}{(1 - e^z)^3} dz = -2\pi i$。

3. (1) $\frac{2\pi}{\sqrt{3}}$。 (2) $\frac{2\pi(2n-1)!!}{2n!!}$。 (3) $\sqrt{2}\pi$。

(4) $0 < p < 1$ 时，$I = \frac{2\pi}{1 - p^2}$；$p > 1$ 时，$I = \frac{2\pi}{p^2 - 1}$；$p = 1$ 时，奇点在积分回路上，并且为二阶极点，在此不予讨论。

(5) $\frac{\pi}{2\sqrt{2}}$。

4. (1) $\pm \frac{1}{4}, 0$； (2) $\frac{1}{2}$； (3) $-\sum_{k=0}^{\infty} \frac{(-1)^k}{k!(k+1)!} \left(\frac{a}{2}\right)^{2k+1}$。

5. (1) $-\frac{\pi i}{\sqrt{2}}$； (2) $-\frac{\pi i}{121}$。

6. (1) $\sqrt{2}\pi$； (2) $\frac{\pi}{2\sqrt{2}} e^{-\frac{a}{\sqrt{2}}} \left(\cos \frac{a}{\sqrt{2}} + \sin \frac{a}{\sqrt{2}}\right)$。

7. MATLAB 源程序：

$[R, P, K] = \text{residue}([1, -1, 0, 1], [1, -4, 3])$
%结果为：
R=9.5000   −0.5000
P=3   1
K=1   3

8. MATLAB 源程序：

```
clear
syms t z
z=2*cos(t)+i*2*sin(t);
f=1/(z+i)^10/(z-1)/(z-3);
inc=int(f*diff(z),t,0,2*pi)
%结果为 inc=779/78125000*i*pi+237/312500000*pi
```

第 5 章习题答案

1. (1) $f(x) = \frac{\pi}{4} + \sum_{k=1}^{\infty} \left[\frac{(-1)^k - 1}{k^2 \pi} \cos kx + \frac{(-1)^{k+1}}{k} \sin kx\right]$；

(2) $f(x) = \frac{2}{\pi} - \frac{4}{\pi} \sum_{k=1}^{\infty} \frac{\cos 2kx}{4k^2 - 1}$。

2. (1) $f(x) = 2\sum_{k=1}^{\infty} \frac{(-1)^{k+1}}{k} \sin kx$；

(2) $f(x) = 2\sum_{k=1}^{\infty} (-1)^{k+1} \frac{(k\pi)^2 - 6}{k^3} \sin kx$；

（3）$f(x)=12\sum_{k=1}^{\infty}\dfrac{(-1)^{k+1}}{k^3}\sin kx$。

3．（1）$f(x)=\dfrac{2}{\pi}-\dfrac{4}{\pi}\sum_{k=1}^{\infty}\dfrac{\cos2kx}{4k^2-1}$；

（2）$f(x)=\dfrac{\pi}{2}-\dfrac{4}{\pi}\sum_{n=0}^{\infty}\dfrac{1}{(2n+1)^2}\cos(2n+1)x$。

4．半波整流 $U_h(t)=\dfrac{U_0}{\pi}+\dfrac{U_0}{2}\sin\omega t+\dfrac{2U_0}{\pi}\sum_{k=1}^{\infty}\dfrac{\cos2k\omega t}{1-4k^2}$；

全波整流 $U_w(t)=\dfrac{2U_0}{\pi}+\dfrac{4U_0}{\pi}\sum_{k=1}^{\infty}\dfrac{\cos2k\omega t}{1-4k^2}$。

图略。

5．原函数可以展开为傅里叶余弦级数，证明略。

第 6 章习题答案

1．略。

2．略。

3．略。

4．略。

5．边界条件：$u\big|_{x=0}=u\big|_{x=l}=0$；

初始条件为分段函数：在 $0\leqslant x\leqslant h$ 段上，$u\big|_{t=0}=F_0(l-h)x/T_0l$；在 $h\leqslant x\leqslant l$ 段上，$u\big|_{t=0}=F_0h(l-x)/T_0l$。

6．边界条件：$u\big|_{x=0}=0$，$u_x\big|_{x=l}=0$；

初始条件：$u\big|_{t=0}=\dfrac{b}{l}x$，$u_t\big|_{t=0}=0$。

7．方程为 $u_t-a^2u_{xx}=0$；

边界条件：$u_x\big|_{x=0}=-\dfrac{q_0}{k}$，$u_x\big|_{x=l}=\dfrac{q_0}{k}$；

初始条件：$u\big|_{t=0}=0$。

8．$u_x\big|_{x=0}=\dfrac{F_0}{ES}$，$u_x\big|_{x=l}=\dfrac{F_0}{ES}$。

9．在两种介质界面上，电势连续，电位移法向量 $\boldsymbol{D}=\varepsilon\dfrac{\partial\phi}{\partial n}$ 连续，因此有

$$\begin{cases}\varepsilon_1\dfrac{\partial\phi_1}{\partial n}=\varepsilon_2\dfrac{\partial\phi_2}{\partial n}\\[2mm]\phi_1=\phi_2\end{cases}$$

10．$u=f(x-at)$。

11．（1）t；（2）$\sin x\cos at+x^2t+\dfrac{1}{3}a^2t^3$；（3）$\cos x\cos at+t$。

12. 定解问题写为

$$\begin{cases} u_{tt} - a^2 u_{xx} = 0 \\ u(x,0) = A\cos kx \end{cases}$$

$$\begin{cases} i_{tt} - a^2 i_{xx} = 0 \\ i(x,0) = \sqrt{C/L}\,A\cos kx \end{cases}$$

结合 $u_x = -Li_t$，$i_x = -Cu_t$ 可解得

$$u(x,t) = A\cos k(x-at), \quad i(x,t) = \sqrt{C/L}\,A\cos k(x-at)$$

13. $u(x,t) = \begin{cases} 0, & t < x/a \\ A\sin\omega(t-x/a), & t > x/a \end{cases}$ 。

14. $t > x/a$ 时

$$u = \frac{1}{2}\left[\varphi(x+at) + \varphi(x-at)\right] + \frac{1}{2a}\int_0^{x+at}\psi(\xi)\mathrm{d}\xi + \frac{1}{2a}\int_0^{at-x}\psi(\xi)\mathrm{d}\xi +$$

$$\frac{aA}{ES\omega}\cos\omega\left(t-\frac{x}{a}\right) - \frac{aA}{ES\omega}$$

15. 匹配条件为 $R_0 = \sqrt{L/C}$ 。

第 7 章习题答案

1. $u(x,t) = \dfrac{9}{10\pi^2}\displaystyle\sum_{n=1}^{\infty}\dfrac{\sin\dfrac{n\pi}{3}}{n^2}\cos(an\pi t)\sin(n\pi x)$ 。

2. 略。

3. $u(x,t) = \dfrac{C_0}{2} + \displaystyle\sum_{n=1}^{\infty} C_n \mathrm{e}^{-\frac{a^2 n^2 \pi^2}{l^2}t}\cos\dfrac{n\pi}{l}x$ 。

其中

$$C_0 = \frac{2}{l}\int_0^l \varphi(x)\mathrm{d}x ;$$

$$C_n = \frac{2}{l}\int_0^l \varphi(x)\cos\frac{n\pi}{l}x\,\mathrm{d}x, \quad n = 1,2,3,\cdots 。$$

4. （1）$3\cos at\sin x$ ；

（2）$\displaystyle\sum_{n=1}^{\infty}\frac{6}{\pi}\left(\frac{2}{2n-1}\right)^2\left[\pi^2 - \frac{8}{(2n-1)^2}\right]\sin\frac{2n-1}{2}\pi\cos\frac{(2n-1)}{2}at\sin\frac{(2n-1)}{2}x$ ；

（3）$N_0 - \dfrac{4N_0}{\pi}\displaystyle\sum_{k=0}^{\infty}\frac{1}{(2k+1)}\mathrm{e}^{-4(2k+1)^2\pi^2 t}\sin(2k+1)\pi x$ ；

（4）$\displaystyle\sum_{n=1}^{\infty}\frac{4[1-(-1)^n]}{(n\pi)^3\sinh n\pi}\sin n\pi x\,\sinh n\pi(y-1)$ 。

5. $u(r,\theta) = \displaystyle\sum_{n=1}^{\infty}\frac{2}{\alpha}\left(\frac{r}{R}\right)^{\frac{n\pi}{\alpha}}\sin\frac{n\pi}{\alpha}\theta\int_0^{\alpha}f(\theta)\sin\frac{n\pi}{\alpha}\theta\,\mathrm{d}\theta$ 。

6. 令 $u(x,t) = v(x,t) + w(x,t)$，且

$$\begin{cases} w(x,t)=A(t)x+B(t) \\ w_x(0,t)=\theta_1(t) \\ w(l,t)=\theta_2(t) \end{cases}$$

可得 $A(t)=\theta_1(t)$, $B(t)=\theta_2(t)-\theta_1(t)l$, 因此有

$$w(x_1,t)=\theta_2(t)-(l-x)\theta_1(t)$$

于是得到 v 的定解问题

$$\begin{cases} v_t=a^2 v_{xx}-[\theta_2(t)-(l-x)\theta_1(t)], & 0<x<l,t>0 \\ v_x(0,t)=v(l,t)=0, & t\geqslant 0 \\ v(x,0)=u(x,0)-w(x,0)=\varphi_1(x), & 0\leqslant x\leqslant l \\ v_t(x,0)=u_t(x,0)-w_t(x,0)=\psi(x), & 0\leqslant x\leqslant l \end{cases}$$

7. $u(x,t)=A\cos\dfrac{5a\pi}{l}t\sin\dfrac{5\pi}{l}x$, $x\in(0,l)$, $t>0$。

8. $v(x,t)=f(x)\sin\omega t$, $f(x)=\dfrac{Aa}{\omega}\dfrac{1}{\cos(\omega l/a)}\sin\dfrac{\omega}{a}x$。

9. $u(x,y)=\dfrac{4T}{\pi}\sum\limits_{k=0}^{\infty}\dfrac{\sin\dfrac{(2k+1)\pi}{a}x\sinh\dfrac{(2k+1)\pi}{a}y}{(2k+1)\sinh\dfrac{(2k+1)\pi b}{a}}$。

10. $u(x,t)=x+\dfrac{4}{a^2}\cos\dfrac{x}{2}+\left(1-\dfrac{4}{a^2}\right)e^{-\frac{a^2}{4}t}\cos\dfrac{x}{2}$。

11. $u(x,y)=\dfrac{xy}{12}(a^3-x^3)+\dfrac{a^4 b}{\pi^5}\sum\limits_{n=1}^{\infty}\dfrac{n^2\pi^2(-1)^n+2-2(-1)^n}{n^5}\dfrac{\sinh\dfrac{n\pi y}{a}}{\sinh\dfrac{n\pi b}{2a}}\sin\dfrac{n\pi}{a}x$。

12. $u(x,t)=v(x,t)+\left[-\dfrac{x^3}{6a^2}+\left(\dfrac{B-A}{l}+\dfrac{l^2}{6a^2}\right)x+A\right]$

其中

$$v(x,t)=\sum\limits_{n=1}^{\infty}C_n e^{-\frac{a^2 n^2\pi^2}{l^2}t}\sin\dfrac{n\pi}{l}x, \quad C_n=\dfrac{2}{l}\int_0^l\varphi_1(x)\sin\dfrac{n\pi}{l}x\,\mathrm{d}x, \quad n=1,2,3,\cdots。$$

13. $u(x,y)=\dfrac{u_0}{a}x+\dfrac{2u_0}{\pi}\sum\limits_{u=1}^{\infty}\dfrac{(-1)^n}{n}e^{-\frac{n\pi y}{a}}\sin\dfrac{n\pi x}{a}$。

14. $u(x,t)=e^{-bt}\sum\limits_{n=1}^{\infty}(C_n\cos q_n t+D_n\sin q_n t)\sin\dfrac{n\pi}{L}x$

其中

$$C_n=\dfrac{2}{L}\int_0^L\varphi(x)\sin\dfrac{n\pi}{L}x\,\mathrm{d}x$$

$$D_n=\dfrac{b}{q_n}C_n+\dfrac{2}{Lq_n}\int_0^L\psi(x)\sin\dfrac{n\pi}{L}x\,\mathrm{d}x$$

15. $u(x,t) = \mathrm{e}^{-bt} \sum_{n=1}^{\infty} (C_n \cos q_n t + D_n \sin q_n t) \sin \frac{n\pi}{L} x$

其中

$$q_n = \sqrt{\left| \left(\frac{n\pi a}{L} \right)^2 + c - b^2 \right|}$$

$$C_n = \frac{2}{L} \int_0^L \varphi(x) \sin \frac{n\pi}{L} x \, \mathrm{d}x$$

$$D_n = \frac{b}{q_n} C_n + \frac{2}{L q_n} \int_0^L \psi(x) \sin \frac{n\pi}{L} x \, \mathrm{d}x$$

16. $u(x,t) = \sum_{n=0}^{\infty} \left[C_n \cos \frac{(2n+1)\pi a}{2L} t + D_n \sin \frac{(2n+1)\pi a}{2L} t \right] \sin \frac{(2n+1)\pi}{2L} x$

其中

$$C_n = \frac{2}{L} \int_0^L \varphi(x) \sin \frac{(2n+1)\pi}{2L} x \, \mathrm{d}x$$

$$D_n = \frac{4}{(2n+1)\pi a} \int_0^L \psi(x) \sin \frac{(2n+1)\pi}{2L} x \, \mathrm{d}x$$

17. $u(x,y,t) = \sum_{m=1}^{\infty} \sum_{n=1}^{\infty} C_{mn} \mathrm{e}^{-\omega_{mn}^2 t} \sin \frac{m\pi}{a} x \sin \frac{n\pi}{b} y$

其中

$$C_{mn} = \frac{4}{ab} \int_0^b \int_0^a \varphi(x,y) \sin \frac{m\pi}{a} x \sin \frac{n\pi}{b} y \, \mathrm{d}x \, \mathrm{d}y, \quad \omega_{mn} = C \sqrt{\left(\frac{m\pi}{a} \right)^2 + \left(\frac{n\pi}{b} \right)^2}$$

18. $u(x,t) = \mathrm{e}^{-Dt} \sin x + 2\mathrm{e}^{-9Dt} \sin 3x$。

19. $u(x,t) = N_0 - \frac{4N_0}{\pi} \sum_{k=0}^{\infty} \frac{\mathrm{e}^{-4(2k+1)^2 \pi^2 t}}{2k+1} \sin(2k+1)\pi x$。

第 8 章习题答案

1. $u(\rho,\varphi) = \sum_{n=1}^{\infty} A_n \left(\frac{\rho}{a} \right)^{\frac{n\pi}{\alpha}} \sin \frac{n\pi}{\alpha} \varphi$，其中 $A_n = \frac{2}{\alpha} \int_0^{\alpha} f(\varphi) \sin \frac{n\pi}{\alpha} \varphi \, \mathrm{d}\varphi$。

2. $u(\rho,\varphi) = \frac{4V}{\pi} \varphi + \frac{2V}{\pi} \sum_{n=1}^{\infty} \frac{(-1)^n}{n} \left[\frac{\rho^{4n}}{a^{4n} + b^{4n}} + \frac{\rho^{-4n}}{a^{-4n} + b^{-4n}} \right] \sin 4n\varphi$。

3. $u(\rho,\varphi) = \rho^2 (a^2 - \rho^2) \sin 2\varphi$。

4. $u(\rho,\varphi) = \begin{cases} \dfrac{A}{a} \rho \cos\varphi, & \rho < a \\[2mm] \dfrac{A}{\rho} a \cos\varphi, & \rho > a \end{cases}$。

5. $y(x) = c_1 \cos\omega x + c_2 \sin\omega x$。

6. $y(x) = c_1 y_1(x) + c_2 y_2(x)$，其中

$$y_1(x) = 1 + \frac{x^3}{3!} + \frac{1 \cdot 4}{6!} x^6 + \cdots + \frac{1 \cdot 4 \cdot \cdots (3k-2)}{(3k)!} x^{3k}$$

$$y_2(x) = x + \frac{2}{4!} x^4 + \frac{2 \cdot 5}{7!} x^7 + \cdots + \frac{2 \cdot 5 \cdot \cdots (3k-1)}{(3k+1)!} x^{3k+1}$$

7. （1）本征值 $\lambda_n = \left(\dfrac{n\pi}{a}\right)^2, n=1,2,3,\cdots$；

本征函数 $X_n(x) = \sin\dfrac{n\pi}{a}x, n=1,2,3,\cdots$；模的平方 $N_n^2 = \dfrac{a}{2}$。

（2）本征值 $\lambda_n = \left(\dfrac{n\pi}{b-a}\right)^2, n=1,2,3,\cdots$；

本征函数 $X_n(x) = \sin\dfrac{n\pi}{b-a}(x-a), n=1,2,3,\cdots$；模的平方 $N_n^2 = \dfrac{b-a}{2}$。

（3）本征值 $\lambda_n = \left(\dfrac{x_n}{l}\right)^2, n=1,2,3,\cdots$；本征函数 $X_n(x) = \cos\dfrac{x_n}{l}x, n=1,2,3,\cdots$，其

中 x_n 为方程 $x\sin x - \dfrac{l}{h}\cos x = 0$ 的解；模的平方 $N_n^2 = \dfrac{l}{2}\left(1+\dfrac{1}{2x_n}\sin 2x_n\right)$。

（4）本征值 $\lambda_n = \left[\dfrac{\left(n+\dfrac{1}{2}\right)\pi}{l}\right]^2, n=0,1,2,\cdots$；

本征函数 $X_n(x) = \sin\dfrac{\left(n+\dfrac{1}{2}\right)\pi}{l}x, n=0,1,2,\cdots$；模的平方 $N_n^2 = \dfrac{l}{2}$。

8. 对照施图姆-刘维尔型方程可得

$$\frac{\mathrm{d}}{\mathrm{d}x}\left[(1-x^2)^{m+1}\frac{\mathrm{d}y}{\mathrm{d}x}\right] + \left[\lambda(1-x^2)^m - m(m+1)(1-x^2)^m\right]y = 0。$$

第9章习题答案

1. （1）$y = \dfrac{2}{3}\mathrm{P}_0(x) + \dfrac{4}{3}\mathrm{P}_2(x)$；

（2）分段函数，必须用定义法计算，可得

$$y = \frac{1}{2}\mathrm{P}_0(x) + \sum_{n=1}^{\infty}(-1)^{n+1}\frac{(4n+1)(2n-3)!!}{(2n+2)!!}\mathrm{P}_{2n}(x)；$$

（3）$y = \dfrac{4}{5}\mathrm{P}_3(x) + \dfrac{21}{5}\mathrm{P}_1(x) + 4\mathrm{P}_0(x)$；

（4）$\dfrac{1}{2}\mathrm{P}_0(x) + 5\mathrm{P}_1(x) + 2\mathrm{P}_2(x)$。

2. （1）0；（2）$\dfrac{2(l+1)}{(2l+1)(2l+3)}$；

（3）$\begin{cases} 1, & l=0 \\ 0, & l=2n(n=1,2,3,\cdots) \\ \dfrac{1}{2}, & l=1 \\ (-1)^n\dfrac{(2n-1)!!}{(2n+2)!!}, & l=2n+1(n=1,2,3,\cdots) \end{cases}$；

（4）0；

(5) $a^3 \mathrm{J}_1(a) - 2a^2 \mathrm{J}_2(a)$；

(6) $\mathrm{J}_1(1)$。

3. 贝塞尔方程解的形式为 $A\mathrm{J}_m(x) + B\mathrm{N}_m(x)$ 或 $A\mathrm{H}_m^1(x) + B\mathrm{H}_m^2(x)$

$$x \to 0, \quad \mathrm{J}_0(x) = 1, \quad \mathrm{J}_m(x) = 0 (m \neq 0)$$
$$\mathrm{N}_m(x) \to \pm \infty$$
$$x \to \infty, \quad \mathrm{J}_m(x) \to 0$$
$$\mathrm{N}_m(x) \to 0$$

虚宗量贝塞尔方程解的形式为 $A\mathrm{I}_m(x) + B\mathrm{K}_m(x)$

$$x \to 0, \quad \mathrm{I}_0(x) = 1, \quad \mathrm{I}_m(x) = 0 (m \neq 0)$$
$$\mathrm{K}_m(x) \to \infty$$
$$x \to \infty, \quad \mathrm{I}_m(x) \to \infty$$
$$\mathrm{K}_m(x) \to 0$$

4. 定解问题为

$$\begin{cases} \nabla^2 u = 0 \\ u \big|_{\rho=a} = 0 \\ u \big|_{z=0} = 0, u \big|_{z=L} = f(\rho) \end{cases}$$

柱内、柱外的电势函数一般解：

柱内，$u(\rho, z) = \sum\limits_{n=1}^{\infty} A_n \mathrm{J}_0 \left(\dfrac{x_n^{(0)}}{a} \rho \right) \sinh \left(\dfrac{x_n^{(0)}}{a} z \right)$；

柱外，$u(\rho, z) = \sum\limits_{n=1}^{\infty} A_n \mathrm{N}_0 \left(\dfrac{x_n^{(0)}}{a} \rho \right) \sinh \left(\dfrac{x_n^{(0)}}{a} z \right)$。

5. 本征值 $l(l+1)$；本征函数 $\mathrm{P}_l(x) (x = \cos\theta)$；

对于轴对称问题 $m = 0$，拉普拉斯方程的解中不含 φ，因此通解写为

$$u(\theta, r) = \sum\limits_{l=0}^{\infty} \mathrm{P}_l(\cos\theta) \left(C_l r^l + \dfrac{D_l}{r^{l+1}} \right)。$$

6. $u(\theta, r) = r^3 \cos^3\theta - \dfrac{3}{5} r^3 \cos\theta + \dfrac{3}{5} r\cos\theta$。

7. $\phi_{\mathrm{in}}(r, \theta) = Q \sum\limits_{l=0}^{\infty} \dfrac{2l+1}{(\varepsilon+1)l+1} \dfrac{r^l}{b^{l+1}} \mathrm{P}_l(\cos\theta)$；

$\phi_{\mathrm{out}}(r, \theta) = Q \left\{ \dfrac{1}{\sqrt{r^2 + b^2 - 2br\cos\theta}} - (\varepsilon - 1) \sum\limits_{l=0}^{\infty} \dfrac{la^{2l+1}}{[(\varepsilon+1)l+1] b^{l+1}} \dfrac{1}{r^{l+1}} \mathrm{P}_l(\cos\theta) \right\}$。

8. $u(\theta, r) = 2[1 + r\mathrm{P}_1(\cos\theta) + r^2 \mathrm{P}_2(\cos\theta)] = 3r^2 \cos^2\theta + 2r\cos\theta - r^2 + 2$。

9. $u(\theta, r) = \dfrac{3U_0 r}{2a} \mathrm{P}_1(\cos\theta) + U_0 \sum\limits_{n=1}^{\infty} (-1)^n \dfrac{(4n+3)(2n)!}{(2n+2)!!\,(2n)!!} \left(\dfrac{r}{a} \right)^{2n+1} \mathrm{P}_{2n+1}(\cos\theta)$。

10. $u_0 = \sum\limits_{n=1}^{\infty} \dfrac{2u_0}{x_n^{(0)} \mathrm{J}_1(x_n^{(0)})} \mathrm{J}_0 \left(\dfrac{x_n^{(0)}}{\rho_0} \rho \right)$。

11. 提示：拉普拉斯方程的轴对称圆柱问题，柱体侧面为第二类齐次边界条件，因此柱体内部温度分布只需要考虑两种情况，即 $\mu > 0$ 时特解为

$$(Ce^{\sqrt{\mu}z} + De^{-\sqrt{\mu}z}) J_0(\sqrt{\mu}\rho)$$

$\mu = 0$ 时特解为

$$C_0 + D_0 z$$

$\mu < 0$ 时的情况则因为无法满足侧面齐次边界条件被排除。

12. $E_z = \sum\limits_{m=0}^{\infty} (A_m \cos m\varphi + B_m \sin m\varphi)[C_m J_m(kr) + D_m N_m(kr)]$

13. 提示：求本征值 k^2 然后得到本征频率。

14. 定解问题写为

$$\begin{cases} u_t - D\nabla^2 u = 0 \\ u|_{\rho=a} = 0 \\ u|_{t=0} = u_0 \end{cases}$$

其解为

$$u(\rho,t) = 2u_0 \sum_{n=1}^{\infty} e^{-D\left(\frac{x_n^{(0)}}{a}\right)^2 t} \frac{J_0\left(\frac{x_n^{(0)}}{a}\rho\right)}{x_n^{(0)} J_1(x_n^{(0)})}$$

15. 定解问题写为

$$\begin{cases} u_{tt} - a^2\nabla^2 u = 0 \\ u|_{\rho=R} = 0 \\ u|_{t=0} = H(1 - \rho^2/R^2) \\ u_t|_{t=0} = 0 \end{cases}$$

其解为

$$u(\rho,t) = 8H \sum_{n=1}^{\infty} \frac{J_0\left(\frac{x_n^{(0)}}{R}\rho\right)}{(x_n^{(0)})^3 J_1(x_n^{(0)})} \cos\frac{a x_n^{(0)}}{R}t$$

16. $u(\rho,z) = \dfrac{4u_0}{\pi} \sum\limits_{n=0}^{\infty} \dfrac{\sin\dfrac{(2n+1)\pi}{h}z \, I_0\left[\dfrac{(2n+1)\pi}{h}\rho\right]}{(2n+1) I_0\left[\dfrac{(2n+1)\pi}{h}a\right]}$ 。

17. 运用叠加原理，找到一个满足 z 方向非齐次边界条件的解 $w = u_2 + \dfrac{u_1 - u_2}{h}z$，然后运用分离变量法求解得

$$u = u_2 + \frac{u_1 - u_2}{h}z - \sum_{k=1}^{\infty} \frac{16u_1}{[(2k+1)\pi]^3 I_0\left[\dfrac{(2k+1)\pi a}{h}\right]} I_0\left[\frac{(2k+1)\pi}{h}\rho\right] \sin\frac{(2k+1)\pi}{h}z$$

18. $u = \dfrac{1}{r} \sum\limits_{n=1}^{\infty} C_n \sin\dfrac{n\pi r}{2a} e^{-\left(\frac{n\pi}{2a}\right)^2 Dt}$ ，

$C_{2k} = (-1)^{+1}\dfrac{Aa}{k\pi} (k = 1, 2, 3, \cdots)$，　$C_{2k+1} = (-1)^k \dfrac{4Aa}{(2k+1)2\pi^2}$　$(k = 0, 1, 2, \cdots)$

（运用初始条件确定系数时需要将初始条件展开为广义傅里叶级数）

第 10 章习题答案

1. $\phi(r,\theta)=\dfrac{V_1-V_0}{\alpha}\theta+V_0$。

2. $C=\dfrac{2\pi\varepsilon}{\ln\frac{R_2}{R_1}}$。

3. $C=\dfrac{\varepsilon_0\pi}{2\ln\frac{R_2}{R_1}},G=\dfrac{\sigma\pi}{2\ln\frac{R_2}{R_1}}$。

4. $\phi=\dfrac{U}{\ln\frac{R_2}{R_1}}\ln\dfrac{r}{R_1}$ $(R_1<r<R_2)$。

5. 提示：保角变换，然后镜像法求解。

6. 略。

7. 略。

8. 两种方法：一是直接运用函数将区域的三个边界变换为实轴，区域内变换到上半平面。二是运用 Schwarz-Christoffel 变换公式证明。

9. 提示：类似矩形区域，差分方程完全相同，按顺序对节点进行编号即可。

10. 略。

11. 略。

第 11 章习题答案

1. 向量图省略，两向量的标量积 $\boldsymbol{u}\cdot\boldsymbol{v}=2$。
在直角坐标系中表示两个向量，向量积 $\boldsymbol{u}\times\boldsymbol{v}=-14\boldsymbol{e}_z$。

2. 因为 $\boldsymbol{r}_3=\boldsymbol{r}_2-\boldsymbol{r}_1$，所以有
$$r_3^2=|\boldsymbol{r}_3|^2=(\boldsymbol{r}_2-\boldsymbol{r}_1)\cdot(\boldsymbol{r}_2-\boldsymbol{r}_1)=\boldsymbol{r}_2\cdot\boldsymbol{r}_2-2\boldsymbol{r}_1\cdot\boldsymbol{r}_2+\boldsymbol{r}_1\cdot\boldsymbol{r}_1=r_1^2+r_2^2-2r_1r_2\cos\theta$$

3.
$$(\boldsymbol{A}+\boldsymbol{B})\cdot(\boldsymbol{A}-\boldsymbol{B})=\boldsymbol{A}\cdot(\boldsymbol{A}-\boldsymbol{B})+\boldsymbol{B}\cdot(\boldsymbol{A}-\boldsymbol{B})$$
$$=\boldsymbol{A}\cdot\boldsymbol{A}-\boldsymbol{A}\cdot\boldsymbol{B}+\boldsymbol{B}\cdot\boldsymbol{A}-\boldsymbol{B}\cdot\boldsymbol{B}$$
$$=A^2-B^2$$

4.
$$(\boldsymbol{A}\times\boldsymbol{B})\cdot(\boldsymbol{A}\times\boldsymbol{B})=|\boldsymbol{A}\times\boldsymbol{B}|^2=|AB\sin\theta|^2=A^2B^2\sin^2\theta$$
$$=A^2B^2-A^2B^2\cos^2\theta=A^2B^2-(\boldsymbol{A}\cdot\boldsymbol{B})^2$$

5. 写出间接方程 $x=t^2,y=(t-1)^2$，可得 $(y=(\sqrt{x}-1)^2=x+1-2\sqrt{x})$，其中 $y>0,x>0$。

6. 易判断 $3u-2v=w$，因此三个向量是线性相关的。

也可以由三个向量组成矩阵 $\boldsymbol{A}=\begin{bmatrix}1&3&-3\\1&1&1\\2&3&0\end{bmatrix}$，判断其行列式 $\det(\boldsymbol{A})=0$，因此三个向

量必在同一个平面,是线性相关的。

7.

(1) 加法和数乘运算不封闭,不构成线性空间。

(2) 加法不封闭,不构成线性空间。

(3) 加法和数乘运算均封闭,构成线性空间。

8.

(1) 举例 $\boldsymbol{A} = \begin{bmatrix} 1 & 0 \\ 0 & 0 \end{bmatrix}$, $\boldsymbol{B} = \begin{bmatrix} 0 & 0 \\ 0 & 1 \end{bmatrix}$, $\det(\boldsymbol{A}) = \det(\boldsymbol{B}) = 0$, $\det(\boldsymbol{A} + \boldsymbol{B}) \neq \boldsymbol{0}$,因此加法得到的新矩阵不属于该集合,不是子空间。

(2) 举例 $\boldsymbol{A} = \begin{bmatrix} 1 & 0 \\ 0 & 0 \end{bmatrix}$, $\boldsymbol{A}^2 = \boldsymbol{A}$,但因为 $2\boldsymbol{A} = \begin{bmatrix} 2 & 0 \\ 0 & 0 \end{bmatrix}$, $(2\boldsymbol{A})^2 = \begin{bmatrix} 4 & 0 \\ 0 & 0 \end{bmatrix} \neq 2\boldsymbol{A}$,因此不是子空间。

9. 设存在一组数 k_1, k_2, k_3 使得 $k_1 t + k_2 e^t + k_3 e^{2t} = 0$,该式两端对 t 求一阶、二阶导数,可得方程组

$$\begin{cases} k_1 t + k_2 e^t + k_3 e^{2t} = 0 \\ k_1 + k_2 e^t + 2k_3 e^{2t} = 0 \\ \quad\ k_2 e^t + 4k_3 e^{2t} = 0 \end{cases}$$

该方程组的系数行列式

$$\begin{vmatrix} t & e^t & e^{2t} \\ 1 & e^t & 2e^{2t} \\ 0 & e^t & 4e^{2t} \end{vmatrix} = (2t - 3)e^{3t}$$

不为零,因此原线性方程没有非零解,t、e^t、e^{2t} 线性无关。

10. 提示:证明其组成矩阵的行列式不为零,因此线性无关,可作为 $\boldsymbol{R}^{4 \times 1}$ 的基。假设

$$\begin{bmatrix} 0 \\ 1 \\ 3 \\ -3 \end{bmatrix} = k_1 \boldsymbol{B}_1 + k_2 \boldsymbol{B}_2 + k_3 \boldsymbol{B}_3 + k_4 \boldsymbol{B}_4$$

解得

$$\begin{bmatrix} 0 \\ 1 \\ 3 \\ -3 \end{bmatrix} = -\boldsymbol{B}_2 - 2\boldsymbol{B}_3 + 3\boldsymbol{B}_4$$

第 12 章习题答案

1. $\boldsymbol{A} \cdot \boldsymbol{B} = (e_x + 2e_y + 2e_z) \cdot (2e_x + be_y + ce_z) = 2 + 2b + 2c$

$$|\boldsymbol{B}| = \sqrt{4 + b^2 + c^2} = 3$$

可解得

$$b = -2, c = 1 \quad 或 \quad b = 1, c = -2$$

因此,可得

$$\boldsymbol{B} = 2\boldsymbol{e}_x - 2\boldsymbol{e}_y + \boldsymbol{e}_z \quad 或 \quad \boldsymbol{B} = 2\boldsymbol{e}_x + \boldsymbol{e}_y - 2\boldsymbol{e}_z$$

2. 提示:构成矩阵,证明其行列式为零。

3. 略。

4. 0。

5. 证明略。

6. 证明略。

7. $3x^2 y^2 [(9x - x^3)\boldsymbol{e}_x - 9y\boldsymbol{e}_y + 5x^2 z\boldsymbol{e}_z]$

8. 证明略。

9. $-9\left(1 + \dfrac{\pi}{2}\right)$。

10. $\nabla \cdot \boldsymbol{r} = 3, I = 4\pi a^3$。

11. $\left(A - \dfrac{B}{r^2}\right)\cos\varphi \boldsymbol{e}_r - \left(A + \dfrac{B}{r^2}\right)\sin\varphi \boldsymbol{e}_\varphi$。

12. $(1) \left(-\dfrac{3}{2}\sqrt{3}, \dfrac{9}{2}, 3\right)$; $(2) \left(6, \dfrac{\pi}{3}, \dfrac{2\pi}{3}\right)$。

13. $u = \dfrac{1}{r} + C$,C 为任意常数。

14. 略。

15. 略。

16. 略。

第 13 章习题答案

1.

(1) 不是 $\boldsymbol{R}^n$ 中内积,因为 $(\boldsymbol{u}_1 + \boldsymbol{u}_2, \boldsymbol{v}) \leqslant (\boldsymbol{u}_1, \boldsymbol{v}) + (\boldsymbol{u}_2, \boldsymbol{v})$;

(2) 是 $\boldsymbol{R}^n$ 中内积;

(3) 是 $\boldsymbol{R}^n$ 中内积。

2. 提示:证明 $\langle \boldsymbol{\beta}, \boldsymbol{\beta} \rangle = \langle \boldsymbol{\beta}, k_1 \boldsymbol{u}_1 + k_2 \boldsymbol{u}_2 + \cdots + k_s \boldsymbol{u}_s \rangle = 0$,则得到 $|\boldsymbol{\beta}| = 0$。

3. $\boldsymbol{\beta}_1 = \dfrac{1}{\sqrt{6}} \begin{bmatrix} 1 \\ 2 \\ -1 \end{bmatrix}, \boldsymbol{\beta}_2 = \dfrac{1}{\sqrt{3}} \begin{bmatrix} -1 \\ 1 \\ 1 \end{bmatrix}, \boldsymbol{\beta}_3 = \dfrac{1}{\sqrt{2}} \begin{bmatrix} 1 \\ 0 \\ 1 \end{bmatrix}$。

4. $\boldsymbol{v}_1, \boldsymbol{v}_2, \boldsymbol{v}_3$ 在 V 空间的标准正交基下对应的坐标为

$\boldsymbol{X}_1 = [1,0,0,0,1]^T, \boldsymbol{X}_2 = [1,0,-1,1,0]^T, \boldsymbol{X}_3 = [2,1,1,0,0]^T$,用 Schmidt 正交化法可得 W 的标准正交基为

$$\boldsymbol{w}_1 = \dfrac{1}{\sqrt{2}} [1,0,0,0,1]^T$$

$$\boldsymbol{w}_2 = \dfrac{1}{\sqrt{10}} [1,0,-2,2,-1]^T$$

$$w_3 = \frac{1}{2}\left[1,1,1,0,-1\right]^{\mathrm{T}}$$

5. 提示：(1)设由标准正交基 e_1,e_2,e_3 到 $\alpha_1,\alpha_2,\alpha_3$ 和 β_1,β_2,β_3 的过渡矩阵分别为 A 和 B，即

$$[\alpha_1,\alpha_2,\alpha_3] = [e_1,e_2,e_3]\begin{bmatrix} 1 & 1 & 1 \\ 1 & 0 & 0 \\ 1 & -1 & 1 \end{bmatrix} = [e_1,e_2,e_3]A$$

$$[\beta_1,\beta_2,\beta_3] = [e_1,e_2,e_3]\begin{bmatrix} 0 & -1 & 1 \\ 1 & 1 & 2 \\ 1 & 0 & 1 \end{bmatrix} = [e_1,e_2,e_3]B$$

可得过渡矩阵为

$$K = A^{-1}B = \begin{bmatrix} 1 & 1 & 2 \\ -\dfrac{1}{2} & -\dfrac{1}{2} & 0 \\ -\dfrac{1}{2} & -\dfrac{3}{2} & -1 \end{bmatrix}$$

(2) 向量 $\alpha = \alpha_1 + 2\alpha_2 - \alpha_3$ 在基 $\alpha_1,\alpha_2,\alpha_3$ 下的坐标为

$$X = \begin{bmatrix} 1 \\ 2 \\ -1 \end{bmatrix}$$

可得向量 $\alpha = \alpha_1 + 2\alpha_2 - \alpha_3$ 在基 β_1,β_2,β_3 下的坐标为

$$Y = K^{-1}X = \begin{bmatrix} \dfrac{1}{2} & -2 & 1 \\ -\dfrac{1}{2} & 0 & -1 \\ \dfrac{1}{2} & 1 & 0 \end{bmatrix}\begin{bmatrix} 1 \\ 2 \\ -1 \end{bmatrix} = \begin{bmatrix} \dfrac{-9}{2} \\ \dfrac{1}{2} \\ \dfrac{5}{2} \end{bmatrix}$$

6. 由 A 的本征方程 $|\lambda I - A| = \begin{vmatrix} \lambda-1 & 1 & -2 \\ 0 & \lambda-2 & -1 \\ 0 & 0 & \lambda+1 \end{vmatrix} = (\lambda-1)(\lambda-2)(\lambda+1) = 0$ 可解

得 A 的全部特征值为 1、2、-1。

$2A^3 + A - 5I$ 的本征值为 $2\lambda_i^3 + \lambda_i - 5$，为 -2、13、-8。

本征向量略。

7. 提示：$Ax_1 = \lambda_1 x_1$，$Ax_2 = \lambda_2 x_2$，若 $x_1 + x_2$ 是 A 的特征向量，则有

$$A(x_1 + x_2) = \lambda(x_1 + x_2) = \lambda x_1 + \lambda x_2$$

8. 取 $\mathrm{P}_4[x]$ 的基为 $\{1,x,x^2,x^3\}$，则 $\dfrac{\mathrm{d}}{\mathrm{d}x}$ 在该基下的矩阵为

$$A = \begin{bmatrix} 0 & 1 & 0 & 0 \\ 0 & 0 & 2 & 0 \\ 0 & 0 & 0 & 3 \\ 0 & 0 & 0 & 0 \end{bmatrix}$$

可求得特征值为

$$\lambda_1 = \lambda_2 = \lambda_3 = \lambda_4 = 0$$

也可以求得特征向量为

$$X = k \begin{bmatrix} 1 \\ 0 \\ 0 \\ 0 \end{bmatrix}$$

9. 三种类型的混凝土相当于三个基向量，待配混凝土相当于两个合成向量

$$v_A = \begin{bmatrix} 20 \\ 10 \\ 20 \\ 10 \\ 0 \end{bmatrix}, \quad v_B = \begin{bmatrix} 18 \\ 10 \\ 25 \\ 5 \\ 2 \end{bmatrix}, \quad v_C = \begin{bmatrix} 12 \\ 10 \\ 15 \\ 15 \\ 8 \end{bmatrix}, \quad w_1 = \begin{bmatrix} 16 \\ 10 \\ 21 \\ 9 \\ 4 \end{bmatrix}, \quad w_2 = \begin{bmatrix} 16 \\ 12 \\ 19 \\ 9 \\ 4 \end{bmatrix}$$

问题归结为 w_1、w_2 是否是 v_A、v_B、v_C 的线性组合，或 w_1、w_2 是否在 v_A、v_B、v_C 张成的空间内。

10. 设脱脂牛奶、大豆粉、乳清的用量分别用 x_1、x_2、x_3 个单位（100g）来表示，三个营养成分的列向量为

$$v_A = \begin{bmatrix} 36 \\ 52 \\ 0 \end{bmatrix}, \quad v_B = \begin{bmatrix} 51 \\ 34 \\ 7 \end{bmatrix}, \quad v_C = \begin{bmatrix} 13 \\ 74 \\ 1.1 \end{bmatrix}$$

它们的组合所具有的营养要满足以下方程

$$\begin{bmatrix} 36 & 51 & 13 \\ 52 & 34 & 74 \\ 0 & 7 & 1.1 \end{bmatrix} \begin{bmatrix} x_1 \\ x_2 \\ x_3 \end{bmatrix} = \begin{bmatrix} 33 \\ 45 \\ 3 \end{bmatrix}$$

可解得

$$x = \begin{bmatrix} 0.2772 \\ 0.3919 \\ 0.2332 \end{bmatrix}$$

参 考 文 献

[1] 梁昆淼,刘法,缪国庆. 数学物理方法[M]. 4 版. 北京：北京大学出版社,2010.

[2] 姚端正,梁家宝. 数学物理方法[M]. 3 版. 北京：科学出版社,2010.

[3] 吴崇试. 数学物理方法[M]. 2 版. 北京：北京大学出版社,2003.

[4] 邵惠民. 数学物理方法[M]. 北京：科学出版社,2004.

[5] 王竹溪,郭敦仁. 特殊函数概论[M]. 北京：科学出版社,1965.

[6] 郭玉翠. 数学物理方法[M]. 北京：北京邮电大学出版社,2003.

[7] 顾樵. 数学物理方法[M]. 北京：科学出版社,2012.

[8] 钱敏,郭敦仁,熊振翔,等. 数学物理方法[M]. 北京：科学出版社,2011.

[9] 彭芳麟. 数学物理方程的 MATLAB 解法与可视化[M]. 北京：清华大学出版社,2004.

[10] 梅中磊,李月娥,马阿宁. MATLAB 电磁场与微波技术仿真[M]. 北京：清华大学出版社,2020.

[11] 石辛民,翁智. 数学物理方程及其 MATLAB 解算[M]. 北京：清华大学出版社,2011.

[12] Brown J,Churchill R. Complex Variables and Applications[M]. 9th ed. McGraw-Hill Education,2014.

[13] Hassani S. Mathematical Physics a Modern Introduction to Its Foundations[M]. Springer-Verlag New York,1999.

[14] Claycomb J R. Mathematical Methods for Physics using MATLAB & Maple[M]. Mercury Learning & Information,2018.

[15] 李月娥,梅中磊,马阿宁,等. "数学物理方法"教学改革中的思考[J]. 电气电子教学学报,2018, 41(4)：34.

[16] 曹斌照,梅中磊,李月娥. 电子信息类基础课程"数学物理方法"的教学模式探索[J]. 高等理科教育, 2009,(03)：102.

[17] 柏京,梅中磊. 平行导体板与带电直导线电场的保角变换分析[J]. 技术物理教学,2009,17(01)：33.

[18] Arfken G B,Weber H J,Harris F E. Mathematical Methods for Physicist[M]. Academic Press,2016.

[19] Sagan H. Boundary and Eigenvalue Problems in Mathematical[M]. New York：John Wiley&Sons, Inc. ,1961.

[20] Boas M L,Mathematical Methods in the Physical Sciences[M]. 2nd ed. John Wiley & Sons,1983.

[21] 李秀萍. 微波技术基础[M]. 北京：电子工业出版社,2017.

[22] Keiser G. Optical Fiber Communication[M]. 5th ed. McGraw-Hill Education,2005.

[23] Bozhevolnyi S I. Plasmonic Nanoguides and Circuits[M]. Optical Society of America,2008.

[24] 石辛民,翁智. 复变函数及其应用[M]. 北京：清华大学出版社,2012.

[25] 陈怀琛,高淑萍,杨威. 工程线性代数(MATLAB 版)[M]. 北京：电子工业出版社,2007.

[26] 杨明,刘先忠. 矩阵论[M]. 2 版. 武汉：华中科技大学出版社,2005.

[27] Wang Z S. Introduction to Matrix Theory[M]. 北京：科学出版社,2015.

[28] 沃尔特·鲁丁. 数学分析原理[M]. 3 版. 北京：机械工业出版社,2019.

[29] Rudin W,Principles of Mathematical Analysis[M]. 3rd ed. New York：McGraw-Hill Education,1976.

[30] 杨孔庆. 数学物理方法[M]. 北京：高等教育出版社,2012.

[31] Stoll R R. Linear Algebra and Matrix Theory[M]. New York：Dover Publications,Inc. ,1969.